教育部高等学校电子信息类专业教学指导委员会规划教材
高等学校电子信息类专业系列教材

Computer Control Technology and Applications

计算机控制技术及其应用

（第2版）

丁建强　任晓　卢亚平　编著
Ding Jianqiang　Ren Xiao　Lu Yaping

清华大学出版社
北京

内 容 简 介

本书分为基础篇、技术篇和应用篇。基础篇介绍了计算机控制系统的理论基础,包括系统数学模型的描述方法、连续系统分析设计方法的回顾、离散系统的分析、数字控制器的设计与实现等内容。技术篇介绍了工业控制计算机及其接口技术、过程通道技术、可靠性和抗干扰技术、控制系统中的软件技术——组态软件,以及集成了计算机控制系统许多关键技术的集散控制系统 DCS。应用篇介绍了计算机控制技术应用的具体模式和实例,包括计算机控制系统的多种解决方案及案例分析、计算机控制技术在简单过程控制和流程工业自动化中的应用实例。为方便教学和自学,所有章节都有引言和小结,配有思考题与习题。其中,小结以知识点提要列出,以方便慕课、微课、微视频、翻转课堂等现代教学资源的制作。

本书作为精品课程建设的组成部分,提供了公开的网络资源,包括各章的教学课件、参考文献和有关思考题与习题的指导信息,以便于广大师生使用。

本书可作为电子信息科学与技术、计算机科学与技术、电子信息工程、电气工程及自动化、测控技术与仪器等专业的教材和有关工程技术人员的参考资料。

图书在版编目(CIP)数据

计算机控制技术及其应用/丁建强,任晓,卢亚平编著.—北京:清华大学出版社,2017(2023.2 重印)
(高等学校电子信息类专业系列教材)
ISBN 978-7-302-45990-3

Ⅰ.①计… Ⅱ.①丁… ②任… ③卢… Ⅲ.①计算机控制—高等学校—教材 Ⅳ.①TP273

中国版本图书馆 CIP 数据核字(2016)第 312859 号

责任编辑:盛东亮 赵晓宁
封面设计:李召霞
责任校对:李建庄
责任印制:杨 艳

出版发行:清华大学出版社
    网   址:http://www.tup.com.cn,http://www.wqbook.com
    地   址:北京清华大学学研大厦 A 座   邮   编:100084
    社 总 机:010-83470000   邮   购:010-62786544
    投稿与读者服务:010-62776969,c-service@tup.tsinghua.edu.cn
    质量反馈:010-62772015,zhiliang@tup.tsinghua.edu.cn
    课件下载:http://www.tup.com.cn,010-83470236
印 装 者:三河市龙大印装有限公司
经 销:全国新华书店
开 本:185mm×260mm 印 张:23.75 字 数:578 千字
版 次:2012 年 1 月第 1 版 2017 年 2 月第 2 版 印 次:2023 年 2 月第 9 次印刷
定 价:59.00 元

产品编号:069639-02

高等学校电子信息类专业系列教材

序
FOREWORD

  我国电子信息产业销售收入总规模在 2013 年已经突破 12 万亿元,行业收入占工业总体比重已经超过 9%。电子信息产业在工业经济中的支撑作用凸显,更加促进了信息化和工业化的高层次深度融合。随着移动互联网、云计算、物联网、大数据和石墨烯等新兴产业的爆发式增长,电子信息产业的发展呈现了新的特点,电子信息产业的人才培养面临着新的挑战。

  (1)随着控制、通信、人机交互和网络互联等新兴电子信息技术的不断发展,传统工业设备融合了大量最新的电子信息技术,它们一起构成了庞大而复杂的系统,派生出大量新兴的电子信息技术应用需求。这些"系统级"的应用需求,迫切要求具有系统级设计能力的电子信息技术人才。

  (2)电子信息系统设备的功能越来越复杂,系统的集成度越来越高。因此,要求未来的设计者应该具备更扎实的理论基础知识和更宽广的专业视野。未来电子信息系统的设计越来越要求软件和硬件的协同规划、协同设计和协同调试。

  (3)新兴电子信息技术的发展依赖于半导体产业的不断推动,半导体厂商为设计者提供了越来越丰富的生态资源,系统集成厂商的全方位配合又加速了这种生态资源的进一步完善。半导体厂商和系统集成厂商所建立的这种生态系统,为未来的设计者提供了更加便捷却又必须依赖的设计资源。

  教育部 2012 年颁布了新版《高等学校本科专业目录》,将电子信息类专业进行了整合,为各高校建立系统化的人才培养体系,培养具有扎实理论基础和宽广专业技能的、兼顾"基础"和"系统"的高层次电子信息人才给出了指引。

  传统的电子信息学科专业课程体系呈现"自底向上"的特点,这种课程体系偏重对底层元器件的分析与设计,较少涉及系统级的集成与设计。近年来,国内很多高校对电子信息类专业课程体系进行了大力度的改革,这些改革顺应时代潮流,从系统集成的角度,更加科学合理地构建了课程体系。

  为了进一步提高普通高校电子信息类专业教育与教学质量,贯彻落实《国家中长期教育改革和发展规划纲要(2010—2020 年)》和《教育部关于全面提高高等教育质量若干意见》(教高【2012】4 号)的精神,教育部高等学校电子信息类专业教学指导委员会开展了"高等学校电子信息类专业课程体系"的立项研究工作,并于 2014 年 5 月启动了《高等学校电子信息类专业系列教材》(教育部高等学校电子信息类专业教学指导委员会规划教材)的建设工作。其目的是为推进高等教育内涵式发展,提高教学水平,满足高等学校对电子信息类专业人才培养、教学改革与课程改革的需要。

  本系列教材定位于高等学校电子信息类专业的专业课程,适用于电子信息类的电子信息工程、电子科学与技术、通信工程、微电子科学与工程、光电信息科学与工程、信息工程及其相近专业。经过编审委员会与众多高校多次沟通,初步拟定分批次(2014—2017年)建设约100门课程教材。本系列教材将力求在保证基础的前提下,突出技术的先进性和科学的前沿性,体现创新教学和工程实践教学;将重视系统集成思想在教学中的体现,鼓励推陈出新,采用"自顶向下"的方法编写教材;将注重反映优秀的教学改革成果,推广优秀的教学经验与理念。

为了保证本系列教材的科学性、系统性及编写质量,本系列教材设立顾问委员会及编审委员会。顾问委员会由教指委高级顾问、特约高级顾问和国家级教学名师担任,编审委员会由教育部高等学校电子信息类专业教学指导委员会委员和一线教学名师组成。同时,清华大学出版社为本系列教材配置优秀的编辑团队,力求高水准出版。本系列教材的建设,不仅有众多高校教师参与,也有大量知名的电子信息类企业支持。在此,谨向参与本系列教材策划、组织、编写与出版的广大教师、企业代表及出版人员致以诚挚的感谢,并殷切希望本系列教材在我国高等学校电子信息类专业人才培养与课程体系建设中发挥切实的作用。

 教授

第2版前言

PREFACE

计算机控制技术是信息时代推动自动化发展的重要动力。信息技术又促进了计算机控制技术的深入发展。正如本书第 1 版中所述,进入 21 世纪后,计算机控制技术越来越成熟,应用也越来越广泛,目前正朝着微型化、智能化、网络化和规范化方向发展。

微型化嵌入式计算机已渗透到控制前端和底层,如各种传感器、执行器、过程通道、交互设备、通信设备等。特别是随着微电子机械系统(microelectronic mechanical system,MEMS)等技术的发展,器件的低成本、低功耗、高精度、微体积的特性越发显著,使得控制技术可以深入到传统的机电技术难以进入的领域。

智能化控制器具有自适应、自学习、自诊断和自修复功能,控制质量也进一步提高。特别是随着高性价比微控制器(microcontroller unit,MCU)的飞速发展,各种智能产品、智能制造层出不穷,而这些 MCU 及其算法是智能化控制的灵魂。

网络化使得控制系统的结构重心由信息加工单元转向系统的信息传输。控制系统的规模不断扩大,不仅可以对整个工厂的生产过程进行控制,而且也使得跨地域的大规模控制得以实现。以互联网为代表的新一代信息技术与控制技术的深度融合,推动了互联网＋时代的来临和发展。

规范化要求控制系统的硬件和软件要有统一的标准,强调设备的互换性、系统的互连性。规范化使得控制系统的集成更为灵活,如各种规模的 PLC 可编程控制器、开放的组态软件、集成开发环境和资源库、各种通信协议、图形化人机接口等,这些都为构建不同架构的控制系统带来了方便,极大地提高了系统的开发效率,降低了系统的维护成本。

本书出版 5 年来,深受广大读者的欢迎和认可。为了适应计算机控制技术的发展,秉承系统性、新颖性、应用性和适用性的原则,本书进行了第 2 版的修订。

第 2 版保留了第 1 版的章节结构,全书分为基础篇、技术篇和应用篇,分别介绍计算机控制系统相关的基本理论、主要技术和工程应用。对各章节进行修订的主要内容如下:

基础篇中的第 1 章增加了新的引例,以体现网络技术在控制系统中的应用,更新了计算机控制技术发展的信息;第 2 章增加了利用 MATLAB 工具实现模型转换和迭代法求解脉冲传递函数的例子;第 3 章优化了数字 PID 控制的参数整定方法,增加了衰减曲线法。技术篇中的第 4 章增加了基于 ARM Cortex 架构的 32 位 MCU 的简介,提供了 PXI、CAN、Modbus 接口信息;第 5 章增加了一体化步进伺服驱动系统的介绍,删去了 8 位 DAC 的内容;第 6 章介绍了电源管理技术,优化了 Watchdog 和数字滤波的说明;第 7 章增加了组态王和力控监控组态软件的介绍;第 8 章增加了现场总线国际标准 EPA 的简介。应用篇中的第 9 章增加了常见计算机控制系统解决方案的比较小结;第 10 章优化了 PID 参数整定的实验过程,给出了衰减曲线法整定的例子;第 11 章保留了两个流程工业自动化中的工程实例。另外,还修改和优化了各章节中文字、图片和表格,更新和补充了附录企业网址和参考文献。

考虑到信息时代获取知识的途径越来越多,知识的表现形式越来越丰富,而且碎片化学习的需求也越来越高,现将第1版中全书各章小结改为以知识点提要的形式列出,这样可有利于慕课、微课、微视频、翻转课堂等现代化教学资源的制作。

本书作为精品课程建设的组成部分,继续提供公开的网络资源,包括各章的教学课件、参考文献、思考题与习题的指导信息,可参见网址 http://tec.suda.edu.cn 中有关精品课程的链接。

丁建强老师负责全书的修订和统稿,重点修订了第1章至第6章、第9章;卢亚平老师重点修订了第7章、第8章、第10章、第11章;任晓老师参与了全书的修订和核对工作。

修订编写过程中,参考了大量同类书籍、文献资料及工业自动化产品的技术手册,受益匪浅,再次对相关作者表示敬意和感谢。同时,本书的修订得到了清华大学出版社的大力支持,也在此表示感谢。

由于作者水平有限,书中难免还有不足之处,敬请广大读者批评指正。

编　者

2017 年 1 月

目 录
CONTENTS

基础篇　溯本而求源，温故而知新

技术篇 工欲善其事,必先利其器

应用篇　学以致用，用学相长

溯本而求源

温故而知新

1. 学习内容

什么是自动控制？自动控制中有哪些基本问题？控制的本质是什么？计算机控制系统的组成和分类有哪些？计算机控制技术有哪些？控制系统的数学模型如何描述和分析？用到了哪些数学工具？利用这些数字工具如何设计一个适用于计算机来实现的数字控制器？计算机控制技术未来可能有哪些发展……这些都是本篇将要解答的问题。

本篇将介绍自动控制的一些基本概念、计算机控制系统的理论基础、数字控制器的设计与实现方法，包括控制系统数学模型的描述方法、连续系统分析设计方法的回顾、离散系统的分析、数字控制器的设计与实现。

本篇是后续各章的基础，包括第 1 章概述、第 2 章计算机控制系统的理论基础、第 3 章数字控制器的设计与实现。

2. 学习目标

在了解自动控制和计算机控制系统相关的基本概念，理解连续系统和离散系统分析方法的基础上，掌握数字控制器的基本设计方法和数字 PID 控制算法，从而较为全面地理解计算机控制系统的基本原理，为进一步学习计算机控制系统的主要技术和工程应用打下基础。

本篇知识点

知识点 1-1　自动控制中的基本问题

知识点 1-2　计算机控制系统的结构

知识点 1-3　控制系统的分类

知识点 1-4　课程的学习方法及计算机控制技术的发展

知识点 2-1　控制系统的描述方法

知识点 2-2　连续系统与离散系统的数学工具

知识点 2-3　z 变换和脉冲传递函数

知识点 2-4　离散系统的性能分析

知识点 3-1　数字控制器的离散化设计方法

知识点 3-2　数字 PID 控制算法及参数整定方法

知识点 3-3　最少拍随动系统原理及设计

知识点 3-4　控制算法的实现

第1章	概　　述

CHAPTER 1

　　自古以来,人类梦寐以求能制造出自动完成既定任务的劳动工具。18世纪,第一次工业革命开创了以机器代替手工工具的时代,蒸汽机速度自动调节装置标志着工业自动控制历史的开始,人们开始感受到自动控制技术对提高生产效率、减轻劳动强度发挥的重要作用;第二次世界大战时期,自动控制技术在军事领域扮演了极其重要的角色;20世纪中期,随着人类的重大发明——电子计算机的诞生,自动控制技术开始进入了一个新时代;20世纪末,随着微型计算机的广泛应用,计算机控制技术也渗透到了人类社会的各个领域。在工业生产领域,如温度、压力、流量、物位等参数的控制,生产流水线、包装机、机床加工的控制,化工、电力、生物、制药、冶炼等生产的过程控制;在日常生活方面,如空调、冰箱、洗衣机、电梯、自动售货机等装置的工作过程;在交通运输方面,如车辆的驾驶系统、飞机的导航系统、城市交通信号的控制系统;在军事领域,如导弹、火炮、战机、兵舰等制导和导航过程;……计算机控制技术的应用无处不在。计算机控制技术的应用极大地提高了生产和工作效率,保证了产品和服务的质量,节约了能源,减少了材料的损耗,减轻了劳动和工作强度,改善了人们的生活条件。计算机控制技术已成为信息时代推动技术革命的重要动力,实现了人类诸多的梦想。

　　随着互联网技术的发展,无论是德国的"工业4.0"、美国的"工业互联网",还是新一轮工业革命的"智能制造",都体现了新一代信息技术与其他技术的深度融合,这使得计算机控制技术又获得了新的发展动力。

　　本章将通过引例来说明自动控制中的最基本问题:控制系统的组成、控制的过程和规律、控制系统的评价。同时,本章将介绍计算机控制系统的基本结构和分类、计算机控制技术及其发展历程、本课程研究的内容和学习方法。

1.1　自动控制的基本概念

　　自动控制(autocontrol):不用人力来实现的控制,通常可用机械、电气等装置来实现。自动控制常对应于手动控制而言。控制(control)含有支配、管理、调节、抑制、操纵等含义,是指为实现某一预期目标(如某个物理变量的变化过程或某个生产过程)而对被控制对象采用的手段和方法。

　　控制系统(control system):通过控制来实现特定功能目标的系统。系统(system)是由相互联系、相互作用的要素组成的具有一定结构和功能的有机整体。其中的要素也称为子系统,它可以由一些单元部件、装置、对象等组成。

自动化(automation)：在无人工干预情况下，一个或多个控制系统按规定要求和目标的实现过程。自动化通常与控制密切相关，控制是实现自动化的手段和方法，自动化的核心概念是信息，在控制系统中这些信息通常由各种信号来表示。因此，在分析控制系统的各单元部件、装置、对象等组成要素时，可围绕着信号的流向来进行。

控制论(cybernetics)：研究各类系统的调节和控制规律的科学。控制论的研究表明，自动机器、生物系统，以至社会系统，都可看作是一个控制系统。控制论创始人诺伯特·维纳(Norbert Wiener)认为控制与通信本质上是一个信息过程，控制就是通过信息的获取、传输、加工、施效来实现的。因此，信息技术也是控制技术的核心。

1.1.1 自动控制的引例

1. 锅炉水温自动控制

某个锅炉水温自动控制装置，由温度传感器检测锅炉水温，通过电加热器对水加温，如图 1-1 所示。图 1-2 是对应的控制框图。其中，r 为给定值；y 是锅炉当前的温度；b 是经温度检测单元转换后的温度值，数值上与 y 对应；e 是偏差，即 $e = r - b$；p 为控制器的输出；q 为电加热器的输出热量；通常由计算机完成读取 r、b，求取偏差 e，以及实现控制器的算法。控制的目标就是在环境温度、进出水的流量、进水的温度都有可能发生变化的情况下，使锅炉温度 y 与给定值 r 尽可能保持一致。

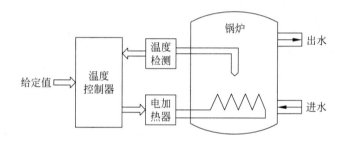

图 1-1　锅炉水温自动控制装置

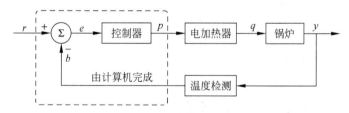

图 1-2　锅炉水温自动控制框图

若采用两位式控制，设置中心温度为 $r = T_0$，当检测到当前温度 b 低于下限温度 $T_0 - \Delta T$ 时，打开电加热器加温，当检测到温度超过上限温度 $T_0 + \Delta T$ 时，关闭电加热器，控制算法可用语句表示为

{ if b < r − ΔT then p = 1; if b > r + ΔT then p = 0; }

其中，r 为当前设定的中心温度，ΔT 为预先设定的偏差温度，输出 p 用来控制电加热器，$p = 1$ 表示打开电加热器，$p = 0$ 表示关闭电加热器。

两位式控制的温度变化曲线如图 1-3 所示。其特点是控制算法简单,但控制质量不高,若 ΔT 较大,则控制精度不高,若要减小 ΔT,则会加大执行器的运作频率,影响其工作寿命。

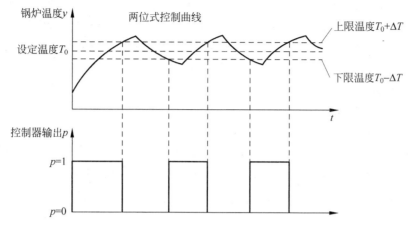

图 1-3　两位式控制的温度变化曲线

要提高控制精度,可要求电加热器的输出功率在一定范围内能连续可调。例如采用基于偏差的 PID(比例-微分-积分)反馈控制,控制算法可用语句表示为

$$p(k)=p(k-1)+K_{\mathrm p}[e(k)-e(k-1)]+K_{\mathrm i}\cdot e(k)+K_{\mathrm d}[e(k)-2e(k-1)+e(k-2)]$$

其中,$p(k)$、$p(k-1)$ 分别表示当前时刻、上一时刻控制器的输出;$e(k)$、$e(k-1)$、$e(k-2)$ 分别表示当前、上一次、前一次采样得到的偏差;$K_{\mathrm p}$、$K_{\mathrm i}$、$K_{\mathrm d}$ 分别表示比例、微分、积分系数。计算机在每次采样周期内执行的控制算法流程图和记录的温度变化曲线如图 1-4 所示。

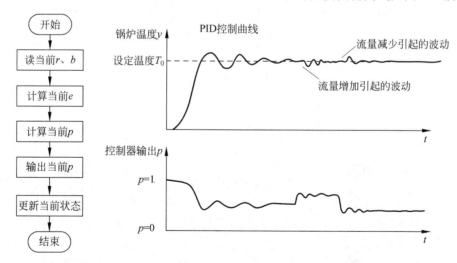

图 1-4　基于偏差的 PID 控制流程图和温度变化曲线

另外,为方便设置给定值,并显示当前温度和历史温度,还需要一定的人机交互装置,如可通过按键来设置给定温度,通过数码显示器显示当前温度。

为了提高控制速度和精度,还可进一步检测进出水的流量、进水温度和环境温度等。根据给定值和当前的温度、流量进行计算,然后控制电加热器的输出功率,以获得更好的控制效果。

为了控制更多的参数,如水位、压力、流量、温度等,还要有这些参数当前和历史数据的记录显示、报警信号的输出等,这需要配备的交互设备具有更强的功能,如可以通过触摸屏输入控制算法的有关参数、可以选择不同的内容进行显示、可以记录和显示温度变化的历史曲线等。

对一个燃烧式(如燃煤、燃气、燃油)锅炉控制系统,控制的内容和过程更为复杂,如气包水位控制、水温气温控制、蒸气压力控制、燃料控制、风量及烟气含氧量控制、炉膛负压控制、报警及连锁保护等。这需要有更复杂的控制算法和监控操作界面的支持。

2. 交通信号灯的控制

一个十字路口交通信号灯的设置如图 1-5 所示。简单的情况下,交通信号灯控制器仅根据人工或按时间顺序发出的指令来驱动不同方向的信号灯,相关的输入输出信号如图 1-6(a)所示。较复杂的情况下,还要根据车流量信号和行人请求信号来控制信号灯,并给出状态信号(如倒计数显示),相关的输入输出信号如图 1-6(b)所示。

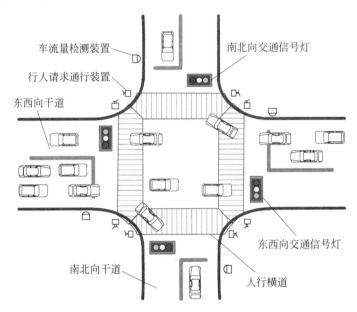

图 1-5　十字路口交通信号灯的设置

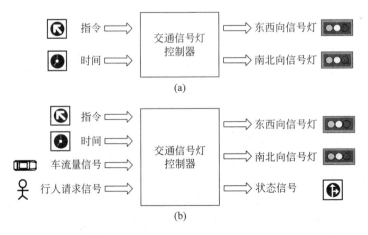

图 1-6　交通信号灯控制器的输入输出信号

对某区域多个路口交通道路信号灯可以实现协调控制,如图 1-7(a)所示。该控制系统由各控制点、管理中心和通信网络组成,形成的系统结构如图 1-7(b)所示。为使该区域交通车辆通行尽可能地流畅,需要由管理中心协调各路口的控制点,获取各路口车辆流量情况,并发出相应的控制指令。甚至可以将道路信息发布至互联网,驾驶人员进而可以根据道路信息随时修正行驶线路,以确保道路的畅通。

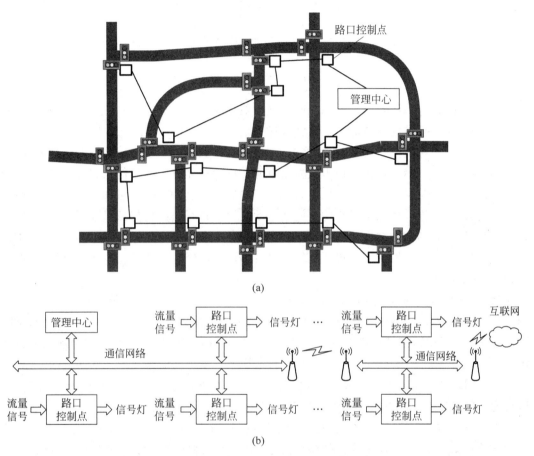

图 1-7 多个路口交通道路信号灯的协调控制

1.1.2 自动控制中的基本问题

通过上面的引例可引申出如下问题:一个自动控制系统由哪些部分组成,它们之间有什么关系?控制的过程是如何进行的?控制的目标规则如何表示?控制的品质如何评价?这些就是自动控制中的基本问题。

1. 系统的结构和控制的过程

一个控制系统可以由控制单元、执行单元、反馈单元、被控对象、目标规则组成,它们的相互关系如图 1-8 所示。

控制单元(也称调节单元)是整个系统的信息加工中心,根据目标规则、被控对象的原始信息、反馈单元获取的信息,进行判断、选择、运算等信息加工,然后发出指令信号至执行单元。控制单元完成的是信息加工任务。

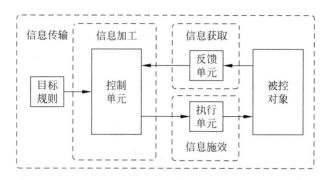

图 1-8　控制系统结构框图

执行单元接收指令信号,转换成能改变被控对象状态的物理量(如前面引例中的电加热器产生热量)。执行单元完成的是信息施效任务。

反馈单元(也称检测单元)用于检测被控对象当前的状态(如前面引例中的锅炉温度、车流量),转换为相应的状态信号,输出至控制单元。反馈单元完成的是信息获取任务。

被控对象形式多样,规模差异也很大,但从控制系统的角度来看,主要关心的是其原始信息和当前信息,原始信息包括它的结构和运动规律,当前信息主要为所处的状态。对锅炉来说,原始信息包括它的结构、数学模型等,当前信息包括水温、流量、环境温度等。对交通信号灯控制系统来说,原始信息包括车道数量、信号灯数量等,当前信息包括车流量、日期时间、行人请求信号等。

目标规则是整个控制系统功能的具体体现。例如,对水温控制系统来说,其目标是准确、快速地控制水温到达给定的温度,其规则有两位式控制、三位式控制、根据偏差进行 PID 反馈控制等;对交通信号灯控制系统来说,目标规则的描述比较复杂,而且控制规则可能还需要在运行过程中不断总结优化,进而具备自适应或自学习功能来实现控制的目标。

在控制系统各单元之间以及单元内部都有信息传输的过程,信息的传输有两种形式:数据通信(信息在距离上的传输)和数据存储(信息在时间上的传输)。

综上所述,控制单元根据给定的目标规则的要求、由反馈单元获取到的信息以及已经获得的被控对象原始信息,给出当前的指令信息;执行单元根据指令信息来驱动相应机构,从而改变被控对象的状态;被控对象和当前环境的状态信息,由反馈单元获取并传送给控制单元,并作为决定下一步调整控制的依据;目标规则信息通常是由设计者或操作者预先赋予或现场输入给控制单元的。

控制过程本质上是一系列的信息过程,如信息获取、信息传输、信息加工、信息施效等。控制系统中的目标信息、被控对象的初始信息、被控对象和环境的反馈信息、指令信息、执行信息等,通常由电子或机械的信号来表示。

2. 目标规则的表示

控制系统的目标规则体现了系统的功能。有时目标规则的表示是比较简单的,可用自然语言、简单算式、流程图等描述,如简单的温度控制,目标规则只是某个中心温度和偏差温度值;有时目标规则的表示是比较复杂的,如复杂的温度控制,目标规则可包括多个时间段的温度设定值、温度变化率、各种异常情况的处理等,并且锅炉对象和加热机制需要用多种数学模型来描述,会用到多种数学工具。对交通信号灯控制系统来说,目标规则的描述需要通过一系列指标来表征,如绿信比、饱和流量、流量系数等。

不同的控制系统其目标规则的表示方法也不同,所采用的数学工具也不一样,这就需要研究各种表示方法和数学模型,需要了解各种控制规律的特点。

3. 控制的品质

控制的品质可通过系统的性能指标来评价,传统意义上的性能指标有稳定性、快速性、准确性等。

(1) 稳定性——指系统重新恢复平衡的能力。一个处于平衡状态的系统,受到干扰后,在有限时间内仍然能够回到原来的平衡状态,则该系统是稳定的。稳定性是决定系统能否工作的首要问题。

(2) 准确性——指系统处于平衡后,其输出与给定值之间的误差。准确性反映了系统的稳态精度和静态特性。

(3) 快速性——指系统动态过程的延续时间。当系统的给定量发生变化或受到干扰时,系统会有一个动态变化过程,快速性好的系统其动态过程延续时间短,系统的响应速度快、超调量小。快速性反映了系统的动态特性。

上述反映系统“稳”、“准”、“快”的性能指标相互之间有联系又有制约,如提高了快速性,则可能增大振荡幅值,加剧了系统的振荡,影响稳定性;而改善了稳定性又可能使动态过程进行得缓慢,影响了快速性,而且可能导致稳态误差增大。这些指标也可以通过定量的参数来描述,例如超调量、稳态误差、调节时间等。

除了传统的评价指标外,广义的评价指标还包括可靠性、操作性、互换性、效率以及性价比等,这些评价指标也越来越受到人们的重视。

(1) 可靠性——指在一定条件下,能完成规定功能的持续时间。由于许多控制系统的工作环境比较恶劣,系统部件或运行操作难免会出现故障和错误,而失控的系统常会带来非常严重的后果。因此,一个可靠性不高的控制系统是不能付诸实用的。

(2) 操作性——指操作人员使用系统的方便程度。一个操作性好的系统应该是容易学习、容易理解和容易掌握的,甚至能容忍和自动纠正操作人员的一些失误,真正体现用户至上、以人为本的理念。

(3) 互换性——指系统的部件或设备能与同类产品进行互换的程度。一个互换性好的系统允许用户可以把来自不同厂家但具有相同功能的同类部件设备进行互换,这样能使用户具有对设备和器件进行选择、集成的主动权,也便于维修和操作。提高系统互换性的重要措施是采用开放的、标准化的部件、设备和技术。

(4) 效率——指系统所用资源的多少,如系统的能耗、使用材料、占用的空间等。具有现代环保理念的工程人员和用户,应该追求高效、低耗、无污染的控制装置和系统。

(5) 性价比——指系统的性能与价格之比,即在首先满足系统性能的前提下,尽可能做到低价格、低能耗。性价比是促进控制技术发展的重要动力,也是企业产品竞争力的重要体现。

1.2 计算机控制系统

1.2.1 计算机控制系统的结构

计算机控制系统是采用计算机作为控制单元的控制系统,如图 1-9 所示。其中,计算机系统分为硬件系统和软件系统,硬件系统包括计算机、输入输出接口、过程通道(输入通道和输出通道)、外部设备(交互设备和通信设备等),软件系统包括系统软件和应用软件。

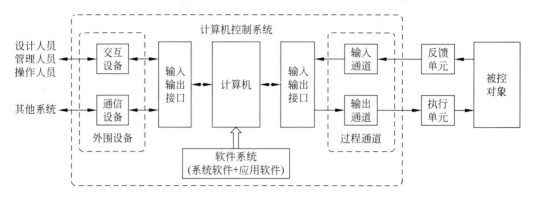

图 1-9　典型计算机控制系统的结构框图

　　计算机控制系统中的计算机是信息处理的核心部件,通常包括微处理器和存储器。输入输出接口完成计算机与过程通道、外围设备的连接。过程通道包括输入通道和输出通道,输入通道将反馈单元的电信号转换为计算机能接收的数字信号,输出通道将接口电路输出的数字信号转换为执行单元能够接收的信号。过程通道是有别于其他计算机系统的一个重要组成部分。外围设备(也称外部设备)包括人机交互设备、通信设备等。人机交互设备,如显示器、键盘、触摸屏、操作台等,用于与各种人员的交互。设计人员可用来输入控制算法、监控界面等;管理人员可用来管理和维护系统的运行;操作人员可用来输入操作指令、观察测试数据等。通信设备,如调制解调器、网络通信设备等,用于与其他系统的通信,以便对系统进一步的扩展和远程操作控制。

　　系统软件包括操作系统以及为方便使用计算机本身而提供的软件,如实时数据库系统、计算机语言的编译系统等。应用软件包括控制算法、人机界面、组态软件、监控软件等。

　　被控对象包括对象的结构及其数学模型,对象的结构描述了对象的组成及相互关系,而对象的数学模型描述了其运动规则及特性。

　　反馈单元由各种传感器和变送器等检测机构组成,用于检测被控对象的状态,如温度、压力、流量、位移、开关状态等,并将这些状态信息转换为电信号,送给计算机控制系统中的过程通道。所以反馈单元也称检测单元。

　　执行单元由各种电机、传动机构、电磁阀、加热器、声光设备等执行机构组成,执行单元接收计算机控制系统中输出通道的电信号,然后转换为可对被控对象施效的物理能量,如热能、光能、机械能等。

　　随着控制网络技术、现场总线技术和嵌入式计算机技术的发展,计算机控制系统的结构也有所变化,从以计算机信息处理为中心转向以现场总线和网络通信为枢纽。

1.2.2　计算机控制系统的分类

1. 按系统结构分类

　　计算机控制系统按系统结构可分为开环控制系统与闭环控制系统。开环控制系统没有反馈单元,而闭环控制系统通过反馈单元检测被控对象当前的输出,并将其与设定值比较得到的偏差作为控制的依据,使系统向减少或消除偏差的方向变化,因此这种控制也称为偏差控制。

开环控制是一种最简单的控制方式,系统的输出不会对控制作用产生影响。对每个输入量都有一个对应的输出。简单情况下,输入量就是单一的给定量,如图1-10(a)所示;若有可预测的扰动量,则可增加补偿装置(也称前馈控制器),获取补偿量作为输入量的一部分,如图1-10(b)所示。开环控制的精度取决于执行机构特性和精度。在扰动量影响不大的情况下,采用开环控制可使系统更为简洁。

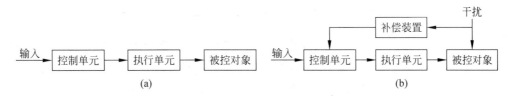

图 1-10　开环控制

闭环控制又称反馈控制,是一种最基本的,也是应用最为广泛的控制方式。闭环控制能抑制各种扰动,有较高的控制精度。特别是在对象特性很难描述或多变的情况下,宜采用闭环控制。闭环控制的基本结构框图如图1-11(a)所示。对可预测的扰动,也可采用适当的补偿装置来控制,同时再加上闭环控制,以消除其扰动产生的偏差,此时的结构框图如图1-11(b)所示。

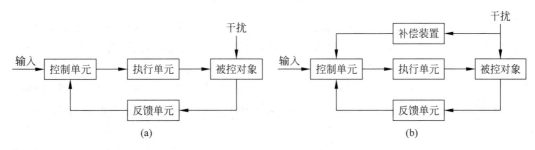

图 1-11　闭环控制

在一个控制系统中,对能准确描述特性的环节采用开环控制,而对不能确切描述特性的环节采用闭环控制,从而可构成一个闭环与开环相结合的前馈-反馈复合控制系统。

2. 按控制器与被控对象的关系分类

计算机控制系统按控制器与被控对象的关系可分为实时控制与仿真控制。对实时控制,各单元包括被控对象都是真实的实体,而对仿真控制,被控对象或其他某个部件通过硬件或软件的仿真器来取代,仿真控制主要用于调试或验证。实时控制和仿真控制的示意图如图1-12(a)和图1-12(b)所示。

3. 按计算机在控制系统中的地位和工作方式分类

按计算机在控制系统中的地位和工作方式来分,计算机控制系统可分为操作指导控制系统、直接数字控制系统、监督计算机控制系统、分布式控制系统、现场总线控制系统、计算机集成制造系统等。

操作指导控制(operation guide control,OGC)系统中,计算机只对系统过程参数进行收

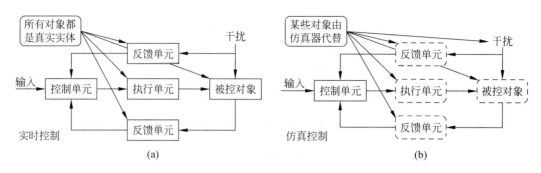

图 1-12　实时控制与仿真控制

集、加工处理,然后输出指导性数据,计算机不直接参与控制,操作人员根据这些数据再进行操作,如图 1-13(a)所示。这种方式不能有效地减轻操作人员的劳动强度,主要用于计算机控制的初级阶段,或用于试验新的数学模型和调试新的控制程序等场合。

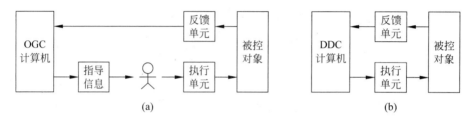

图 1-13　操作指导控制(OGC)与直接数字控制(DDC)

在直接数字控制(direct digital control,DDC)系统中,计算机直接对多个被控参数进行巡回检测,检测结果与给定值进行比较,再按既定的控制算法进行运算,然后把结果输出到执行机构,对被控对象进行控制,如图 1-13(b)所示。DDC 系统通常属于闭环控制,也是工业生产过程中最普遍的一种控制形式。DDC 系统中的计算机直接承担检测、运算、控制任务,因此要求计算机的实时性好、可靠性高。由于单个 DDC 计算机的处理能力有限,故其控制规模不大。

监督计算机控制(supervisory computer control,SCC)系统通常包括两级控制:第一级完成现场的直接控制,通常为 DDC 控制(早期也有使用模拟控制器的);第二级为 SCC 计算机,完成监督控制,监督下级反馈上来的过程状况,并根据数学模型进行必要的计算,及时给出指令,指挥下级计算机完成现场的控制,如图 1-14 所示。一个 SCC 计算机可以监督控制多个 DDC,收集的信息较多,因而 SCC 的控制规模也较大,并可实现如最优控制、自适应控制等复杂控制。对 SCC 计算机的可靠性要求较高,因为一旦 SCC 计算机出现故障,整个系统就可能失控。SCC 是 OGC 系统和 DDC 系统的综合与发展。

分布式控制系统(distributed control system,DCS)也称集散控制系统,是以分布在不同物理位置的多台计算机为基础的,以"分散控制、集中操作、分级管理"为原则而构建的控制系统。DCS 是在工业生产过程规模的不断扩大、综合控制与管理要求不断提高的情况下发展起来的。由于现代生产过程的复杂性,设备分布又广,各工序、设备需同时并行地工作,而且基本上是互相独立的,若使用单一计算机来集中控制,则系统变得十分复杂,而且可靠性会降低。DCS 从下而上分为若干级,如分散过程控制层、集中操作监控层、综合信息管理层等。各层之间通过网络进行数据通信。DCS 的结构如图 1-15 所示。

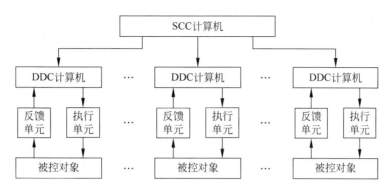

图 1-14 监督计算机控制 SCC

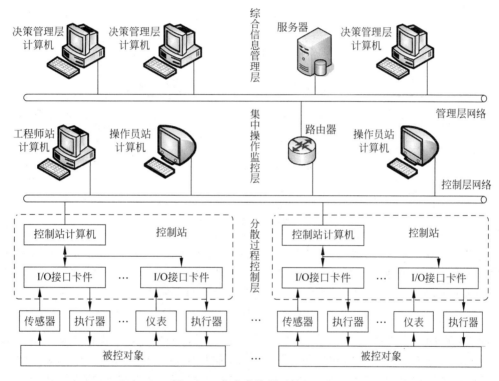

图 1-15 分布式控制系统（DCS）

在 DCS 中,只有必要的信息才传送到上一级计算机,各级计算机都可相对独立地工作,并有一定的冗余措施。这样在扩大系统规模时,既可避免大量数据的传输,又可有效地提高系统的可靠性。

计算机集成制造系统(computer integrated manufacturing system,CIMS)是在信息技术、计算机技术、自动化技术、制造技术的基础上,利用计算机及其软件将工厂的全部生产经营活动,进行统一控制、统一管理的综合性自动化制造系统。工厂的全部生产经营活动包括设计、制造、管理各个环节,从市场预测、订货、计划、产品设计、加工制造、销售,直到售后服务等,CIMS 的目标是把局部优化转化成全厂甚至整个企业的总体优化,缩短产品开发与制造周期、提高产品质量、提高生产率、减少成本以及充分利用各种资源,以获取企业整体效益及提高企业的综合能力。

CIMS 将控制的概念进一步扩展,计算机已不仅仅用于现场的控制,而是在以产品设计、加工制造为中心,全面优化计划、采购、生产、销售等各个环节发挥作用。CIMS 是计算机技术、自动控制技术、制造技术、信息技术、管理技术、网络技术、系统工程技术等新技术发展的结果。

现场总线控制系统(field bus control system,FCS)是建立在网络基础上的高级分布式控制系统。在 FCS 中,由计算机构成的控制器与传感器、执行器、外围设备之间以及多个控制器之间都采用现场总线和网络相互连接,如图 1-16 所示。其中,智能传感器、智能执行器、通信设备、交互设备等都带有嵌入式计算机和现场总线接口。现场总线是一种开放的数字式总线,适用于工业现场的恶劣环境,它是 FCS 的核心。

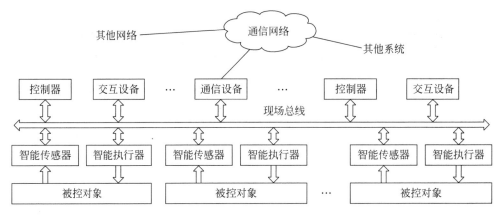

图 1-16 现场总线控制系统(FCS)

现场总线技术是 20 世纪 90 年代兴起的一种先进的工业控制技术,它将当今网络通信与管理的观念引入工业控制领域。从本质上讲,它是一种数字通信协议,是连接智能现场设备和自动化系统的数字式、全分散、双向传输、多分支结构的通信网络。

FCS 是控制技术、仪表技术和计算机网络技术三者的结合,具有现场通信网络、现场设备互连、互操作性、功能块分散、开放式互连网络等技术特点,这些特点不仅保证了它完全可以适应目前工业界对数字通信和自动控制的需求,而且使它与 Internet 互连构成不同层次的复杂网络成为可能,代表了今后工业控制体系结构发展的一种方向,已成为工业生产过程自动化领域中的一个新热点。

在 FCS 中,计算机的功能不仅仅在于一般的信息处理,而是更强调计算机的信息交换功能。FCS 使传统的自动控制系统产生革命性的变革,改变了传统的信息交换方式、信号制式和系统结构,改变了传统的自动化仪表功能概念和结构形式,也改变了系统的设计和调试方法,开辟了控制领域的新纪元。

4. 按控制规律分类

控制的目标规则是控制系统的重要组成要素,控制规律是这一要素的具体体现,掌握不同控制规律的特点,对理解具体控制系统的组成结构、控制算法的设计是非常重要的。按控制规律分类,控制系统可分为恒值控制、随动控制、PID 控制、顺序控制、程序控制、模糊控制、最优控制、自适应控制、自学习控制等。

对恒值控制,其控制目标是系统的输出根据输入的给定值保持不变,输入通常是在某一时间范围内恒定不变或变化不大的模拟量。许多温度、水位、压力、转速的控制都属于这一类控制,如空调、恒温炉的温度控制,供水系统的水压控制,传动机构的速度控制。

对随动控制,其控制目标是要求系统的输出跟踪输入而变化,而输入的值通常是随机变化的模拟量,往往不能预测。许多物体的运行控制都属于这一类控制,如自动导航系统、自动驾驶系统、阳光自动跟踪系统、雷达天线的控制等。

PID 控制是根据给定值与输出值之间偏差的比例(P)、积分(I)、微分(D)进行的反馈控制,是工业上适用面较广、历史较长、目前仍得到广泛应用的控制规律。许多连续变化的物理量,如温度、流量、压力、水位、速度等的控制,都可采用 PID 控制。许多恒值控制和某些随动控制也可采用 PID 规律来实现。

顺序控制是指根据给定的动作序列、状态和时间要求而进行的控制,如交通信号灯的控制、电梯升降的控制、自动包装机、自动流水线的控制。动作序列、状态通常是离散量,而部分的状态其中也可能出现对连续量的控制。

程序控制也有称数值控制、数字控制,通常是指根据预先给定的运动轨迹来控制部件行动,如线切割机的控制、电脑绣花机的控制。预先给定的运动轨迹通常也是由离散量的数据来表示。

模糊控制是基于模糊集合和模糊运算,采用语言规则表示法进行的控制。模糊(fuzzy)数学理论由美国著名学者、加利福尼亚大学教授 L. A. Zadeh 于 1965 年首先提出。模糊控制能适应于经典控制理论难以描述的多变量、非线性系统,在家用电器、工业过程控制、汽车和航空航天等领域得到了越来越多的应用。

最优控制也称最佳控制,它追求的目标是使系统的某些指标达到最优,而这些指标往往不能直接测量,如时间、能耗等。

自适应控制是指在工作条件改变的情况下,仍然使控制系统对被控对象的控制处于最佳状态。它需要随时检测系统的环境和工作状况,并可随时修正当前算法的一些参数,以适应环境和工作状况的改变。

自学习控制是指系统能够根据运行结果积累经验,自行改变和完善控制算法,使控制品质愈来愈好。它有一个积累经验和主动学习的过程,可以适时地调整算法的结构和参数,以不断地提高自身算法的质量。

模糊控制、最优控制、自适应控制和自学习控制都属于比较先进的控制,也被为智能控制。

5. 按控制对象的特点分类

按控制对象的特点分类,控制系统可分为装置设备自动控制、生产过程自动控制和公共工程自动控制等。所谓的装置设备自动控制是针对某一类可以独立工作的装置设备进行的控制,如纺织机、注塑机、包装机等。所谓生产过程自动控制是指伴随某个生产过程进行的控制,如许多化工生产过程、热电厂锅炉工作过程、钢铁冶炼过程的自动控制。生产过程自动控制还可分为连续过程控制(如啤酒的发酵过程控制)和离散控制(如啤酒的灌装过程控制),实际情况更多的是这两种控制的结合。所谓的公共工程自动控制是指大型公共工程对调试、指挥和管理的控制,如城市交通信号灯的管理系统、有轨车辆的运输管理系统等。

1.2.3　计算机控制技术及其发展

1. 计算机控制技术的概念

计算机控制技术是在计算机技术和自动控制技术基础上产生并发展起来的。计算机控制系统中获取信息、传递信息、加工信息、执行信息等过程都有相应的技术来实现,而这些过程中的信息大部分由电子信号来表示,信息处理的工具是电子计算机。在这些过程用到的计算机控制技术包括控制用计算机技术、输入输出接口与过程通道技术、控制网络与数据通信技术、数字控制器设计与实现技术、控制系统的人机交互技术、控制系统的可靠性技术以及计算机控制系统的设计技术等。

控制用的计算机技术涉及处理器基本系统的构建、程序的设计和调试、实时操作系统的应用;输入输出接口与过程通道技术用于数据采集和处理、从被控对象到计算机之间的信号转换、执行机构的驱动;控制网络与数据通信技术用于各单元及各系统之间的数据通信;数字控制器设计与实现技术用于控制算法的设计和相应软件实现方法,其中控制算法的设计不仅与程序设计有关,而且还与自动控制理论密切相关。而商品化的组态软件、监控软件为控制系统应用程序的开发带来了极大方便;控制系统的人机交互技术用于解决控制系统与设计人员、管理人员以及操作人员的信息交互;控制系统的可靠性技术用于保证系统能在规定条件下,最大限度地减少错误的出现,减少干扰造成的影响,能有效地进行故障诊断和快速地恢复系统,更好地完成规定的功能。

计算机控制技术除了与计算机技术和自动控制技术密切相关外,还与其他技术相互参透和促进,如传感器技术、检测技术、微电子技术、电力电子技术、电机拖动技术、通信技术等。因此,学习和掌握计算机控制技术,也需要了解和掌握与其相关的知识和技术。

2. 计算机控制技术的发展

计算机控制技术是自动控制理论与计算机技术相结合的产物,它的发展离不开自动控制理论和计算机技术的发展。自动控制理论及其应用技术的发展与人类生产力水平的发展密切相关,它经历了从简单局部控制到复杂全局控制、从低级控制到高级智能控制的发展过程。

自动控制技术的初级阶段,以经典控制理论为代表,采用传递函数进行数学描述,以根轨迹法和频率法作为分析和综合系统的基本方法,以单输入单输出的控制系统为主。

20世纪60年代,进入所谓"现代控制理论阶段",以状态空间分析为基础来对系统进行综合和分析,从单变量控制向多变量控制、从自动调节向最优控制、由线性系统向非线性系统发展。

之后,大系统理论、非线性系统、分布参数系统、随机控制以及容错控制、模糊控制、鲁棒控制、神经网络控制等在理论上和实践中都得到了发展,将人工智能、控制理论和运筹学相结合的智能控制,在对一些复杂的工业过程(如反应过程、冶炼过程、生化过程等)的控制中取得了成功。

计算机技术从电子管、晶体管到超大规模集成电路的发展,使得计算机的应用重点发生了改变,从早期以科学计算为主到后来的以信息处理为主。20世纪70年代后,随着微处理器的问世,计算机在自动控制领域中得到了大量应用。尤其是工业用计算机,在采用了冗余技术、软硬件自诊断等措施后,其可靠性大大提高,工业生产自动控制已进入计算机时代。

进入21世纪后,计算机控制技术越来越成熟,应用也越来越广泛,目前正朝着微型化、智能化、网络化和规范化方向发展。

微型化是指嵌入式计算机已渗透到控制前端和底层,如各种传感器、执行器、过程通道、交互设备、通信设备等。特别是随着微电子机械系统(micro elector mechanical system,MEMS)技术的发展,MEMS传感器、执行器和控制器的低成本、低功耗、高精度、微体积的特性越发显著,使得控制技术深入到传统的机电技术难以进入的领域。

智能化是指控制器具有自适应、自学习、自诊断和自修复功能,控制质量进一步提高。特别是随着高性价比微控制器(microcontroller unit,MCU)的飞速发展,各种"智能产品"、"智能制造"层出不穷,而这些MCU及其算法是智能化控制的灵魂。

网络化是指控制系统的结构重心由信息加工单元转向系统的信息传输,使用高可靠、低成本、综合化的现场总线、以太网技术以及Internet技术,使得控制系统的规模不断扩大,不仅能对整个工厂的生产过程进行控制,而且能够实现跨地域的公共交通控制。以互联网为代表的新一代信息技术与控制技术的深度融合,必将推动"互联网+"时代的来临和发展。

规范化是指控制系统的硬件和软件系统有一系列的标准来规范,设备的互换性、系统的互连性使得系统的集成更为灵活,如各种规模的可编程控制器(PLC)、开放的组态软件、开发平台和各种通信协议为构建各种控制系统带来了方便,极大地提高了系统的开发效率,降低了系统的维护成本。

计算机控制技术的发展也必将进一步推动控制理论的发展和自动化水平的提高。

1.3 课程的研究内容和学习方法

1.3.1 研究内容

计算机控制技术研究内容包括计算机控制的基本原理、主要技术和工程应用。本课程分为基础篇、技术篇和应用篇,分别介绍最基本的原理、常用的技术和典型的实例。

基础篇中除了本章介绍的自动控制基本概念外,还将介绍计算机控制系统的理论基础,包括系统数学模型的描述方法、连续系统分析设计方法的回顾、离散系统的分析、数字控制器的设计与实现。其中,着重介绍数字控制器近似设计法和解析设计法——离散化方法和最少拍随动系统的设计,以及工业上最常用的数字PID控制算法及参数整定。

技术篇是本教材的重点内容,主要包括工业控制计算机及其接口技术、过程通道技术、可靠性和抗干扰技术、控制系统中的软件技术——组态软件,以及集成了计算机控制系统许多关键技术的集散控制系统(DCS)。

应用篇介绍了计算机控制技术应用的具体模式和实例,包括计算机控制系统的多种解决方案及案例分析,介绍了计算机控制技术在简单过程控制的应用,并结合了国内自动控制领域的著名企业——浙江中控的典型产品和项目,介绍计算机控制技术在流程工业自动化中的应用实例。

1.3.2 学习方法

由于计算机控制技术涉及的知识非常广泛,在了解课程结构的基础上,必须掌握良好的学习方法,这样才能做到事半功倍的效果。学习方法可以从原则、过程和工具三个要素来考虑。

1. 原则

学习计算机控制技术可遵循系统化、信息化、规范化、实用化的原则。

可以从系统化的观点来看待一个控制系统。控制系统是具有一定结构和功能的有机整体,可将其分解为相互联系、相互作用的各个子系统,它们的子功能可通过外特性来描述,因此在学习某一单元内部原理时必须清楚其外特性,这些外特性可通过为数不多的输入输出参数来描述。例如,对不同的被控对象,可以找出用来表示和改变其状态的特征参数;对控制器来说,必须掌握它有哪些输入数据和输出数据。由于一个人的能力有限,所以要有化整为零、积少成多的观念。对一个规模不大的系统,可以从设计各底层部件开始,来构建一个系统,这就是系统的开发工作;而对有一定规模的系统,则可以从选择各子系统开始,来组建一个系统,这就是系统的集成工作。系统的集成需要有较丰富的开发经验,而系统的开发阶段就要建立系统集成的思想。

可以从信息化的本质来看待一个控制过程。根据经验,可以分析出某一个过程是信息的获取、加工、施效还是传输过程。计算机是一个强大的信息处理工具,一个合适的信息表达形式是信息得到有效处理的前提,控制规律的数据形式表达是信息加工的关键,而时间和空间是信息处理的两大限约要素,因此计算机的速度和存储空间是其重要的性能指标。信息的传输在控制的各过程中都有体现,数据通信和数据存储技术在控制系统中也非常重要。

可以从规范化的要求来分析和设计一个控制系统。应了解和掌握控制系统从底层的标准元器件、信号类型、总线标准、通信协议到组态软件的编程语言、开放式的监控软件。运用开放的、规范化的技术可提高系统的构建效率,降低维护费用,这些技术通常有较长的生命周期,重点掌握这些技术也是提高学习效率的一个要素。

可以从实用化的角度来理解控制技术的应用水平。在市场经济的环境下,生命力强的技术必然会有性能和价格上的优势,性价比高的产品必然会得到广泛的应用,低碳环保的产品会受到更多用户的欢迎。因此,要随时了解当前技术、产品性能和价格情况,在设计时尽可能选用性价比好的技术和产品,避免重复使用低级落后技术,减少低性能、高价格、高能耗、不可靠、难维护的劣质系统。所以,作为计算机控制领域中与时俱进的工程人员,应能关注诸如 MEMS 器件、高性价比的 MCU、互联网相关的通信协议、嵌入式软件开发平台及规范等实用技术。

2. 过程

学习计算机控制技术可以从简单到复杂、从概貌到细节、从外特性到内特性、从分析到综合来进行。不同的控制系统的复杂程度相差很大,为便于掌握原理,可以从简单入手,经过不断提出问题和解决问题,从而掌握更为复杂的原理;为便于理解系统的构成,可以从概貌到细节,逐步深化和分解,从而理解各子系统的功能;为了掌握系统的特性,可以从分析各子系统外特性入手,来了解相互关系,必要时可进一步分析其内特性,以改善和简化外部特性,对有些子系统也可不必深入了解其内部特性;为了掌握应用能力,可以从分析简单实例入手,尝试改进局部功能,参与设计部分子系统,不断积累经验,逐步培养掌握系统设计的综合能力。

3. 工具

在学习计算机控制技术的过程中,要注意掌握多种辅助工具。如 MATLAB 软件可用于数据处理和系统仿真,可在计算机上直观地看到数据处理的结果和系统的响应曲线;各种组态软件可提供符合 IEC-61131-3 标准的自动化编程工具;运用数据采集与监控系统(supervisory control and data acquisition,SCADA),可通过丰富的人机界面实现远程实时数据采集和监控；嵌入式计算机系统的编程环境和相应的操作系统、数据库系统也是从事自动控制工程人员需要了解和掌握的；另外，在 Internet 上有许多计算机控制技术的资源，因此，掌握 Internet 的信息浏览、检索工具也是非常必要的。

本章知识点

知识点 1-1　自动控制中的基本问题

自动控制中的基本问题包括：控制系统的组成与关系，即系统的结构、控制的过程、控制系统的目标规则、控制系统的品质。

知识点 1-2　计算机控制系统的结构

计算机控制系统是以计算机为控制单元的自动控制系统。典型的计算机控制系统由被控对象、检测和执行机构、计算机系统等组成。计算机系统包括硬件系统和软件系统，硬件系统中的过程通道是一个重要组成部分。随着控制网络技术、现场总线技术和嵌入式计算机技术的发展，计算机控制系统的结构也有所变化，从以单个计算机系统为中心正在向以现场总线和网络为枢纽的方向发展。

知识点 1-3　控制系统的分类

控制系统有多种分类，其中值得关注的有按控制器与被控对象的关系分类、按控制规律分类。通过控制系统的分类可以从不同角度来了解控制系统的特征。

知识点 1-4　课程的学习方法及计算机控制技术的发展

由于计算机控制技术涉及的知识非常广泛，所以必须了解课程结构，从原则、过程和工具三个方面来掌握良好的学习方法。计算机控制技术目前正朝着微型化、智能化、网络化和规范化方向发展。关注诸如 MEMS 器件、高性价比的 MCU、互联网相关的通信协议、嵌入式软件开发平台及规范等实用技术，有利于提升计算机控制技术的应用能力。

思考题与习题

1. 什么是自动控制、控制系统、自动化和控制论？
2. 控制的本质是什么？
3. 自动控制中有哪些基本问题？
4. 一个控制系统由哪些部分组成？试结合一个实例来说明。
5. 控制系统的性能指标有哪些？试结合一个实例来说明。
6. 一个典型的计算机控制系统由哪些部分组成？它们的关系如何？
7. 计算机控制系统有哪些分类？试比较 SCC、DCS 和 FCS 的各自特点。
8. 试通过实例来说明不同控制规律的特征。
9. 计算机控制系统中获取信息、传输信息、加工信息、执行信息等过程分别与哪些技术有关？
10. 学习计算机控制技术可遵循哪些原则？
11. 请收集有关资料，了解计算机控制技术近期的发展动向。
12. 请收集有关参考教材，了解计算机控制技术相关课程的教学内容。

第 2 章

计算机控制系统的

理论基础

控制系统是由有一定结构,并通过控制来实现特定功能目标的有机整体,那么用何种形式来描述其功能和目标? 其各子系统的特性如何表示? 从表面上了解其结构是不够的,必须研究控制系统中各个物理量的变化,以及各物理量之间的相互作用和制约的关系,也就是要研究控制系统中信息的具体表现形式和相互关系。为此必须采用有效的方法来描述,建立系统的数学模型可以有效地描述控制系统中各个物理量的变化规律,从而分析出系统的特性,指导系统的设计。

控制系统的描述方法有多种,不同性质的系统有不同的描述方法,同一个系统也可有不同的描述方法。经典的控制理论适用于描述连续信号系统,而计算机控制系统通常为离散采样系统,可运用离散信号系理论来描述。

输入输出描述方法是通过系统的输入与输出之间的关系来描述系统特性的,适用于简单系统的描述。状态空间描述方法是以系统状态转换为核心,不仅适用于单变量输入和单变量输出的系统,也能适用于多变量的场合,是现代控制系统的一个基本描述方法。

本章首先讨论描述建立控制系统数学模型的工具和描述方法,回顾连续信号系统与离散信号系统的数学模型以及系统的分析和设计方法,并介绍建立数学模型过程中常用的数学描述工具。在此基础上,给出离散系统的稳定性分析、静态误差分析和动态误差分析。

2.1 控制系统的数学模型

2.1.1 控制系统的描述方法

控制系统的信息通常通过信号来表示,信号可看作是以时间为自变量的函数。经典的控制理论是基于连续信号系统的,连续信号同样是以时间为自变量的函数,在时间和幅值上都是连续的。计算机控制系统通常为离散控制系统,计算机处理的信号通常为离散信号。离散信号在时间上是离散的,它是通过对连续信号采样而获得的,所以离散控制系统也称离散采样控制系统。无论是对连续信号系统(简称连续系统),还是离散信号系统(简称离散系统),都可采用输入输出描述方法和状态空间描述方法来描述系统。

1. 输入输出描述方法

输入输出描述方法也称激励响应法,它是基于系统的输入与输出之间的因果关系来描述系统特性的,适用于描述单变量输入和单变量输出的系统,或输入输出变量不多的简单系统。在输入输出描述方法中,系统的输出不仅与当前的输入有关,还与过去的输入和输出有关。

对连续信号系统,设某系统的输入(或激励)为 $r(t)$,输出(或响应)为 $y(t)$,则系统为一变换 $T[\ ]$,即 $y(t)=T[r(t)]$,$r(t)$ 和 $y(t)$ 均为时间的函数,如图 2-1(a)所示。

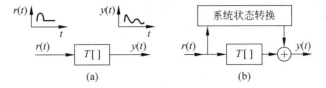

图 2-1　系统的输入输出描述与状态空间描述

也可把系统简记为 $r(t)\to y(t)$。对线性的系统,若 $r_1(t)\to y_1(t)$,$r_2(t)\to y_2(t)$,则 $a\cdot r_1(t)+b\cdot r_2(t)\to a\cdot y_1(t)+b\cdot y_2(t)$;对时不变系统,若 $r(t)\to y(t)$,则 $r(t-t_0)\to y(t-t_0)$;对因果系统,可假定 $t<0$ 时,$r(t)=0$,$y(t)=0$。

许多实际系统虽然并不是严格的线性时不变系统,但在一定条件和范围内,仍可用线性时不变系统来近似描述。对非因果系统,说明系统还有未知的外部或内部因素会影响系统的输出。对线性时不变因果系统有较成熟的描述方法,如不做说明,下面讨论的系统都是线性时不变因果系统。

2. 状态空间描述方法

状态空间描述方法是以系统状态转换为核心,不仅适用于描述单变量输入和单变量输出的系统,也能适用于多变量的场合,是现代控制系统的一个基本描述方法。状态空间描述方法,把输入输出的历史信息通过状态变量来体现。这样,系统的输出仅与当前的系统输入和状态变量有关。状态空间描述如图 2-1(b)所示。

3. 描述系统的数学工具和模型

系统变换 $T[\ ]$ 只是一个抽象的符号,可以利用数学工具来描述系统。对连续系统用到的数学工具有微分方程、拉普拉斯变换和传递函数,对离散系统用到的数学工具有差分方程、z 变换和脉冲传递函数。

对连续系统,可用微分方程、脉冲响应、传递函数建立系统模型;对离散系统,可用差分方程、脉冲响应、脉冲传递函数建立系统模型;对连续系统和离散系统,都可用方框图来描述系统结构。

离散采样控制系统的被控对象往往是连续系统,下面结合实例先对连续系统的数学模型、系统方框图和状态空间描述法做一介绍,稍后再对离散系统的数学模型进行深入分析。

2.1.2　用微分方程表示的系统模型

下面先结合例子介绍用微分方程表示的系统模型,然后给出用微分方程表示系统模型的一般形式。

1. 水箱水位系统

单容水箱系统的结构如图 2-2(a)所示。水箱的液面高度为 h,水箱的进水量为 q_1,由进水阀 V_1 控制,出水量为 q_2,出水阀 V_2 可影响出水量 q_2。设输入为 $q_1(t)$,输出为 $h(t)$,则系统框图如图 2-2(c)所示。

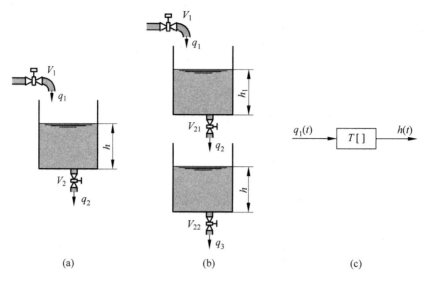

图 2-2　单容水箱和双容水箱的系统模型

(a) 单容水箱；(b) 双容水箱；(c) 水箱系统框图

根据水量动态平衡的关系，可得

水箱水量的变化量 ＝ 进水量 － 出水量

即为

$$C \cdot \frac{\mathrm{d}h}{\mathrm{d}t} = q_1 - q_2$$

其中，C 为水箱的容量系数。

出水量 q_2 与水位 h 和出水阀 V_2 有关，设 V_2 的液阻为 R_2，则有 $q_2 = h/R_2$。

如把进水量 q_1 与水位 h 分别看作系统的输入和输出，则有微分方程

$$C \cdot \frac{\mathrm{d}h}{\mathrm{d}t} + \frac{h}{R_2} = q_1$$

或

$$R_2 \cdot C \cdot \frac{\mathrm{d}h}{\mathrm{d}t} + h = R_2 \cdot q_1 \tag{2-1}$$

同样地，对如图 2-2(b)所示的双容水箱系统，也可建立相应的系统模型。根据水量动态平衡的关系，可得微分方程组

$$\begin{cases} C_1 \cdot \dfrac{\mathrm{d}h_1}{\mathrm{d}t} = q_1 - q_2, & q_2 = \dfrac{h_1}{R_{21}} \\[3mm] C_2 \cdot \dfrac{\mathrm{d}h}{\mathrm{d}t} = q_2 - q_3, & q_3 = \dfrac{h}{R_{22}} \end{cases} \tag{2-2}$$

其中，C_1 和 C_2 分别是上水箱和下水箱的容量系数，h_1 为上水箱水位，h 为下水箱水位，R_{21} 为阀 V_{21} 的液阻，R_{22} 为阀 V_{22} 的液阻，q_1 为上水箱的进水量，q_2 为下水箱的进水量。

整理式(2-2)，则下水箱的液面高度 h 与上水箱的进水量 q_1 的关系可用微分方程表示为

$$R_{21} \cdot R_{22} \cdot C_1 \cdot C_2 \cdot \frac{\mathrm{d}^2 h}{\mathrm{d}t^2} - (R_{21} \cdot C_1 + R_{22} \cdot C_2)\frac{\mathrm{d}h}{\mathrm{d}t}h + h = R_{22} \cdot q_1 \qquad (2-3)$$

2. 电路系统

对一阶 RC 电路,如图 2-3(a)所示,其输出电压 U_o 与输入电压 U_i 的关系为

$$U_\mathrm{R} + U_\mathrm{C} = U_\mathrm{i}$$

其中,$U_\mathrm{R} = R \cdot i_\mathrm{R} = R \cdot C \cdot \dfrac{\mathrm{d}U_\mathrm{o}}{\mathrm{d}t}$,$U_\mathrm{C} = U_\mathrm{o}$,所以可用微分方程表示为

$$R \cdot C \cdot \frac{\mathrm{d}U_\mathrm{o}}{\mathrm{d}t} + U_\mathrm{o} = U_\mathrm{i} \qquad (2-4)$$

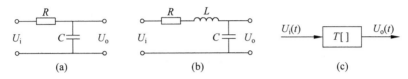

图 2-3　RC 电路和 RLC 电路的系统模型

对二阶 RLC 电路,如图 2-3(b)所示,其输出电压 U_o 与输入电压 U_i 的关系为

$$U_\mathrm{L} + U_\mathrm{R} + U_\mathrm{C} = U_\mathrm{i}$$

其中,$U_\mathrm{L} = L \cdot \dfrac{\mathrm{d}i}{\mathrm{d}t}$,$U_\mathrm{R} = R \cdot i$,$U_\mathrm{C} = U_\mathrm{o} = \dfrac{1}{C}\displaystyle\int i\mathrm{d}t$。可用微分方程表示为

$$L \cdot \frac{\mathrm{d}i}{\mathrm{d}t} + R \cdot i + U_\mathrm{o} = U_\mathrm{i} \qquad (2-5)$$

因为 $i = C \cdot \dfrac{\mathrm{d}U_\mathrm{o}}{\mathrm{d}t}$,所以整理式(2-5)后有

$$L \cdot C \cdot \frac{\mathrm{d}^2 U_\mathrm{o}}{\mathrm{d}t} + R \cdot C \cdot \frac{\mathrm{d}U_\mathrm{o}}{\mathrm{d}t} + U_\mathrm{o} = U_\mathrm{i} \qquad (2-6)$$

3. 微分方程的一般表示形式

比较前面例子的微分方程,可看出单容水箱与 RC 电路有着相似的表达式,见式(2-1)和式(2-4);双容水箱与 RLC 电路有着相似的表达式,见式(2-3)和式(2-6)。对单变量输入单变量输出的系统,微分方程的一般表示形式如下

$$a_n \frac{\mathrm{d}^n y(t)}{\mathrm{d}t^n} + a_{n-1}\frac{\mathrm{d}^{n-1}y(t)}{\mathrm{d}t^{n-1}} + \cdots + a_1 \frac{\mathrm{d}y(t)}{\mathrm{d}t} + a_0 y(t)$$

$$= b_m \frac{\mathrm{d}^m r(t)}{\mathrm{d}t^m} + b_{m-1}\frac{\mathrm{d}^{m-1}r(t)}{\mathrm{d}t^{m-1}} + \cdots + b_1 \frac{\mathrm{d}r(t)}{\mathrm{d}t} + b_0 r(t)$$

或写成

$$\sum_{i=0}^{n} a_i \frac{\mathrm{d}^i y(t)}{\mathrm{d}t^i} = \sum_{j=0}^{m} b_j \frac{\mathrm{d}^j r(t)}{\mathrm{d}t^j} \qquad (2-7)$$

其中,$a_i(i=0,1,\cdots,n)$ 和 $b_j(j=0,1,\cdots,m)$ 为常数。根据系统的微分方程和输入 $r(t)$,可以求出系统的输出 $y(t)$。

用微分方程表示的系统模型需要建立输入输出之间的关系而间接得到,不能直观得到,求解计算过程也比较麻烦,在实际应用中受到了限制。

2.1.3　用脉冲响应表示的系统模型

系统的脉冲响应能反映系统的固有特征,因此也可用来建立系统模型。

设系统的输入为单位冲激函数(也称脉冲函数)$\delta(t)$,即

$$r(t) = \delta(t) = \begin{cases} \infty, & t = 0 \\ 0, & t \neq 0 \end{cases}, \quad \text{其中} \int_{-\infty}^{+\infty} \delta(t)\mathrm{d}t = 1$$

则系统的响应 $y(t) = h(t)$ 称为脉冲响应或冲激响应,即有 $\delta(t) \to h(t)$。由于单位冲激函数 $\delta(t)$ 均匀地包含了所有频率分量,所以对线性时不变因果系统,其脉冲响应 $h(t)$ 也包含了系统的所有特征。若通过实验或计算能得到系统的脉冲响应 $h(t)$,则也可由 $h(t)$ 和 $r(t)$ 计算出 $y(t)$

$$y(t) = \int_{-\infty}^{t} r(\tau) \cdot h(t - \tau)\mathrm{d}\tau$$

因为 $t < \tau$ 时,$h(t) = 0$,所以有

$$y(t) = \int_{-\infty}^{+\infty} r(\tau) \cdot h(t - \tau)\mathrm{d}\tau = h(t) * r(t)$$

即

$$y(t) = h(t) * r(t) \tag{2-8}$$

其中,"$*$"运算表示卷积运算。式(2-8)表示,系统的任一输入 $r(t)$ 与系统脉冲响应 $h(t)$ 进行卷积运算后,就可得到系统的响应 $y(t)$。

式(2-8)在理论上有重要意义,它表明了通过 $h(t)$ 就可得到系统的所有特性,而 $h(t)$ 可通过实验等手段来获取。后面可看到,对离散信号系统,这种模型仍十分有效。但由于 $h(t)$ 本身的表示和卷积运算比较麻烦,使用起来也不方便。

2.1.4　拉普拉斯变换

微分方程表示的系统模型和脉冲响应表示的系统模型都有许多不足,前者表达不简洁、求解麻烦,后者卷积运算困难。在连续控制系统中,利用数学工具——拉普拉斯变换(Laplace transform,简称拉氏变换),可将时间域的微分方程变换到复频域的传递函数来表示系统模型,其表达形式更为简洁。下面先回顾一下拉氏变换定义和性质。

1. 拉氏变换定义

对时间函数 $f(t)$ 进行拉氏变换可得 $F(s)$

$$F(s) = L[f(t)] = \int_{0}^{\infty} f(t)\mathrm{e}^{-st}\mathrm{d}t, \quad \text{其中} s = \sigma + \mathrm{j}\omega \tag{2-9}$$

变换后的函数 $F(s)$ 是复变量 s 的函数,记作 $F(s)$ 或 $L[f(t)]$,$F(s)$ 称为象函数,而 $f(t)$ 称为原函数。由 $F(s)$ 也可求出 $f(t)$,即对 $F(s)$ 进行反拉氏变换

$$f(t) = L^{-1}[F(s)] = \frac{1}{2\pi\mathrm{j}} \int_{\sigma-\mathrm{j}\infty}^{\sigma+\mathrm{j}\infty} F(s)\mathrm{e}^{st}\mathrm{d}s \tag{2-10}$$

拉氏变换式(2-9)与拉氏反变换式(2-10)可以用变换对形式表示,即 $f(t) \leftrightarrow F(s)$。

常见输入信号的拉氏变换可参见表 2-1,其中单位冲激信号 $\delta(t)$ 和单位阶跃信号 $u(t)$ 是非常重要的两个信号。

表 2-1 常见输入信号的拉氏变换

编号	原函数 $f(t)$	象函数 $F(s)$	编号	原函数 $f(t)$	象函数 $F(s)$
1	$\delta(t)$	1	9	$\dfrac{t^{n-1}}{(n-1)!}e^{-at}$	$\dfrac{1}{(s+a)^n}$
2	$\delta(t-kT)$	e^{-kts}	10	$1-e^{-at}$	$\dfrac{a}{s(s+a)}$
3	$u(t)$	$\dfrac{1}{s}$	11	$1-\cos\omega t$	$\dfrac{\omega^2}{s(s^2+\omega^2)}$
4	t	$\dfrac{1}{s^2}$	12	$e^{-at}-e^{-bt}$	$\dfrac{b-a}{(s+a)(s+b)}$
5	t^n	$\dfrac{n!}{s^{n+1}}$	13	$\sin\omega t$	$\dfrac{\omega}{s^2+\omega^2}$
6	$\dfrac{1}{(n-1)!}t^{n-1}$	$\dfrac{1}{s^n}$	14	$\cos\omega t$	$\dfrac{s}{s^2+\omega^2}$
7	e^{-at}	$\dfrac{1}{s+a}$	15	$e^{-at}\sin\omega t$	$\dfrac{\omega}{(s+a)^2+\omega^2}$
8	te^{-at}	$\dfrac{1}{(s+a)^2}$	16	$e^{-at}\cos\omega t$	$\dfrac{s+a}{(s+a)^2+\omega^2}$

2. 拉氏变换的性质

拉氏变换的性质如表 2-2 所示,其中假定 $f(t)\leftrightarrow F(s)$,$f_1(t)\leftrightarrow F_1(s)$,$f_2(t)\leftrightarrow F_2(s)$。在这些性质中,需重点关注的是微分定理、积分定理和时域卷积定理。可以看到,时域中对时间的微分、积分运算和两原函数的卷积运算,经拉氏变换后,在复频域中变为了乘 s、除 s 和两象函数相乘的运算,运算复杂程度大为降低,表达式也更为简洁。

表 2-2 拉氏变换的性质

编号	性质或定理	表 达 式	说 明
1	线性性质	$a\cdot f_1(t)+b\cdot f_2(t)\leftrightarrow a\cdot F_1(s)+b\cdot F_2(s)$	a,b 为常数
2	微分定理	$\dfrac{\mathrm{d}f(t)}{\mathrm{d}t}\leftrightarrow s\cdot F(s)-f(0)$,$\dfrac{\mathrm{d}^nf(t)}{\mathrm{d}t^n}\leftrightarrow s^nF(s)$	$f(0)$ 是 $f(t)$ 在 $t=0$ 的值,即初始条件。假定 $f(t)$ 及其各阶导数的初始条件为 0,即 $f(0)=f'(0)=f''(0)=\cdots=f^{(n)}(0)=0$
3	积分定理	$\int f(t)\mathrm{d}t\leftrightarrow\dfrac{1}{s}F(s)+\dfrac{1}{s}f^{(-1)}(0)$	$f^{(-1)}(0)$ 是 $\int f(t)\mathrm{d}t$ 在 $t=0$ 时的值
4	时间平移	$f(t-\tau)\leftrightarrow e^{-\tau s}F(s)$	$f(t-\tau)$ 是 $f(t)$ 在时间轴上向右移动时间常量 τ 后的信号
5	频移定理(复频域位移定理)	$e^{-at}f(t)\leftrightarrow F(s+a)$	实常数 $a>0$
6	尺度变换	$f(at)\leftrightarrow\dfrac{1}{a}F\left(\dfrac{s}{a}\right)$	实常数 $a>0$
7	复频域积分定理	$(-t)^nf(t)\leftrightarrow\dfrac{\mathrm{d}^nF(s)}{\mathrm{d}s^n}$	$n>0$。$n=1$ 时为 $(-t)f(t)\leftrightarrow\dfrac{\mathrm{d}F(s)}{\mathrm{d}s}$

续表

编号	性质或定理	表 达 式	说 明
8	复频域积分定理	$\dfrac{f(t)}{t} \leftrightarrow \displaystyle\int_s^\infty F(s)\mathrm{d}s$	
9	初值定理	$\lim\limits_{t\to 0} f(t) = \lim\limits_{s\to\infty} sF(s)$	即 $f(0) = \lim\limits_{s\to\infty} sF(s)$
10	终值定理	$\lim\limits_{t\to\infty} f(t) = \lim\limits_{s\to 0} sF(s)$	即 $f(\infty) = \lim\limits_{s\to 0} sF(s)$
11	时域卷积定理	$f_1(t) * f_2(t) \leftrightarrow F_1(s)F_2(s)$	其中，$$f_1(t) * f_1(t) = \int_{-\infty}^{\infty} f_1(\tau)f_1(t-\tau)\mathrm{d}\tau$$
12	复频域卷积	$f_1(t) \cdot f_1(t) \leftrightarrow \dfrac{1}{2\pi\mathrm{j}} F_1(s) * F_1(s)$	

2.1.5 用传递函数表示的系统模型

1. 系统的传递函数

系统的传递函数定义为零初始条件下系统输出 $y(t)$ 的拉氏变换与输入 $r(t)$ 的拉氏变换之比，即

$$G(s) = \frac{Y(s)}{R(s)}$$

例如，对单容水箱系统的微分方程式(2-1)，其系统的传递函数为

$$G(s) = \frac{H(s)}{Q_1(s)} = \frac{R_2}{R_2 \cdot C \cdot s + 1} = \frac{K_1}{s+a}$$

其中，$K_1 = 1/C, a = 1/R_2 \cdot C$。

对一阶 RC 电路的微分方程式(2-4)，其系统的传递函数为

$$G(s) = \frac{U_o(s)}{U_i(s)} = \frac{1}{R \cdot C \cdot s + 1} = \frac{K_1}{s+a}$$

其中，$K_1 = 1/R \cdot C, a = 1/R \cdot C$。

又例，对双容水箱系统的微分方程式(2-3)的传递函数为

$$G(s) = \frac{R_{22}}{R_{21} \cdot R_{22} \cdot C_1 \cdot C_2 \cdot s^2 + (R_{21} \cdot C_1 + R_{22} \cdot C_2) \cdot s + 1} = \frac{b_0}{a_0 \cdot s^2 + a_1 \cdot s + 1}$$

对二阶 RLC 电路的微分方程式(2-6)，其系统的传递函数为

$$G(s) = \frac{U_o(s)}{U_i(s)} = \frac{1}{L \cdot C \cdot s^2 + R \cdot C \cdot s + 1} = \frac{1}{a_0 \cdot s^2 + a_1 \cdot s + 1}$$

一般地，设描述系统的微分方程为式(2-7)，对方程两边进行拉氏变换，假定输入输出变量各阶导数的初始条件为 0，可得

$$\sum_{i=0}^{n} a_i \cdot s^i Y(s) = \sum_{j=0}^{m} b_j \cdot s^j R(s)$$

所以有

$$G(s) = \frac{Y(s)}{R(s)} = \frac{\sum_{j=0}^{m} b_j \cdot s^j}{\sum_{i=0}^{n} a_i \cdot s^i} \qquad (2\text{-}11)$$

传递函数的分母多项式 $R(s)$ 称为系统的特征多项式，$R(s)=0$ 称为系统的特征方程，$R(s)=0$ 的根称为系统的特征根或极点，$R(s)$ 的阶次 n 定义为系统的阶次。对于实际的物理系统，多项式 $R(s)$ 和 $Y(s)$ 的系数均为实数，且 $R(s)$ 的阶次 n 大于或等于 $Y(s)$ 的阶次 m。式(2-11)表达了系统的传递函数模型(transfer function models, TFM)。

系统的传递函数 $G(s)$ 还可用系统增益、系统零点和系统极点来表示

$$G(s) = \frac{Y(s)}{R(s)} = K \frac{(s-z_1)(s-z_2)\cdots(s-z_m)}{(s-p_1)(s-p_2)\cdots(s-p_n)} = K \frac{\prod_{j=1}^{m}(s-z_j)}{\prod_{i=1}^{n}(s-p_i)} \qquad (2\text{-}12)$$

式中，$z_1, z_2, \cdots, z_m$ 是 $Y(s)=0$ 的根，称传递函数的零点，$p_1, p_2, \cdots, p_n$ 是 $R(s)=0$ 的根，称传递函数的极点，K 为系统的增益（放大倍数）。式(2-12)表达了系统的零极点增益模型(zero-pole-gain models, ZPK)。

根据系统的脉冲响应也可得到系统的传递函数，因为系统响应 $y(t)=h(t)*r(t)$，对两边求拉氏变换则有 $Y(s)=H(s) \cdot R(s)$，所以对线性时不变因果系统，其传递函数也可看作是对系统脉冲响应的拉氏变换，即

$$G(s) = \frac{Y(s)}{R(s)} = \frac{H(s) \cdot R(s)}{R(s)} = H(s)$$

2. 传递函数的意义

传递函数是经典控制理论中一个非常重要的数学模型，它反映了系统的固有本质属性，它与系统本身的结构和特征参数有关，而与输入量无关。

利用传递函数 $G(s)$ 的表达式就能分析出系统的特性，如稳定性、动态特性、静态特性等；利用传递函数可通过求解代数方程而不是求解微分方程，就可求出零初始条件下的系统响应。

利用传递函数可以方便地写出系统的输入输出关系式，由此可画出系统的方框图，并可进行各种公式的等效变换。

设系统的输入为 $R(s)$，输出为 $Y(s)$，传递函数为 $G(s)$，则有 $Y(s)=G(s) \cdot R(s)$，这一表达式使用方框图表示则非常直观。

2.1.6　系统的方框图

系统的方框图是线图形式的系统模型，是系统每个元件或子系统的功能和信号流向的图形表示。方框图由方框、有向线段和相加节点组成，其符号含义如表 2-3 所示。

方框图包含了系统特性的有关信息，但已脱离了物理系统的模型，因此许多不同的物理系统可以由同一个方框图表示。需指出，方框图中的方框表示一个转换，公式 $B=A \cdot G$ 中的相乘关系非常适用于传递函数的描述，但在时域中，相乘关系应改为卷积关系，此时的方框只是作为示意性质的描述。

表 2-3　系统方框图符号含义

编　号	符号名称	符　　　号	含　　义
1	有向线段	$A \rightarrow B$　$\rightarrow C$	$B=A, C=A$
2	相加节点	$A \rightarrow +$ $\rightarrow C$　B	$C=A+B$
3	方框	$A \rightarrow \boxed{G} \rightarrow B$　$R(s) \rightarrow \boxed{G(s)} \rightarrow Y(s)$	$B=A \cdot G$　$Y(s)=G(s) \cdot R(s)$

利用方框图的变换规则,可将一个复杂的系统分解为多个简单系统,也可将多个环节构成的系统,合并成一个方框,得到整个系统的传递函数。

方框图的等效变换规则如表 2-4 所示。

表 2-4　方框图的等效变换规则

编　号	变　　换	符　　　号	含　　义
1	串联	$A \rightarrow \boxed{G_1} \rightarrow \boxed{G_2} \rightarrow C$	$C=G_1 \cdot G_2 \cdot A$
2	并联	$A \rightarrow \boxed{G_1}$, $B \rightarrow \boxed{G_2}$, $\rightarrow + \rightarrow C$	$C=G_1 \cdot A+G_2 \cdot B$
3	反馈	$A \rightarrow + \rightarrow \boxed{G} \rightarrow C$　$+/- $　$\boxed{F}$	$C=\dfrac{G}{1 \mp G \cdot F} \cdot A$

2.1.7　状态空间概念和模型框图

1. 状态空间的概念

状态是系统信息的集合,可以通过一组变量来描述系统的状态。只要知道了 $t=t_0$ 时的一组变量和 $t \geqslant t_0$ 后的输入,就能完全确定系统在 $t \geqslant t_0$ 后的输出和状态。

系统的状态变量是确定系统状态的最小一组变量。如果完全描述一个给定系统的动态行为需要 n 个状态变量 $x_1(t), x_2(t), \cdots, x_n(t)$,那么这些状态变量可作为状态向量 $x(t)$ 的各分量。需要说明,按传统习惯,变量分量常用下标表示,为便于计算机辅助设计软件对变量名的处理,后面部分变量名将不按传统习惯使用下标。

状态空间是由各状态变量作为坐标轴所组成的 n 维空间,状态空间中的一个点表示了系统的某一状态。

2. 状态空间表达式

系统的状态空间表达式由状态方程和输出方程两部分组成。状态方程描述了系统状态变量与输入变量之间的关系,表征了系统由于输入所引起内部状态的变化,它是系统的内部描述;输出方程描述了系统输出变量与状态变量、输入变量之间的关系,是系统的外部描述。

设系统的输入变量为 $r1(t),r2(t),\cdots,rl(t)$,输出变量为 $y1(t),y2(t),\cdots,ym(t)$,状态变量为 $x1(t),x2(t),\cdots,xn(t)$,该多输入输出线性系统的状态空间表达式可用状态方程和输出方程表示。状态方程为

$$\begin{cases} \dot{x}1 = a11 \cdot x1 + a12 \cdot x2 + \cdots + a1n \cdot xn + b11 \cdot r1 + b12 \cdot r2 + \cdots + b1l \cdot rl \\ \dot{x}2 = a21 \cdot x1 + a22 \cdot x2 + \cdots + a2n \cdot xn + b21 \cdot r1 + b22 \cdot r2 + \cdots + b2l \cdot rl \\ \quad \vdots \\ \dot{x}n = an1 \cdot x1 + an2 \cdot x2 + \cdots + ann \cdot xn + bn1 \cdot r1 + bn2 \cdot r2 + \cdots + bnl \cdot rl \end{cases}$$

输出方程为

$$\begin{cases} y1 = c11 \cdot x1 + c12 \cdot x2 + \cdots + c1n \cdot xn + d11 \cdot r1 + d12 \cdot r2 + \cdots + d1l \cdot rl \\ y2 = c21 \cdot x1 + c22 \cdot x2 + \cdots + c2n \cdot xn + d21 \cdot r1 + d22 \cdot r2 + \cdots + d2l \cdot rl \\ \quad \vdots \\ ym = cm1 \cdot x1 + cm2 \cdot x2 + \cdots + cmn \cdot xn + dm1 \cdot r1 + dm2 \cdot r2 + \cdots + dml \cdot rl \end{cases}$$

写成矩阵形式为

$$\dot{x} = Ax + Br$$
$$y = Cx + Dr$$

(2-13)

式(2-13)表达了系统的状态空间模型(state-space models,SSM)。其中,$x = \begin{bmatrix} x1 & x2 & \cdots & xn \end{bmatrix}^T$ 为 n 维状态向量;$r = \begin{bmatrix} r1 & r2 & \cdots & rl \end{bmatrix}^T$ 为 l 维输入向量;$y = \begin{bmatrix} y1 & y2 & \cdots & ym \end{bmatrix}^T$ 为 m 维输出向量;而 A、B、C、D 分别为状态矩阵、输入矩阵、输出矩阵和传输矩阵。

$$A = \begin{bmatrix} a11 & a12 & \cdots & a1n \\ a21 & a22 & \cdots & a2n \\ \vdots & \vdots & & \vdots \\ an1 & an2 & \cdots & ann \end{bmatrix} \text{为 } n \times n \text{ 维状态矩阵}$$

$$B = \begin{bmatrix} b11 & a12 & \cdots & b1l \\ b21 & a22 & \cdots & b2l \\ \vdots & \vdots & & \vdots \\ bn1 & an2 & \cdots & bnl \end{bmatrix} \text{为 } n \times l \text{ 维输入矩阵}$$

$$C = \begin{bmatrix} c11 & c12 & \cdots & c1n \\ c21 & c22 & \cdots & c2n \\ \vdots & \vdots & & \vdots \\ cm1 & cm2 & \cdots & cmn \end{bmatrix} \text{为 } m \times n \text{ 维输出矩阵}$$

$$D = \begin{bmatrix} d11 & d12 & \cdots & d1l \\ d21 & d22 & \cdots & d2l \\ \vdots & \vdots & & \vdots \\ dm1 & dm2 & \cdots & dml \end{bmatrix} \text{为 } m \times l \text{ 维传输矩阵}$$

3. 状态空间模型框图

状态空间模型框图如图 2-4 所示。其中 $\dot{x}$ 可理解为状态的变化趋势,经状态记忆单元(如积分器或保持器)变为状态向量 x。状态空间模型框图非常直观地表达了输入 r、输出 y 与状态 x 之间的关系。在计算机控制系统中,状态空间模型有着更为实用的意义。

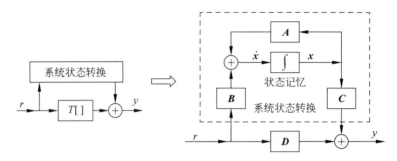

图 2-4 状态空间模型框图

另外,利用 MATLAB 工具可方便实现传递函数模型(TFM)、零极点增益模型(ZPK)和状态空间模型(SSM)之间的相互转换。例如,设某系统的传递函数模型为

$$G(s) = \frac{Y(s)}{R(s)} = \frac{0.8s^3 + 1.5s^2 + 0.6s}{s^3 - 1.6s^2 + 0.5s + 0.1}$$

利用 MATLAB 函数 tf2zpk(),可求出相应的零极点增益模型为

$$G(s) = \frac{Y(s)}{R(s)} = 0.8 \cdot \frac{(s + 1.297)(s + 0.5785)}{(s - 1)(s - 0.7359)(s + 0.1359)}$$

利用 MATLAB 函数 tf2ss(),可求出相应的状态空间模型为

$$x(k+1) = A \cdot x(k) + B \cdot r(k)$$
$$y(k) = C \cdot x(k) + D \cdot r(k)$$

其中,$A = \begin{bmatrix} 1.6 & -0.5 & -0.1 \\ 1 & 0 & 0 \\ 0 & 1 & 0 \end{bmatrix}$,$B = \begin{bmatrix} 1 \\ 0 \\ 0 \end{bmatrix}$,$C = \begin{bmatrix} 2.78 & 0.2 & -0.08 \end{bmatrix}$,$D = \begin{bmatrix} 0.8 \end{bmatrix}$,$x = \begin{bmatrix} x1 & x2 \end{bmatrix}^{\mathrm{T}}$,而 $r = \begin{bmatrix} r \end{bmatrix}^{\mathrm{T}}$,$y = \begin{bmatrix} y \end{bmatrix}^{\mathrm{T}}$,均为 1 维向量。

2.2 连续系统的分析和设计

2.2.1 连续系统的性能指标

一个理想的自动控制系统,希望输出被控量 $y(t)$ 应与输入给定量 $r(t)$ 完全保持一致,但实际系统总存在机械的和电磁的惯性,干扰不可预知,以及控制机构的能源功率有限等问题,故输出被控量 $y(t)$ 不可能随输入给定量 $r(t)$ 跳跃变化,输出被控量由一个状态变到另一个状态必然有一个过渡过程,这种随时间 t 变化的过程称为系统的动态(或暂态)过程。另外,系统即使达到了动态平衡,输出和内部状态都不随时间变化了,各变量对时间的导数为零,处于所谓的静态,由于控制系统结构和测量手段的限制,输出被控量 $y(t)$ 与输入给定量 $r(t)$ 之间仍会有一定的误差。一个实际的控制系统性能通常由系统的稳定性、准确性和快速性来描述。

（1）稳定性——指动态过程的振荡倾向及重新恢复平衡的能力。稳定性是决定系统能否正常工作的首要问题。对于控制系统，当发生扰动或给定值发生变化时，输出量将会偏离原来的稳定值，这时，由于反馈的作用，通过系统内部自动调节，系统输出量可回到（或接近）原来的稳定值（如恒温控制）或跟随给定值。

（2）准确性——指系统重新恢复平衡后，输出偏离给定值的误差大小，也就是系统的静态误差，或稳态误差（也有用稳态精度表示的），它反映了系统的静态特性。如果系统输出的最终误差为零，则称为无差系统，反之称为有差系统。根据控制对象在工艺上的限制，对准确性可提出不同的要求。

（3）快速性——指动态过程的延续情况，它反映了系统的动态特性。动态过程的延续时间短，说明动态过程进行得快，系统恢复到稳态的速度快。

以上三个方面的性能指标通常是相互制约的。如提高了快速性，则可能增大振荡幅值，加剧了系统的振荡，影响稳定性；而改善了稳定性又可能使动态过程进行得缓慢，影响了快速性，且可能导致稳态误差的增大。对于一个控制系统，一般应兼顾几方面的要求，根据不同任务对不同性能有所侧重。系统的分析和设计就是围绕系统的性能指标来展开的。

2.2.2 连续系统的分析和设计方法回顾

1. 稳定性分析

稳定性既然是决定系统能否正常工作的首要问题，那么判定一个系统的稳定性也是系统分析的首要问题。

对连续系统，设其传递函数 $G(s)$ 用系统增益、系统零点和系统极点来表示，如式（2-12），则该系统稳定的充要条件是：系统特征方程的特征根，即极点 $p_1, p_2, \cdots, p_n$ 全部位于 s 域的左半平面。

一般地，根据系统传递函数的特征根（极点）分布情况，可判断系统的稳定性。例如，对一个二阶系统，其极点分布与系统单位阶跃响应关系如图 2-5 所示。

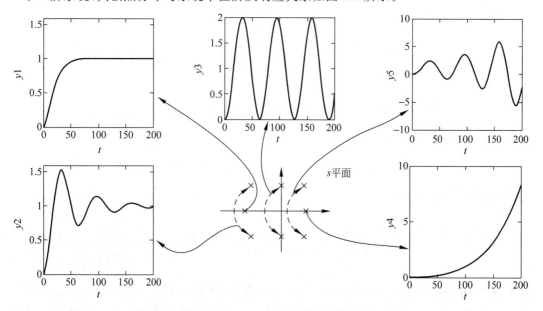

图 2-5　二阶系统极点分布与系统单位阶跃响应的关系

在特征方程阶数较高时,手工求解系统传递函数的特征根会有一定的难度,可求助于计算机工具(例如 MATLAB)来完成。另外,也可利用劳斯(Routh)稳定判据和霍尔维茨(Hurwitz)判据,来判定系统的稳定性。

2. 静态误差分析

控制系统的准确性通常由系统的静态误差来描述。一个稳定系统在输入量或扰动的作用下,经历过渡过程后,在静态条件下出现的误差称为静态误差,记为 $e_{ss}(t)$,即

$$e_{ss}(t) = \lim_{t \to \infty} e(t)$$

系统的静态误差不仅与系统本身结构有关还与输入信号和扰动信号有关,下面结合例子来分析系统的静态误差。

设某连续控制系统的框图如图 2-6 所示。其中,等效的开环传递函数 $G_0 = D(s) \cdot G(s)$,$e(t) = r(t) - y(t)$ 为系统误差,输入信号 $r(t)$ 到误差信号 $e(t)$ 的传递函数 $G_e(s)$ 为

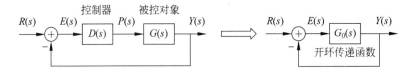

图 2-6　某连续控制系统框图

$$G_e(s) = \frac{E(s)}{R(s)} = \frac{1}{1 + G_0(s)}$$

即

$$E(s) = \frac{R(s)}{1 + G_0(s)}$$

根据拉氏变换的终值定理有

$$e_{ss}(t) = \lim_{t \to \infty} e(t) = \lim_{s \to 0} s \cdot E(s) = \lim_{s \to 0} s \cdot \frac{R(s)}{1 + G_0(s)}$$

当输入信号为单位阶跃函数时,有

$$R(s) = \frac{1}{s}, \quad e_{ss}(t) = \lim_{s \to 0} \frac{1}{1 + G_0(s)}$$

当输入信号为单位速度函数时,有

$$R(s) = \frac{1}{s^2}, \quad e_{ss}(t) = \lim_{s \to 0} \frac{1}{s \cdot [1 + G_0(s)]} = \lim_{s \to 0} \frac{1}{s G_0(s)}$$

当输入信号为单位加速度函数时,有

$$R(s) = \frac{1}{s^3}, \quad e_{ss}(t) = \lim_{s \to 0} \frac{1}{s^2 \cdot [1 + G_0(s)]} = \lim_{s \to 0} \frac{1}{s^2 G_0(s)}$$

如将开环传递函数写成

$$G_0(s) = \frac{Y(s)}{E(s)} = K \frac{(\tau_1 s + 1)(\tau_2 s + 1) \cdots (\tau_m s + 1)}{s^v \cdot (T_1 s + 1)(T_2 s + 1) \cdots (T_m s + 1)} = K \frac{\prod\limits_{i=1}^{m} (\tau_i s + 1)}{s^v \cdot \prod\limits_{i=1}^{m} (T_i s + 1)}$$

其中,K 为开环增益,分母中的因子 s^v 表示开环传递函数中含有 v 个积分单元,当 $v = 0, 1,$ $2, \cdots$ 时,称系统为 0 型系统,1 型系统,2 型系统……,系统的静态误差与输入信号、系统类型

的关系如表 2-5 所示。

表 2-5 系统的静态误差与输入信号、系统类型的关系

输入信号 系统类型	输入信号为单位阶跃函数 $R(s)=\dfrac{1}{s}$	输入信号为单位速度函数 $R(s)=\dfrac{1}{s^2}$	输入信号为单位加速度函数 $R(s)=\dfrac{1}{s^3}$
0 型系统	$e_{ss}(t)=\dfrac{1}{1+K}$	$e_{ss}(t)=\infty$	$e_{ss}(t)=\infty$
1 型系统	$e_{ss}(t)=0$	$e_{ss}(t)=\dfrac{1}{K}$	$e_{ss}(t)=\infty$
2 型系统	$e_{ss}(t)=0$	$e_{ss}(t)=0$	$e_{ss}(t)=\dfrac{1}{K}$

由此可知,系统中的积分单元对消除静态误差起着关键作用,而输入信号变化越激烈,则静态误差越大。

3. 动态特性分析

系统的动态特性可通过多项性能指标来描述,如系统阶跃响应的上升时间、峰值时间、超调量、过渡过程时间等。下面通过一个典型的二阶系统来说明这些性能指标。

设某连续控制系统的框图如图 2-6 所示。其中,$D(s)=K0/s$,$G(s)=K1/(s+a)$,则系统的闭环传递函数为

$$\Phi(s)=\frac{Y(s)}{R(s)}=\frac{D(s)\cdot G(s)}{1+D(s)\cdot G(s)}=\frac{K0\cdot K1}{s(s+a)+K0\cdot K1}=\frac{K0\cdot K1}{s^2+a\cdot s+K0\cdot K1}$$

这是一个二阶系统,根据自动控制原理,对一个典型的二阶系统有

$$\Phi(s)=\frac{Y(s)}{R(s)}=\frac{\omega_n^2}{s^2+2\zeta\omega_n s+\omega_n^2} \tag{2-14}$$

式中 ω_n 为自然频率,ζ 为系统的阻尼比。若设有两个极点 $s1$ 和 $s2$,则系统的闭环传递函数可写为

$$\Phi(s)=\frac{Y(s)}{R(s)}=\frac{\omega_n^2}{(s-s1)(s-s2)} \tag{2-15}$$

其中,$s1=-\zeta\omega_n+\omega_n\sqrt{\zeta^2-1}$,$s2=-\zeta\omega_n-\omega_n\sqrt{\zeta^2-1}$。

1)系统的单位阶跃响应

(1)当 $0\leqslant\zeta<1$(欠阻尼)时,特征根 $s1,s2$ 为一对共轭复数,$s_{1,2}=-\zeta\omega_n\pm j\omega_n\sqrt{1-\zeta^2}=-\zeta\omega_n\pm j\omega_d$,其中,$\omega_d=\omega_n\sqrt{1-\zeta^2}$ 称为系统的阻尼振荡角频率。此时,系统的单位阶跃响应是一条有振荡的曲线

$$y(t)=1-\frac{1}{\sqrt{1-\zeta^2}}e^{-\zeta\omega_n t}\sin(\omega_d t+\theta),\quad \text{其中}\ \theta=\arctan\frac{\sqrt{1-\zeta^2}}{\zeta} \tag{2-16}$$

(2)当 $\zeta=1$(临界阻尼)时,特征根 $s_{1,2}=-\omega_n$ 为两个相等的实数重根。此时,系统的单位阶跃响应是一条单调上升的指数曲线

$$y(t)=1-(1+\omega_n t)e^{-\omega_n t}$$

(3)当 $\zeta>1$(过阻尼)时,特征根 $s_{1,2}=-\zeta\omega_n\pm\omega_n\sqrt{\zeta^2-1}$ 为两个不同的负实数,系统的

单位阶跃响应也是一条单调上升的曲线

$$y(t)=1+\frac{1}{2\sqrt{\zeta^2-1}}\left[\frac{1}{\zeta+\sqrt{\zeta^2-1}}e^{-(\zeta+\sqrt{\zeta^2-1})\omega_n t}-\frac{1}{\zeta-\sqrt{\zeta^2-1}}e^{-(\zeta-\sqrt{\zeta^2-1})\omega_n t}\right]$$

不同阻尼比 ζ 时典型二阶系统的单位阶跃响应曲线如图 2-7 所示。

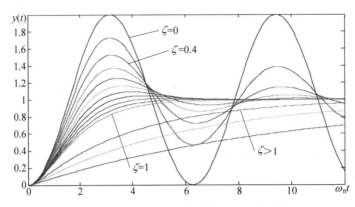

图 2-7 典型二阶系统的单位阶跃响应曲线

2）动态性能指标

从典型二阶系统的单位阶跃响应曲线来看，$\zeta=0$ 时，系统是不稳定的；$0<\zeta<1$ 时，系统有衰减振荡；$\zeta>1$ 时，系统快速性有影响。根据系统的时域响应表达式，可计算出具体的动态性能指标。下面给出的是典型二阶系统在欠阻尼情况下动态性能指标的表达式。

系统的动态性能指标可通过上升时间、峰值时间、超调量、调节时间（过渡过程时间）等来描述，如图 2-8 所示。

下面分析在欠阻尼情况下的上升时间 t_r、峰值时间 t_p、超调量 σ 和调节时间 t_s 的计算公式。

（1）上升时间 t_r：上升时间 t_r 可看作输出 $y(t)$ 开始从 10% 稳态值上升到 90% 稳态值的时间，根据式（2-16）$y(t)$ 的表达式，当

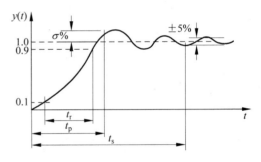

图 2-8 系统的动态性能指标

$\sin(\omega_d t_r+\theta)=0$，可求出上升时间 t_r 的近似值，即 $y(t)$ 从 0 到达稳态值的时间

$$t_r\approx\frac{\pi-\theta}{\omega_n}，\quad 或\quad t_r\cdot\omega_n\approx\pi-\theta \qquad (2\text{-}17)$$

（2）峰值时间 t_p：峰值时间 t_p 通常是输出 $y(t)$ 从零达到最大值的时间。根据式（2-16），对 $y(t)$ 求导，令 $y'(t)=0$，可求得峰值时间 t_p

$$t_p=\frac{\pi}{\omega_d}=\frac{\pi}{\omega_n\sqrt{1-\zeta^2}}，\quad 或\quad t_p\cdot\omega_n=\frac{\pi}{\sqrt{1-\zeta^2}} \qquad (2\text{-}18)$$

（3）超调量 σ：超调量 σ 通常定义为输出的最大值与稳态值之差，$\sigma=\dfrac{y(t_p)-y(\infty)}{y(\infty)}=\dfrac{y(t_p)-1}{1}$，则超调量 σ 为

$$\sigma = -\frac{1}{\sqrt{1-\zeta^2}} e^{-\zeta\omega_n t_p} \sin(\omega_d t_p + \theta) = -\frac{1}{\sqrt{1-\zeta^2}} e^{-\zeta\omega_n t_p} \cdot \sin(\pi + \theta)$$

$$= -e^{-\frac{\zeta}{\sqrt{1-\zeta^2}}\pi} \tag{2-19}$$

（4）调节时间 t_s：调节时间 t_s 可通过式（2-16）来定义，其中 Δ 为允许的误差范围。根据式（2-16），有

$$\left| \frac{1}{\sqrt{1-\zeta^2}} e^{-\zeta\omega_n t_s} \sin(\omega_d t_s + \theta) \right| = \Delta, \quad \text{或} \quad \frac{1}{\sqrt{1-\zeta^2}} e^{-\zeta\omega_n t_s} \approx \Delta,$$

所以有

$$t_s \approx -\frac{\ln(\Delta \cdot \sqrt{1-\zeta^2})}{\zeta\omega_n} = \frac{-\ln\Delta - \ln\sqrt{1-\zeta^2}}{\zeta\omega_n} = \frac{-\ln\Delta}{\zeta\omega_n} \tag{2-20}$$

取 Δ 为 5% 或 2%，代入式（2-20），则调节时间 t_s 为

$$t_s \approx \begin{cases} \dfrac{3}{\zeta\omega_n}, & \Delta = 5\% \\[2mm] \dfrac{4}{\zeta\omega_n}, & \Delta = 2\% \end{cases}$$

上述四个动态性能指标，基本上可以体现系统动态过程的特征。在实际应用中，常用的动态性能指标为上升时间、调节时间和超调量。通常，用 t_r 或 t_p 评价系统的响应速度；用 $\sigma\%$ 评价系统的阻尼程度；而 t_s 是同时反映响应速度和阻尼程度的综合性指标。当已知系统的时域响应表达式，可计算出具体的上升时间、峰值时间、超调量、调节时间等动态性能指标，见式（2-17）～式（2-20），由此可分析出 ω_n、ζ、$s1$ 和 $s2$ 等参数对动态性能指标的影响。

4. 设计方法概述

控制系统的设计就是根据被控对象的传递函数和整个系统的性能指标，设计出控制器的传递函数。对如图 2-6 所示的反馈系统，系统的设计的任务就是根据 $G(s)$ 和 $\Phi(s)$ 来确定 $D(s)$，由系统的结构可推出它们之间的关系为

$$\Phi(s) = \frac{Y(s)}{R(s)} = \frac{D(s) \cdot G(s)}{1 + D(s) \cdot G(s)} \tag{2-21}$$

$$D(s) = \frac{P(s)}{E(s)} = \frac{\Phi(s)}{G(s)[1 - \Phi(s)]} \tag{2-22}$$

虽然从式（2-21）和式（2-22）的关系式上可看到，只要知道 $G(s)$ 和 $\Phi(s)$ 就能求出 $D(s)$，但考虑到控制器 $D(s)$ 的能量有限和信息不可预知等因素，必须确定合理的 $\Phi(s)$，才能设计出可行的 $D(s)$。控制系统的全部性质取决于 $\Phi(s)$：稳定性取决于 $\Phi(s)$ 的极点；静态精度取决于 $\Phi(s)$ 的积分环节和比例系数；动态特性既与 $\Phi(s)$ 极点有关，也与零点有关。

由于求解闭环系统特征根有一定困难，工程上通常采用间接的方法来研究系统。常见的连续系统设计方法有根轨迹法和频率法。

根轨迹法根据系统开环传递函数零点和极点的分布，依据一些简单的规则，用作图方法求出闭环系统的极点分布，直观地表示了特征方程的根与系统某一参数的数值关系。利用系统的根轨迹可以分析结构和参数已知的闭环系统的稳定性和瞬态响应特性，还可分析参数变化对系统性能的影响。在设计线性控制系统时，通过引入控制器（也称校正装置）的零、极点，来改变原系统根轨迹的形状，从而使闭环系统性能指标能符合期望值。

频率法是通过研究系统的频率特性来揭示系统的稳定性、静态特性和动态特性，频率法

设计的实质是将校正装置的频率特性配置到原系统频率特性中频段附近的适当位置,以改变系统的响应。

连续系统的分析和设计方法对研究离散系统有着重要的影响,也是研究离散系统的基础。计算机控制系统通常为离散控制系统,因此,离散系统的描述方法是计算机控制系统分析设计的基础。

2.3　离散系统的描述方法

2.3.1　离散系统与连续系统的关系

设某连续闭环控制系统如图 2-9 所示,其中系统的输入为 $R(s)$,输出为 $Y(s)$;控制器的传递函数为 $D(s)$,被控对象的传递函数为 $G(s)$;控制器的输入为偏差 $E(s)=R(s)-Y(s)$,控制器输出 $P(s)$ 作为 $G(s)$ 的输入。对应各点的时域信号分别为 $r(t)$、$e(t)$、$p(t)$ 和 $y(t)$。若控制器 $D(s)$ 由计算机来实现,则相应的信号发生了如下变化。

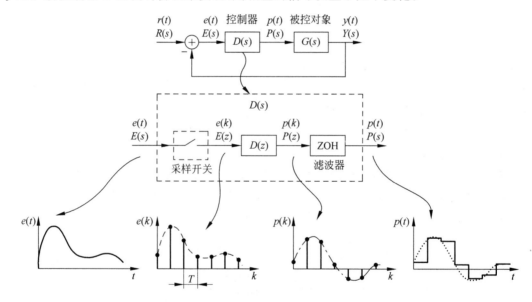

图 2-9　离散系统与连续系统的关系

时域输入信号 $e(t)$ 以采样开关转换为离散信号 $e(k)$,采样周期为 T,经数字控制器 $D(z)$ 后,输出 $p(k)$,再经滤波器输出 $p(t)$。其中,$e(k)$ 和 $p(k)$ 为离散序列,$E(z)$ 和 $P(z)$ 分别为经过 z 变换后得到的 z 表达式,$D(z)$ 是与 $D(s)$ 近似的脉冲传递函数。

利用数字电路和计算机很容易实现 $D(z)$,虽然由采样开关、$D(z)$ 和滤波器(通常为零阶保持器 ZOH)不能完全与连续系统的传递函数 $D(s)$ 等价,但只要采样周期 T 足够短,离散控制器的输出 $p(t)$ 就会与连续系统非常接近。

下面就对离散系统的基本概念如采样过程、序列、z 变换和脉冲传递函数等做一介绍。

2.3.2　采样过程和采样定理

1. 采样过程

连续系统中的信号是模拟信号,即信号在时间上和幅值上都是连续的,而计算机控制系统中的计算机基本上都是数字计算机,其对信号的处理是以离散系统为基础的。离散系统中的信号是离散时间信号,即信号在时间上是离散的。离散信号可以由模拟信号经采样而获得,如图 2-10 所示。

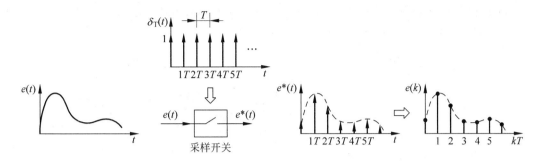

图 2-10　采样过程

设模拟信号为 $e(t)$,经采样开关后输出为采样信号 $e^*(t)$。理想的采样开关受单位采样序列 $\delta_T(t)$ 控制,$\delta_T(t)$ 按每周期 T 闭合一次开关,而闭合是瞬间完成的,即开关闭合的持续时间几乎为 0。单位采样序列 $\delta_T(t)$ 的表达式为

$$\delta_T(t) = \sum_{k=-\infty}^{\infty} \delta(t-kT)$$

式中

$$\delta(t-kT) = \begin{cases} 1, & t=kT \\ 0, & t\neq kT \end{cases}$$

理想的采样信号 $e^*(t)$ 的表达式为

$$e^*(t) = e(t) \cdot \delta_T(t) = e(t) \cdot \sum_{k=-\infty}^{\infty} \delta(t-kT) = \sum_{k=-\infty}^{\infty} e(kT) \cdot \delta(t-kT)$$

理想的采样信号 $e^*(t)$ 可看作是 $e(t)$ 被 $\delta_T(t)$ 进行了离散时间调制,或 $\delta_T(t)$ 被 $e(t)$ 进行了幅值调制。通常在整个采样过程中采样周期 T 是不变的,这种采样称为均匀采样。为简化起见,采样信号 $e^*(t)$ 也可用序列 $e(kT)$ 表示,进一步简化用 $e(k)$ 表示,此处自变量 k 为整数。

2. 采样定理

经采样后得到的采样信号 $e^*(t)$ 与原始的模拟信号 $e(t)$ 有何差别呢?只要采样频率 f_s 足够高,或采样周期 T 足够小,由 $e^*(t)$ 经理想低通滤波器就可复现原始的模拟信号 $e(t)$。

根据香农(C. E. Shannon)的采样定理(也称抽样定理或取样定理),只要采样频率 f_s 大于信号(包括噪声)$e(t)$ 中最高频率 f_{max} 的两倍,即 $f_s \geq 2f_{max}$,则采样信号 $e^*(t)$ 就能包含 $e(t)$ 中的所有信息。也就是说,通过理想滤波器由 $e^*(t)$ 可以唯一地复现 $e(t)$。采样定理的理论意义在于指出了采样 $e^*(t)$ 可以取代原始的模拟信号 $e(t)$ 而不丢失信息的可能和条件,从理论上给出了采样频率 f_s 的下限值。实际应用中,一般可取 $f_s = (5\sim10)f_{max}$,或更高。

3. 采样信号的复现和零阶保持器

理论上,采样信号 $e^*(t)$ 通过理想低通滤波器滤掉 $1/2$ 采样频率 f_s 以上的信号就能复现出 $e(t)$,但实际上这样的低通滤波器很难实现。通常采用保持器来实现低通滤波,最简

单、最常用的是零阶保持器,其采用恒值外推原理,把 $e^*(kT)$ 的值一直保持到 $(k+1)T$ 时刻,从而把 $e^*(t)$ 变成了阶梯信号 $e_h(t)$,处在采样区间内的值恒定不变,其导数为 0,故称为零阶保持器,简写为 ZOH(zero-order-hold)。

ZOH 的单位脉冲响应为 $h(t)=u(t)-u(t-T)$,其中 $u(t)$ 为单位阶跃函数,如图 2-11(a) 所示。ZOH 对一般信号的响应如图 2-11(b) 所示。

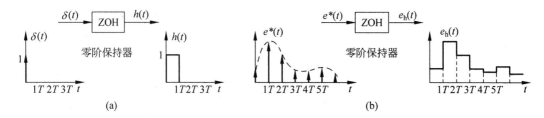

图 2-11　零阶保持器的响应

ZOH 的时域表达式为

$$e_h(t) = e^*(kT), \quad kT \leqslant t < (k+1)T$$

对 ZOH 的 $h(t)$ 求拉氏变换可得其传递函数 $G_h(s)$

$$G_h(s) = L[h(t)] = L[u(t)-u(t-T)] = \frac{1}{s} - \frac{1}{s} \cdot e^{-Ts} = \frac{1-e^{-Ts}}{s} \tag{2-23}$$

2.3.3　序列和差分方程

1. 序列

如前所述,在均匀采样情况下,离散时间信号 $f^*(t)$ 也可用离散序列(也称数字序列)$f(kT)$ 或进一步简化用 $f(k)$ 表示,$k=0,1,2,\cdots$。单位脉冲序列 $\delta(k)$ 和单位脉冲序列 $u(k)$(也有记为 $1(k)$)是最基本的两个序列。

单位脉冲序列 $\delta(k)$ 定义为

$$\delta(k) = \begin{cases} 1, & k=0 \\ 0, & k\neq 0 \end{cases}$$

单位阶跃序列 $u(k)$ 定义为

$$u(k) = \begin{cases} 1, & k\geqslant 0 \\ 0, & k<0 \end{cases}$$

对任一采样信号 $f^*(t)$,知道了 $t=kT$ 的值,也就是 $f(k)$ 或 $f(kT)$,很容易写出相应的代数式和序列图。例如,已知 $f^*(t)=\delta(k)+3\delta(k-1)-\delta(k-2)+5\delta(k-3)-2\delta(k-4)+\cdots\cdots$,则相应的序列 $f(k)$ 为

$$f(k) = \begin{cases} 1, & k=0 \\ 3, & k=1 \\ -1, & k=2 \\ 5, & k=3 \\ -2, & k=4 \\ \vdots, & k>4 \end{cases}$$

序列也可用序列图表示,如图 2-12 是 MATLAB 显示的 $\delta(k)$、$u(k)$、$f(k)$ 的序列图。

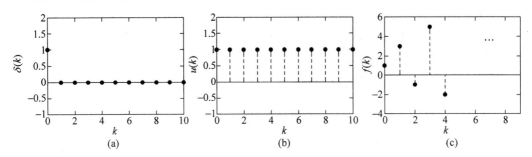

图 2-12 $\delta(k)$, $u(k)$, $f(k)$ 的序列图

2. 差分的定义

$f(k)$ 的一阶前向差分定义为

$$\Delta f(k) = f(k+1) - f(k)$$

$f(k)$ 的二阶前向差分定义为

$$\begin{aligned}
\Delta^2 f(k) &= \Delta f(k+1) - \Delta f(k) \\
&= [f(k+2) - f(k+1)] - [f(k+1) - f(k)] \\
&= f(k+2) - 2f(k+1) + f(k)
\end{aligned}$$

$f(k)$ 的 n 阶前向差分定义为

$$\Delta^n f(k) = \Delta^{n-1} f(k+1) - \Delta^{n-1} f(k)$$

由于在求 $f(k)$ 的一阶前向差分时,要用到 $f(k+1)$,这在实时控制系统中难以求出,所以在控制系统中经常使用后向差分,$f(k)$ 的一阶后向差分定义为

$$\nabla f(k) = f(k) - f(k-1)$$

$f(k)$ 的二阶后向差分定义为

$$\begin{aligned}
\nabla^2 f(k) &= \nabla f(k) - \nabla f(k-1) \\
&= [f(k) - f(k-1)] - [f(k-1) - f(k-2)] \\
&= f(k) - 2f(k-1) + f(k-2)
\end{aligned}$$

$f(k)$ 的 n 阶后向差分定义为

$$\nabla^n f(k) = \nabla^{n-1} f(k) - \nabla^{n-1} f(k-1)$$

离散系统中的差分概念与连续系统中的微分类似,但在计算机中更容易计算。

3. 差分方程

对离散信号系统,设输入为 $r(k)$,输出为 $y(k)$,系统为一变换 $T[\ ]$,则 $y(k) = T[r(k)]$,同样系统 $T[\ ]$ 可通过建立变量 $r(k)$ 与 $y(k)$ 之间的差分方程来描述。

与连续系统类似,对单变量输入单变量输出的离散系统,其一般表示形式为

$$a_n \cdot y(k-n) + a_{n-1} \cdot y(k-n-1) + \cdots + a_1 \cdot y(k-1) + a_0 \cdot y(k)$$
$$= b_m \cdot r(k-m) + b_{m-1} \cdot r(k-m-1) + \cdots + b_1 \cdot r(k-1) + b_0 \cdot r(k)$$

或写成

$$\sum_{i=0}^{n} a_i \cdot y(k-i) = \sum_{j=0}^{m} b_j \cdot r(k-j) \tag{2-24}$$

其中,$a_i(i=0,1,\cdots,n)$ 和 $b_j(j=0,1,\cdots,m)$ 为常数。根据系统的差分方程和输入 $r(k)$,也可

以求出系统的输出 $y(k)$。式(2-24)是差分方程表示的离散系统模型,其在形式上要比连续系统的微分方程(2-7)简单许多。

与求解微分方程类似,对线性常系数差分方程,其全解由通解和特解组成,但在计算机控制系统中,最常用的是迭代法求解,下面通过例子来介绍迭代法求解差分方程的过程。

例如,已知差分方程 $y(k)-0.8 \cdot y(k-1)=0.2 \cdot r(k)$,在零状态条件下,即当 $k<0$ 时,$r(k)=0$,$y(k)=0$,求 $r(k)=u(k)$ 时的 $y(k)$。

迭代法求解过程是先求出 $k=0$ 时的 $y(k)$,即 $y(0)$,然后依次求出 $y(1),y(2),\cdots$,如

$$y(0) = 0.8 \cdot y(0-1) + 0.2 \cdot r(0) = 0.9 \cdot 0 + 0.2 \cdot 1 = 0.2$$
$$y(1) = 0.8 \cdot y(1-1) + 0.2 \cdot r(1) = 0.8 \cdot 0.2 + 0.2 \cdot 1 = 0.36$$
$$y(2) = 0.8 \cdot y(2-1) + 0.2 \cdot r(2) = 0.8 \cdot 0.36 + 0.2 \cdot 1 = 0.488$$
$$\vdots$$

部分结果如表 2-6 所示。

表 2-6　迭代法求解差分方程的计算过程

k	<0	0	1	2	3	4	5	6	7	8	$\cdots$
$r(k)$	0	1	1	1	1	1	1	1	1	1	$\cdots$
$y(k)$	0	0.2	0.36	0.488	0.590	0.672	0.738	0.790	0.832	0.866	$\cdots$

通过其他方法可求出该差分方程的全解为 $y(k)=1-0.8^{-k}$,只要给出任一 k 值,就能求出相应的 $y(k)$。

用迭代法求解虽然不能直接给出某一公式,也不能由任一 k 马上求出 $y(k)$,但在控制系统中却非常实用,因为在实时控制系统中,很难得到给定值 $r(k)$ 的所有值,也不需要一下全部求出所有的输出值 $y(k)$,而只要根据依次给出的 $r(k)$,逐一求出相应的 $y(k)$ 就可以了。由迭代法求解差分方程的算法非常简单。

2.3.4　用脉冲响应表示的离散系统模型

用差分方程描述的离散系统不便直接反映系统本身的固有特性。与连续系统类似,也可用系统的脉冲响应来建立离散系统模型。

设线性时不变因果系统的脉冲响应为 $h(k)$,则系统的输出为

$$y(k) = \sum_{i=-\infty}^{k} r(i) \cdot h(k-i)$$

因为 $i<k$ 时,$h(i)=0$,所以有

$$y(k) = \sum_{i=-\infty}^{+\infty} r(i) \cdot h(k-i) = r(k) * h(k)$$

或

$$y(k) = \sum_{i=-\infty}^{+\infty} h(i) \cdot r(k-i) = h(k) * r(k)$$

即

$$y(k) = r(k) * h(k) = h(k) * r(k) \tag{2-25}$$

此处的"$*$"运算表示卷积和运算,系统的任一输入 $r(k)$ 与系统脉冲响应 $h(k)$ 进行卷积

和运算后,就可得到系统的响应 $y(k)$。式(2-25)是脉冲响应表示的离散系统模型。

与连续系统相比,离散系统的脉冲响应 $h(k)$ 更有实用价值,其原因一是离散系统中卷积和的运算比连续系统中卷积运算要容易得多;二是离散系统的脉冲响应 $h(k)$ 容易通过实验测得;三是离散系统的脉冲响应 $h(k)$ 更容易在计算机中表达。

2.3.5　z 变换及其性质

与连续系统类似,还可以通过进一步变换域的方法来建立离散系统的模型,系统的脉冲传递函数就是通过 z 变换得到的 z 域模型。为此,应先了解 z 变换。

1. z 变换定义

对离散时间函数 $f^*(t)$ 进行拉氏变换可得

$$F^*(s) = L[f^*(t)] = L\left[\sum_{k=-\infty}^{+\infty} f(kT) \cdot \delta(t-kT)\right] = \sum_{k=-\infty}^{+\infty} f(kT) \cdot e^{-kTs}$$

令 $z = e^{Ts}$,$F(z) = F^*(s)$,则有

$$F(z) = \sum_{k=-\infty}^{+\infty} f(kT) \cdot z^{-k}$$

或简记为

$$F(z) = \sum_{k=-\infty}^{+\infty} f(k) \cdot z^{-k}$$

对因果系统,设 $k < 0$ 时,$f(k) = 0$,则有

$$F(z) = \sum_{k=0}^{+\infty} f(k) \cdot z^{-k} \tag{2-26}$$

式(2-26)因为 $f^*(t)$ 由 $f(t)$ 采样后得到,常用 $f(kT)$ 或 $f(k)$ 表示,所以 $f^*(t)$ 的 z 变换 $Z[f^*(t)]$ 也可记为 $Z[f(t)]$,$Z[F(s)]$,或 $Z[f(kT)]$,简单起见常采用 $Z[f(k)]$ 表示。

离散系统中,由序列 $f(k)$ 求 $F(z)$ 要比连续系统中由 $f(t)$ 求 $F(s)$ 容易得多,例如

对 $\delta(k) = \begin{cases} 1, & k=0 \\ 0, & k\neq 0 \end{cases}$,有 $Z[\delta(k)] = 1$;

对 $u(k) = \begin{cases} 1, & k\geq 0 \\ 0, & k<0 \end{cases}$,有 $Z[u(k)] = 1 + z^{-1} + z^{-2} + z^{-3} + \cdots = \dfrac{1}{1-z^{-1}}$;

对序列 $f(k) = \begin{cases} 1, & k=0 \\ 3, & k=1 \\ -1, & k=2 \\ 5, & k=3 \\ -2, & k=4 \\ \cdots, & k>4 \end{cases}$,则有 $Z[f(k)] = 1 + 3z^{-1} - z^{-2} + 5z^{-3} - 2z^{-4} + \cdots$

由此可看出,只要依次给出 $f(k)$ 的值,就可写出 $Z[f(k)]$ 中关于 z^{-1} 的各项系数,也就是说,只要知道 $f(k)$ 在各 k 时刻的值,就能写出 $Z[f(k)]$ 的关于 z^{-1} 的表达式。

采样脉冲序列进行 z 变换的写法有 $Z[f^*(t)]$,$Z[f(t)]$,$Z[f(kT)]$,$Z[F(s)]$

在 z 变换中,z^{-1} 有着明显的物理意义,乘上一个 z^{-1} 算子,相当于延时 1 个采样周期 T,z^{-1} 可称为单位延迟因子。而在拉氏变换中,s 算子的物理意义则很难描述。

控制系统的采样过程,就是相当于在获得输入信号的 z 变换表达式。

2. 反 z 变换

由序列 $f(k)$ 可方便求出 $F(z)$,反之,由 $F(z)$ 也可求出 $f(k)$,这就是 z 反变换。z 变换与 z 反变换可以用变换对形式表示:$f(k) \leftrightarrow F(z)$。

$$Z^{-1}[F(z)] = f^*(t) \quad \text{或} \quad Z^{-1}[F(z)] = f(kT)$$

如果 $F(z)$ 是关于 z^{-1} 的多项表达式,则容易得到相对的序列 $f(k)$ 及序列图。例如,已知 $F(z)$ 为

$$F(z) = 1 + 3z^{-1} - z^{-2} + 5z^{-3} - 2z^{-4} + \cdots$$

则相应的序列为

$$f(k) = \delta(k) + 3\delta(k-1) - \delta(k-2) + 5\delta(k-3) - 2\delta(k-4) + \cdots$$

相应的序列图如图 2-12(c)所示。

如果 $F(z)$ 是关于 z^{-1} 的分式表达式,则通过长除法转换为关于 z^{-1} 的多项表达式。例如,已知 $F(z)$ 为

$$F(z) = \frac{10z^{-1}}{1 - 1.5z^{-1} + 0.5z^{-2}}$$

通过多项式除法,可求出

$$F(z) = 10z^{-1} + 15z^{-2} + 17.5z^{-3} + 18.75z^{-4} + \cdots$$

对应的序列为

$$f(k) = 10\delta(k-1) + 15\delta(k-2) + 17.5\delta(k-3) + 18.74\delta(k-4) + \cdots$$

时域的采样信号为

$$f^*(t) = 10\delta(t-T) + 15\delta(t-2T) + 17.5\delta(t-3T) + 18.74\delta(t-T) + \cdots$$

对 $F(z)$ 的分式表达式,也可通过其他方法求出序列 $f(k)$

$$f(k) = \sum_{i=0}^{\infty} 20(1 - 0.5^i) \cdot \delta(k-i)$$

3. z 变换的性质

z 变换的性质与拉氏变换类似,如表 2-7 所示,其中假定 $f(k) \leftrightarrow F(z)$,$f1(k) \leftrightarrow F1(z)$,$f2(k) \leftrightarrow F2(z)$。其中线性性质、时移定理(延迟定理)、终值定理比较重要。关于 z 变换的其他一些性质请参考"信号与系统"及"数字信号处理"等有关课程。

表 2-7　z 变换的性质

编号	性质或定理	表　达　式	说　　明
1	线性性质	$a \cdot f1(k) + b \cdot f2(k) \leftrightarrow a \cdot F1(z) + b \cdot F2(z)$	a,b 为常数
2	时移定理(延迟定理)	$f(k-n) \leftrightarrow z^{-n}F(z)$	将 $x(k)$ 序列延迟 n 个采样周期
3	时移定理(超前定理)	$f(k+n) \leftrightarrow z^n F(z) - \sum_{j=0}^{n-1} z^{n-j} f(j)$	将 $x(k)$ 序列超前 n 个采样周期
4	初值定理	$f(0) = \lim_{k \to 0} f(k) = \lim_{z \to \infty} F(z)$	如果 $\lim_{z \to \infty} F(z)$ 是存在的
5	终值定理	$f(\infty) = \lim_{k \to \infty} f(k) = \lim_{z \to 1} [(z-1)F(z)]$	如果 $\lim_{k \to \infty} f(k)$ 是存在的

2.3.6 脉冲传递函数

1. 脉冲传递函数的定义

与连续系统类似,如果系统的初始条件为零,离散系统的脉冲传递函数(也称 z 传递函数)可定义为

$$H(z) = \frac{Y(z)}{R(z)}$$

其中,$Y(z)$ 为系统输出序列 $y(k)$ 的 z 变换,$R(z)$ 为输入序列 $r(k)$ 的 z 变换。

图 2-13(a)表示了一个离散系统 $H(z)$ 的框图,图 2-13(b)表示了在连续系统基础上通过采样开关而形成的离散系统。

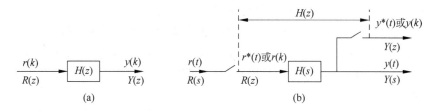

图 2-13 系统的脉冲传递函数

$H(z)$ 可表示为关于 z^{-1} 多项式的分式

$$H(z) = \frac{Y(z)}{R(z)} = \frac{\sum_{j=0}^{m} b_j \cdot z^{-j}}{\sum_{i=0}^{n} a_i \cdot z^{-i}} \tag{2-27}$$

与式(2-11)类似,式(2-27)表达了离散系统的脉冲传递函数模型(TFM)。对于实际的物理系统,多项式 $R(z)$ 和 $Y(z)$ 的系数均为实数,且 $R(z)$ 的阶次 n 大于或等于 $Y(z)$ 的阶次 m。

与连续系统一样,脉冲传递函数 $H(z)$ 还可以用系统增益、系统零点和系统极点来表示

$$H(z) = \frac{Y(z)}{R(z)} = K \frac{(z-z_1)(z-z_2)\cdots(z-z_m)}{(z-p_1)(z-p_2)\cdots(z-p_n)} = K \frac{\prod_{j=1}^{m}(z-z_j)}{\prod_{i=1}^{n}(z-p_i)} \tag{2-28}$$

式中,$z_1, z_2, \cdots, z_m$ 是 $Y(z)=0$ 的根,称脉冲传递函数的零点,$p_1, p_2, \cdots, p_n$ 是 $R(z)=0$ 的根,称为极点,K 为系统的增益(放大倍数)。与式(2-12)类似,式(2-28)表达了离散系统的零极点增益模型(ZPK)。

2. 脉冲传递函数的获取

系统的脉冲传递函数有多种获取方法,一是由系统的脉冲响应来获取;二是由描述系统的差分方程来求得;三是根据连续系统的传递函数来求得相应离散系统的脉冲传递函数。

对线性时不变因果系统,当系统输入 $r(k)$ 为 $\delta(k)$ 时,系统的输出 $y(k)$ 为脉冲响应 $h(k)$,因为 $R(z)=Z[\delta(k)]=1$,所以系统的脉冲传递函数就是系统脉冲响应 $h(k)$ 的 z 变换。即只要知道系统脉冲响应就能求得脉冲传递函数。

由系统的差分方程也可求得脉冲传递函数。例如,已知差分方程

$$y(k) - 0.8 \cdot y(k-1) = 0.2 \cdot r(k)$$

对等式两边求 z 变换,则有

$$Y(z) - 0.8 \cdot z^{-1}Y(z) = 0.2 \cdot R(z)$$

整理后有

$$H(z) = \frac{Y(z)}{R(z)} = \frac{0.2}{1 - 0.8 \cdot z^{-1}} \tag{2-29}$$

一般地,对离散系统的差分方程

$$\sum_{i=0}^{n} a_i \cdot y(k-i) = \sum_{j=0}^{m} b_j \cdot r(k-j)$$

由此很容易得到由式(2-27)表达的脉冲传递函数 $H(z)$。

根据连续系统的传递函数 $H(s)$ 也可求得相应离散系统的脉冲传递函数 $H(z)$,虽然 $H(s)$ 与 $H(z)$ 是不同系统中的概念,前者是连续系统的描述,后者是在前者基础上经过采样开关后的离散系统,但只要采样周期足够小,后者可以近似前者。

3. 脉冲传递函数的实现

脉冲传递函数(即 z 传递函数)既反映了与输入无关的离散系统固有本质属性,也表达了离散系统在具体输入(激励)下的对应输出(响应)。在计算机控制系统中 z 传递函数对应的可以是一个基于迭代法求解差分方程的控制算法(或程序)。例如,式(2-29)对应的脉冲传递函数 $H(z)$,其输入序列为 $r(k)$,输出序列为 $y(k)$,则实现脉冲传递函数 $H(z)$ 的一个 C 语言函数如下所示:

```
float H(float r){            //求解: H(z) = Y(z)/R(z) = 0.2/(1 - 0.8 * z^(-10))
  static float a0 = 0.2;     //取系数 a0 = 0.2
  static float b1 = -0.8;    //取系数 b1 = -0.8
  static float y0 = 0;       //取初始值 y(0) = 0
  float y;                   //定义输出序列 y(k)
    y = a0 * r - b1 * y0;    //求 y(k)
    y0 = y;                  //更新 y(k-1)
    return y;                //返回 y(k)
}
```

其中,输入 r 为序列 $r(k)$,输出 y 为序列 $y(k)$。当输入序列

$$r(k) = 1.0, 1.0, 1.0, 1.0, 1.0, 1.0, 1.0, 1.0, 1.0, 1.0, \cdots$$

则输出序列

$$y(k) = 0.200, 0.360, 0.488, 0.590, 0.672, 0.738, 0.790, 0.832, 0.866, 0.893, \cdots$$

当输入序列

$$r(k) = 10.0, 10.1, 10.2, 10.3, 10.3, 10.2, 10.1, 9.9, 9.8, 9.7, \cdots$$

则输出序列

$$y(k) = 2.000, 3.620, 4.936, 6.009, 6.867, 7.534, 8.047, 8.418, 8.694, 8.895, \cdots$$

2.3.7　离散系统的状态空间描述

离散系统的状态空间描述与连续系统类似,其模型框图如图 2-14 所示。其中,矩阵 $\boldsymbol{A}$、

B、C、D 的含义与连续系统中的相同,$\dot{x}$ 可理解为状态的变化趋势,经延时单元变为状态 x 状态向量。延时单元 z^{-1} 可以看成一组 D 型触发器或数据寄存器,此时可看到 z^{-1} 的物理意义非常明显(连续系统中 s 算子的物理意义就较难描述)。

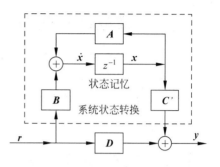

设系统的输入变量为 $r1(k),r2(k),\cdots,rl(k)$,输出变量为 $y1(k),y2(k),\cdots,ym(k)$,状态变量为 $x1(k),x2(k),\cdots,xn(k)$,该多输入输出线性系统的状态空间表达式可用矩阵表示

$$x(k+1) = A \cdot x(k) + B \cdot r(k)$$
$$y(k) = C \cdot x(k) + D \cdot r(k)$$

(2-30)

其中,状态方程为 $x(k+1) = A \cdot x(k) + B \cdot r(k)$,输出方程为 $y(k) = C \cdot x(k) + D \cdot r(k)$。可用差分形式表示。

图 2-14 离散系统的状态空间描述方法

式(2-30)表达了离散系统的状态空间模型(SSM)。其中,$x = [x1 \quad x2 \quad \cdots \quad xn]^{\mathrm{T}}$ 为 n 维状态向量;$r = [r1 \quad r2 \quad \cdots \quad rl]^{\mathrm{T}}$ 为 l 维输入向量;$y = [y1 \quad y2 \quad \cdots \quad ym]^{\mathrm{T}}$ 为 m 维输出向量;而 A、B、C、D 分别为状态矩阵、输入矩阵、输出矩阵和传输矩阵。

同样,利用 MATLAB 工具,离散系统的状态空间表达式也可方便地与脉冲传递函数、零极点增益表达式之间相互转换。例如,设离散系统的脉冲传递函数模型(TFM)为

$$H(z) = \frac{Y(z)}{R(z)} = \frac{5 + 4z^{-1} + 0.6z^{-2}}{1 + 1.3z^{-1} + 0.4z^{-2}}$$

则相应的零极点增益模型为(ZPK)为

$$H(z) = \frac{Y(z)}{R(z)} = 5 \cdot \frac{(1 + 0.2z^{-1})}{(1 + 0.5z^{-1})} \cdot \frac{(1 + 0.6z^{-1})}{(1 + 0.8z^{-1})}$$

则相应的状态空间模型(SSM)为

$$x(k+1) = A \cdot x(k) + B \cdot r(k)$$
$$y(k) = C \cdot x(k) + D \cdot r(k)$$

其中,$A = \begin{bmatrix} -1.3 & -0.4 \\ 1 & 0 \end{bmatrix}$;$B = \begin{bmatrix} 1 \\ 0 \end{bmatrix}$;$C = [-2.5 \quad -1.4]$;$D = [5]$;$x = [x1 \quad x2]^{\mathrm{T}}$;而 $r = [r]^{\mathrm{T}}$,$y = [y]^{\mathrm{T}}$,均为一维向量。

差分形式的状态方程为

$$\begin{bmatrix} x1(k+1) \\ x2(k+1) \end{bmatrix} = \begin{bmatrix} -1.3 & -0.4 \\ 1 & 0 \end{bmatrix} \cdot \begin{bmatrix} x1(k) \\ x2(k) \end{bmatrix} + \begin{bmatrix} 1 \\ 0 \end{bmatrix} \cdot r(k)$$

或

$$\begin{cases} x1(k+1) = -1.3 \cdot x1(k) - 0.4 \cdot x2(k) + 1 \cdot r(k) \\ x2(k+1) = 1 \cdot x1(k) - 0 \cdot x2(k) + 0 \cdot r(k) = x1(k) \end{cases}$$

差分形式的输出方程为

$$y(k) = [-2.5 \quad -1.4] \cdot \begin{bmatrix} x1(k) \\ x2(k) \end{bmatrix} + [5] \cdot r(k)$$

或

$$y(k) = -2.5 \cdot x1(k) - 1.4 \cdot x2(k) + 5 \cdot r(k)$$

必须指出,转换的表达式不一定是唯一的,但不同模型的输入输出之间关系是一致的。另外,在计算机控制系统中,状态空间模型不仅适用于多输入多输出系统,而且相应算法的实现也非常容易。

2.3.8 离散系统的其他描述方法

对计算机控制系统,为便于控制规律由计算机实现,还可采用类似于计算机编程语言、流程图来描述;为便于系统设计人员把控制规律输入到计算机,人们还用梯形图、顺控图、功能块图来描述。这些方法不一定是在连续系统基础上近似等效来的,后面其他章节将单独介绍。

2.4 离散系统的分析

2.4.1 s 平面和 z 平面之间的映射

了解了 s 平面和 z 平面之间的映射,就可由连续系统的规则直接得出相应离散系统的规则。根据 z 变换的定义,有如下 s 平面与 z 平面的映射关系:

设 $s = \sigma + j\omega$,则

$$z = \mathrm{e}^{sT} = \mathrm{e}^{(\sigma+j\omega)T} = \mathrm{e}^{\sigma T} \cdot \mathrm{e}^{j\omega T} = \mathrm{e}^{\sigma T} \angle \omega T$$

由于 $\mathrm{e}^{j\omega T} = \cos\omega T + j\sin\omega T$ 是 2π 周期函数,故也有

$$z = \mathrm{e}^{\sigma T} \angle (\omega T + 2\pi)$$

有关 s 平面和 z 平面之间的映射关系如图 2-15～图 2-20 所示。

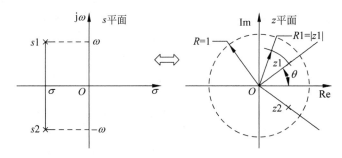

图 2-15 s 平面和 z 平面

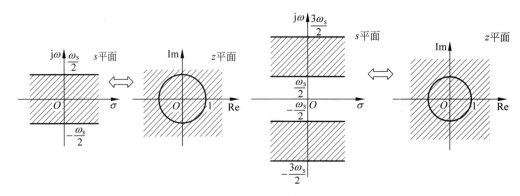

图 2-16 主带映射和副带映射

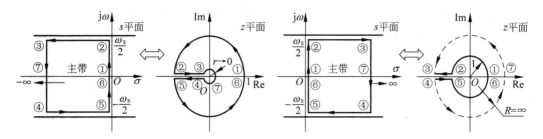

图 2-17 s 平面主带左半平面和右半平面的映射

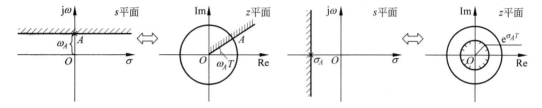

图 2-18 等频率线的映射和等衰减率线的映射

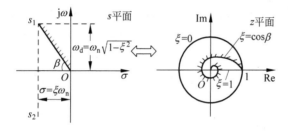

图 2-19 等阻尼比轨迹的映射

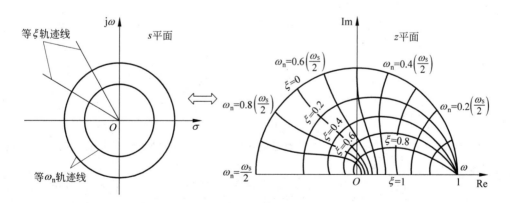

图 2-20 等自然频率轨迹映射

2.4.2 稳定性分析

根据自动控制理论,连续系统稳定的充要条件是系统传递函数的特征根全部位于 s 域左半平面,而对离散系统稳定的充要条件是系统脉冲传递函数的特征根全部位于 z 平面的单位圆中。

另外,离散系统的增益 K 和采样周期 T 也是影响稳定性的重要参数。

2.4.3 静态误差分析

对如图 2-21 所示的典型的离散反馈控制系统,系统的稳态误差 e_{ss}^* 与输入信号 $R(z)$ 及系统的 $D(z)G(z)$ 结构特性均有关。

系统输入对偏差的传递函数为

$$\Phi_e(z) = \frac{E(z)}{R(z)} = \frac{1}{1+D(z)G(z)}$$

系统的偏差 z 表达式为

$$E(z) = \Phi_e(z)R(z)$$

$$= \frac{1}{1+D(z)G(z)}R(z)$$

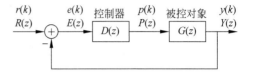

图 2-21　典型的离散反馈控制系统

则系统的稳态误差 e_{ss}^* 为

$$e_{ss}^* = \lim_{z \to 1}(1-z^{-1})E(z) = \lim_{z \to 1}(1-z^{-1})\frac{1}{1+D(z)G(z)}R(z) \tag{2-31}$$

显然系统的稳态误差与系统结构 $D(z)G(z)$、输入 $R(z)$ 有关。按系统开环脉冲传递函数 $D(z)G(z)$ 中所含 $(1-z^{-1})$ 的环节个数 v 来划分,离散系统也有 0 型、Ⅰ型、Ⅱ型系统之分。

对 0 型系统,$D(z)G(z)$ 在 $z=1$ 处无极点,当输入信号为单位阶跃函数时,系统的稳态误差为有限值 $1/(1+K_p)$。

$$e_{ss}^*(t) = e_{ss}(k) = \lim_{z \to 1}(1-z^{-1}) \cdot \frac{1}{1+D(z)G(z)} \cdot \frac{1}{(1-z^{-1})}$$

$$= \lim_{z \to 1}\frac{1}{1+D(z)G(z)} = \frac{1}{1+K_p} \tag{2-32}$$

其中,$K_p = \lim_{z \to 1}D(z)G(z)$。

对 Ⅰ 型系统,$D(z)G(z)$ 在 $z=1$ 处有 1 个极点,当输入信号为单位速度函数时,系统的稳态误差为有限值 $1/K_v$。

$$e_{ss}^*(t) = e_{ss}(k) = \lim_{z \to 1}(1-z^{-1}) \cdot \frac{1}{1+D(z)G(z)} \cdot \frac{Tz^{-1}}{(1-z^{-1})^2} = \frac{1}{K_v} \tag{2-33}$$

其中,$K_v = \lim_{z \to 1}\frac{1}{T}(1-z^{-1})D(z)G(z)$。

对 Ⅱ 型系统,$D(z)G(z)$ 在 $z=1$ 处有 2 个极点,当输入信号为单位加速度函数时,系统的稳态误差为有限值 $1/K_a$。

$$e_{ss}^*(t) = e_{ss}(k) = \lim_{z \to 1}(1-z^{-1}) \cdot \frac{1}{1+D(z)G(z)} \cdot \frac{T^2 \cdot (1+z^{-1})z^{-1}}{2 \cdot (1-z^{-1})^3} = \frac{1}{K_a} \tag{2-34}$$

其中,$K_a = \lim_{z \to 1}\frac{1}{T^2}(1-z^{-1})^2 D(z)G(z)$。

系统稳态误差与系统结构 $D(z)G(z)$、输入 $R(z)$ 的关系如表 2-8 所示。

需要说明的是:计算稳态误差的前提条件是系统稳定;稳态误差为无限大并不等于系统不稳定,它只表明该系统不能跟踪所输入的信号;上面讨论的稳态误差只是系统原理性误差,只与系统结构和外部输入有关,与元器件精度无关。

表 2-8　离散系统稳态误差

输　　入		稳态误差 $e_{ss}(k)$		
$r(k)$	$R(z)$	0 型系统	Ⅰ 型系统	Ⅱ 型系统
$u(k)$	$\dfrac{1}{1-z^{-1}}$	$\dfrac{1}{1+K_p}$	0	0
k	$\dfrac{Tz^{-1}}{(1-z^{-1})^2}$	∞	$\dfrac{1}{K_v}$	0
$\dfrac{1}{2}k^2$	$\dfrac{T^2 \cdot (1+z^{-1})z^{-1}}{2 \cdot (1-z^{-1})^3}$	∞	∞	$\dfrac{1}{K_a}$

2.4.4　动态特性分析

离散系统的动态特性也是用系统在单位阶跃输入信号作用下的响应特性来描述的,具体指标也有上升时间 t_r、峰值时间 t_p、调节时间 t_s 和超调量 δ 等。

通过离散系统传递函数的极点与零点的分布,也可分析出时域的动态特性。

1. 极点位于实轴

当极点位于单位圆外正实轴上,系统响应将是单调发散的序列;当极点位于单位圆外负实轴上,系统响应将是振荡发散的序列;当极点位于单位圆内正实轴上,系统响应将是单调收敛的序列;当极点位于单位圆内负实轴上,系统响应将是收敛的振荡序列。如图 2-22(a)所示,图中系统响应用 $y(k)$ 表示。

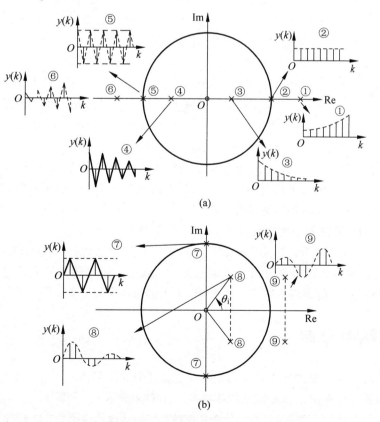

(a)

(b)

图 2-22　极点位于实轴或极点为复根时系统的时域特性

2. 极点为复根

当极点为单位圆外的复根时,系统响应将是发散的振荡序列;当极点为单位圆内的复根时,系统响应将是收敛的振荡序列;振荡的频率与复根的 θ 有关,如图 2-22(b)所示。

本章知识点

知识点 2-1　控制系统的描述方法

控制系统的描述方法常见的有输入输出描述方法和状态空间描述方法。输入输出描述方法是基于系统的输入与输出之间的因果关系来描述系统特性的,适用于描述单变量输入和单变量输出的系统。状态空间描述方法是以系统状态转换为核心,不仅适用于描述单变量输入和单变量输出的系统,也能适用于多变量的场合,是现代控制系统的一个基本描述方法。

知识点 2-2　连续系统与离散系统的数学工具

连续系统中的信号是模拟信号,即信号在时间上和幅值上都是连续的;离散系统中的信号是离散时间信号,即信号在时间上是离散的,离散信号可以由模拟信号经采样而获得,其理论依据是采样定理。计算机控制系统中对信号的处理是以离散系统为基础的。

对连续系统用到的数学工具有微分方程、拉氏变换和传递函数,相应的连续系统模型可以使用微分方程、脉冲响应和传递函数来描述系统输入与输出之间的因果关系。

对离散系统用到的数学工具有差分方程、z 变换和脉冲传递函数。相应的离散系统模型可以使用差分方程、脉冲响应和脉冲传递函数来描述系统输入与输出之间的因果关系。

利用 MATLAB 工具软件可辅助完成控制系统的分析和设计,可实现不同系统模型的转换,这些模型包括传递函数模型(TFM)、零极点增益模型(ZPK)和状态空间模型(SSM)。

知识点 2-3　z 变换和脉冲传递函数

z 变换、z 表达式和序列图是离散系统的常用表达工具。在 z 变换中,z^{-1} 有着明显的物理意义,乘上一个 z^{-1} 算子,相当于延时 1 个采样周期 T,z^{-1} 可称为单位延迟因子。控制系统的采样过程,就相当于在获得输入信号的 z 变换表达式。z 表达式也是计算机实现控制算法的重要依据。

脉冲传递函数(即 z 传递函数)既反映了与输入无关的离散系统的固有本质属性,也表达了离散系统在具体输入下的对应输出。在计算机控制系统中 z 传递函数对应的是一个基于迭代法求解差分方程的控制算法(或程序)。

知识点 2-4　离散系统的性能分析

控制系统的性能分析包括稳定性、静态特性和动态特性分析。与连续系统类似,对离散系统,可通过脉冲传递函数来分析系统的稳定性;通过系统结构和输入信号可分析系统的静态误差;通过脉冲传递函数的零极点分布,来了解系统的动态特性。

思考题与习题

1. 简述输入输出描述方法和状态空间描述方法各自的特点。

2. 连续系统和离散系统分别使用哪些数学工具来表示?

3. 什么是连续系统的传递函数? 什么是离散系统的脉冲传递函数? 它们有什么实用意义?

4. 方框图有哪些符号要素和等效变换规则？

5. 画出状态空间模型框图，写出输出方程和状态方程表达式。

6. 简述采样过程和采样定理。

7. 已知某离散系统的脉冲传递函数模型如下，求相应的零极点增益模型和状态空间模型（可尝试借助 MATLAB 工具）。

$$H(z) = \frac{0.2 + 0.1z^{-1} - z^{-2}}{1 - 2z^{-1} - 3z^{-2}}$$

8. 写出下列序列 $x1(k)$、$x2(k)$ 对应的 z 变换。

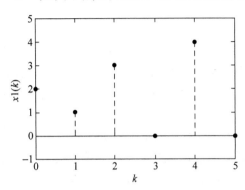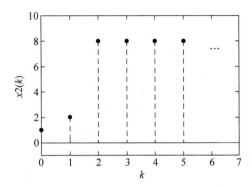

9. 写出下列 z 表达式所对应的序列表达式和序列图。

(1) $X1(z) = 5 + 3z^{-1} - z^{-2} + 2z^{-4}$；　　(2) $X2(z) = 2 + \dfrac{1}{1 - 2z^{-1}} - 7z^{-4}$

(3) $X3(z) = \dfrac{10z^{-1}}{1 - 1.1z^{-1} + 0.3z^{-2}}$；　　(4) $X4(z) = \dfrac{4.69(1 - 0.6065z^{-1})}{1 + 0.847z^{-1}}$

10. 已知控制算式 $y(k) = 0.8y(k-1) + 0.2x(k)$，试根据输入 $x(k)$ 写出相应的响应 $y(k)$。

迭代法求解差分方程计算过程

k	<0	0	1	2	3	4
$x(k)$	0	200	180	170	160	0
$y(k)$	0					

11. 离散系统稳定的充要条件是什么？

12. 动态特性主要是用系统在单位阶跃输入信号作用下的响应特性来描述。常见的具体指标有哪些？

13. 已知如下所示的离散系统的 $G(z)$、$D(z)$，试分别求出不同 $R(z)$ 情况下的稳态误差 e_{ss}。

其中，$G(z) = \dfrac{0.2z^{-1}(1 + 0.8z^{-1})}{(1 - z^{-1})(1 - 0.6z^{-1})}$，$D(z) = \dfrac{2.5(1 - 0.6z^{-1})}{1 + 0.5z^{-1}}$，$R(z)$ 分别取：

(1) $R(z) = \dfrac{1}{1 - z^{-1}}$；(2) $R(z) = \dfrac{z^{-1}}{(1 - z^{-1})^2}$。

第 3 章

数字控制器的

设计与实现

    一个控制系统的整体特性,既与被控对象的特性有关,也与控制器有关。而被控对象的特性是由其本身的工作环境、运行条件和功能目标所决定的,往往不能随意更改,只有通过改变控制器的特性,来影响整个系统的特性,从而满足系统的整体性能指标。控制系统的重要设计任务就是控制器的设计。

    对离散采样控制系统来说,数字控制器的设计就是确定控制器的脉冲传递函数 $D(z)$。常见的方法有两种:一是根据对应连续系统的设计方法确定控制器的传递函数 $D(s)$,然后利用离散化方法求出近似的 $D(z)$;二是根据对象的脉冲传递函数 $G(z)$、给定输入信号的 $R(z)$ 以及系统的特性要求,确定系统广义闭环脉冲传递函数 $\Phi(z)$,然后求出控制器的脉冲传递函数 $D(z)$。先者称为近似设计方法,后者称为解析设计方法。

    如何根据连续系统的传递函数 $D(s)$ 求出对应离散系统的脉冲传递函数 $D(z)$? 这就是离散化方法的任务,离散化方法有积分变换法、零极点匹配法和等效变换法之分。

    由于不少系统对象的脉冲传递函数 $G(z)$ 难以获取,人们选用了一种适用性较好的控制器传递函数 $D(s)$,这就是 PID 控制。PID 控制是一种基于给定值与输出值之间偏差的比例、积分、微分的反馈控制,它是一种适用面广、历史悠久的控制规律,在计算机离散采样控制系统中得到了广泛的应用。数字 PID 控制就是结合计算机逻辑运算的特点来实现的 PID 控制。数字 PID 控制器的脉冲传递函数 $D(z)$ 可通过离散化方法,由连续系统的 $D(s)$ 求得。然而,数字 PID 控制器的 $D(z)$ 不仅仅是连续系统 PID 控制器 $D(s)$ 的简单近似,而且还可以进行多种优化。

    最少拍随动控制系统的设计是一种解析设计方法,其设计目标就是使系统的输出以最快的响应速度跟踪随机变化的输入信号,而最少拍无纹波随动系统不仅是追求快的响应速度,还要兼顾控制器的输出没有纹波,以达到更好的控制质量。

    最终如何来实现由近似设计方法或解析设计方法得到控制器的 $D(z)$ 呢? 除了可用硬件来实现 $D(z)$ 外,更普遍的办法是利用计算机软件,通过迭代法求解差分方程来实现 $D(z)$。由 $D(z)$ 可得到相应的实现控制方框图、差分方程,按照状态空间描述方法也可得到相应的状态方程和输出方程。对高阶的 $D(z)$,可通过串行或并行实现来减少由于系数误差对系统性能造成的影响。

    本章首先给出了数字控制器的设计方法,分析了几种离散化方法的原理和特点,接着介绍数字 PID 控制器的基本算式、优化措施和整定方法,然后介绍属于解析设计方法的最少拍随动控制系统(包括最少拍无纹波随动控制系统)的设计方法,最后介绍控制器算法的实现方法。

3.1 数字控制器的设计方法

3.1.1 近似设计法

根据采样定理,连续信号的控制系统可用离散采样控制系统来代替,如图 3-1(a)所示,其中被控对象 $G(s)$ 可假定含有零阶保持器 ZOH。简化后可看成由控制器 $D(z)$ 与被控对象 $G(z)$ 组成的反馈控制系统,如图 3-1(b)所示。离散采样控制系统的广义闭环传递函数为 $\Phi(z)$,如图 3-1(c)所示。

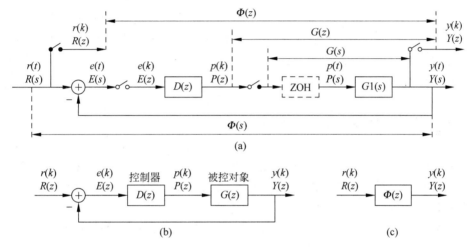

图 3-1 离散采样控制系统框图

近似设计法是建立在连续系统的 $D(s)$ 基础上的,因此也称模拟设计法、间接设计法。数字控制器 $D(z)$ 的近似设计过程如下:

(1) 选择合适的采样频率,考虑零阶保持器 ZOH 的相位滞后,根据系统的性能指标和连续域设计方法,设计控制器的传递函数 $D(s)$。

(2) 选择合适的离散化方法,将 $D(s)$ 离散化,获得数字控制器的脉冲传递函数 $D(z)$,使两者性能尽量等效。

(3) 检验计算机控制系统的闭环性能。若不满意,可进行优化,选择更合适的离散化方法、提高采样频率。必要时,可增加稳定裕度(相对稳定程度的参数)等参数,重新修正连续域的 $D(s)$ 后,再离散化。

(4) 对 $D(z)$ 满意后,将其变为数字算法,在计算机上编程实现。

3.1.2 解析设计法

设离散系统结构如图 3-1(b)所示。则与连续系统中 $\Phi(z)$ 与 $G(z)$ 关系式(2-21)和式(2-22)类似,有表达式

$$\Phi(z) = \frac{Y(z)}{R(z)} = \frac{D(z) \cdot G(z)}{1 + D(z) \cdot G(z)} \tag{3-1}$$

$$D(z) = \frac{P(z)}{E(z)} = \frac{\Phi(z)}{G(z) \cdot [1 - \Phi(z)]} \tag{3-2}$$

解析设计法与连续系统的 $D(s)$ 没有直接联系,它是根据系统的 $G(z)$、$\Phi(z)$ 以及输入 $R(z)$ 来直接确定 $D(z)$,因此也称精确设计法、直接设计法。数字控制器 $D(z)$ 的解析设计过程如下:

(1) 根据系统的 $G(z)$、输入 $R(z)$ 及主要性能指标,选择合适的采样频率;

(2) 根据 $D(z)$ 的可行性,确定闭环传递函数 $\Phi(z)$;

(3) 由 $\Phi(z)$、$G(z)$,根据式(3-2)确定 $D(z)$;

(4) 分析各点波形,检验计算机控制系统的闭环性能。若不满意,重新修正 $\Phi(z)$;

(5) 对 $D(z)$ 满意后,将其变为数字算法,在计算机上编程实现。

最后需要说明:上述两种方法都是基于离散采样控制系统对连续信号对象的控制,而对顺序控制、数值控制、模糊控制等,其控制器的设计需要采用其他的设计方法,如基于有限自动机模型的顺序控制器设计、基于连续路径直线圆弧插值的数值控制器设计、基于模糊集合和模糊运算的模糊控制器的设计等。

3.2 离散化方法

如果已知一个连续系统控制器的传递函数 $D(s)$,根据采样定理,只要有足够小的采样周期,总可找到一个近似的离散控制器 $D(z)$ 来代替 $D(s)$。对一个连续系统中的被控对象 $G(s)$,也可用一个近似的 $G(z)$ 来仿真 $G(s)$ 的特性。

有许多成熟的方法,可根据系统的 $G(s)$、$\Phi(s)$ 等要求设计出 $D(s)$,由此求出近似的 $D(z)$,就可由计算机来实现 $D(z)$。

由 $D(s)$ 求出 $D(z)$ 的方法有多种,如积分变换法、零极点匹配法和等效变换法,下面分别介绍这些方法,并以数值积分法为重点。

3.2.1 积分变换法

积分变换法是基于数值积分的原理,因此也称数值积分法。积分变换法又分为矩形变换法和梯形变换法,矩形变换法又分为向后差分法或后向差分法、向前差分法或前向差分法。

1. 向后差分法

设某控制器的输出 $p(t)$ 是输入 $e(t)$ 对时间的积分,即有如下关系式

$$p(t) = \int_0^t e(\tau) \mathrm{d}\tau, \quad \text{或} \frac{\mathrm{d}p(t)}{\mathrm{d}t} = e(t), \quad \mathrm{d}p(t) = e(t)\mathrm{d}t$$

$e(t)$ 的波形如图 3-2 所示。假定在 $(k-1)T$、kT 时刻的输入 $e(t)$ 分别记为 $e(k-1)$、$e(k)$,输出 $p(t)$ 分别记为 $p(k-1)$、$p(k)$,则有

$$p(k) = \int_0^{kT} e(t)\mathrm{d}t = \int_0^{(k-1)T} e(t)\mathrm{d}t + \int_{(k-1)T}^{kT} e(t)\mathrm{d}t = p(k-1) + \int_{(k-1)T}^{kT} e(t)\mathrm{d}t$$

如用矩形面积近似增量的积分面积 $\mathrm{d}(p(k))$,则有

$$\mathrm{d}(p(k)) = \int_{(k-1)T}^{kT} e(t)\mathrm{d}t = p(k) - p(k-1) \approx e(k-1) \cdot T \quad \text{(采用向前差分)}$$

或

$$d(p(k)) = \int_{(k-1)T}^{kT} e(t)dt = p(k) - p(k-1) \approx e(k) \cdot T \quad (\text{采用向后差分})$$

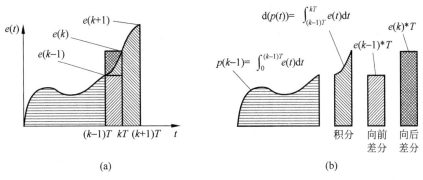

图 3-2 矩形变换法示意图

考虑到向前差分性能较差,实际常采用向后差分,$p(k)$ 的向后差分关系式为

$$p(k) - p(k-1) \approx e(k) \cdot T$$

经 z 变换后,有

$$P(z) - z^{-1}P(z) = E(z) \cdot T$$

$$D(z) = \frac{P(z)}{E(z)} = \frac{T}{1 - z^{-1}}$$

对照相应连续系统的传递函数 $D(s)$ 有

$$D(s) = \frac{P(s)}{E(s)} = \frac{1}{s}$$

可得变换式

$$s \to \frac{1 - z^{-1}}{T}$$

由此可根据 $D(s)$ 求出 $D(z)$

$$D(z) = D(s)\Big|_{s = \frac{1-z^{-1}}{T}} \tag{3-3}$$

式(3-3)就是向后差分法的变换公式。

例 3-1 已知 $D(s) = \dfrac{1/2}{s(s+1/2)}$,试用向后差分法求 $D(z)$。

解

$$D(z) = D(s)\Big|_{s=\frac{1-z^{-1}}{T}} = \frac{1/2}{\dfrac{(1-z^{-1})}{T}\left[\dfrac{(1-z^{-1})}{T} + 1/2\right]} = \frac{T^2}{2(1-z^{-1})^2 + (1-z^{-1})T}$$

$$= \frac{T^2}{2\,(1-z^{-1})^2 + (1-z^{-1})T} = \frac{T^2}{2 - 4z^{-1} + 2z^{-2} + T - Tz^{-1}}$$

$$= \frac{T^2}{2 + T - (4+T)z^{-1} + 2z^{-2}} = \frac{T^2/(2+T)}{1 - \dfrac{4+T}{2+T}z^{-1} + \dfrac{2}{4+T}z^{-2}}$$

向后差分法的特点有:

(1) 若 $D(s)$ 稳定,则 $D(z)$ 一定稳定,s 平面与 z 平面的对应映射如图 3-3 所示。但向前差分法不具有这一特点;

(2) 变换前后,稳态增益不变;

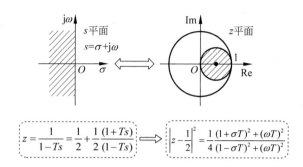

图 3-3　向后差分法 s 平面与 z 平面对应的映射

（3）与 $D(s)$ 相比，离散后控制器 $D(z)$ 的时间响应与频率响应有相当大的畸变。只有 T 足够小，$D(z)$ 才与 $D(s)$ 性能接近。

2. 梯形变换法

从向后差分法可看出，积分面积是用矩形来近似的，如能用梯形来近似，效果则更好，如图 3-4 所示。

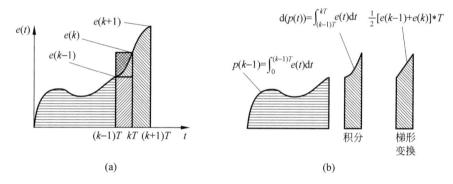

图 3-4　梯形变换法示意图

如用梯形面积近似增量的积分面积 $d(p(k))$，则有

$$p(k) - p(k-1) \approx \frac{1}{2}\big[e(k-1) + e(k)\big] \cdot T$$

经 z 变换后，有

$$P(z) - z^{-1}P(z) = \frac{T}{2}(1 + z^{-1})E(z)$$

$$D(z) = \frac{P(z)}{E(z)} = \frac{T}{2} \cdot \frac{1 + z^{-1}}{1 - z^{-1}}$$

对照相应连续系统的传递函数 $D(s)$，可得变换式

$$s \rightarrow \frac{2}{T} \cdot \frac{1 - z^{-1}}{1 + z^{-1}} \tag{3-4}$$

由此可根据 $D(s)$ 求出 $D(z)$

$$D(z) = D(s)\Big|_{s = \frac{2}{T} \cdot \frac{1 - z^{-1}}{1 + z^{-1}}} \tag{3-5}$$

式（3-5）就是梯形变换法（双线性变换法、突斯汀-Tustin 变换法）的变换公式。

例 3-2　已知 $D(s) = \dfrac{1/2}{s(s+1/2)}$，试用梯形变换法求 $D(z)$。

解

$$D(z) = D(s)\Big|_{s=\frac{2}{T}\cdot\frac{1-z^{-1}}{1+z^{-1}}}$$

$$= \cfrac{1/2}{\cfrac{2}{T}\cdot\cfrac{1-z^{-1}}{1+z^{-1}}\left(\cfrac{2}{T}\cdot\cfrac{1-z^{-1}}{1+z^{-1}}+1/2\right)} = \cfrac{T^2(1+z^{-1})^2}{8(1-z^{-1})^2+2(1-z^{-1})T(1+z^{-1})}$$

$$= \cfrac{T^2(1+z^{-1})^2}{2(1-z^{-1})(4(1-z^{-1})+T(1+z^{-1}))} = \cfrac{T^2(1+z^{-1})^2}{2(1-z^{-1})(4+T+(T-4)z^{-1})}$$

$$= \cfrac{T^2+2T^2z^{-1}+T^2z^{-2}}{8+2T-16z^{-1}+(8-2T)z^{-2}}$$

梯形变换法的特点有:

(1) 若 $D(s)$ 稳定,则 $D(z)$ 一定稳定,s 平面与 z 平面对应的映射如图 3-5 所示;

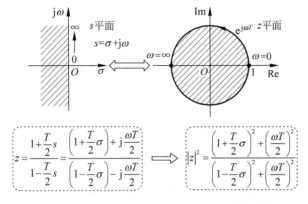

图 3-5　梯形变换法 s 平面与 z 平面对应的映射

(2) 变换前后,稳态增益不变;

(3) 双线性变换的一对一映射,保证了离散频率特性不产生频率混叠现象;与 $D(s)$ 相比,离散后控制器 $D(z)$ 的频率响应在高频段有一定的畸变,但可采用预校正办法来弥补;

(4) $D(z)$ 性能与 $D(s)$ 较接近,但变换公式较复杂。

为保证在角频率 $\omega 1$ 处,$D(z)$ 与 $D(s)$ 有相同的增益,即 $D(e^{j\omega 1 T}) = D(j\omega 1)$,可采用频率预修正公式,即用式(3-6)取代变换式(3-4):

$$s \rightarrow \frac{\omega 1}{\tan\left(\omega 1 \dfrac{T}{2}\right)}\cdot\frac{1-z^{-1}}{1+z^{-1}} \tag{3-6}$$

3.2.2　零极点匹配法

零极点匹配法的原理就是使 $D(z)$ 与 $D(s)$ 有相似的零极点分布,从而获得近似的系统特性。设 $D(s)$ 有如下的形式

$$D(s) = \frac{P(s)}{E(s)} = k\frac{\displaystyle\prod_{i=1}^{m}(s+z_i)}{\displaystyle\prod_{j=1}^{n}(s+p_j)}, \quad (n \geqslant m)$$

按下面变换式转换零点和极点:

$$(s + z_i) \rightarrow (z - \mathrm{e}^{-z_i T}) \quad 或 \quad (1 - \mathrm{e}^{-z_i T} z^{-1})$$

$$(s + p_j) \rightarrow (z - \mathrm{e}^{-p_j T}) \quad 或 \quad (1 - \mathrm{e}^{-p_j T} z^{-1})$$

若分子阶次 m 小于分母阶次 n，离散变换时，在 $D(z)$ 分子上加 $(z+1)^{n-m}$ 因子，得到的 $D(z)$ 表达式如下

$$D(z) = K1 \frac{\prod\limits_{i=1}^{m}(z - \mathrm{e}^{-z_i T})}{\prod\limits_{j=1}^{n}(z - \mathrm{e}^{-p_j T})}(z+1)^{n-m} \tag{3-7}$$

式(3-7)是零极点匹配法的主要变换公式。为保证在特定的频率处有相同的增益，需要匹配 $D(z)$ 中的 $K1$，为保证 $D(z)$ 与 $D(s)$ 在低频段有相同的增益，确定 $D(z)$ 增益 $K1$ 的匹配公式有

$$D(s)|_{s=0} = D(z)|_{z=1}$$

高频段的匹配公式（$D(s)$ 分子有 s 因子时）

$$D(s)|_{s=\infty} = D(z)|_{z=-1}$$

选择某关键频率 $\omega1$ 处的幅频相等

$$D(s)|_{s=\mathrm{j}\omega1} = D(z)|_{z=\mathrm{e}^{\mathrm{j}\omega1 T}}$$

零极点匹配法的特点有：

(1) 若 $D(s)$ 稳定，则 $D(z)$ 一定稳定；

(2) 有近似的系统特性，能保证某处频率的增益相同；

(3) 可防止频率混叠；

(4) 需要对 $D(s)$ 分解为极零点形式，有时分解不太方便。

3.2.3　等效变换法

等效变换法的原理是使 $D(z)$ 与 $D(s)$ 对系统的某种时域响应在每个 kT 采样时刻有相同的值，具体变换方法有脉冲响应不变法（z 变换法）和阶跃响应不变法（带保持器的等效保持法）。

1. 脉冲响应不变法

脉冲响应不变法（z 变换法）能保证离散系统的脉冲响应在 kT 时刻与连续系统的输出保持一致。在变换前，将 $D(s)$ 写成如下形式

$$D(s) = \sum_{i=1}^{m} \frac{A_i}{s + a_i}$$

则 $D(z)$ 对 $D(s)$ 的 z 变换公式如下

$$D(z) = Z[D(s)] = Z\left[\sum_{i=1}^{m} \frac{A_i}{s + a_i}\right] = \sum_{i=1}^{m} \frac{A_i}{1 - \mathrm{e}^{-a_i T} \cdot z^{-1}} \tag{3-8}$$

式(3-8)是脉冲响应不变法（z 变换法）的主要变换公式。

例 3-3　设某传递函数 $D(s)$ 如下所示，试用脉冲响应不变法（z 变换法）求 $D(z)$。（设采样周期 $T=0.5\mathrm{s}$）

$$D(s) = \frac{100}{s(s+1)(s+10)}$$

解　根据式(3-8)可得

$$D(z) = Z\left[\frac{100}{s(s+1)(s+10)}\right] = Z\left[\left(\frac{10}{s} - \frac{100/9}{s+1} + \frac{10/9}{s+10}\right)\right]$$

$$= \frac{10}{1-z^{-1}} - \frac{100/9}{1-e^{-T}z^{-1}} + \frac{10/9}{1-e^{-10T}z^{-1}}$$

$$\approx \frac{10}{1-z^{-1}} - \frac{11.11}{1-0.6065z^{-1}} + \frac{1.11}{1-0.0067z^{-1}}$$

$$\approx \frac{22.22(1-0.8161z^{-1})(1-0.0435z^{-1})}{(1-z^{-1})(1-0.6065z^{-1})(1-0.0067z^{-1})}$$

$$\approx \frac{22.22 - 19.1z^{-1} + 0.7883z^{-2}}{1 - 1.613z^{-1} + 0.6173z^{-2} - 0.0041z^{-3}}$$

2. 阶跃响应不变法

阶跃响应不变法(带保持器的等效保持法)能保证离散系统带保持器后的阶跃响应在 kT 时刻与连续系统的输出保持一致。假定在 $D(s)$ 之前有零阶保持器,所以在进行 z 变换时需要考虑零阶保持器的传递函数(见式(2-23)),变换公式有

$$D(z) = Z\left[\frac{1-e^{-sT}}{s}D(s)\right] = (1-z^{-1})Z\left[\frac{D(s)}{s}\right] \tag{3-9}$$

式(3-9)是阶跃响应不变法(带零阶保持器的等效保持法)的主要变换公式。

例 3-4 设某传递函数 $D(s)$ 如下所示,试用阶跃响应不变法(带零阶保持器的等效保持法)求 $D(z)$。(设采样周期 $T = 0.5\text{s}$)

$$D(s) = \frac{100}{s(s+1)(s+10)}$$

解 根据式(3-9)有

$$D(z) = Z\left[\frac{1-e^{-Ts}}{s} \cdot \frac{100}{s(s+1)(s+10)}\right] = (1-z^{-1})Z\left[\left(\frac{10}{s^2} - \frac{11}{s} + \frac{100/9}{1+s} - \frac{1/9}{10+s}\right)\right]$$

$$= \frac{1-z^{-1}}{9}\left[\frac{90Tz^{-1}}{(1-z^{-1})^2} - \frac{99}{1-z^{-1}} + \frac{100}{1-e^{-T}z^{-1}} - \frac{1}{1-e^{-10T}z^{-1}}\right]$$

$$\approx \frac{0.7381z^{-1}(1+1.517z^{-1})(1+0.05171z^{-1})}{(1-z^{-1})(1-0.6065z^{-1})(1-0.0067z^{-1})}$$

3.2.4 离散化方法比较

积分变换法、零极点匹配法和等效变换法都可保证,$D(s)$ 稳定时,$D(z)$ 也稳定,但积分变换中的前向差分除外。

积分变换法中的后向差分变换简单易用;双线性变换(特别是有预校正的)得到 $D(z)$ 的频率特性与 $D(s)$ 接近;零极点匹配有较好的增益特性;等效变换法得到的 $D(z)$ 能保证脉冲响应或阶跃响应的采样点值与 $D(s)$ 一致,但增益和频率特性与 $D(s)$ 相差较大。

当采样周期 T 足够小时,或采样频率 f_s 远高于信号中最高频率分量 $f_{\max}$(如 $f_s > 100 f_{\max}$),各种方法无明显差别。

3.3 PID 控制

3.3.1 PID 控制的原理

PID 控制是适用面较广、历史较长、目前仍得到广泛应用的控制规律,主要用于连续变

化的物理量如温度、流量、压力、水位、速度等的控制。

  PID 控制是一种基于给定值与输出值之间偏差进行比例、积分、微分运算的反馈控制，其控制框图与一般的反馈控制系统类似，如图 3-6(a)所示。其中被控对象的传递函数为 $G(s)$，它同时包含了执行器的特性；控制器(也称调节器)的传递函数 $D(s)$ 由三个环节构成，分别是比例、积分和微分。由于工业上许多被控对象很难得到精确的传递函数 $G(s)$，因此控制器 $D(s)$ 也很难根据 $G(s)$ 求出。通过实际经验和理论分析，人们发现基于偏差的 PID 控制器对相当多的工业对象进行控制时能得到较满意的结果。

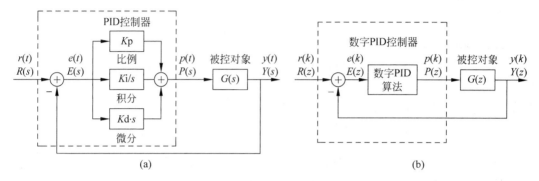

图 3-6　PID 控制框图

  PID 控制器的微分方程描述为

$$p(t) = Kp\left[e(t) + \frac{1}{Ti}\int_0^t e(t)\mathrm{d}t + Td\,\frac{\mathrm{d}e(t)}{\mathrm{d}t}\right] \tag{3-10}$$

其中 Kp 为比例系数，Ti 为积分时间，Td 为微分时间。

  对式(3-10)进行拉氏变换可得 PID 控制器传递函数 $G(s)$

$$D(s) = \frac{P(s)}{E(s)} = Kp\left[1 + \frac{1}{Ti \cdot s} + Td \cdot s\right] = \left[Kp + \frac{Ki}{s} + Kd \cdot s\right] \tag{3-11}$$

其中，当采样周期 $T=1s$ 时，$Ki=Kp/Ti$ 为积分系数，$Kd=Kp \cdot Td$ 为微分系数。当 Ki 和 Kd 均为 0 时，称为 P 控制；Kd 为 0 时，称为 PI 控制；Ki 为 0 时，称为 PD 控制。

  PID 控制器的参数主要是 Kp、Ti 和 Td，或 Kp、Ki 和 Kd，调整这些参数的取值可适应不同的控制系统，对此需要了解这些参数对控制性能的影响。

  比例系数 Kp 是控制器的主要参数，增大 Kp 可提高控制的灵敏度、加快调节速度、减小稳态误差，但 Kp 过大时，系统容易引起振荡，趋于不稳定状态。若 Kp 太小，则系统反应迟钝，稳态误差增大，另外，单靠增大 Kp 不能消除稳态误差。通常 Kp 的取值范围较大，在实际应用过程，常用比例度 δ 表示。当采用统一的标准信号时，比例度 δ 是比例系数 Kp 的倒数，即 $\delta=1/Kp$。

  积分时间 Ti 是消除系统稳态误差的关键，Ti 要与对象的时间常数相匹配，Ti 太小，容易诱发系统振荡，使系统不稳定；Ti 太大，则减小稳态误差的能力将削弱，系统的过渡过程会延长。

  微分时间 Td 的主要作用是加快系统的动态响应，既可以减少超调量，又可减小调节时间。若 Td 过大，则会引起系统的不稳定，另外，引入 Td 后，系统受干扰的影响会增加。

  PID 参数对控制性能的影响如表 3-1 所示，注意其中积分系数 $Ki=Kp/Ti$，Ki 与 Ti 成反比关系。由于 P 控制和 PD 控制不能消除稳态误差，工业上最常用的是 PI 控制和 PID 控制。

表 3-1 PID 参数对控制性能的影响

参　　数	利	弊
K_p(P 参数)	提高灵敏度、调节速度、稳态精度	引起振荡、不稳定
K_i(I 参数)	消除系统稳态误差	诱发系统振荡、过渡过程会延长
K_d(D 参数)	加快响应、减少超调量	引起系统的不稳定、易受干扰

3.3.2 数字 PID 控制算法

1. 数字 PID 控制器的基本算式

数字 PID 控制器是在模拟 PID 控制器上，通过数据采样、数字运算来实现的控制器，控制框图如图 3-6(b)所示。其中数字 PID 算法可以通过由模拟 PID 控制器的传递函数 $D(s)$ 经离散化而得到脉冲传递函数 $D(z)$ 来实现，也可以在此基础上，采用多种改进的综合 PID 算法。

由模拟 PID 的 $D(s)$ 通过离散化方法可方便地得到 $D(z)$。若采用积分变换法中的后向差分法，即对 PID 的传递函数表达式(3-11)按向后差分法的变换式(3-3)代入可得

$$D(z) = \frac{P(z)}{E(z)} = K_p\left[1 + \frac{T}{T_i(1-z^{-1})} + \frac{T_d}{T}(1-z^{-1})\right]$$

$$= K_p + K_i\frac{1}{(1-z^{-1})} + K_d(1-z^{-1})$$

$$= K_p\frac{(1-z^{-1}) + \frac{T}{T_i} + \frac{T_d}{T}(1-z^{-1})^2}{(1-z^{-1})}$$

式中，$K_i = K_p \cdot T/T_i$、$K_d = K_p \cdot T_d/T$，与前面模拟 PID 的 $D(s)$ 稍有不同，它们含有了采样周期 T。根据 $D(z)$ 容易得到相应的差分方程表示的算式，具体有位置式和增量式之分。

位置式算式为

$$p(k) = p(k-1) + K_p[e(k) - e(k-1)] + K_i \cdot e(k)$$
$$+ K_d[e(k) - 2e(k-1) + e(k-2)] \tag{3-12}$$

增量式算式为

$$\nabla p(k) = p(k) - p(k-1)$$
$$= K_p[e(k) - e(k-1)] + K_i \cdot e(k) + K_d[e(k)$$
$$- 2e(k-1) + e(k-2)] \tag{3-13}$$

一般认为位置式算式(3-12)适用于有较快响应速度的执行机构，如晶闸管或伺服电机，但容易产生失控现象；增量式算式(3-13)适用于有积分记忆的执行机构，如步进电机或多圈电位器等，误动作影响小，易于实现手动/自动无扰动切换，容易获得较好的调节品质，但响应速度较慢。

利用计算机的逻辑运算能力，可对数字 PID 控制器的算式进行多项改进。

2. 数字 PID 控制器算式积分项的改进

积分项的改进算式有积分项分离的 PID 算式、变速积分的 PID 算式、饱和停止积分的 PID 算式。

由于系统执行机构的线性范围受到限制，会出现偏差 $e(k)$ 较大的情况。此时，因积分

项作用,将会产生一个很大的超调量,并使系统不停的振荡。这种现象对于变化比较缓慢的对象,如温度、液位调节系统,其影响更为严重。为了消除这一现象,可以对积分项进行改进,在被调量偏离给定值较大时,即偏差 $e(k)$ 较大时取消或削弱积分作用,而在被调量接近给定值时,才产生积分作用。此时可采用积分项分离的 PID 算式或变速积分的 PID 算式。

当控制器输出 $p(k)$ 达到或接近饱和,而仍有较大偏差 $e(k)$ 的情况下,如果继续对偏差进行积分,则控制的过渡过程时间将会大大延长,此时需要采用抗饱和积分的 PID 算式。

积分项分离的 PID 算式为

$$\nabla p(k)=Kp[e(k)-e(k-1)]+Kia \cdot Ki \cdot e(k)+Kd[e(k)-2e(k-1)+e(k-2)]$$

其中 Kia 为开关型积分项分离系数,当 $|e(k)|>A$ 时,取 $Kia=0$,否则取 $Kia=1$。其中 A 为输入的某一阈值。Kia 与 $|e(k)|$ 的关系如图 3-7(a)所示。

变速积分的 PID 算式为

$$\nabla p(k)=Kp[e(k)-e(k-1)]+Kib \cdot Ki \cdot e(k)+Kd[e(k)-2e(k-1)+e(k-2)]$$

其中,Kib 为变速积分因子,A、B 为两个阈值点($A<B$)。当 $|e(k)|>B$ 时,$Kib=0$;当 $|e(k)|<A$ 时,$Kib=1$;当 $|e(k)|$ 在 A 与 B 之间时,Kib 取值在 $0\sim1$ 之间。Kib 与 $|e(k)|$ 关系如图 3-7(b)所示。

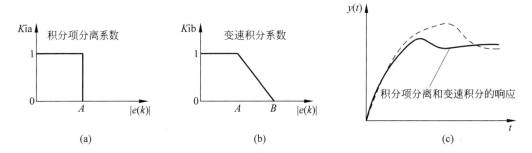

图 3-7　积分项分离和变速积分的 PID 控制效果

变速积分 PID 算法与积分分离 PID 算法很类似,前者的算法稍复杂,但调节更精细。当 $A=B$ 时,即为积分项分离的 PID。积分项分离和变速积分的 PID 控制效果如图 3-7(c)所示,其中实线是改进后的响应曲线。

抗饱和积分法的 PID 算式为

$$\nabla p(k)=Kp[e(k)-e(k-1)]+Kic \cdot Ki \cdot e(k)+Kd[e(k)-2e(k-1)+e(k-2)]$$

其中,Kic 为开关型饱和停止积分系数,当 $|p(k-1)|>B$ 时,取 $Kic=0$,否则取 $Kic=1$。其中 B 为输出的某一饱和值。与 Kia、Kib 不同的是 Kic 与 $|p(k-1)|$ 有关,而与 $|e(k)|$ 无关。

抗饱和积分法的 PID 控制效果如图 3-8 所示,其中图 3-8(a)是小信号控制下,积分器没有饱和时的 $y(k)$ 及 $e(k)$、$p(k)$ 曲线,图 3-8(b)是控制输出 $p(k)$ 出现饱和时的响应曲线,图 3-8(c)是抗饱和积分法起作用时的响应曲线。

3. 数字 PID 控制器算式微分项的改进

引入微分可改善系统的动态特性,但由于微分能放大噪声的作用,故也极易引进高频干扰。微分项的改进措施有不完全微分的 PID 算式和微分先行 PID 算式。

不完全微分的 PID 算式(采用带惯性环节的实际微分器)主要作用是减弱微分项可能会引起的振荡。在标准 PID 算式中,微分项的作用是当输入信号有突变时(如阶跃信号),

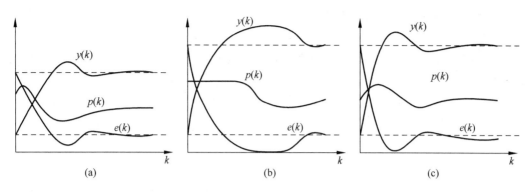

图 3-8 饱和停止积分法的 PID 控制效果

能快速地进行大幅度调节,以尽快消除偏差。但是,微分项输出的急剧增加,容易引起过程的振荡,导致调节品质下降。为了解决这一问题,可以仿照模拟调节器的方法,采用不完全微分的 PID 算式。不完全微分 PID 算式的传递函数为

$$D(s) = Kp\left[1 + \frac{1}{Ti \cdot s} + Td \cdot s\right] \quad \Rightarrow \quad D(s) = Kp\left[1 + \frac{1}{Ti \cdot s} + \frac{Td \cdot s}{1 + Tf \cdot s}\right]$$

即

$$Td \cdot s \quad \Rightarrow \quad \frac{Td \cdot s}{1 + Tf \cdot s} = \frac{Td \cdot s}{1 + \beta \cdot Td \cdot s}$$

完全微分项对于输入阶跃信号只是在采样的第一个周期产生很大的微分输出信号,不能按照偏差的变化趋势在整个调节过程中起作用,而是急剧下降为零,因而很容易引起系统振荡。另外,完全微分在第一个采样周期里作用很强,容易产生溢出,而在不完全微分系统中,其微分作用是逐渐下降的,因而使系统变化比较缓慢,故不易引起振荡。

微分先行 PID 算式用于两种情况,一是只对被控量 $y(k)$ 进行微分,二是只对给定值 $r(k)$ 进行微分。前者的主要作用是避免给定值 $r(k)$ 的突变给系统带来的冲击,微分项只对被控量 $y(k)$ 起作用,适用于给定值频繁升降的场合,可以避免因输入变动而在输出上产生跃变。后者的主要作用是避免被控量 $y(k)$ 的干扰给系统带来的影响,微分项只对被控量给定值 $r(k)$ 起作用,适用于被控量的检测过程中含有脉冲干扰的场合,可以避免这些干扰对微分项的影响。两种微分先行 PID 结构如图 3-9(a) 和 (b) 所示,前者只对 $r(k)$ 进行不完全微分,后者只对 $y(k)$ 进行不完全微分。

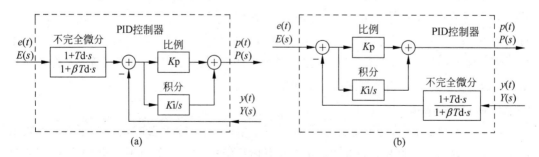

图 3-9 两种微分先行 PID 结构

4. 数字 PID 控制器串接滤波单元

在 PID 控制器的输入和输出端都可串接滤波单元以改善性能,由于数字 PID 的算式由计算机实现,所以除了可串接针对模拟信号的数字滤波器外,还可通过简单的逻辑判断来实现滤波。

有时需要降低对输入信号的灵敏度,可采用带非灵敏区的 PID 控制,其框图如图 3-10 所示。其中 $e1(k)$ 的算式如下

$$e1(k)=\begin{cases} e(k), & |e(k)|>\varepsilon \\ 0, & |e(k)|\leqslant\varepsilon \end{cases}$$

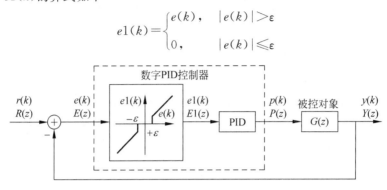

图 3-10 带非灵敏区的 PID 控制

为避免控制器动作过于频繁,可采用带死区的 PID 控制,其控制算式如下

$$p(k)=\begin{cases} p(k), & |e(k)|>B,p(k)\text{保持不变} \\ K\cdot p(k), & |e(k)|\leqslant B,p(k)\text{乘上系数} K \end{cases}$$

式中,K 为死区增益,取 $0\sim1$ 之间的数值,B 是死区范围,是一个可调参数。

另外,为减小输入信号受干扰的影响,还可加入数字滤波环节。

5. PID 控制算法的几个实际问题

1) 正作用与反作用

调节一般都是通过偏差进行的。偏差的极性与调节器输出的极性有关。对不同的系统有着不同的要求。例如,在煤气加热炉温度调节系统中,被测温度高于给定值时,煤气进给阀门应该关小,以降低炉膛温度。而在炉膛压力调节系统中,当被测压力值高于给定值时,需将烟道阀门开大,以减小炉膛压力。在调节器中,前者称作反作用,后者称为正作用。模拟系统中调节器的正、反作用是靠改变模拟调节器中的正、反作用开关的位置来实现的;在数字 PID 调节器中,可用两种方法来实现正、反作用。一种方法是改变偏差 $e(k)$ 的表达式,对正作用,使 $e(k)=y(k)-r(k)$;对反作用,使 $e(k)=r(k)-y(k)$,程序的其他部分均可不变。另一种方法是,计算式不变,只是在需要反作用时,在完成 PID 运算之后,先将其结果求补,而后再送到 D/A 转换器进行转换输出。

2) 限位与报警

在某些控制系统中,为了安全生产,往往不希望调节阀"全开"或"全关",而有上下限限位 Pmax 和 Pmin,即限制调节器输出 P。在具体系统中,上、下限位不一定都需要,可能只有一个下限或上限限位。例如,在加热炉控制系统中为防止加热炉熄灭,不希望加热炉的燃料(重油、煤气或者天然气)管道上的阀门完全关闭,这就需要设置一个下限限位。

3）手动/自动切换

有许多控制系统需要根据工艺要求在不同的时刻进入或退出 PID 自动控制,退出 PID 自动控制时,控制器的输出部分可以由操作人员直接手动控制。这就需要手动/自动切换。

为避免执行机构承受较大的冲击,这就要求在进行 PID 自动/手动切换时,保持控制输出的稳定,实现无扰动切换。

PID 控制处于手动方式时,控制器不再自动按 PID 控制。此时,控制回路的输出由操作人员手动控制、调整。由手动切换到自动时,必须实现自动跟踪,使 PID 输出能保持切换时刻执行器状态,然后按采样周期进行自动调节。为此系统必须能采样两种信号:自动/手动状态、手动时执行器状态。而当系统由自动切换到手动时,要能够输出手动控制信号。例如,对一些电动执行机构,手动控制信号为 $4\sim20\text{mA}$ 的输出电流。能够完成这一功能的设备,称为手动后援。在计算机调节系统中,手动/自动跟踪及手动后援是系统安全可靠运行的重要保障。

4）信号的归一处理

实际应用过程中,数字 PID 控制器的输入 $e(k)$、$r(k)$、$y(k)$ 取值范围往往经过归一处理,如取 $0\sim1$ 之间,与传感器的标准信号(如标准电流信号 $4\sim20\text{mA}$)相对应。输出 $p(k)$ 的信号也要与执行器的标准信号相匹配。

3.3.3　数字 PID 控制的参数整定

PID 控制虽然能适用于许多场合,但必须调整好其参数,才能达到较好的控制效果。PID 控制的参数整定就是根据被控对象,确定合适的比例度 δ(比例系数 Kp 的倒数)、积分时间 Ti、微分时间 Td,对数字 PID 控制还包括采样周期 T。数字 PID 控制的参数整定方法常见的有扩充临界比例度法、衰减曲线法、扩充响应曲线法、归一参数法和经验整定法等。

1. 扩充临界比例度法

扩充临界比例度法是在模拟 PID 的临界比例度法基础上进行扩充而来的,具体的整定过程如下:

(1)选择一个足够短的采样周期 T,通常可选择采样周期为被控对象纯滞后时间的 $1/10$。

(2)采用纯比例反馈控制(P 控制),逐渐减小比例度 δ($\delta=1/Kp$),直到系统发生持续的等幅振荡。记下此时的临界比例度 δu 及系统的临界振荡周期 Tu(即振荡波形的两个波峰之间的时间)。

(3)查表 3-2 求得数字控制器的 Kp、Ti、Td 及采样周期 T 的推荐值。该表以典型二阶系统为背景,取控制度为 1.05 而计算出的经验数据。控制度是一种采用误差平方积分作为控制器效果的评价函数,用于评价数字 PID 控制器相对模拟 PID 控制器的近似程度。

(4)按查得的推荐参数投入在线运行,观察效果,如果性能不满意,可根据经验和对 P、I、D 各控制项作用的理解,进一步调整参数 Kp、Ti、Td,直到满意为止。

扩充临界比例度法不需要事先知道对象的动态特性,直接在闭环系统中进行,在实验过程中允许出现振荡。

表 3-2   扩充临界比例度法整定参数表

控制规律	T	Kp	Ti	Td
PI	$0.03\,Tu$	$0.53/\delta u$	$0.88\,Tu$	—
PID	$0.014\,Tu$	$0.63/\delta u$	$0.49\,Tu$	$0.14\,Tu$

例如,某控制系统在比例反馈控制(P控制)情况下,逐渐增大比例系数 Kp(即减小比例度 δ),得到的输出响应波形如图 3-11 所示(给定值为一系列的脉冲波形)。

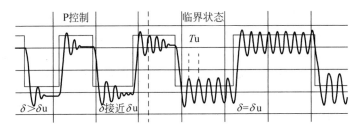

图 3-11   扩充临界比例度法整定参数时的响应波形

2. 衰减曲线法

为避免持续等幅振荡的临界状态出现,可采用衰减曲线法来整定参数。具体的整定过程如下:

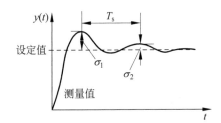

图 3-12   衰减曲线法整定参数时的输出曲线

(1)选择一个足够短的采样周期 T。

(2)输入阶跃激励信号,采用纯比例反馈控制(P控制),调整比例度 $\delta(\delta=1/Kp)$,使系统输出 $y(t)$ 发生衰减振荡。在衰减振荡中,两个相邻同方向幅值之比称为衰减比(前一幅值为分子,后一幅值为分母)。通常减小比例度 δ 会增大衰减比,增大比例度 δ 会减小衰减比。调整比例度 δ 使输出振荡的衰减比达到 4∶1,记下此时的比例度 δ_s 及振荡周期 Ts,如图 3-12 所示(其中衰减比为 $\sigma_1∶\sigma_2=4∶1$,此时的 $\delta=\delta_s$)。

(3)查表 3-3 求得数字控制器的 Kp、Ti、Td 及采样周期 T。

表 3-3   衰减曲线法整定参数表

控制规律	T	Kp	Ti	Td
PI	$0.02\,Ts$	$0.83/\delta s$	$0.5\,Ts$	—
PID	$0.01\,Ts$	$1.25/\delta s$	$0.3\,Ts$	$0.1\,Ts$

(4)按查得的参数投入在线运行,观察效果,如果性能不满意,可根据经验进一步调整参数 Kp、Ti、Td,直到满意为止。

衰减曲线法不需要事先知道对象的动态特性,在闭环系统中进行,在实验过程中允许出现一定的振荡。

3. 扩充响应曲线法

扩充响应曲线法是在模拟 PID 的响应曲线法基础上进行扩充而来,具体的整定过程如下：

（1）断开数字调节器，使系统处于开环状态，输入阶跃信号。记录响应曲线（即飞升特性曲线）。

（2）在记录的响应曲线上，求出纯滞后时间 θ 和时间常数 τ 以及它们的比值 τ/θ，如图 3-13 所示。

（3）查表 3-4 求得数字控制器的 Kp、Ti、Td 及采样周期 T 的推荐值。该表以典型二阶系统为背景，取控制度为 1.05 计算出的经验数据。

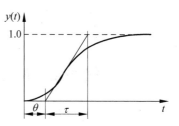

图 3-13　扩充响应曲线法记录的响应曲线

表 3-4　扩充响应曲线法整定参数表

控　制　规　律	T	Kp	Ti	Td
PI	0.1θ	$0.84\tau/\theta$	3.4θ	—
PID	0.05θ	$1.15\tau/\theta$	2.0θ	0.45θ

（4）按查得的参数投入在线运行，观察效果，如果性能不满意，可根据经验进一步调整参数 Kp、Ti、Td，直到满意为止。

扩充响应曲线法是通过开环实验获得对象的动态特性，通常在开环实验过程中不会出现振荡。

4. 归一参数法

归一参数整定法的基本思想是，根据经验数据，对多变量、相互耦合较强的系统，人为地设定"约束条件"，以减少变量的个数，继而减少待整定参数的个数为一个，故称其为归一参数整定法。

已知 PID 增量式为

$$\nabla p(k) = Kp[e(k) - e(k-1)] + Ki \cdot e(k) + Kd[e(k) - 2e(k-1) + e(k-2)]$$

根据 Ziegler-Nichols 条件，设定"约束条件"，令 $T=0.1Tk$，$Ti=0.5Tk$，$Td=0.125Tk$，式中 Tk 为纯比例作用下的临界振荡周期。则有

$$\nabla p(k) = Kp[2.45e(k) - 3.5e(k-1) + 1.25e(k-2)] \tag{3-14}$$

这样，整个问题便"归一化"为只要整定一个参数 Kp。改变 Kp，观察控制效果，直到满意为止。

5. 经验整定法

经验整定法主要根据各参数的作用来进行整定，具体的过程如下：

（1）首先只整定比例部分。比例系数 Kp 由小变大，观察相应的系统响应，直到得到反应快，超调小的响应曲线。系统若无静差或静差已小到允许范围内，并且响应效果良好，那么只需用比例调节器即可。

（2）若稳态误差不能满足设计要求，则需加入积分控制。整定时先置积分时间 Ti 为一较大值，并将经第（1）步整定得到的 Kp 减小些，然后减小 Ti，并使系统在保持良好动态响应的情况下，消除稳态误差。这种调整可根据响应曲线的状态，反复改变 Kp 及 Ti，以期得到满意的控制过程。

（3）若使用 PI 调节器消除了稳态误差，但动态过程仍不能满意，则可加入微分环节。

在第(2)步整定的基础上,逐步增大 Td,同时相应地改变 Kp 和 Ti,逐步试凑以获得满意的调节效果。

3.4 最少拍随动系统

3.4.1 最少拍随动系统的原理

1. 最少拍随动系统的结构及基本关系式

最少拍随动系统的结构与基于偏差的负反馈控制系统一样,如图 3-14(a)所示,等效闭环传递函数如图 3-14(b)所示。当系统存在偏差时,人们总是希望能尽快地消除偏差,即在有限的几个采样周期内系统输出跟踪输入的给定值。习惯上把一个采样周期称为一拍,最少拍控制实际上是一种时间最优控制。

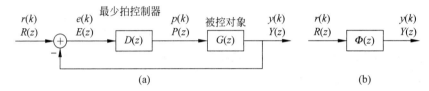

图 3-14　最少拍随动系统的结构

最少拍随动系统的设计任务就是设计一个数字调节器,使系统到达稳定所需的采样周期最少,而且在采样点的输出值能准确地跟踪输入信号,不存在静差。对任何两个采样周期中间的过程则不作要求。最少拍系统,也称为最小调整时间系统或最快响应系统。

为了分析最少拍随动系统的误差,根据式(3-1)和式(3-2),即

$$\Phi(z) = \frac{Y(z)}{R(z)} = \frac{D(z) \cdot G(z)}{1 + D(z) \cdot G(z)}, \quad D(z) = \frac{P(z)}{E(z)} = \frac{\Phi(z)}{G(z) \cdot [1 - \Phi(z)]}$$

可写出误差脉冲传递函数 $Ge(z)$

$$Ge(z) = \frac{E(z)}{R(z)} = 1 - \Phi(z), \quad \text{或} \quad \Phi(z) = 1 - Ge(z) \tag{3-15}$$

控制器的 $D(z)$ 与 $Ge(z)$ 的关系如下

$$D(z) = \frac{\Phi(z)}{G(z) \cdot Ge(z)} = \frac{1 - Ge(z)}{G(z) \cdot Ge(z)} \tag{3-16}$$

2. 最少拍随动系统的误差分析

根据式(3-15)和式(3-16)可知,为求出 $D(z)$,需要知道 $G(z)$、$\Phi(z)$ 和 $Ge(z)$,而 $\Phi(z)$ 和 $Ge(z)$ 与偏差 $E(z)$ 有关。显然,随动系统的调节时间,就是系统误差 $e(k)$ 达到恒定值或趋于零点的时间。根据 z 变换的定义可知

$$E(z) = \sum_{k=0}^{\infty} e(k)z^{-k} = e(0) + e(1)z^{-1} + e(2)z^{-2} + e(3)z^{-3} + \cdots + e(k) \cdot z^{-k} + \cdots$$

由此可求出 $e(0), e(1), e(2), e(3), \cdots, e(k)$ 各值。而 $E(z)$ 又与给定的输入 $R(z)$ 有关,为此先要分析一下 $R(z)$。

典型的输入信号有单位阶跃输入、单位速度输入(单位斜坡信号)、单位加速度输入(单位抛物线信号),它们的离散域序列和 z 表达式如下

（1）单位阶跃输入为

$$r(k) = u(k) \Leftrightarrow R(z) = \frac{1}{1 - z^{-1}}$$

（2）单位速度输入（单位斜坡信号）为

$$r(k) = kT \Leftrightarrow R(z) = \frac{Tz^{-1}}{(1 - z^{-1})^2}$$

（3）单位加速度输入（单位抛物线信号）为

$$r(k) = \frac{1}{2}(kT)^2 \Leftrightarrow R(z) = \frac{T^2 z^{-1}(1 + z^{-1})}{2(1 - z^{-1})^3}$$

由此可见，典型输入的 z 变换具有以下形式：

$$R(z) = \frac{A(z)}{(1 - z^{-1})^m} \tag{3-17}$$

式中，m 为正整数，即 $m = 1, 2, 3, \cdots$，$A(z)$ 是不包括 $1 - z^{-1}$ 因式的 z^{-1} 的多项式。因此，对于不同的输入，只是 m 不同而已。当 $m = 1$、2、3 时，分别对应于三种典型的输入。

最少拍随动系统在典型信号作用下，当 $k \geqslant N$，$e(k)$ 为恒定值或 $e(k)$ 等于零时，N 必定是尽可能小的正整数，有

$$E(z) = R(z) \cdot Ge(z) = \frac{A(z)}{(1 - z^{-1})^m} \cdot Ge(z) \tag{3-18}$$

3.4.2 最少拍随动系统的设计

要满足最少拍的要求，应使误差函数成为尽可能少的有限项，为此必须合理地选择 $Ge(z)$。考虑到最少拍随动系统的误差表达式（3-15）和式（3-18），可取误差脉冲传递函数

$$Ge(z) = (1 - z^{-1})^M \cdot F(z), \quad M \geqslant m \tag{3-19}$$

式中 $F(z)$ 是不含 $1 - z^{-1}$ 因式的 z^{-1} 多项式。

当选择 $M = m$，且 $F(z) = 1$ 时，不仅可以简化数字控制器的结构，而且还可以使 $E(z)$ 的项数最少，因而调节时间 ts 最短。对应于三种典型输入信号，最少拍系统的参量如表 3-5 所示。

表 3-5 三种典型输入时最少拍系统的参量

输入函数 $r(k)$	$u(k)$	kT	$\frac{1}{2}(kT)^2$
输入函数 $R(z)$	$\frac{1}{1-z^{-1}}$	$\frac{Tz^{-1}}{(1-z^{-1})^2}$	$\frac{T^2 z^{-1}(1+z^{-1})}{2(1-z^{-1})^3}$
误差脉冲传递函数 $Ge(z) = (1-z^{-1})^M \cdot F(z)$	$(1-z^{-1}) \cdot F(z)$	$(1-z^{-1})^2 \cdot F(z)$	$(1-z^{-1})^3 \cdot F(z)$
闭环脉冲传递函数 $\Phi(z) = 1 - Ge(z)$	$1 - (1-z^{-1}) \cdot F(z)$	$1 - (1-z^{-1})^2 \cdot F(z)$	$1 - (1-z^{-1})^3 \cdot F(z)$
最少拍数字控制器 $D(z) = \dfrac{\Phi(z)}{G(z) \cdot Ge(z)}$	$\dfrac{1 - (1-z^{-1}) \cdot F(z)}{G(z) \cdot Ge(z)}$	$\dfrac{1 - (1-z^{-1})^2 \cdot F(z)}{G(z) \cdot Ge(z)}$	$\dfrac{1 - (1-z^{-1})^3 \cdot F(z)}{G(z) \cdot Ge(z)}$

1．设计过程

最少拍随动系统的设计过程如下：

（1）根据被控对象的数学模型，由 z 变换公式求出广义对象的脉冲传递函数 $G(z)$；

（2）根据输入信号 $R(z)$ 的类型，确定误差脉冲传递函数 $Ge(z)$ 和闭环脉冲传递函数 $\Phi(z)$；

（3）由 $\Phi(z)$、$G(z)$、$Ge(z)$ 求得最少拍数字控制器的脉冲传递函数 $D(z)$；

（4）分析控制效果，求出输出序列并画出响应曲线，如有问题可调整 $Ge(z)$ 和 $\Phi(z)$，重新设计 $D(z)$。

另外，最少拍随动系统的设计还有一些其他限制：

（1）$\Phi(z)$ 的极点应全部在单位圆内，否则闭环系统将是不稳定的；

（2）$\Phi(z)$ 应包含 $G(z)$ 中在单位圆上或圆外的零点，且 $\Phi(z)=1-Ge(z)$ 应为 z^{-1} 的展开式，且其幂次应与 $G(z)$ 分子中的 z^{-1} 因子的幂次相等；

（3）$G(z)$ 所有不稳定的极点，应由 $Ge(z)$ 零点来抵消；

（4）数字控制器 $D(z)$ 在物理上应是可实现的有理多项式

$$D(z)=\frac{a_0+a_1 z^{-1}+a_2 z^{-2}+\cdots+a_m z^{-m}}{1+b_1 z^{-1}+b_2 z^{-2}+\cdots+b_n z^{-n}}$$

式中，$b_i(i=1,2,3,4,\cdots,n)$ 和 $a_i(i=0,1,2,\cdots,m)$ 为常系数，且 $n>m$。

最少拍随动系统设计过程中各因素关系示意图如图 3-15 所示。

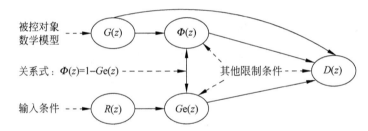

图 3-15　最少拍随动系统设计过程中各因素关系示意图

2．设计举例

例 3-5　已知被控对象的传递函数如下：

$$G(s)=\frac{1/2}{s(s+1/2)}$$

采用阶跃响应不变法（带保持器的等效保持法），将 $G(s)$ 离散化可得广义对象的脉冲传递函数 $G(z)$（设 $T=1$）

$$G(z)=Z[G(z)]=Z\left[(1-\mathrm{e}^{-TS})\frac{1/2}{s^2(s+1/2)}\right]=(1-z^{-1})Z\left[\frac{1}{s^2}-\frac{2}{s}+\frac{2}{s+1/2}\right]$$

$$=(1-z^{-1})\left[\frac{z^{-1}}{(1-z^{-1})^2}-\frac{2}{(1-z^{-1})}+\frac{2}{1-\mathrm{e}^{-1/2}\mathrm{e}^{-1}}\right]$$

$$=(1-z^{-1})\left[\frac{z^{-1}(1-\mathrm{e}^{-1/2}z^{-1})-2(1-z^{-1})(1-\mathrm{e}^{-1/2}z^{-1})+2(1-z^{-1})^{-2}}{(1-z^{-1})^2(1-\mathrm{e}^{-1/2}z^{-1})}\right]$$

$$=\frac{z^{-1}[1-2(-1-\mathrm{e}^{-1/2})-4]+z^{-2}(-\mathrm{e}^{-1/2}-2\mathrm{e}^{-1/2}+2)}{(1-z^{-1})(1-\mathrm{e}^{-1/2}z^{-1})}$$

$$\approx\frac{z^{-1}(0.213+0.1805z^{-1})}{(1-z^{-1})(1-\mathrm{e}^{-T/2}z^{-1})}=\frac{0.213z^{-1}(1+0.847z^{-1})}{(1-z^{-1})(1-0.6065z^{-1})}$$

试设计 $R(z)$ 为单位阶跃输入时的最少拍数字控制器 $D(z)$。

解 因为 $G(z)$ 具有因子 z^{-1}，无单位圆外的零点，则 $\Phi(z)$ 应包括 z^{-1} 因子；$G(z)$ 分母和 $R(z)$ 均有 $(1-z^{-1})$ 因子则 $Ge(z)$ 应包含 $(1-z^{-1})$；又因为 $\Phi(z)=1-Ge(z)$，$\Phi(z)$ 和 $Ge(z)$ 应该是 z^{-1} 同阶次的多项式，所以有

$$\begin{cases} \Phi(z)=1-Ge(z)=az^{-1} \\ Ge(z)=(1-z^{-1})b=b-bz^{-1} \end{cases}$$

两式中的 a,b 为待定系数。将上两式联立，得

$$1-b+bz^{-1}=az^{-1}$$

比较等式两侧，得到解

$$\begin{cases} a=b \\ b=1 \end{cases}$$

所以

$$\begin{cases} \Phi(z)=1-Ge(z)=z^{-1} \\ Ge(z)=(1-z^{-1}) \end{cases}$$

将上面两式代入，可求出数字控制器的脉冲传递函数

$$D(z) = \frac{\Phi(z)}{G(z) \cdot Ge(z)} = \frac{z^{-1}}{\dfrac{0.213z^{-1}(1+0.847z^{-1})}{(1-z^{-1})(1-0.6065z^{-1})} \cdot (1-z^{-1})}$$

$$= \frac{(1-0.6065z^{-1})}{0.213(1+0.847z^{-1})} = \frac{4.69(1-0.6065z^{-1})}{1+0.847z^{-1}}$$

系统中各点的 z 表达式为

$$R(z) = \frac{1}{1-z^{-1}} = 1+z^{-1}+z^{-2}+\cdots$$

$$E(z) = R(z)Ge(z) = \frac{1-z^{-1}}{1-z^{-1}} = 1$$

$$P(z) = E(z)D(z) = \frac{4.69(1-0.6065z^{-1})}{1+0.847z^{-1}}$$

$$= 4.69 - 7.05z^{-1} + 5.97z^{-2} - 5.05z^{-3} + \cdots$$

$$Y(z) = R(z) \cdot \Phi(z) = \frac{z^{-1}}{1-z^{-1}} = z^{-1}+z^{-2}+z^{-3}+\cdots$$

相应的 $r(k)$、$e(k)$、$p(k)$ 和 $y(k)$ 各点波形如图 3-16 所示，从图中可看出，经过 1 个采样周期后，系统误差为 0，输出跟踪了输入。

例 3-6 已知被控对象的脉冲传递函数 $G(z)$ 如下：

$$G(z) = \frac{0.7385z^{-1}(1+1.4815z^{-1})(1+0.5355z^{-1})}{(1-z^{-1})(1-0.6065z^{-1})(1-0.0067z^{-1})}$$

试设计 $R(z)$ 为单位速度输入时的最少拍数字控制器 $D(z)$。

解 因为 $G(z)$ 含有因子 z^{-1} 和单位圆外零点 $z=-1.4815$，则 $\Phi(z)$ 分子应包括 z^{-1} 和 $(1+1.4815z^{-1})$ 因子；$G(z)$ 分母有 $(1-z^{-1})$ 因子，$R(z)$ 分母有 $(1-z^{-1})^2$ 因子，$Ge(z)$ 应包含 $(1-z^{-1})^2$；又因为 $\Phi(z)=1-Ge(z)$，$\Phi(z)$ 和 $Ge(z)$ 应该是 z^{-1} 同阶次的多项式，所以有

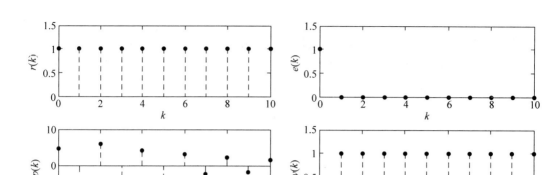

图 3-16 最少拍随动系统设计举例 3-5 的各点波形

$$\begin{cases} \Phi(z) = 1 - Ge(z) = az^{-1}(1 + 1.4815z^{-1})(1 + bz^{-1}) \\ Ge(z) = (1 - z^{-1})^2(1 + cz^{-1}) \end{cases}$$

式中 a、b、c 为待定系数，求解上述方程组可得 $a = 1.0466$，$b = -0.6149$，$c = 0.9534$。所以有

$$\Phi(z) = 1.0466z^{-1}(1 + 1.4815z^{-1})(1 - 0.6149z^{-1})$$
$$Ge(z) = (1 - z^{-1})^2(1 + 0.9534z^{-1})$$

由此可求出最少拍数字控制器的脉冲传递函数

$$D(z) = \frac{\Phi(z)}{Ge(z) \cdot G(z)}$$

$$= \frac{1.0466z^{-1}(1 + 1.4815z^{-1})(1 - 0.6149z^{-1})}{(1 - z^{-1})^2(1 + 0.9534z^{-1}) \dfrac{0.7385z^{-1}(1 + 1.4815z^{-1})(1 + 0.05355z^{-1})}{(1 - z^{-1})(1 - 0.6065z^{-1})(1 - 0.0067z^{-1})}}$$

$$= \frac{1.4172z^{-1}(1 - 0.6149z^{-1})(1 - 0.6065z^{-1})(1 - 0.0067z^{-1})}{(1 - z^{-1})(1 + 0.9534z^{-1})(1 + 0.5355z^{-1})}$$

系统中各点的 z 表达式为

$$R(z) = \frac{z^{-1}}{(1 - z^{-1})^2} = 0 + z^{-1} + 2z^{-2} + 3z^{-3} + 4z^{-4} + \cdots$$

$$E(z) = R(z) \cdot Ge(z) = z^{-1} \cdot (1 + 0.9534z^{-1})$$

$$P(z) = E(z) \cdot D(z) = \frac{1.4172z^{-2}(1 - 0.6149z^{-1})(1 - 0.6065z^{-1})(1 - 0.0067z^{-1})}{(1 - z^{-1})(1 + 0.5355z^{-1})}$$

$$= 1.417z^{-1} - 1.082z^{-2} + 0.796z^{-3} - 0.213z^{-4} + 0.327z^{-4} + \cdots$$

$$Y(z) = R(z) \cdot \Phi(z) = \frac{1.0466z^{-2}(1 + 1.4815z^{-1})(1 - 0.6149z^{-1})}{(1 - z^{-1})^2}$$

$$= 1.0466z^{-2} + 3z^{-3} + 4z^{-4} + \cdots$$

相应的 $r(k)$、$e(k)$、$p(k)$ 和 $y(k)$ 各点波形如图 3-17 所示。从图中可看出，经过 2 个采样周期后，系统误差为 0，输出跟踪了输入。

在上述最少拍系统 $D(z)$ 设计过程中，对被控对象 $G(s)$ 并未提出具体限制。实际上，只有当广义对象的脉冲传递函数 $G(z)$ 是稳定的，即在单位圆上或圆外没有零、极点，而且不含有纯滞后环节 z^{-1} 时，所设计的最少拍系统才是理想的。

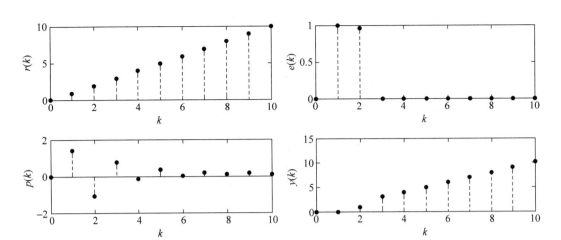

图 3-17　最少拍随动系统设计举例 3-6 的各点波形

3.4.3　最少拍无纹波随动系统的设计

上述最少拍系统还存在一个问题,即控制器的输出 $P(z)$ 有纹波,这意味着即使系统的误差达到了零,但控制器的输出仍没有处于某个恒定的值,对应的执行器仍在不断动作,这势必会对执行器造成磨损,这是不希望的。最少拍无纹波随动系统的设计可避免这一缺陷。

1. 设计原理

根据控制系统的结构,可得控制器的输出 $P(z)$ 的表达式

$$P(z) = D(z) \cdot E(z) = D(z) \cdot Ge(z) \cdot R(z) = \frac{\Phi(z)}{G(z)} \cdot R(z)$$

由此可以看出,$G(z)$ 的极点不会影响到 $Ge(z)D(z)$ 成为 z^{-1} 的有限多项式,而 $G(z)$ 的零点倒是有可能使 $D(z)Ge(z)$ 成为 z^{-1} 的无限多项式。

因此,让 $\Phi(z)$ 的零点包含 $G(z)$ 的全部零点就能使 $P(z)$ 中不出现 z^{-1} 的无限多项式,从而消除了纹波。而在最少拍随动系统中,则只要求 $\Phi(z)$ 包括 $G(z)$ 的单位圆上($z_i = 1$ 除外)和单位圆外的零点,这是最少拍无纹波系统设计与最少拍随动设计之间的根本区别。

最少拍无纹波随动系统的设计过程与最少拍随动系统基本一样,只是确定 $\Phi(z)$ 有所区别。

2. 设计举例

例 3-7　已知被控对象的脉冲传递函数 $G(z)$ 如下:

$$G(z) = \frac{0.213z^{-1}(1 + 0.847z^{-1})}{(1 - z^{-1})(1 - 0.6065z^{-1})}$$

试设计 $R(z)$ 为单位阶跃输入时的最少拍无纹波随动系统的数字控制器 $D(z)$。

解　因为 $G(z)$ 具有因子 z^{-1},单位圆内的零点 $z = -0.847$,则 $\Phi(z)$ 应包括 z^{-1} 和 $(1 + 0.847z^{-1})$ 因子;$G(z)$ 分母和 $R(z)$ 均有 $(1 - z^{-1})$ 因子,则 $Ge(z)$ 应包含 $(1 - z^{-1})$ 因子;又因为 $\Phi(z) = 1 - Ge(z)$,$\Phi(z)$ 和 $Ge(z)$ 应该是 z^{-1} 同阶次的多项式,所以有

$$\begin{cases} \Phi(z) = 1 - Ge(z) = az^{-1}(1 + 0.847z^{-1}) \\ Ge(z) = (1 - z^{-1})(1 + bz^{-1}) = 1 - (1 - b)z^{-1} - bz^{-2} \end{cases}$$

两式中的 a,b 为待定系数。将上两式联立,可求得:$a=0.541,b=0.459$。所以有

$$\begin{cases} \Phi(z)=1-Ge(z)=0.541z^{-1}(1+0.847z^{-1}) \\ Ge(z)=(1-z^{-1})(1+0.459z^{-1}) \end{cases}$$

将上面两式代入式(3-16),可求出数字控制器的脉冲传递函数

$$D(z)=\frac{\Phi(z)}{G(z)\cdot Ge(z)}=\frac{0.541z^{-1}(1+0.847z^{-1})}{\dfrac{0.213z^{-1}(1+0.847z^{-1})}{(1-z^{-1})(1-0.6065z^{-1})}\cdot(1-z^{-1})(1+0.459z^{-1})}$$

$$=\frac{0.541(1-0.6065z^{-1})}{0.213(1+0.459z^{-1})}=\frac{2.54(1-0.6065z^{-1})}{1+0.459z^{-1}}$$

系统中各点的 z 表达式为

$$R(z)=\frac{1}{1-z^{-1}}=1+z^{-1}+z^{-2}+\cdots$$

$$E(z)=R(z)\cdot Ge(z)=1+0.459z^{-1}$$

$$P(z)=E(z)D(z)=2.54(1-0.6065z^{-1})=2.54-1.54z^{-1}$$

$$Y(z)=R(z)\cdot\Phi(z)=\frac{1}{1-z^{-1}}0.541z^{-1}(1+0.847z^{-1})=0.541z^{-1}+z^{-2}+z^{-3}+\cdots$$

相应的 $r(k)$、$e(k)$、$p(k)$ 和 $y(k)$ 各点波形如图 3-18 所示,从图中可看出,经过 2 个采样周期后,系统误差为 0,输出跟踪输入虽然比最少拍随动系统延长了 1 个采样周期,但控制器的输出已经没有纹波了。

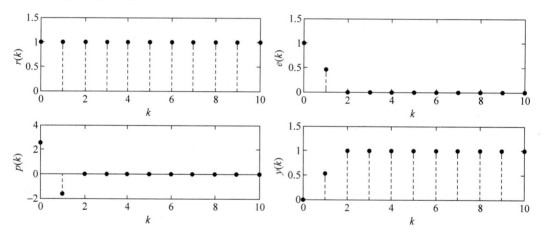

图 3-18 最少拍无纹波随动系统设计举例 3-7 的各点波形

例 3-8 已知被控对象的脉冲传递函数 $G(z)$ 如下:

$$G(z)=\frac{0.7385z^{-1}(1+1.4815z^{-1})(1+0.5355z^{-1})}{(1-z^{-1})(1-0.6065z^{-1})(1-0.0067z^{-1})}$$

试设计 $R(z)$ 为单位速度输入时的最少拍无纹波数字控制器 $D(z)$。

解 因为 $G(z)$ 含有因子 z^{-1} 和零点 $z=-1.4815$、$z=-0.5355$,因此,$\Phi(z)$ 中应含有 z^{-1}、$(1+1.4815z^{-1})$ 和 $(1+0.5355z^{-1})$ 项;$G(z)$ 分母有 $(1-z^{-1})$ 因子和 $R(z)$ 有 $(1-z^{-1})^2$ 因子,则 $Ge(z)$ 应包含 $(1-z^{-1})^2$;又因为 $\Phi(z)=1-Ge(z)$,$\Phi(z)$ 和 $Ge(z)$ 应该是 z^{-1} 同阶次的多项式,所以有

$$\begin{cases} \Phi(z)=1-Ge(z)=az^{-1}(1+1.4815z^{-1})(1+0.5355z^{-1})(1+bz^{-1}) \\ Ge(z)=(1+z^{-1})^2(1+cz^{-1}+dz^{-2}) \end{cases}$$

式中 a、b、c 为待定系数,经整理可得

$$\begin{cases} \Phi(z)=1-Ge(z)=az^{-1}+(2.017a+ab)z^{-2}+(0.7933a+2.017ab)z^{-3}+0.7933abz^{-4} \\ Ge(z)=1+(c-2)z^{-1}+(1-2c+d)z^{-2}+(c-2d)z^{-3}+dz^{-4} \end{cases}$$

由此得方程组

$$\begin{cases} a=-(c-2) \\ (2.017a+ab)=-(1-2c+d) \\ (0.7933a+2.017ab)=-(c-2d) \\ 0.7933ab=-d \end{cases}$$

求解上述方程组可得 $a=0.7731$; $b=0.6605$; $c=1.2269$; $d=0.4051$。提示:可利用 MATLAB 工具求解该方程组,参考命令:

```
[a,b,c,d] = solve('a = - (c - 2)', '(2.017 * a + a * b) = - (1 - 2 * c + d)', '(0.7933 * a + 2.017 * a
* b) = - (c - 2 * d)', '0.7933 * a * b = - d');
```

所以有

$$\begin{cases} \Phi(z)=1-Ge(z)=0.7731z^{-1}(1+1.4815z^{-1})(1+0.5355z^{-1})(1-0.6605z^{-1}) \\ Ge(z)=(1-z^{-1})^2(1+1.2269z^{-1}+0.4051z^{-2}) \end{cases}$$

将上面两式代入式(3-16),可求出数字控制器的脉冲传递函数 $D(z)$:

$$\begin{aligned} D(z)&=\frac{\Phi(z)}{G(z)\cdot Ge(z)} \\ &=\frac{0.7731z^{-1}(1+1.4815z^{-1})(1+0.5355z^{-1})(1-0.6605z^{-1})}{\dfrac{0.7385z^{-1}(1+1.4815z^{-1})(1+0.5355z^{-1})}{(1-z^{-1})(1-0.6065z^{-1})(1-0.0067z^{-1})}\cdot(1-z^{-1})^2(1+1.2269z^{-1}+0.4051z^{-2})} \\ &=\frac{1.047(1-0.6605z^{-1})(1-0.6065z^{-1})(1-0.0067z^{-1})}{(1-z^{-1})(1+1.2269z^{-1}+0.4051z^{-2})} \end{aligned}$$

系统中各点的 z 表达式为

$$R(z)=\frac{z^{-1}}{(1-z^{-1})^2}=0+z^{-1}+2z^{-2}+3z^{-3}+4z^{-4}+\cdots$$

$$E(z)=R(z)\cdot Ge(z)=z^{-1}\cdot(1+1.2269z^{-1}+0.4051z^{-2})\approx z^{-1}+1.23z^{-2}+0.41z^{-3}$$

$$\begin{aligned} P(z)&=E(z)\cdot D(z) \\ &=\frac{1.047z^{-1}(1-0.6605z^{-1})(1-0.6065z^{-1})(1-0.0067z^{-1})}{(1-z^{-1})} \\ &\approx1.05z^{-1}-0.29z^{-2}+0.14z^{-3}+0.14z^{-4}+0.14z^{-5}+0.14z^{-6}+0.14z^{-7}+\cdots \end{aligned}$$

$$\begin{aligned} Y(z)&=R(z)\cdot\Phi(z) \\ &=\frac{z^{-1}}{(1-z^{-1})^2}0.7731z^{-1}(1+1.4815z^{-1})(1+0.5355z^{-1})(1-0.6605z^{-1}) \\ &\approx0.77z^{-2}+2.59z^{-3}+4z^{-4}+5z^{-5}+6z^{-6}+\cdots \end{aligned}$$

相应的 $r(k)$、$e(k)$、$p(k)$ 和 $y(k)$ 各点波形如图 3-19 所示,从图中可看出,经过 3 个采样周期后,系统误差为 0,控制器的输出最终没有纹波。

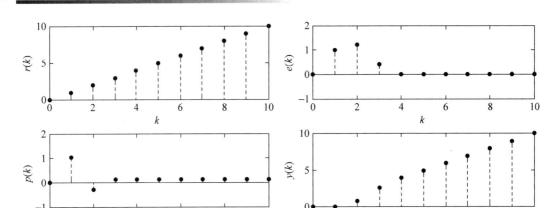

图 3-19　最少拍无纹波随动系统设计举例 3-8 的各点波形

3.5　控制算法的实现

在获得数字控制器 $D(z)$ 后,可以采用硬件电路或计算机软件来实现 $D(z)$。由于计算机的软件实现非常灵活和方便,除了对速度有特殊要求的场合,目前绝大部分情况都是采用计算机软件来实现控制器 $D(z)$ 的控制算法。

根据控制器的 $D(z)$ 可以方便地得到相应的实现框图,由实现框图可得到控制器的硬件电路和相应的算式,同一个 $D(z)$ 又可有多种的实现框图,它们有各自的特点。

3.5.1　实现框图与算法

1. 实现框图

数字控制器的实现框图可用三种基本符号来表示,它们分别是乘法器、延迟器和加法器,分别如图 3-20(a)、(b)、(c)所示。它们也可与硬件部件相对应,其中乘法器、加法器完成数字的乘法和加法运算,延迟器可由一组 D 触发器或寄存器构成,延迟 1 个采样周期。

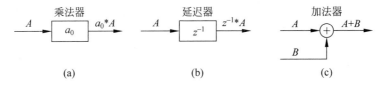

图 3-20　实现框图中的符号含义

数字控制器的 $D(z)$ 通常可写成如下分式:

$$D(z) = \frac{P(z)}{E(z)} = \frac{a_0 + a_1 z^{-1} + a_2 z^{-2} + \cdots + a_m z^{-m}}{1 + b_1 z^{-1} + b_2 z^{-2} + \cdots + b_n z^{-n}}$$

$$= \frac{\displaystyle\sum_{i=0}^{m} a_i z^{-i}}{1 + \displaystyle\sum_{j=1}^{n} b_j z^{-j}} = \frac{1}{1 + \displaystyle\sum_{j=1}^{n} b_j z^{-j}} \cdot \sum_{i=0}^{m} a_i z^{-i} \quad (n \geqslant m)$$

对应的差分方程为

$$p(k) + b_1 p(k-1) + b_2 p(k-2) + \cdots + b_n p(k-n)$$
$$= a_0 e(k) + a_1 e(k-1) + a_2 e(k-2) + \cdots + a_m e(k-m)$$

用计算机程序来求解上述差分方程的效率不高,它需要 $(1+n)+(1+m)$ 个存储单元来存放 $p(k) \sim p(k-n)$ 和 $e(k) \sim e(k-m)$ 个变量。

也可采用状态空间的形式来实现 $D(z)$。具体的实现框图有直接式 1 和直接式 2 之分,如图 3-21(a) 和图 3-21(b) 所示。图中有 $x1 \sim xn$ 个状态变量,直接式 1 的状态变量可从输出端观察到,这种实现方法也称可观型实现方法;直接式 2 的状态变量可从输入端来控制,这种实现方法也称可控型实现方法。

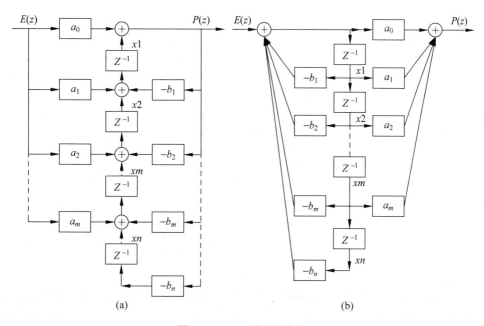

图 3-21　$D(z)$ 的实现框图

2. 实现算法

有了 $D(z)$ 的实现框图,即可用硬件来实现,也可用软件来实现。根据实现框图,可以列出相应的方程状态和输出方程,然后可利用迭代法求解差分方程来实现相应的控制算法。下面举例来说明。

例 3-9　已知某数字控制器的 $D(z)$ 如下:

$$D(z) = \frac{P(z)}{E(z)} = \frac{5 + 4z^{-1} + 0.6z^{-2}}{1 + 1.3z^{-1} + 0.4z^{-2}}$$

采用直接式 1 和直接式 2 的 $D(z)$ 实现框图如图 3-22(a) 和图 3-22(b) 所示,请列出相应的状态方程和输出方程。

解　根据实现框图可得相应的方程状态和输出方程,对应直接式 1 实现框图有状态方程

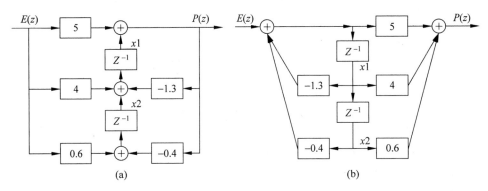

图 3-22   例 3-9 的直接式 1 和直接式 2 实现框图

$$\begin{cases} x1(k+1)=-1.3x1(k)+x2(k)+[4+5\times(-1.3)]\cdot e(k) \\ \qquad\quad =-1.3x1(k)+x2(k)-2.5e(k) \\ x2(k+1)=-0.4x1(k)+[0.6+5\times(-0.4)]\cdot e(k) \\ \qquad\quad =-0.4x1(k)-1.4e(k) \end{cases}$$

输出方程为

$$p(k)=x1(k)+5e(k)$$

对应直接式 2 实现框图有状态方程

$$\begin{cases} x1(k+1)=-1.3x1(k)-0.4x2(k)+e(k) \\ x2(k+1)=x1(k) \end{cases}$$

输出方程为

$$p(k)=[4+(-1.3)\times5]x1(k)+[0.6+(-0.4)\times5]x2(k)+5e(k)$$
$$=-2.5x1(k)-1.4x2(k)+5e(k)$$

根据给定的输入序列 $e(k)$，利用迭代法可求出系统状态变量 $x1(k)$、$x2(k)$ 和输出 $p(k)$ 的序列。根据因果系统的特征，初始化时可将状态变量 $x1(k)$、$x2(k)$ 置为 0，每次定时采样开始，先读取当前输入 $e(k)$，随后根据输出方程求出 $p(k)$，并输出给执行器，之后，根据状态方程求出新的状态变量 $x1(k+1)$、$x2(k+1)$，更新状态变量，即将计算出的 $x1(k+1)$、$x2(k+1)$ 传送给 $x1(k)$、$x2(k)$，为下次定时采样做准备，定时采样算法的流程图如图 3-23 所示。

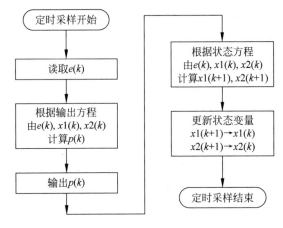

图 3-23   定时采样算法的流程图

对例 3-9,假定输入 $e(k)$ 是单位阶跃序列,则计算过程如表 3-6 和表 3-7 所示。

表 3-6　直接式 1 的迭代法求解过程

k	<0	0	1	2	3	4	⋯
$e(k)$	0	1	1	1	1	1	1
$x1(k)$	0	0	-2.5	-0.65	-2.055	-0.9685	⋯
$x2(k)$	0	0	-1.4	-0.4	-1.14	-0.578	⋯
$p(k)$	0	5	2.5	4.35	2.945	4.0315	⋯

表 3-7　直接式 2 的迭代法求解过程

k	<0	0	1	2	3	4	⋯
$e(k)$	0	1	1	1	1	1	1
$x1(k)$	0	0	1	-0.3	0.99	-0.167	⋯
$x2(k)$	0	0	0	1	-0.3	0.99	⋯
$p(k)$	0	5	2.5	4.35	2.945	4.0315	⋯

通过上面的例子,可发现,对同一 $D(z)$ 分别用直接式 1 和直接式 2 来实现,对应的状态方程和输出方程也不一样,迭代求解过程中的状态变量取值也不样,但在输入相同的 $e(k)$ 情况下,计算出的最终输出 $p(k)$ 是一致的。

3.5.2　串行实现与并行实现

当控制器的 z 阶较高时,采用直接式 1 或直接式 2 都会存在这样的问题:若控制器中某一系数存在误差,则有可能使控制器的多个或所有零极点产生较大偏差。为此,对 z 阶较高的控制器,可采用串行实现或并行实现,即将高阶的 $D(z)$ 分解为低阶的 $D(z)$。分解后,低阶控制器中任一系数有误差,通常不会使控制器所有的零极点产生变化。另外,采用串行实现或并行实现,有时还可使算式各系数的含义更易理解。

1. 串行实现

串行实现也称串联实现,其原理是将控制器的 $D(z)$ 分解为若干低阶的 $D_1(z)$、$D_2(z)$、$D_3(z)$、⋯,然后将它们串联起来,取代原来高阶的 $D(z)$,表达式如下

$$D(z) = \frac{P(z)}{E(z)} = \frac{a_0 + a_1 z^{-1} + a_2 z^{-2} + \cdots + a_m z^{-m}}{1 + b_1 z^{-1} + b_2 z^{-2} + \cdots + b_n z^{-n}}$$

$$= a_0 D_1(z) D_2(z) \cdots D_l(z) = a_0 \prod_{i=1}^{l} D_i(z)$$

其中,

$$D_i = \frac{1 + \alpha_{i1} z^{-1}}{1 + \beta_{i1} z^{-1}} \quad \text{或} \quad D_i = \frac{1 + \alpha_{i1} z^{-1} + \alpha_{i2} z^{-2}}{1 + \beta_{i1} z^{-1} + \beta_{i2} z^{-2}}$$

例 3-10　已知某数字控制器的 $D(z)$ 如下:

$$D(z) = \frac{P(z)}{E(z)} = \frac{5 + 4z^{-1} + 0.6z^{-2}}{1 + 1.3z^{-1} + 0.4z^{-2}}$$

对 $D(z)$ 进行因式分解,可得

$$D(z) = \frac{P(z)}{E(z)} = \frac{5 + 4z^{-1} + 0.6z^{-2}}{1 + 1.3z^{-1} + 0.4z^{-2}} = 5 \cdot \frac{(1 + 0.2z^{-1})}{(1 + 0.5z^{-1})} \cdot \frac{(1 + 0.6z^{-2})}{(1 + 0.8z^{-2})}$$

因此,$D(z)$ 可看成三个环节串联而成,即 $D(z) = a_0 \cdot D_1(z) \cdot D_2(z)$,其中

$$a_0 = 5, D_1(z) = \frac{(1 + 0.2z^{-1})}{(1 + 0.5z^{-1})}, D_2(z) = \frac{(1 + 0.6z^{-1})}{(1 + 0.8z^{-1})}$$

控制器的实现框图如图 3-24 所示。

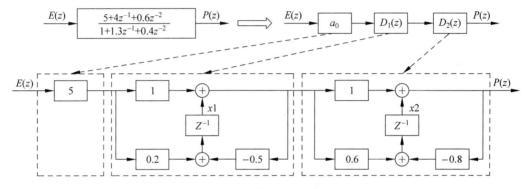

图 3-24 串行实现示例

2. 并行实现

并行实现也称并联实现,其原理是将控制器的 $D(z)$ 分解为若干低阶的 $D_1(z)$、$D_2(z)$、$D_3(z)$……,然后将它们并联起来,取代原来高阶的 $D(z)$,表达式如下:

$$D(z) = \frac{P(z)}{E(z)} = \frac{a_0 + a_1 z^{-1} + a_2 z^{-2} + \cdots + a_m z^{-m}}{1 + b_1 z^{-1} + b_2 z^{-2} + \cdots + b_n z^{-n}}$$

$$= \gamma_0 + D_1(z) + D_2(z) + \cdots + D_l(z) = \gamma_0 + \sum_{i=1}^{l} D_i(z)$$

其中,

$$D_i = \frac{\gamma_{i1}}{1 + \beta_{i1} z^{-1}} \quad \text{或} \quad D_i = \frac{\gamma_{i0} + \gamma_{i1} z^{-1}}{1 + \beta_{i1} z^{-1} + \beta_{i2} z^{-2}}$$

例 3-11 已知某数字控制器的 $D(z)$ 如下:

$$D(z) = \frac{P(z)}{E(z)} = \frac{5 + 4z^{-1} + 0.6z^{-2}}{1 + 1.3z^{-1} + 0.4z^{-2}}$$

对 $D(z)$ 进行分式分解,可得

$$D(z) = \frac{P(z)}{E(z)} = \frac{5 + 4z^{-1} + 0.6z^{-2}}{1 + 1.3z^{-1} + 0.4z^{-2}} = 1.5 + \frac{1}{(1 + 0.5z^{-1})} + \frac{2.5}{(1 + 0.8z^{-1})}$$

因此,$D(z)$ 可看成三个环节并联而成,即 $D(z) = \gamma_0 + D_1(z) + D_2(z)$

其中,

$$\gamma_0 = 1.5, \quad D_1(z) = \frac{1}{(1 + 0.5z^{-1})}, \quad D_2(z) = \frac{2.5}{(1 + 0.8z^{-1})}$$

控制器的实现框图如图 3-25 所示。

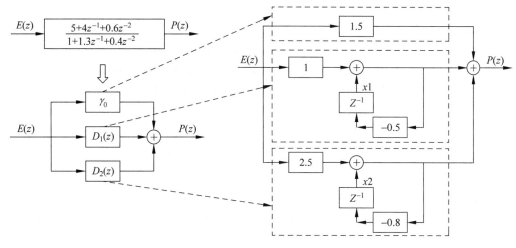

图 3-25　并行实现示例

本章知识点

知识点 3-1　数字控制器的离散化设计方法

数字控制器的离散化设计方法是一种近似化方法,即根据已知的连续系统的传递函数 $D(s)$,求出近似的脉冲传递函数 $D(z)$。离散化方法有积分变换法、零极点匹配法和等效变换法之分,不同方法有各自的特点,但都能保持当 $D(s)$ 稳定时,$D(z)$ 也能稳定。当采样周期足够小时,各种方法已无多少区别。

知识点 3-2　数字 PID 控制算法及参数整定方法

PID 控制是一种基于给定值与输出值之间偏差进行比例、积分、微分运算的反馈控制。PID 控制适用性强、应用广泛。由计算机实现的数字 PID 控制器就是在连续系统 PID 控制器基础上发展而来。数字 PID 控制器的 $D(z)$ 可通过离散化方法由连续系统 PID 控制器的 $D(s)$ 求得。结合计算机的逻辑运算功能,可对数字 PID 进行多种优化,以满足不同系统的需求。

PID 的 Kp、Ki(或 Ti)、Kd(或 Td)参数各有不同的作用。数字 PID 控制的参数整定就是根据被控对象和控制要求,确定合适的采样周期 T 以及比例度 δ(比例系数 Kp 的倒数)、积分时间 Ti、微分时间 Td。常见的参数整定方法有扩充临界比例度法、衰减曲线法、扩充响应曲线法、归一参数法和经验整定法等。

知识点 3-3　最少拍随动系统原理及设计

最少拍随动系统也称为最小调整时间系统或最快响应系统。其设计目标就是根据静态误差的要求,设计出使系统的输出在最少的采样周期内跟踪输入的变化,使系统到达稳定所需要的采样周期最少,而且在采样点的输出值能准确地跟踪输入信号,不存在静差。最少拍无纹波随动系统的设计消除了控制器输出 $P(z)$ 的纹波,使系统总体性能更加改善。

最少拍随动系统的设计就是根据被控对象的数学模型,由 z 变换公式求出广义对象的脉冲传递函数 $G(z)$,根据输入信号 $R(z)$ 的类型,确定误差脉冲传递函数 $Ge(z)$ 和闭环脉冲传递函数 $\Phi(z)$,由 $\Phi(z)$、$G(z)$、$Ge(z)$ 求得数字控制器的脉冲传递函数 $D(z)$。根据分析控制效果,再次求出输出序列并画出响应曲线,如有问题可调整 $Ge(z)$ 和 $\Phi(z)$,重新设计 $D(z)$。

知识点 3-4　控制算法的实现

由控制器的 $D(z)$ 可得到相应的控制方框图和差分方程,根据状态空间描述方法原理可得到相应的输出方程和状态方程。控制器的 $D(z)$ 既可通过硬件来实现,也可通过计算机利用迭代法求解差分方程来实现,为减少由于系数误差对系统性能造成的影响,以及使算式各系数的含义更易理解,可采用串行或并行实现来分解高阶的 $D(z)$。

思考题与习题

1. 简述数字控制器近似设计与解析设计法的设计过程。

2. 已知某对象的传递函数如下,分别用向后矩形法和梯形变换法求出相应的脉冲传递函数,设采样周期 $T=1\text{s}$。

$$G1(s)=\frac{2}{4s+3}, \quad G2(s)=\frac{0.1}{(0.1s+1)(0.5s+1)}, \quad G3(s)=\frac{s+2}{s^2+4s+3}$$

3. 已知某对象的传递函数如下,分别用脉冲响应不变法和带保持器的阶跃响应不变法求出相应的脉冲传递函数,设采样周期 $T=1\text{s}$。

$$D(s)=\frac{1}{(s+1)(s+4)}$$

4. 写出 PID 的传递函数 $D(s)$,并分别用向后矩形法和梯形变换法求出相应的 $D(z)$,要求将表达式整理成规范的分式,设采样周期 $T=1\text{s}$。

5. PID 的 Kp、Ki、Kd 参数各有什么作用?

6. 数字 PID 控制的参数整定方法有哪些? 各有什么特点?

7. 数字 PID 控制算法有哪些改进的方法?

8. 已知某控制系统的 $G(z)$ 如下,假定 $R(z)$ 分别在阶跃信号、单位速度信号激励下,按最少拍随动系统设计方法,求出 $D(z)$,并画出各点波形。

$$G(z)=\frac{0.5z^{-1}(1+0.6z^{-1})}{(1-z^{-1})(1-0.4z^{-1})}$$

9. 已知某控制系统的 $G(z)$ 如下,假定分别在阶跃信号、单位速度信号激励下,按最少拍随动系统设计方法,求出 $D(z)$,并画出各点波形。

$$G(z)=\frac{2z^{-1}(1+1.5z^{-1})(1+0.1z^{-1})}{(1-z^{-1})(1-0.6z^{-1})(1-0.2z^{-1})}$$

10. 按最少拍无纹波随动系统设计方法,求出前面习题 8 和习题 9 的 $D(z)$,并画出各点波形。

11. 根据下列控制器的 $D(z)$,分别画出直接式、串行实现法和并行实现法的实现框图和相应的输出方程和状态方程。

$$D_1(z)=\frac{3+3.6z^{-1}+0.6z^{-2}}{1+0.1z^{-1}-0.2z^{-2}}, \quad D_2(z)=\frac{0.2+0.1z^{-1}-z^{-2}}{1-2z^{-1}-3z^{-2}}$$

技术篇

PART

工欲善其事
必先利其器

1. 学习内容

计算机控制系统中的核心部件——计算机有哪些特点和要求？计算机与外围电路如何连接？计算机控制系统如何实现数据通信？计算机控制系统如何实现人机交互？什么是过程通道？过程通道中需要进行哪些信号处理？控制系统的可靠性如何得到保障？计算机控制系统中有哪些常见的可靠性和抗干扰技术？什么是组态软件？组态软件有哪些功能？组态软件为计算机控制系统带来哪些好处？DCS系统有哪些特点？DCS采用了怎样的体系结构？DCS集成了哪些关键技术？……这些是本篇将要解答的问题。

本篇将介绍工业控制计算机及其接口技术、过程通道技术、可靠性和抗干扰技术、控制系统中的软件技术——组态软件，以及集成了计算机控制系统许多关键技术的集散控制系统DCS。

本篇是全书的重点内容，包括第4章控制系统中的计算机及其接口技术、第5章控制系统中的过程通道、第6章控制系统的可靠性和抗干扰技术、第7章控制系统的组态软件、第8章DCS集散控制系统及其主要技术。

2. 学习目标

结合计算机技术、模拟和数字电子技术、检测技术、通信技术等理论基础，全面了解工业控制计算机及其接口技术、可靠性和抗干扰技术、DCS所集成的多种关键技术，重点掌握过程通道中有关信号处理技术，学习组态软件和DCS的基本应用过程，为计算机控制系统的工程应用作准备。

本篇知识点

第 4 章

控制系统中的计算机及其接口技术

计算机控制系统中,控制单元是其信息处理的核心单元,而计算机又是控制单元中的核心部件。控制系统中,对计算机有着特殊的要求。

控制系统中的计算机系统通常多为嵌入式计算机系统(也简称嵌入式系统)。相对于通用计算机,嵌入式系统的在功能和性能(如可靠性、实时性、适应性、成本、体积和功耗等)方面有着特殊的要求。

输入输出接口实现计算机与外围电路的连接,完成计算机与外部的信息交换。在计算机系统中,接口(interface)常指系统的核心部件 CPU 与其他外围电路的连接。而总线(bus)通常是指多个功能部件之间的连接导线的集合。

按接口的数据传输特征可分为并行接口和串行接口,前者多用于构成计算机系统,后者多用于芯片之间和系统之间的数据传输,串行接口的应用越来越广泛。

随着微处理器与计算机性能的不断提高,计算机网络和通信技术的迅速发展,控制系统中信息处理部件也越来越接近控制现场,各种智能化仪器仪表和执行机构越来越多地取代传统的器件和设备,控制系统各部件之间、控制系统与外部之间信息交换的需求越来越强烈,一种新的总线技术——现场总线(fieldbus)技术便应运而生。

计算机控制系统离不开人的参与,而人机交互是人与计算机之间各种符号和动作的双向信息交换。人通过交互设备向控制系统输入控制信息,控制系统向使用者反馈系统的运行信息。人机交互技术在计算机控制系统中也越来越重要。

计算机系统不仅包括硬件系统,还包括软件系统,其中组态软件在计算机控制系统中的地位也越来越重要。

本章首先分析工业控制计算机、嵌入式系统和典型工业控制计算机的产品,然后介绍 ARM 构架的嵌入式计算机的特点及开发应用的基础知识,最后介绍控制系统中的接口技术,人机交互技术和工业控制计算机软件系统。

4.1 工业控制计算机

4.1.1 工业控制计算机的特点和结构

计算机控制系统中的计算机大致可分为两类:一类是通用计算机(如 PC),另一类是工业控制计算机(简称工控机)。前者适用办公室环境,用于高层监控、数据统计处理等,后者专门适用于工业控制现场,用于实时控制。

1. 工业控制计算机的特点

工业控制计算机的特点主要体现在适应性、可靠性、实时性、扩展性等方面。

1) 适应性

工控机的运行环境复杂多变,而且往往比较恶劣。通常要求工控机的工作温度、湿度、电源电压范围比较宽,有较好的防振、防尘措施,有精致体积、结实的结构。

2) 可靠性

控制系统本身的可靠性不仅仅影响到产品质量和产量,而且还关系到运行设备和人身的安全,因此工控机在连续工作时间、抗干扰能力方面都有较高的要求。通常工控机有高的抗干扰性能,各部件便于更换和维修,关键部件(如电源、通信接口)有冗余结构,有自诊断、自恢复等措施。

3) 实时性

工控机要求有快速的响应速度,通常有完善的中断机制和实时操作系统,保证能快速响应外部中断请求,实现实时采样和实时控制。

4) 扩展性

为了适应被控对象的多样性,要求工控机具有较好的扩展能力。工控机不仅具有较多的输入输出接口和扩展接口,而且具有丰富的通信接口。

另外,工控机在安全性、低功耗、互操作性和互换性等方面也有许多特殊的要求,这使得工控机的结构也呈现多样性。

2. 工业控制计算机的结构

工业控制计算机的结构也可分为两类:一类是基于通用计算机(PC)的结构,另一类是基于嵌入式系统的结构。前者的硬件与 PC 兼容,因此能充分利用现有 PC 的软件资源和外部设备资源,并且在机械结构、元器件选用和电源配置等方面比普通 PC 的可靠性更高。后者的硬件软件可根据应用要求进行裁剪,它的硬件规模和软件配置视不同的应用而确定,没有统一的硬件结构和通用的软件平台。

4.1.2 嵌入式系统与单片机

1. 嵌入式系统

嵌入式系统(也即嵌入式计算机系统)可看作是嵌入到某个应用对象内的专用计算机系统。相对于通用计算机而言,其功能与某个特定的应用密切相关,其性能也会与具体的应用环境有关,如可靠性、实时性、适应性、成本、体积、功耗等会有特殊的要求。嵌入式系统仍是一个计算机系统,所以其组成及原理与普通计算机相同,但通常其硬件软件可根据应用要求进行裁剪。

嵌入式系统的应用领域非常广泛,凡是能利用计算机来进行信息处理的场合都有嵌入式系统的应用,通信、家电等行业的产品(如交换机、路由器、手机、数码相机、MP4 播放器、数字电视机、投影仪等)以及通用计算机的各种外设(如键盘、硬盘、显示器、打印机等)都含有嵌入式系统。在控制系统中,除了作为控制单元的工控机外,智能传感器、电动调节装置、智能化仪器仪表等也都含有嵌入式系统。嵌入式系统的硬件软件容易融合但难以复制,这就需要从事控制系统的工程人员掌握一定的嵌入式系统的开发和应用技术。

嵌入式系统也可分为硬件系统和软件系统,其中硬件系统包括处理器、存储器、接口总线等；软件系统包括嵌入式操作系统、中间件、编程语言、开发工具、应用程序等。嵌入式系统的知识层次关系如图 4-1 所示。

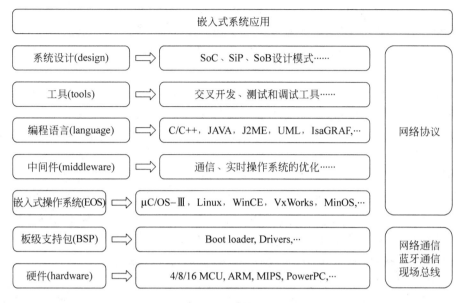

图 4-1　嵌入式系统的知识层次关系

嵌入式系统的处理器有多种结构，如 4 位/8 位/16 位的单片机、ARM、MIPS、PowerPC 等，不同的处理器有其相适用的应用领域，很难相互取代。

板级支持包（board support package，BSP）是介于主板硬件和操作系统之间的一层，主要目的是为了支持操作系统，使之能够更好地运行于硬件主板。

嵌入式操作系统（embedded operation system，EOS）通常以实时操作系统（real-time operation system，RTOS）为核心，EOS 或 RTOS 与 PC 上流行的 Windows 操作系统有许多区别。常见的嵌入式操作系统有 μC/OS-Ⅲ、μClinux、WinCE、VxWorks、eCos 等，这些操作系统具有可靠、实时、可裁剪等特点。

中间件（middleware）是位于底层基础平台（操作系统和数据库）和上层应用之间的软件和服务，而且这些软件具有标准的程序接口和协议。中间件是基于分布式处理的一类软件，最突出的特点是其网络通信功能。随着应用系统的规模扩大，中间件的作用开始显现出来，中间件已与操作系统、数据库并列为三大基础软件。

编程语言（language）仍是基本的程序设计基础，在嵌入式系统中除了汇编语言外，C/C++语言是很经典的编程工具，另外还有 JAVA、J2ME、UML 等。在工业控制领域中，还会用到组态软件的编程工具。

工具（tools）在嵌入式系统中主要是交叉开发、测试和调试工具，因为嵌入式软件通常需要在宿主机完成，因此交叉开发、测试和调试工具是必不可少的。

嵌入式系统的设计通常与其架构有关，通常有基于片上系统（system on chip，SoC）、系统级封装（system in package，SiP）、模块级系统（system on board，SoB）的设计模式。

工业控制中的嵌入式系统根据应用对象的不同，可选择不同的设计模式。如智能传感器、电动调节装置、智能化仪器仪表等，这些底层应用场合的产品可基于 SoC 或 SiP 设计模式,而如分布式控制系统 DCS 控制站中的主控卡等有一定规模的高端应用场合,可能需要基于 SiP 或 SoB 的设计模式。

2. 单片机与微控制器

单片机是在一片半导体芯片上集成了一个基本计算机系统。单片机也是嵌入式系统的常见结构形式。在许多智能传感器、执行器、智能调节仪等底层应用领域,8 位单片机得到了广泛的应用。

在 8 位单片机家族中,Intel 公司的 MCS-51 是一个独特的系列。PHILIPS、Atmel 等著名公司发展了 MCS-51,并迅速将单片微型计算机(single chip microcomputer,SCMC)带入了微控制器(micro controller unit,MCU)时代,创造了许多优异的单片机产品,形成了独特的、包含许多公司兼容产品的 80C51 系列。Silicon Laboratories 公司推出的 C8051F 系列,把 80C51 系列推上了一个崭新高度,将单片机从 MCU 带入了片上系统时代。

C8051F 具有与 8051 兼容的高速 CIP-51 内核,与 MCS-51 指令集完全兼容,片内集成了数据采集和控制系统中常用的模拟、数字外设及其他功能部件;内置 FLASH 程序存储器、内部 RAM,大部分器件内部还有位于外部数据存储器空间的 RAM,即 XRAM。C8051F 单片机具有片内调试电路,通过 JTAG 接口可以进行非侵入式、全速的在线系统调试。C8051F 已相当于一个能独立工作的片上系统了。

C8051F 系列有多种不同配置的产品。例如,典型产品 C8051F120 集成了高速 8051 微控制器内核(速度可达 100MIPS)、256B＋8KB 的 RAM 数据存储器、128KB 可编程 FLASH 程序存储器,带可编程放大器的 8 通道 12 位 ADC(换速率最大 100Ksps)、8 通道 8 位 ADC(转换速率最大 500Ksps)、两个 12 位 DAC、64 个 I/O 口线、带 SMBus、IIC、SPI 同步串行接口、两个 UART 异步串口、可编程 16 位计数器/定时器阵列 PCA、6 个捕捉/比较模块、5 个通用 16 位计数器/定时器、看门狗等,框图如图 4-2 所示。有关异步串行接口、同步串行接口的原理将在本章稍后章节介绍,数模转换 ADC、模数转换 DAC 的原理将在下一章展开。

嵌入式处理器的高端产品通常为 32 位 MCU,主要有 Advanced RISC Machines 公司的 ARM、Silicon Graphics 公司的 MIPS、IBM 和 Motorola 公司的 Power PC 等芯片。在音频视频处理、网络通信、高速数据采样和运算、图形接口等场合,越来越多地需要使用 32 位 MCU。

ARM 架构是一个 32 位精简指令集(RISC)处理器架构,其广泛地应用在许多嵌入式系统设计中。ARM 处理器可以在很多消费类电子产品上看到,从可携式装置(个人数字助理 PDA、移动电话、多媒体播放器、掌上型电子游戏)到电脑外设(硬盘、桌上型路由器),以及许多工业控制产品。ARM 公司是全球领先的半导体知识产权(intellectual property,IP)提供商,其商业模式主要涉及 IP 的设计和许可,而非生产芯片,也不销售芯片。ARM 公司设计了一系列的微处理器,以适应不同的应用场合。

ARM 公司提供开放式操作系统的高性能处理器 Cortex-A 系列、嵌入式处理器 Cortex-R 系列和 Cortex-M 系列。Cortex-A 系列支持执行复杂操作系统(如 Linux、Android、Microsoft Windows CE 和 Symbian)和复杂图形用户界面的能力;Cortex-R 系列面向实时应用;Cortex-M 系列面向低成本具有确定性功能的应用。嵌入式处理器通常执行实时操作系统(RTOS)和用户开发的应用程序代码,因此只需内存保护单元(MPU),不需应用程序处理器中提供的内存管理单元(MMU)。不同性能和功能的 ARM 架构处理器

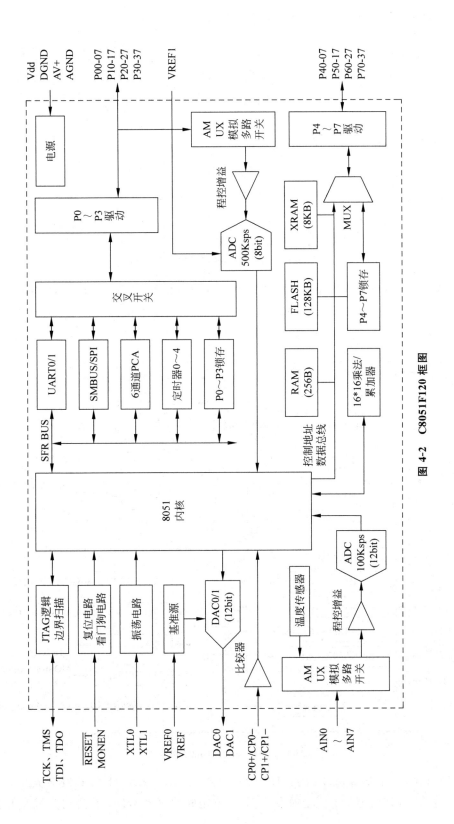

图 4-2 C8051F120 框图

以满足不同的需求,其体系结构分布如图 4-3 所示。

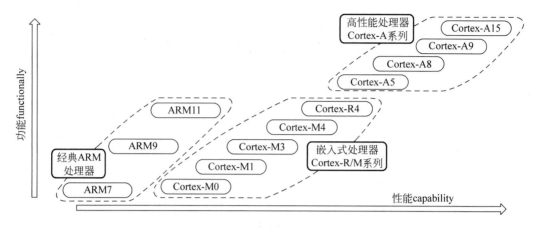

图 4-3　ARM 架构处理器的体系结构

全球许多半导体公司推出了基于 ARM Cortex 架构的 MCU。例如,ST 意法半导体公司 STM32F4 系列是基于 Cortex-M4 的 32 位 MCU,其基本型 STM32F411 的结构框图如图 4-4 所示。

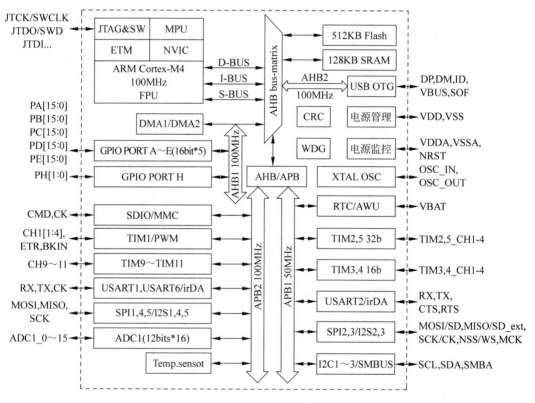

图 4-4　STM32F411 的结构框图

STM32F411 的运算速度达 125DMIPS,内置 512KB FLASH 和 128KB RAM,并配置多达 11 个 TIM 定时器(16 位定时器×6,32 位定时器×2,WDG 看门狗监视定时器×2,

Systick 系统时钟×1),1 个 12 位的 ADC(16 通道,采样速率达 2.4Msps),13 个通信接口(USB OTG×1,SDIO×1,USART×3,SPI/I2S×5,I2C×3),多达 80 个 GPIO 通用输入/输出端口(PA~PE 5 个 16 位端口,根据封装增减),此外还包含 JTAG&SW 调试接口和 ETM 嵌入式追踪宏单元、MPU 存储器保护单元、NVIC 嵌套向量中断控制器、DMA 直接存储器访问控制器、RTC 日历时钟单元、CRC 循环冗余校验计算单元、内置温度传感器、电源管理和监控复位电路等,其性能指标及外围配置电路远远超过了 8 位的 MCU。

4.1.3　典型工业控制计算机的产品

1. 嵌入式工控机

1) 研华 ARK-3440 嵌入式工控机

ARK-3440 是一款无风扇超紧凑结构的嵌入式工控机,内部采用高性能 Intel Core i7 Duo 处理器、4G 内存,支持 PCI/PCIe 扩展及双 SATA 硬盘和高分辨率多媒体宽屏显示,有丰富的外部接口(6 个 USB 2.0 接口、3 个异步串行接口、1 个并行接口、带有双通道 2.2W 的音频接口、2 个带有网络唤醒的 10/100/1000 Mbps 以太网络接口和 6 个可编程功能键等,有关接口将在本章稍后介绍),支持 Microsoft Windows(Win 7,XP Professional,XP Embedded)和 Linux(Fedora 9)操作系统,宽电压电源输入(9V~34V DC),小巧坚固的尺寸(220mm×102.5mm×200mm),易于集成,易于维修,适用于需要图像处理及视频监控的工业控制应用场合,其外形如图 4-5 所示。

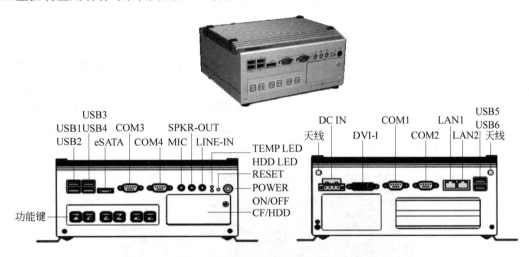

图 4-5　ARK-3420 嵌入式工控机外形

研华科技股份有限公司是一家全球领先的工业控制计算机制造厂商,提供多种嵌入式工业电脑、可编程自动化控制器(PAC)和分布式数据采集控制系统。

2) 研祥 MEC-1003 嵌入式计算机

研祥 MEC-1003 是一款无风扇全封闭嵌入式可堆栈计算机。机箱采用铝合金加工成形,具有良好的密封防尘、散热与抗振性能。内部采用板载 Intel 低功耗 ATOM 处理器、1GB 内存有较丰富的外部接口(2 个异步串行接口,4 个 USB 接口,2 个 1000M 网络接口,1 个 PS/2 键盘/鼠标接口,1 个 VGA 接口,8 路数字 I/O 接口),支持 CF 卡存储,可接 SATA 接口硬盘,支持 Windows XP Embedded 操作系统,具有超小尺寸(49.8mm×166mm×

152mm)。可适用于恶劣环境下的小型嵌入式应用系统,其外形如图 4-6 所示。

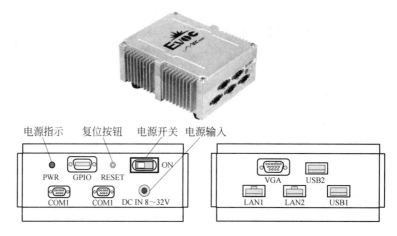

图 4-6　MEC-1003 无风扇全封闭嵌入式可堆栈计算机外形

　　研祥智能科技股份有限公司是著名的工业控制计算机制造商,提供多种工业计算机板卡、机箱、PC104 单板计算机、嵌入式单板计算机、工业计算机整机和测控自动化产品。

2. 可编程自动化计算机 PAC

　　可编程自动化计算机(programmable automation computer,PAC)融合可编程控制器(PLC)和基于 PC(PC-Based)控制器的优点而成,它的结构可靠、扩展灵活、编程方便,在自动控制领域得到广泛应用。

　　1) 泓格 WP-8441 嵌入式 PAC

　　WP-8441 为泓格 WinPAC 标准型 4 槽嵌入式 PAC,它有 4 个 I/O 扩展槽,可插入多种输入输出模块,内置 VGA(800×600)接口,支持 Windows CE 操作系统和标准 C 编程。WP-8441 内置 128MB SDRAM、512KB 双后备电池 SRAM、支持扩展闪存(1GB 的 SD 卡),2 个 10/100Base-T 局域网接口,支持冗余电源,1 个 USB 接口,4 个 RS-232/RS-485 异步串行接口,其外形如图 4-7(a)所示。

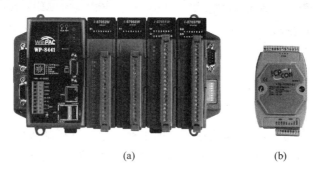

(a)　　　　　　　　　　　(b)

图 4-7　泓格科技两款嵌入式 PAC 外形

　　泓格科技是一家研发各种嵌入式控制器、远程 I/O 模块和 PAC 等产品的厂商。

　　2) 泓格 I-7188EF 掌上型 μPAC

　　I-7188EF 是一款掌上型 μPAC 产品。它配置了 80188-40CPU,内置 512 KB SRAM、512 KB 闪存,配有 1 个 10/100Base-T 局域网接口、1 个 RS-232 和 1 个 RS-485 异步串行接

口,内置看门狗和 RTC(实时时钟)。其外形如图 4-7(b)所示。

I-7188EF 支持 MiniOS7 操作系统,可用 C 语言开发应用程序,创建运行于 80188/80186 CPU 上的 16 位可执行文件(*.exe)。I-7188EF 也是基于 ISaGRAF 的 μPAC,它全面支持 5 种 IEC61131-3 标准 PLC 编程语言,同时还支持离线仿真、在线调试、监测与控制,此外也提供近上百个功能块与函数调用,用户可以用图形化的方式进行程序编辑,这对控制软件的开发带来了许多方便。

4.2　控制系统中的接口技术

4.2.1　接口与总线

1. 接口与总线的概念

接口(interface)泛指两个功能部件之间的连接。在计算机系统中,接口常指系统的核心部件 CPU 与其他外围电路的连接。而总线(bus)通常是指多个功能部件之间的连接导线的集合。接口和总线都有相互连接的含义,但前者强调两个部件之间的连接,而后者更注重于多个部件的互连;前者强调信号和数据形式的转换,后者更注重可扩展性、灵活性、规范化。接口与总线有时也不加区分,合称为总线接口或接口总线等。

计算机接口技术要解决两类基本问题:一是要将在数据格式、信号类型、传输速度、处理方式等方面都各有自身特点的外部数据转换为计算机 CPU 更容易处理的数据形式;二是将计算机 CPU 处理后的数据以易接收的形式提供给外围电路。

计算机接口技术包括输入输出端口的寻址方式、数据传输方式、实现功能等内容。

2. 寻址方式

根据计算机"存储程序和程序控制"的基本工作原理,CPU 与外部输入输出数据所对应的访问单元通常称为端口。端口是 I/O 接口中供 CPU 直接存取访问的那些寄存器或某些特定的硬件电路。一个 I/O 接口一般包括若干个端口,有用于数据传输的数据端口、用于控制的命令端口、用于状态设置和检测的端口等。对端口的读写同访问存储器一样,也是"按址访问"。端口的寻址方式通常有两种:统一编址方式和独立编址方式。

统一编址方式就是端口的地址与程序存储器和数据存储器地址统一安排,访问端口所使用的指令与访问存储器的指令相同,扩展端口电路所使用的控制信号线也与扩展存储器所用的控制信号线一样,只是在地址空间范围上作了人为的区分。

独立编址方式就是端口的地址与存储器地址相互独立,访问端口所使用的指令不同于访问程序与数据存储器的指令,扩展端口电路所使用的控制信号线也有别于扩展存储器所用的控制信号线,通常端口地址空间要比存放数据和程序的存储器空间小。

统一编址方式和独立编址方式的接口空间如图 4-8 所示。两种寻址方式的选用主要取决于 CPU,对不支持独立编址方式的 CPU 只能采用统一编址方式,对支持独立编址方式的 CPU,既可采用独立编址方式,也可采用统一编址方式。在设计硬件系统和开发底层软件时,需要了解 CPU 采用何种寻址方式。

3. 数据传输方式

接口的数据传输方式主要与输入输出的定时和协调有关。为使计算机与外部设备进行正确的数据传输,通常要有两个条件:一是在时间上保持两者的同步,这需要有统一的时钟

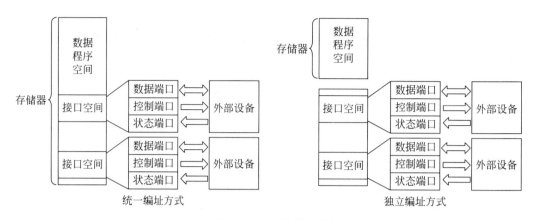

图 4-8　统一编址方式和独立编址方式

脉冲来定时；二是允许两者能相互等待，这需要有协调的方法。

通常由 CPU 发出读(read)或写(write)定时信号，来实现 CPU 与外设之间的数据传输，外设可以不应答。

另外，也可由专门的定时控制器发出同步信号，进行计算机内存与外设之间的数据传输，这种方式常称为"直接存储器访问"(direct memory access，DMA)方式。

协调主要通过握手信号进行，主要的握手信号有请求(REQ)和应答(ACK)、选通(strobe)和就绪(ready)，协调可在数据传输前后进行：

数据传输前，请求方发出请求(REQ)信号，等待应答方作出应答(ACK)后，才进行数据传输。

数据传输后，请求方发出请求(REQ)信号，等待应答方作出应答(ACK)后，才确认数据已传输结束。

如可靠性要求不高，协调可只在数据传输前进行，如图 4-9(a)所示，否则在数据传输前后都应进行，如图 4-9(b)所示。数据传输前后的协调可以使用同一对握手信号，也可使用不同的两对握手信号。

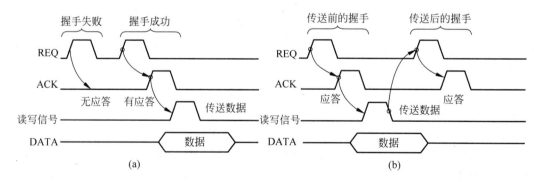

图 4-9　利用握手信号进行协调

根据定时和协调的不同要求，数据传输的实现有直接传输、程序查询、定时查询、中断传输和 DMA 等几种方式。

(1) 直接传输方式。

直接传输方式不需要相互等待，由读写指令直接对 I/O 口进行读写操作，完成数据传输,没有专门的协调过程。这种方式要求外设一直处于就绪状态,如 LED 灯、状态设置开关等。这种方式也称无条件传输方式、无协调传输方式。

(2) 程序查询方式。

在数据传输前,通过程序对外设状态进行查询,也就是通过握手信号进行协调,在外设就绪情况下,才进行数据传输。必要时,在数据传输后,再进行握手联络,确保数据传输已正常结束。这种方式的传输效率较低,因为程序查询外设状态需要较长的时间,在不能预见外设就绪所需时间时,还容易造成长期等待现象。

(3) 定时中断查询方式。

这是对程序查询方式的改进,利用定时中断来查询外设状态,使等待时间有所限制,这种方式适用于对响应速度要求不高的外设,如按键等。但由于响应速度不快,数据传输效率仍不高。

(4) 中断传输方式。

利用中断机制实现协调,即通过硬件将外设的握手信号(外设的请求或应答信号)作为中断请求信号,快速响应外设的请求或应答,在相应的中断服务程序中,完成数据传输。这种传输方式效率高,适用于打印机、报警设备等。但这种方式需要有相应中断控制电路的支持,中断服务程序设计也要有全面的考虑。

(5) DMA 方式。

利用专用的 DMA 控制器,实现内存与外设的直接数据传输,CPU 不参与数据传输,并需要释放相应的数据总线和地址总线。这种方式适用于高速的外设,如磁盘等外存设备。这种传输方式效率非常高,但需要有专门的控制器,硬件比较复杂。

4. 基本功能

接口的基本功能通常有:

(1) 地址译码和设备选择;

(2) 进行定时和协调,选择数据传输方式;

(3) 设置中断控制逻辑,以保证接受正常的中断请求,提供中断数据传输的服务程序;

(4) 设置 DMA 控制逻辑,以保证接受正常的 DMA 请求,并在接受 DMA 应答后,完成 DMA 传输;

(5) 提供数据的寄存、缓冲逻辑,以适应 CPU 与外设之间的速度差异,并提供一定的驱动能力;

(6) 进行 CPU 和外设的信号类型转换,如电平转换、串/并转换、数/模或模/数转换等。

总线作为连接多个功能部件之间的一组连线,也需有相应的接口电路,这部分接口也属于总线的组成,因此总线与接口也有许多共同的功能,如设备的选择、定时和协调、选择数据传输方式、设置数据的寄存和缓冲逻辑并提供一定的驱动能力等。但总线更注重各部件的互连,注重使用总线的规则,除了要有定时和协调功能外,还要有多个部件争用总线时采取的仲裁机制。

5. 接口与总线的分类

在一个典型的控制系统中,计算机通过接口与外部连接的功能部件有过程通道、人机交互设备、存储设备和通信设备,如图 4-10 所示。按接口所连接的功能部件来分,就有过程通道接口、人机交互接口、存储设备接口和通信接口。

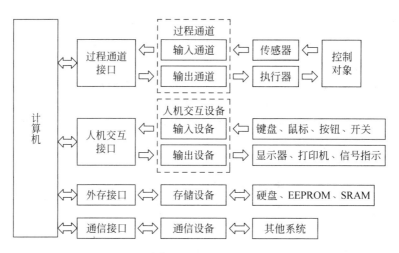

图 4-10 计算机通过接口与外部的连接

过程通道包括输入通道、输出通道,它们也可视作特殊的接口,主要完成将来自控制对象的物理信号转换为计算机能接收的数据形式,这部分内容越来越多地融合到智能传感器和执行器中了。

另外,按接口的数据传输特征进行分类,有并行接口和串行接口;按接口和总线连接部件的技术特征可分为芯片级总线、板级总线(也称系统总线)和通信总线(也称外部总线)。

并行接口中的数据线通常有 8 位、16 位、32 位和 64 位。并行接口早期主要用于外部的打印机设备、数据存储设备,现主要用于系统各部件的连接。串行传输方式由于有传输线少、接口电路简单、成本低等特点,因而是计算机在与外部进行数据通信时采用的最主要传输方式。

芯片级接口总线以连接芯片为主,其特征为连线少、速度较快、距离短。常见芯片级接口总线有 I^2C、SPI、1-Wire 等。板级总线用于连接系统内各部件,其特征为并行传输、速度高、接口比较复杂,利用板级总线易构成母板模块结构,常见板级总线有 PC/104 和 Compact PCI 等。

通信总线主要用于系统间通信,其特征为串行传输、距离远、抗干扰要求高,常见的通信总线有 RS-232C、RS-485、CAN、USB 等。另外,在控制系统中,越来越多地使用网络技术来实现数据通信。

计算机的接口总线品种繁多,性能各异。另外,人机交互设备、外部存储设备和通信设备非常丰富,许多都设有常规的接口,如标准键盘、鼠标、显示器、打印机、硬盘等。在计算机控制系统中,应尽可能选用标准的接口和总线。

4.2.2 并行接口

1. PC/104

PC 总线的发展一直对工控机有着重要影响,IEEE-P996 是 PC/XT 和 PC/AT 工业总线 ISA 规范,而 PC/104 是在 PC 总线基础上专门为嵌入式控制而定义的工业控制总线,被定义为 IEEE-P996.1。

PC/104 有 8 位和 16 位两个版本,分别与 PC/XT 和 PC/AT 相对应。PC/104 有两个

连接件,P1 为 64 针,P2 为 40 针,合计 104 个总线信号,PC/104 因此得名。在硬件上 PC/104 与 PC 主板的不同处有:

(1) 小尺寸结构。PC/104 标准模块的机械尺寸为 3.8inch×3.6inch(96mm×90mm),这有利于抗干扰性能和减小安装空间。

(2) 堆栈式结构。采用堆栈式"针-孔"连接,即 PC/104 总线模块之间总线的连接是通过上层的针和下层的孔相互连接,无须母板,有较好的抗震性,这有利于提高系统的可靠性。

2. PC/104-plus 总线

PC/104-plus(也称为 PC/104+),它与 PC 机的 PC/AT 及 PCI 总线兼容,有时也被称为 PC/104 的 PCI 总线。PC/104-plus 总线实际上包含 ISA 和 PCI 两个总线,其中 PCI 部分称为 PCI-104。PCI-104 连接件为单列三排 120 个总线管脚,其有效信号线和控制线与 PCI 总线完全兼容。

PCI(peripheral component interconnect)总线由 Intel 在 1992 年发布,是目前商业 PC 总线标准。PCI 是一种独立于处理器的数据总线。它有 32 位和 64 位两种数据宽度,总线速度可达 66MHz,理论数据处理能力 32 位为 264MB/s,64 位为 528MB/s。大多数计算机和操作系统都支持 PCI。因为有大量支持 PCI 的产品,使得 PCI 产品既便宜又容易买到。拥有这些优势,PCI 总线非常适合在高速计算和高速数据通信领域中应用。

3. PCI/104-Express

PCI/104-Express 被称为 PC/104 上的 PCI-Express+PCI 总线。PCI/104-Express 总线同时包含 PCI 和 PCI-Express 两个总线,其中 PCI-Express 部分称为 PCIe/104。PCIe/104 实际上已是高速串行总线,有 20 个 PCI-Express 内部总线通道(lane),采用 156 芯高密堆栈式总线连接器将各个带有 Express 总线的 PC/104 相连。

PC/104 总线结构的演变如图 4-11 所示。

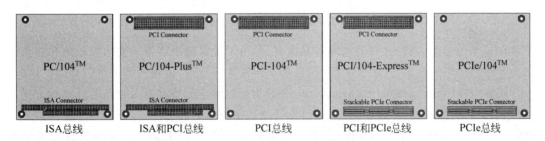

图 4-11　PC/104 总线结构的演变

4. Compact PCI 总线

Compact PCI 是一种基于标准 PCI 总线的小巧而坚固的高性能总线技术,它的主要特点有 PCI 局部总线的电气信号、标准的 Eurocard 尺寸、高密度气密式针孔连接器、支持"即插即用"功能。

Compact PCI 能广泛地应用于实时机器控制器、工业自动化、实时数据记录、测控及军用系统,同时也非常适合于制作高速计算模块,将它装入加固机箱里则可应用于恶劣的工业环境。此外,通过扩充总线宽度,Compact PCI 也适用于高速数据通信应用领域。

5. PXI 总线

PXI(PCI extensions for instrumentation)是由 NI 公司发布的面向仪器系统的 PCI 扩

展总线,并形成基于 PC 的测量和自动化平台。PXI 结合了 PCI 的电气总线特性与 Compact PCI 的坚固性、模块化及 Eurocard 机械封装的特性。PXI 系统包含了机箱、PXI 背板、系统控制器以及数个外设模块,从而可形成一个数据采集、虚拟仪器的自动化测试控制系统。

从理论上看,并行接口总线的数据传输率会高于串行接口,但随着传输率的提高、并行导线的增多,相互之间的干扰和接口成本也会增大,除了在组成高速高性能计算机系统中,会保留部分的并行接口,其他的系统会更多地采用串行接口。

4.2.3 串行接口

1. 串行传输基本概念

1) 异步传输和同步传输

串行传输方式又分为异步传输和同步传输两种方式。在异步传输(asynchronous transmission)中,每一字符的起始时刻是任意的,这就是异步的含义。但在每个字符的前后都有起始信号和终止信号以实现收发的同步。起始信号又称为"起始位"(start bit),其长度为 1 个码元,用数字"0"(也称空号 space)表示;终止信号又称为"停止位"(stop bit),其长度为 1、1.5 或 2 个码元,用数字"1"(也称传号 mark)表示。在发送的间隙,即线路空闲时,线路保持数字"1"状态。

异步传输的数据传输格式如图 4-12 所示。

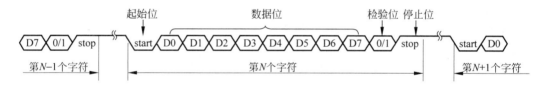

图 4-12 异步传输的数据传输格式

在异步传输中,字符之间的间隔容易区别,但由于发送每个字符都要用起始位和停止位作为开始和结束的标志,占用了时间,所以异步传输效率较低,传输速率也难以提高。

同步传输(synchronous transmission)又分为无时钟信号线和有时钟信号线两种方式。

无时钟信号线的同步传输,主要通过特殊的数字信号编码方法实现同步,即使每一个二进制位或字符本身都含有同步信号,而每一组数据传输的开始,则靠同步字符使收发双方同步。

有时钟信号线的同步传输,是依靠增加时钟信号线来实现同步的。传输时也不需要起始位和停止位,传输速率可以做得较高。这种同步传输中数据传输的格式如图 4-13 所示。

图 4-13 有时钟信号线同步传输中的数据传输格式

2) 数据传输速率

数据传输速率通常以每秒传输的二进制位数来衡量,单位为比特/秒,常写为 bps(bit

per second)。在数据通信中,还常用波特率来表示,波特率是每秒钟传输码元的个数,其单位为波特(Baud)。对一个码元只能取两种值的二进制数来说,1Baud 就等于 1bps。由于在数据通信中,采用二进制传输的情况比较普遍,故常用波特率来表示数据传输速率。但在多电平值传输和调制情况下,1Baud 就要大于 1bps 了。

3) 单工、双工方式

在数据通信系统中,把只能单向进行发送或接收的工作方式叫"单工(simplex)";而能双向进行发送或接收的工作方式叫"双工(duplex)"。双工方式又分为"半双工(half-duplex,HDX)"和"全双工(full-duplex,FDX)"两种方式。半双工是指两机发送和接收不能同时进行,任一时刻,只能发送或者只能接收信息。全双工是指两机都可同时发送和接收。单工、双工方式示意图如图 4-14 所示。

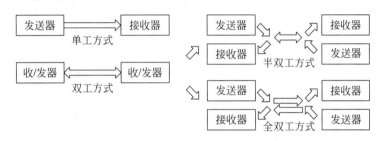

图 4-14　单工、双工方式示意图

4) 数据的校验方法

在通信过程中,不可避免会有干扰、线路故障等因素存在,为了保证数据传输的正确性,对数据进行校验是通信中非常重要的环节。常用的校验方法有奇偶校验和循环冗余码(cyclic redundancy check,CRC)校验。许多接口电路中提供了数据校验功能。

2. RS-232C

RS-232C 是一种相当简单的异步串行通信标准,最少只需用三根信号线,便可实现全双工的通信。它适用于通信距离不大于 15m、传输速率小于 20kbps 的场合。

RS-232C 标准(协议)的全称是 EIA RS-232C 标准,其中 EIA(electronic industry association)代表美国电子工业协会,RS(recommended standard)代表推荐标准,232 是标识号,C 代表 RS-232 是 RS-232B、RS-232A 之后的一次修改(1969 年)。它规定了连接电缆和机械、电气特性、信号功能及传输过程。

RS-232C 标准最初是为远程通信连接数据终端设备(data terminal equipment,DTE)与数据通信设备(data communication equipment,DCE)而制定的。通常计算机属于 DTE,而调制解调器属于 DCE,在两台计算机之间直接传输信息时,两者都可看成是 DTE。RS-232C 标准中所提到的"发送"和"接收",是站在 DTE 立场上来定义的。RS-232C 是较早用于微机之间、微机与外部设备之间的数据通信协议。目前在 PC 上的 COM1、COM2 接口,就是 RS-232C 接口。

1) RS-232C 的连接器

RS-232C 早期使用 25 芯 D 型连接器(DB25),插头用于 DTE 侧,插座用于 DCE 侧。在实际使用中,许多信号线可以省略掉,所以常见的是 9 芯 D 型连接器(DB9),如图 4-15 所示。

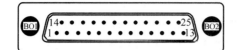 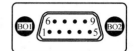

图 4-15 DB25 和 DB9 连接器

2) 信号线定义

RS-232C 主要信号线定义如表 4-1 所示。

表 4-1 RS-232C 主要信号线定义

DB-9	DB-25	助记符	信号方向	功　　能
1	8	DCD	DTE←DCE	数据载波检测 data carrier detect
2	3	RXD	DTE←DCE	接收数据 received data
3	2	TXD	DTE→DCE	发送数据 transmitted data
4	20	DTR	DTE→DCE	数据终端就绪 data terminal ready
5	7	SG	—	信号地 signal ground
6	6	DSR	DTE←DCE	数据装置就绪 data set ready
7	4	RTS	DTE→DCE	请求发送 request to send
8	5	CTS	DTE←DCE	清除发送 clear to send
9	22	RI	DTE←DCE	振铃指示 ring indicator

RS-232C 信号线中,最重要的是的 TXD(发送数据)和 RXD(接收数据),其次是两对握手信号：RTS(请求发送)和 CTS(清除发送)、DSR(数据装置就绪)和 DTR(数据终端就绪)。RTS 有效时,表示 DTE 将要发送数据,而 CTS 有效时,表示 DCE 可以接收数据了。DSR 有效时,表示 DCE 已有数据发送过来,而 DTR 有效时,表示 DTE 已准备好接收数据了。

另外,DCD(数据载波检测)和 RI(振铃指示)是 DCE(如调制解调器)向 DTE 表示外部情况的信号线。

3) RS-232C 的逻辑信号电平

为了提高数据通信的可靠性和抗干扰能力,RS-232C 采用负逻辑,其逻辑电平与 TTL 电平不同。对 TXD 和 RXD 有：

(1) 逻辑 1 电平(也称传号 MARK)发送端为 $-5\sim-15\mathrm{V}$,接收端为 $-3\sim-15\mathrm{V}$。

(2) 逻辑 0 电平(也称空号 SPACE)发送端为 $+5\sim+15\mathrm{V}$,接收端为 $+3\sim+15\mathrm{V}$。

在 RTS、CTS、DSR、DTR 和 DCD 等控制线上有：

(1) 信号有效电平(ON 状态,正电压)发送端为 $+5\sim+15\mathrm{V}$,接收端为 $+3\sim+15\mathrm{V}$。

(2) 信号无效电平(OFF 状态,负电压)发送端为 $-5\sim-15\mathrm{V}$,接收端为 $-3\sim-15\mathrm{V}$。

RS-232C 的信号噪声容限为 2V,负载电阻为 $3\sim7\mathrm{k\Omega}$,电平示意图如图 4-16 所示。

微机中的信号电平一般为 TTL 电平,即大于 2.0V 为高电平,低于 0.8V 为低电平。为与 RS-232C 连接,需要使用专门的集成电路进行电平转换,如 ICL232、MAX232 等。

MAX232 芯片是 MAXIM 公司生产的适用于 RS-232C 的通信接口电路,它包含两个接收器和驱动器,芯片内部有一个电源电压变换器,可以把输入的 $+5\mathrm{V}$ 电源电压变换成为 RS-232C 输出电平所需的 $\pm12\mathrm{V}$ 电压。所以,使用时只需单一的 $+5\mathrm{V}$ 电源。

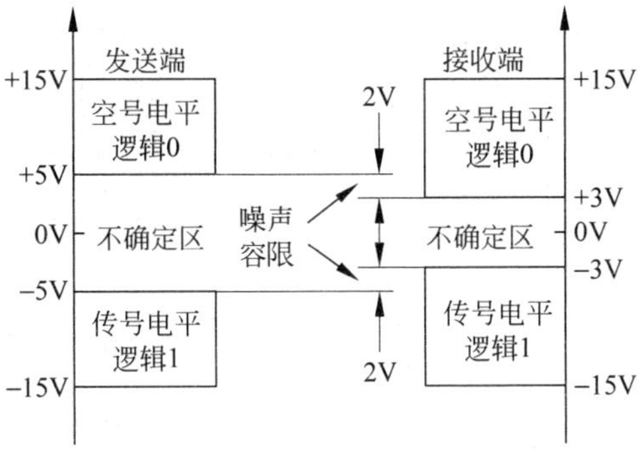

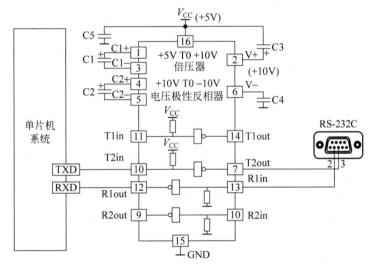

图 4-16　RS-232C 电平值

从 MAX232 芯片中取 1 对发送接收器,就可完成 1 路 RS-232C 的电平转换,如图 4-17
所示。图中电容 C1、C2、C3、C4 及 V+、V- 是 MAX232 的电源变换电路部分。

图 4-17　采用 MAX232 芯片的通信接口电路图

4) RS-232C 的连接

常见的 RS-232C 连接有两种,一种是作为 DTE 与 DCE 之间的连接,如计算机(DTE)
与调制解调器(DCE)的连接,也就是同名信号线直接相连。另一种是 DTE 之间的连接,如
两台计算机(DTE)之间的连接,最简单的情况是三线制连接方式(也称零调制三线制),如
图 4-18 所示。

3. RS-485

早期推出的 RS-232C 虽然使用广泛,但鉴于其数据传输速率低,传输距离短的缺点,
EIA 在 1977 年制定了新标准 RS-449。新标准除了与 RS-232C 兼容外,在提高传输速率、增
加传输距离、改进电气性能方面作了很大努力。RS-449 标准有多个子集,分别为 RS-422A、
RS-423A 和 RS-485。其中 RS-485 在控制系统中得到了广泛的应用。

RS-485 是 RS-422 的变形,是一种多发送器的电路标准。它进一步扩展了 RS-422A 的
性能,允许双导线上一个发送器驱动 32 个负载设备。负载设备可以是被动发送器、接收器
或收发器(发送器和接收器的组合)。RS-485 电路允许共用电话线通信。电路结构是在平

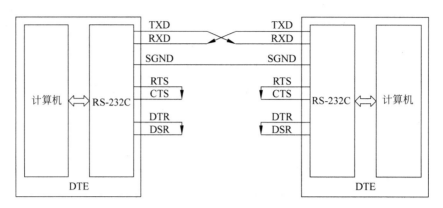

图 4-18   DTE 之间的三线制连接方式

衡连接电缆两端有终端电阻(120Ω),在平衡电缆上挂发送器、接收器、组合收发器。RS-485
最大传输距离可达 1200m,传输速率可达 100kbps(1200m)～10Mbps(12m)。

1) 收发器

用于 RS-422A/RS-485 通信标准的收发器芯片比较多,如 MAX48X/49X 系列收发器,
其主要特点如下:

(1) +5V 单电源供电。

(2) 低功耗:工作电流 120～500μA；静态电流 120μA(MAX483/487/488/489)或
300μA(MAX481/485/490/491)。

(3) 关闭方式:MAX481/483/487 三种型号有关闭方式(驱动器和接收器处于静止状
态),在此方式下,只消耗 0.1μA 电流。

(4) 通信传输线上最多可挂 128 个收发器(MAX487)。

(5) 使用不同型号电路可方便组成半双工或全双工通信电路。

(6) 共模输入电压范围：-7～+12V。

(7) 驱动器过载保护。

2) 典型工作电路

(1) 半双工通信。MAX481/483/485/487 用于半双工通信的典型工作电路如图 4-19
所示。图中 Rt 为匹配电阻,传输线为双绞线。

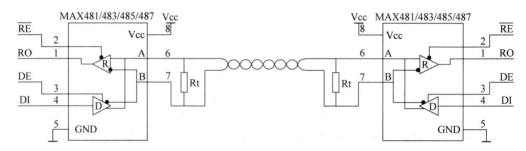

图 4-19   MAX481/483/485/487 实现半双工通信的典型电路

(2) 全双工通信。MAX489/491 可组成全双工通信,典型工作电路如图 4-20 所示。

(3) 通信网络。由 MAX48X/49X 系列收发器组成的差分平衡系统,抗干扰能力强,接

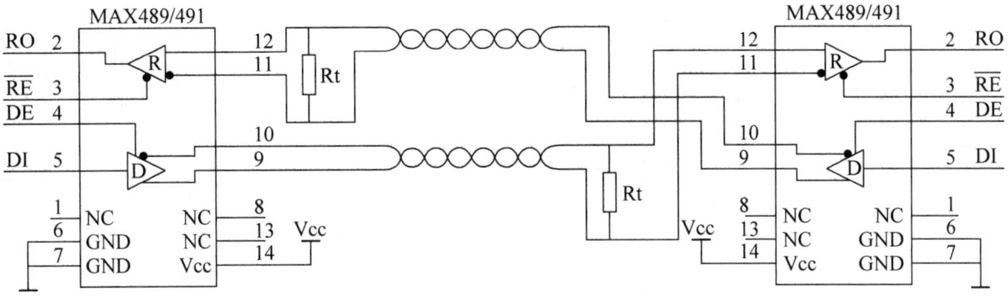

图 4-20　MAX489/491 实现全双工通信的典型电路

收器可检测低达 200mV 的信号,传输数据可以从千米以外得到恢复,因此特别适用于远距离通信。可组成满足 RS-485/RS-422A 标准的通信网络。

MAX481/MAX483/MAX485/MAX487 和 MAX489/MAX491 可用于总线(母线,合用线)系统。图 4-21 为一典型半双工 RS-485 通信网络,图中驱动器有使能控制端 DE。当驱动器被禁止时,输出端 Y、Z 为高阻态,因而接收器具有高的输入阻抗,所以处于禁止状态的驱动器和多个接收器挂在传输线上不会影响信号的正常传输,故多个驱动器和接收器可共享一公用传输线。

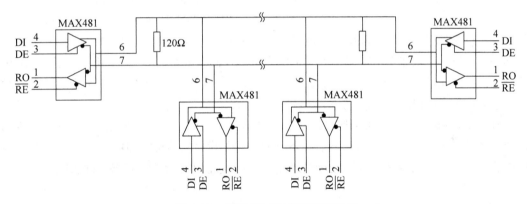

图 4-21　典型 RS-485 半双工通信网

图中各驱动器分时使用传输线(不发送数据的驱动器应被禁止)。网络上可挂 32 个站(MAX481/MAX483/MAX485)。如果使用 MAX487 作为站的收发器,由于其输入阻抗是标准接收器的 4 倍,故网络上可挂 $32 \times 4 = 128$ 个站。

由 MAX489/MAX491 可组成全双工 RS-485 通信网,其线路连接如图 4-22 所示。

3) 传输线的选择和阻抗匹配

在差分平衡系统中,一般选择双绞线作为信号传输线。由于双绞线在长度、方向上完全对称,因而它们所受的外界干扰程度完全相同,干扰信号以共模方式出现。在接收器的输入端由于共模干扰受到抑制,所以能实现信号的可靠传输。

信号在传输线上传输,若遇到阻抗不匹配的情况会出现反射现象,从而影响信号的远距离传输,因此必须在传输线终端加接匹配电阻来消除反射现象。

在实际应用中,为减少误码率,通信距离越远,通信速率应取低一些。例如 RS-485/RS-422 规定,通信距离为 120m 时,最大通信速率为 1Mbps;若通信距离为 1.2km,则最大通信

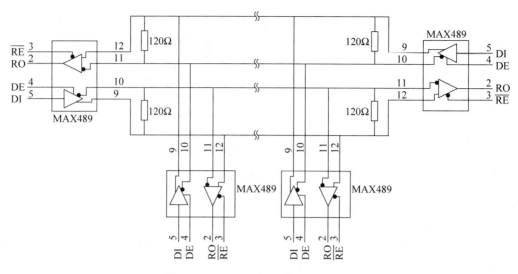

图 4-22 MAX489/491 全双工通信网

速率为 100Kbps。

4. SPI 总线

SPI(serial peripheral interface)串行外围设备接口技术是早期 Motorola 公司推出的一种同步串行通信接口。SPI 采用主从模式(master slave)架构,通常 SPI 总线上有一个主设备(master)和一个或多个从设备(slave),由于 SPI 的硬件电路简单,推出历史较长,应用比较广泛,支持 SPI 总线的外围器件很多,如 RAM、EEPROM、A/D 和 D/A 转换器、实时时钟、LED/LCD 驱动器以及无线电音响器件等。

SPI 总线的传输速率取决于连接的芯片,可以实现全双工传输,传输速率比较高,可达几百 kbps 至几兆比特秒。虽然从名称上看,SPI 总线是外设之间的接口,但通常用于芯片间的数据传输,不太适宜远距离和系统级之间的连接,也不太适合用于多个主设备之间的通信。

1) 结构

标准的 SPI 总线有 4 根信号线:MISO(master in/slave out)、MOSI(master out/slave in)、SCK(serial clock)和 $\overline{SS}$(slave select)。连接到 SPI 的有主设备和从设备,两者连接到 SPI 总线的信号线方向有所不同,利用 SPI 总线一个主设备与多个从设备进行数据通信的连接示意如图 4-23 所示,各信号线的方向如表 4-2 所示。

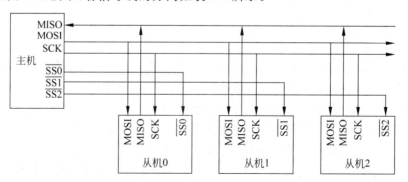

图 4-23 利用 SPI 总线进行数据通信的连接

表 4-2 SPI 总线信号线

引脚	方　式	SPI 功能
MISO	主器件	串行数据输入(到 SPI 总线)
	从器件	串行数据输出(来自 SPI 总线)
MOSI	主器件	串行数据输出(来自 SPI 总线)
	从器件	串行数据输入(到 SPI 总线)
SCK	主器件	时钟输出(到 SPI 总线)
	从器件	时钟输入(来自 SPI 总线)
$\overline{SS}$	主器件	选择从器件(到 SPI 总线),低电平有效
	从器件	待选中(来自 SPI 总线),低电平有效

2)时序

SPI 主要利用 MISO、MOSI、SCK 三线进行同步数据传输,所以也称三线串行同步传输,其原理与 National Semiconductor 公司的 Microwire 串行总线相同,不过 Microwire 总线的三个信号线分别称为 DI(data in)、DO(data out)和 CLK,对 Microwire/Plus 总线还增加了一根与 $\overline{SS}$ 类似的片选信号线,称为 $\overline{CS}$。目前,有许多与 SPI 总线兼容的器件,所用的信号线记为 DI、DO、CLK 和 $\overline{CS}$。在许多控制系统中,常利用 SPI 的三线串行同步方式进行单片机与 I/O、RAM、EEPROM 器件之间的数据通信。

SPI 总线的时钟工作方式根据时钟相位(CKPHA)和时钟极性(CKPOL)又有 4 种方式,如图 4-24 所示。使用较为广泛的是方式 SPI0(CKPHA＝0,CKPOL＝0)和方式 SPI3(CKPHA＝1,CKPOL＝1)。主从设备要求采用相同的时钟工作方式。

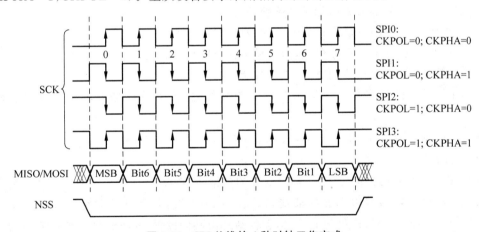

图 4-24 SPI 总线的 4 种时钟工作方式

SPI 主设备在读写期间,从设备的 $\overline{SS}$(或 $\overline{CS}$)应处于选中状态(即低电平)。在 SPI0 方式下,主设备输出 SCK 低电平,从设备输出的数据放到 MISO(或 DI)上,而主设备输出的数据放到 MOSI(或 DO),主设备在 SCK 的前沿(上升沿)时,接收 MISO(或 DI)上的 1 位数据,而从设备接收 MOSI(或 DO)上的 1 位数据;SCK 的后沿(下降沿),从设备输出的数据放到 MISO(或 DI)上,主设备输出的数据放到 MOSI(或 DO),经过连续 8 个 CLK 脉冲,传输 1 个字节的数据(最高位在前)。图 4-25 为 SPI 总线传输数据实例,此时主器件向从器件先后写入 08H、45H 数据,而在后一字节读取从器件数据 67H 的时序图。数据的读写均在

SCK 的前沿(上升沿)时有效。

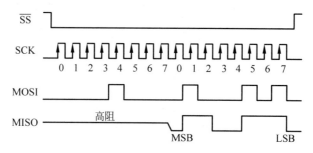

图 4-25　SPI 总线传输数据实例

由于 SPI 总线没有指定的流控制和没有应答机制,为保证可靠性,可通过其他途径确认是否接收到数据。

5. I²C 总线

I²C 总线(inter integrated circuit bus,也简称为 IIC)是 Philips 公司首先推出的芯片间同步串行传输总线。I²C 总线与另一个串行总线系统管理总线(system management bus, SMBus)基本类似,都是两线式串行总线。在 I²C 总线上可以挂接各种类型的外围器件,例如 RAM、EEPROM、I/O 扩展、A/D、D/A、日历/时钟和许多彩电芯片等。

I²C 的传输速率可达 100kbps(standard-mode)、400kbps(fast-mode)、3.4Mbps(high-speed mode),但 I²C 属于芯片级总线,不适宜远距离和系统级之间的连接。

I²C 总线的特点有:

(1) 只用 2 根连线,大大简化了系统硬件设计。

(2) 具有一定的应答机制,提高了传输的可靠性。

(3) 便于扩展,容易实现按模块设计,易更换、升级和维修。

(4) 功耗低,电源电压范围宽,抗干扰性能较好。

(5) I²C 总线已整合在许多接口芯片和单片机内,无须设计额外的接口电路和译码电路。

(6) I²C 总线为半双工传输,传输速率受一定限制。

1) 结构

I²C 串行总线有两根信号线,一根是双向的数据线 SDA,另一根是时钟线 SCL。所有接到 I²C 总线上的器件,其串行数据都接到总线的 SDA 线,各器件的时钟线都接到总线的 SCL 线。SDA 和 SCL 都是双向 I/O 线,器件地址由硬件设置,通过软件寻址可避免器件的片选线寻址。

连接到 I²C 串行总线上的器件(或设备)有主和从之分。总线上的数据传输由主器件控制。它发出启动信号启动数据的传输,发出停止信号结束传输,此外还发出时钟信号。被主器件寻访的器件都称为从器件。

为了进行通信,每个接到 I²C 总线上的器件都有一个唯一的地址,以便于主器件寻访。主器件和从器件的数据传输是双向的,可以由主器件发送数据到从器件,也可以由从器件发到主器件。凡是发送数据到总线的器件称为发送器,从总线上接收数据的器件被称为接受器。

I²C 总线上允许连接多个主器件和从器件。为了保证数据可靠地传输,任一时刻总线只能由某一台主器件控制,通常主器件是微处理器。为了妥善解决多台微处理器同时启动数据传输(总线控制权)的冲突,可通过仲裁决定由哪一台微处理器控制总线。I²C 总线也允许连接不同传输速率的器件。

图 4-26 表示在 I²C 总线上连接了 2 个微处理器、1 个 LCD 驱动器、1 个 RAM 或 EEPROM、1 个门阵列和一个 ADC 芯片。

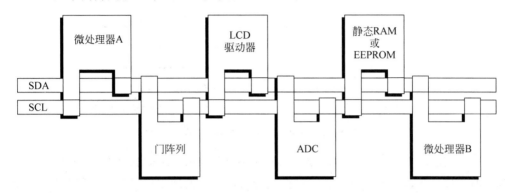

图 4-26　I²C 总线的连接

为了避免总线信号的混乱,要求各器件连接到总线的输出端必须是开漏输出或集电极开路输出的结构。器件与总线的接口电路如图 4-27 所示。

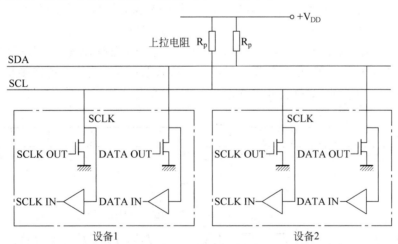

图 4-27　器件与 I²C 总线的接口电路

总线对器件接口电路的制造工艺和电平都没有特殊的要求(NMOS、CMOS 可以兼容),总线上允许连接的器件数以总线上的电容量不超过 400pF 为限。

器件上的数据线 SDA、时钟线 SCL 是双向的,输出电路用 SDA 向总线上发数据,输入电路从 SDA 接收总线上的数据。作为控制总线数据传输的主器件要通过 SCL 输出电路发送时钟信号,同时要检测总线上 SCL 的电平以决定什么时候发送下一个时钟脉冲电平;作为接受主器件命令的从器件,要按总线上的 SCL 的信号发出或接收 SDA 上的信号,也可以向 SCL 线发出低电平信号以延长总线时钟信号周期。

总线空闲时,因各器件都是开漏输出,上拉电阻 R_p 使 SDA 和 SCL 线都保持高电平。任一器件输出的低电平都使相应的总线信号线变低。总线的高电平不是固定的,它由 V_{DD} 电平决定。

2) 时序

(1) I^2C 数据总线传输。在 I^2C 总线上,数据传输过程中,有两种特定的情况分别定义为"开始"条件和"停止"条件,记为"S"和"P",如图 4-28 所示。

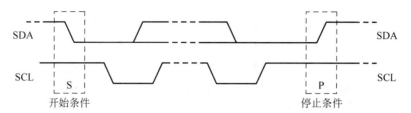

图 4-28 I^2C 总线的"开始"条件和"停止"条件

当 SCL 保持"高",SDA 由"高"变为"低"时为开始条件;SCL 保持"高",SDA 由"低"变为"高"时为停止条件。开始和停止条件由主控器产生。使用硬件接口可以很容易地检测开始和停止条件,具有这种接口的微处理器必须以每时钟周期至少两次对 SDA 取样以检测这种变化。

SDA 线上的数据在时钟"高"期间必须是稳定的,只有当 SCL 线上的时钟信号为低时,数据线上的"高"或"低"状态才可以改变。输出到 SDA 线上的每个字节必须是 8 位,每次传输的字节数不受限制,但每个字节必须有一个应答为 ACK。

如果某接收器件在完成其他功能(如内部中断)前不能完整接收另一数据的字节时,它可以保持时钟线 SCL 为低,以促使发送器进入等待状态;当接收器准备好接受数据的剩余字节并释放时钟 SCL 后,数据传输继续进行。I^2C 数据总线的传输时序如图 4-29 所示。

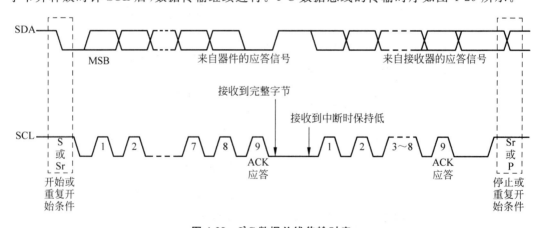

图 4-29 I^2C 数据总线传输时序

数据传输具有应答是必须的。与应答对应的时钟脉冲由主控器产生,发送器在应答期间必须下拉 SDA 线。当寻址的被控器件不能应答时,数据保持为高,接着主控器产生停止条件终止传输。在传输的过程中,在用到主控接收器的情况下,主控接收器必须发出一数据结束信号给被控发送器,后者必须释放数据线,以允许主控器产生停止条件。

在 I²C 总线上传输数据时的应答时序如图 4-30 所示。

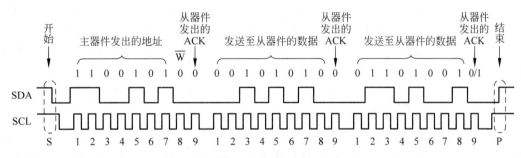

图 4-30 I²C 总线上传输数据时的应答时序

（2）数据传输。在 I²C 总线上每次的传输数据由起始条件 S、从器件地址、读写控制 R/$\overline{W}$ 位、被访问单元地址、若干字节数据和应答信号 A 组成。I²C 总线在开始条件后的首字节为从器件的地址。I²C 总线以广播呼叫方式寻址总线上的所有器件。在写操作的时序中，应答信号由从器件发出，由主器件检测，如检测到"0"表示从器件有应答，否则表示从器件无应答或不能再接收主器件数据。在读操作的时序中，首字节的地址应答信号仍由从器件发出，但后面的读数据时序中，答信号由主器件发出。

图 4-31 所示的是 I²C 总线上主器件对地址为 1100101 的从器件写入 2 字节 2AH 和 69H 的时序。

由于 I²C 总线上可能挂接多个器件。它必须具有多主控能力，可以对发生在 SDA 线上的总线竞争进行仲裁，其仲裁原则是：当两个主器件同时想占用总线时，如果某个主器件发送高电平，而另一个主器件发送低电平，则发送电平与此时 SDA 总线电平不符的那个器件将自动关闭其输出级。

6. 其他串行接口

1-wire（也称单总线）是 Maxim 全资子公司 Dallas 的一项专有技术。它只采用单根信号线，用它既传输时钟又传输数据，而且数据传输是双向的，在采用寄生供电模式（parasite power mode）时，该信号线还可提供电源。1-wire 具有节省连线资源、结构简单、成本低廉、便于扩展和维护方便等独特的优点。但 1-wire 也有传输距离短、适应面有限等不足。目前，Dallas 公司生产的 1-Wire 总线器件约有几十种，主要为 NVRAM、EPROM、温度传感器、实时时钟、可寻址开关和数字电位器等。

USB(universal serial bus,通用串行总线)广泛应用于 PC 与外部设备的连接和通信。USB 接口连接简单、数据传输速率较高(USB1.0/1.1 为 12Mbps,USB2.0 为 480Mbps,USB3.0 可达 5Gbps),不需要外接电源,支持热插拔,总线还可向设备提供电源(5V/500mA),但 USB 传输距离较短,一般不超过 5m。

USB 为非对称式接口总线,它由一个主机(host)控制器和若干通过集线器(hub)设备以树形连接的设备组成。一个控制器下最多可以有 5 级 hub(包括 hub 在内),最多可以连接 127 个设备,而一台计算机可以同时有多个控制器。普通的 USB 不能直接连接两个主机,而采用"On The Go"技术的 USB OTG 允许设备既可作为主机也可作为从机设备,增添了电源管理,从而方便了便携设备间的数据传输。

在控制系统中,USB 接口除了用于 PC 连接通用外部的输入输出设备外,还可用于 PC 连接高速采样接口板和输出接口板,可通过 USB 接口转换为传统的 RS-232C、RS-485 和并行接口等。

CAN(controller area network)是 ISO 国际标准化的串行通信总线。CAN 控制器通过组成总线的两根线(CAN-H 和 CAN-L)的电位差来确定总线的电平,在任一时刻,总线上有两种电平:显性电平和隐性电平。

CAN 总线依据一系列的协议规范可以实现多主控制、灵活的通信速率和连接设备、错误检测和错误隔离等,有效支持分布式控制或实时控制的串行通信网络,被广泛地应用于工业自动化、汽车、船舶医疗设备等场合,CAN 总线已纳入现场总线的范畴。

从本质上看,目前广泛应用的计算机局域网也是基于串行通信原理的,如 Ethernet(以太网)的传输速率可达 10Mbps、100Mbps、1000Mbps,传输距离 100m,通过互连设备可使传输距离更远。因此,在控制系统中,远距离高速数据传输都离不开计算机网络技术,尤其是在基于 Ethernet 的工业控制网络体系已成为发展的趋势这个背景下,这方面的知识可参考数据通信和网络技术。

4.2.4 现场总线

现场总线(fieldbus)技术的开发始于 20 世纪 80 年代。随着计算机网络和通信技术的迅速发展,信息处理能力不断提高,信息传播范围不断扩大。而在企业生产过程中,基层的许多传统的测控自动化系统,包括采用某种自封闭式的 PLC(programmable logic controller)和 DCS(distributed control system),都难以实现设备之间以及系统与外界之间的信息交换。为克服这种"信息孤岛"状态,实施综合自动化和企业信息集成,就必须设计出一种能在工业现场环境运行的、可靠性高、实时性强、互换性好、价格低廉的通信系统,形成测控现场的底层网络。现场总线就是在这种背景下应运而生的。

现场总线与其说是一种技术,更不如说是一种思想,因为,正如控制论创始人维纳(N. Wiener)所说"控制工程的问题和通信工程的问题是不能分开的",一个计算机控制系统本质上也可看成是一个信息系统,而且是有一定空间范围的信息系统,所以,数据通信在控制系统中的地位在不断提高。接口和总线技术与数据通信密切相关,它们对计算机控制系统的影响也越来越大。

1. 现场总线定义

现场总线是计算机技术、网络技术、通信技术和自动控制技术的综合,以现场总线为基础的全数字控制系统称为现场总线控制系统 FCS(fieldbus control system),被称为新一代控制系统。

按国际电工委员会 IEC 1158 定义,现场总线是指安装在制造或过程区域的现场装置与控制室内的自动控制装置之间的数字式、串行、多点通信的数据总线。现场总线也可称为通用现场通信系统。

在 FCS 中,各控制器节点下放分散到现场,构成一种彻底的分布式控制体系结构,形成最底层的控制网称为 Infranet。Infranet 的网络拓扑结构任意,可为总线形、星形、环形等,通信介质不受限制,可用双绞线、电力线、无线、红外线等。各现场节点包括控制现场的传感器、执行器以及人机接口 HMI(如安全监控器)等。

Infranet 可与企业内部网 Intranet 相连,实现企业内部管理、财务、办公及人事等的信息化。Intranet 再与全球信息网 Internet 相连,实现企业之间的信息交流。最终可构成一个完整的企业网络三级体系结构,如图 4-32 所示。

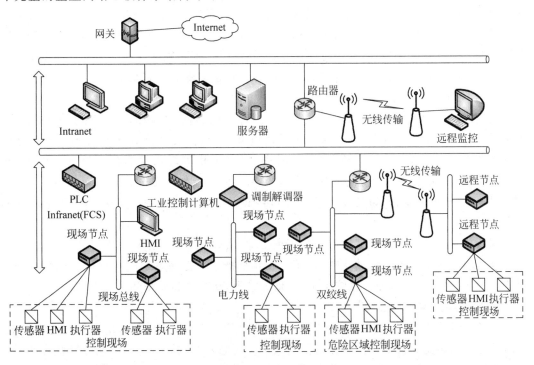

图 4-32 FCS 的典型体系结构

2. 现场总线的技术特征

现场总线综合运用了计算机技术、网络技术、通信技术和自动控制技术,现场总线技术与传统自控技术相比有如下一些特征:

1) 数字计算和数字通信

现场总线把微处理器置入现场自控设备,使设备具有数字计算和数字通信能力,这不仅提高了信号的测量、控制和传输精度,同时为丰富控制信息的内容,实现其远程传输创造了条件。

例如现场总线设备可以提供传统仪表所不能提供的诸如阀门开关动作时间和次数的历史记录、故障诊断等信息,这便于操作管理人员更深入地了解生产现场和自控设备的运行状态。在现场总线环境下,借助现场总线网段以及与之有通信连接的其他网段,实现异地远程自动监视和控制,如监视和操作远在数百千米之外的电气开关等。

2)互操作性和互换性

现场总线是将自动化最底层的现场控制器和现场智能仪表设备互连的实时控制通信网络,强调遵循公开统一的技术标准,采用开放式互连结构,因而有条件实现设备的互操作性和互换性。互操作性是指来自不同厂家的设备,可以相互通讯,并且可以完成规定的功能;互换性是指用户可以把来自不同厂家的,但具有相同功能的同类设备进行互换。这使用户有了对控制设备和器件进行选择、集成的主动权。

3)传输介质的多样化

现场总线可采用多种途径和介质传输数字信号,如普通电缆、双绞线、光导纤维、红外线,甚至电力传输线等,因而可因地制宜、就地取材,构成控制网络。一般在由两根普通导线制成的双绞线上,可挂接几十个自控设备,与传统的设备间一对一的接线方式相比,可节省大量线缆、槽架、连接件。同时,由于所有的连线都变得简单明了,系统设计、安装、维护的工作量也随之大大减少。另外,现场总线还支持总线供电,即两根导线在为多个自控设备传输数字信号的同时,还可为这些设备传输工作电源。这也为降低控制系统成本打下了基础。

4)适应性和可靠性

现场总线作为通信网络,不同于日常用于声音、图像、文字传输的网络,它所传输的是开关阀门和电机的指令与数据,甚至包括器件的电源,这直接关系到处于运行操作过程之中的设备和人身的安全,要求信号在粉尘、噪声、电磁干扰等较为恶劣的环境下能够准确、及时到位,特别是在一些易燃、易爆的危险场所,还要有本质安全(intrinsically safe,简称"本安"I. S.)技术的支持,以确保安全。所以现场总线技术也特别注重对环境的适应性和工作的可靠性。

现场总线在网络上的数据通信多为短帧传输,实时性强,可由单个节点,也可由多个网络节点共同完成所要求的自动化功能,易采取冗余措施来提高系统的可靠性。现场总线采用分散的功能模块,这也便于系统维护、管理与扩展,从而提高系统的可靠性。

3. 典型的几种现场总线

现场总线技术发展迅速,以现场总线为基础的FCS是21世纪自动化控制系统的主流。目前世界发达国家的自动化仪表公司都投入了巨大的人力、财力,全方位地进行着技术研究和实际应用。目前已开发出十多种现场总线,其中颇具影响的有CAN、LonWorks、HART、FF和PROFIBUS。几种现场总线技术特性的比较如表4-3所示。

另外,还有不少具有现场总线技术特征的接口技术得到了应用,例如EPA、Modbus等。

由浙江大学、浙江中控、中国科学院沈阳自动化研究所等单位提出的基于工业以太网实时通信控制系统解决方案——EPA(ethernet for plant automation)是一种双向、串行、多节点的开放实时以太网数字通信技术,其适用于测量、控制等工业场合。其中包括EPA-RT(用于过程自动化)和EPA-FRT(用于工厂自动化)两部分,是我国自主制定的第一项工业自动化国际标准,也是第一个拥有自主知识产权的现场总线国家标准。

表 4-3　几种现场总线技术特性的比较

| 特性 | CAN | LonWorks | HART | FF | | PROFIBus | | |
				H1	H2	DP	PA	FMS
应用范围	汽车、工业自动化	楼宇自动化、工业自动化	智能变送器	仪表（低速）	仪表（高速）	PLC	过程自动化	监控网络
通信介质	双绞线、同轴电缆、光纤	双绞线、同轴电缆、无线电缆、电力线	双绞线、电源信号线	双绞线、光缆、无线发射	双绞线、光缆、无线发射	双绞线	双绞线	双绞线
传输速率（bps）	5k～1M	300k～12.5M	1200	31.25k	1M/2.5M	9.6k～1.2M	9.6k～1.2M	31.25k
通信距离（m）	10000～400	2700	单台设备3000	1900	750/500	1200～100	1200～100	1000
最大节点数	110	每区域 32768	每回路 15	每段 32	每段 32	每段 128	每段 128	每段 128
拓扑结构	总线型	总线型、星型、环型、混合型	总线型	总线型、菊花链型、树型	总线型	线性总线	线性总线	线形或树型
介质访问方式	位仲裁	带预测的P-PCSMA	总线仲裁	令牌总线	令牌总线	令牌查询	令牌查询	令牌查询
本质安全	有	有		有	有		有	

最早由 Modicon 提出的 Modbus 总线协议，可以通过 RS-232、RS-485 和以太网等通信网络将不同厂商生产的控制设备（如 PLC、DCS、智能仪表、嵌入式系统等）连成工业控制网络，进行集中监控。Modbus 的帧格式简单紧凑、通俗易懂，形成的控制网络使用方便、开发简单。Modbus 总线协议已成为电子控制器上的一种通用语言。为此我国制定了国家标准GB/T 19582—2008《基于 Modbus 协议的工业自动化网络规范》。

4.3　控制系统中的人机交互技术

4.3.1　人机交互及其要求

1. 人机交互的概念

人机交互（human-machine interaction，HMI）是人与机器之间传递、交换信息的媒介。人机交互也是用户使用计算机系统或其他系统的综合操作环境。

这里的“交互”实际是一种双向的信息传递和交换，可由人向机器系统输入信息，也可由机器系统向使用者反馈信息。通常通过一定的人机界面（user interface，UI 或 graphical user interface，GUI）来实现。如键盘上的击键、鼠标的移动、开关的切换、操纵杆的运动、人的语音姿势动作等可以作为系统的输入，而屏幕上符号或图形的显示、指示灯的闪烁、喇叭的声音等可作为系统的输出。

人机交互的设计涉及多个领域的知识,如认知心理学、电子技术、计算机技术、信息技术、人机工程学、艺术设计、人工智能及与具体机器系统相关的知识。

2. 控制系统中人机交互的基本要求

控制系统中人机交互非常重要,人机交互的设计会影响到控制系统的操作性、可靠性、安全性等。控制系统中人机交互设计应着重考虑可理解性和易操作性。

1) 可理解性

控制系统中的人机交互首先应该让操作人员能够快速、正确地理解操作的步骤、方法和要求。可理解性包括确定性、关联性、层次性、一致性等要素。

确定性是指在人机交互界面中出现的符号、文字、图形等表示的含义能一目了然,力求做到直观形象。

关联性是指在人机交互界面中出现的显示内容和操作布局能够分类排列,力求展示相互的联系。

层次性是指在人机交互界面中出现的显示内容和操作布局能够考虑先后关系、轻重缓急,力求展示层次关系。

一致性是指在人机交互界面中表示相同含义的符号、文字、图形、颜色、声音等能够保持一致,无二义性。

2) 易操作性

在操作人员理解的基础上,能够快速、正确地按要求进行操作,易操作性包括方便性、有序性、健壮性、安全性等要素。

方便性是指交互设备在力矩、角度、位置、形状等方面能够适应操作人员的正常操纵,力求有较好的舒适性,减少疲劳。

有序性是指交互设备能够适应有关联的操作,通过连贯、互锁、互联等装置实现正常的有序操作。

健壮性是指交互界面能够允许有一定程度的误操作,通过提示、撤销、暂停、中止以及失效处理来避免误操作引起的不良后果。

安全性是指交互界面能提供必要的手段防止非法窃取和破坏数据、进行非法操作,通过登录、恢复、锁定和审核等措施保证操作的安全。

4.3.2　人机交互的设计技术

1. 人机交互的基本要素

人机交互的基本要素包括交互设备、交互软件和人的因素。

交互设备包括各种数字文字输入输出设备、图形图像输入输出设备、声音姿势触觉设备和三维交互设备等,在控制系统中,除了传统的输入输出设备(如键盘、鼠标、开关、指示灯、显示器等)外,触摸屏应用越来越广泛。

交互软件是人机交互系统的核心,人机界面是交互软件的主要组成部分。在控制系统中,系统组态和监控软件有着重要作用,后面将重点介绍。

人的因素指的是用户操作模型,与用户的各种特征有关。"任务"将用户和机器系统的行为有机地结合起来。控制系统中,在设计人机交互软件时,必须了解人与机器的特点、操作人员的特点。

人适应的工作有设计、规划、应变、选择、判断、决策、探索、创造、娱乐、休闲。

机器适应的工作有重复、单调、枯燥、笨重、危险、高速、慢速、精确、运算、可靠。

用户的类型有开发者、管理者、操纵者。

2. 人机交互的操作模型

人机交互的操作模型通常有指令型、对话型、操作导航型、搜寻浏览型等。

指令型(instructing)操作模型比较简单,通常输入字符型指令或拨动开关按钮进行输入信息,系统的输出以显示字符、指示灯和声音为主。

对话型(conversing)操作模型需要有双向互动、支持对话机制的输入输出设备,输入设备也可以是比较简单的选择按钮,但输出是能提供选择菜单的显示设备。

操作导航型(manipulating & navigating)操作模型可通过图形用户界面(graphical user interface,GUI),如由“视窗”(window)、“图标”(icon)、“选单”(menu)以及“指标”(pointer)所组成的 WIMP 界面,引导操作者完成规定的任务。

搜寻浏览型(exploring & browsing)操作模型也需要图形用户界面的支持,完成的任务是搜寻信息、寻求帮助,如 Google 的搜寻引擎、一些控制系统的联机帮助手册就是这种操作模型的实例。

4.4 工业控制计算机软件系统简介

4.4.1 系统软件

计算机系统包含硬件系统和软件系统,在控制系统中,软件系统也非常重要。软件是程序、文档和数据的总称。计算机软件系统可分为系统软件、应用软件。

最常见的系统软件是操作系统(operation system,OS)、数据库管理系统(data management system,DBMS)和各种软件开发工具(包括汇编、解释和编译软件等)。小规模的计算机控制系统并不一定要有 OS、DBMS 的支持,但有一定规模的计算机控制系统都要有 OS 来管理硬件和软件资源。有一定数据处理量的控制系统还需求实时数据库系统和分布式数据库系统的支持。

应用软件是控制系统设计人员针对某个生产过程而编制的控制和管理程序,诸如参数输入程序和采样程序、数据处理和滤波程序、控制算法、过程监视、设备驱动程序、人机接口程序等。有一定规模的控制系统,越来越多地采用通用的组态软件来完成特定的控制任务。

1. 嵌入式操作系统

控制系统中的操作系统通常为嵌入式操作系统(embedded operation system,EOS)或实时操作系统(embedded real-time operation system,RTOS)。前者强调可裁剪性,支持开放性和可伸缩性的体系结构;后者强调实时性,要求响应速度快。许多嵌入式操作系统是在实时操作系统和开放式操作系统的基础上发展起来的,两者有时也不严格区分。下面介绍几种应用于控制系统的嵌入式操作系统。

1) VxWorks 操作系统

VxWorks 嵌入式操作系统是美国 WindRiver 公司的产品,目前在嵌入式系统中有广泛的应用。VxWorks 由数百个相对独立、短小精悍的目标模块组成,用户可根据需要选择适当的模块来裁剪和配置系统,其最小的核心系统程序容量甚至可以压缩到 10KB 以下。VxWorks 提供基于优先级的任务调度、任务间同步与通信、中断处理、定时器和内存管理等功能,内建符合可移植操作系统接口(POSIX)规范的内存管理,以及多处理器控制程序。其也被称为物联网实时操作系统。

2) μC/OS 操作系统

μC/OS (或 uC/OS)嵌入式操作系统是一款公开源代码、结构小巧、基于优先级调度的抢占式多任务实时内核。最早源自美国嵌入式系统专家 Jean J. Labrosse 用 C 语言编写的 μC/OS 源代码。1998 年发布了 μC/OS-Ⅱ,2009 年其发布了 μC/OS-Ⅲ。抢占式多任务,已突破 64 个任务数的限制,并能采用时间片轮转调度,支持信号量、互斥信号量、事件标志组、消息队列、软件定时器、内存分区等功能,具有执行效率高、占用空间小、实时性能优良和可扩展性强等特点。用户只要通过 C 编译器、汇编和连接程序等软件工具,就可以将 μC/OS-Ⅲ嵌入到开发的产品中。

3) μClinux 操作系统

μClinux 嵌入式操作系统是一款优秀的嵌入式 Linux 版本,其全称为 micro-control Linux,意为"适用于微控制领域中的 Linux 系统"。与标准的 Linux 相比,μClinux 的内核非常小,但是它仍然继承了 Linux 操作系统良好的稳定性、移植性和出色的文件系统,提供丰富的应用程序编程接口 API 以及强大的网络管理功能等。μClinux 可根据应用需求进行定制,通过收集构建代码,进行剪裁和编译内核,以构建适合具体硬件需求的操作系统。但μClinux 没有内存管理单元 MMU,所以多任务的编程需要一定技巧。

4) eCos 操作系统

eCos 嵌入式可配置操作系统(embedded configurable operating system)是一个源代码开放的可配置、可移植、面向嵌入式应用的实时操作系统。最早由 Cygnus、RedHat 公司推出,其最大特点是内核可配置。eCos 采用模块化设计,核心部分由不同组件构成,包括内核、C 语言库和底层运行包等。每个组件(包括实时内核)可提供大量的配置选项,使用配置工具可以很方便地配置 eCos 以满足不同的嵌入式应用要求。eCos 更适用于短小精干的嵌入式应用。

5) Windows Embedded CE 操作系统

Windows Embedded CE 是由 Microsoft 公司开发的嵌入式操作系统。最早 1996 年 11月 Microsoft 发布了 Windows Embedded CE 1.0,从此将 Windows 风格界面的操作系统带入了嵌入式产品。Windows Embedded CE 允许使用组件化的实时操作系统开发占用空间小的设备。组件化功能针对内存和处理资源有限的小设备、需要电源管理功能的移动设备、需要联网的通信设备或需要对中断做出确定性响应的实时设备进行了优化。Windows CE 适用于许多需要丰富人机界面的工业控制计算机产品中。Microsoft 公司还在 Windows Embedded CE 基础上进一步开发了 Windows Embedded Compact 组件化的实时操作系统,用于创建各种占用空间小的应用设备。

6) MiniOS 操作系统

MiniOS 微型化操作系统是在早期 PC 磁盘操作系统 DOS 基础上优化而成的,MiniOS 通常有较快的启动时间和较好的可靠性。在此环境下可用 C 语言开发应用程序,创建运行于 80188/80186 CPU 上的 16 位可执行文件(* . exe),支持在存储器中建立的虚拟磁盘文件系统。例如,泓格公司的 MiniOS7 运行在 I-7188EF 掌上型 μPAC,在此环境下,可开发用户的 C 语言程序和运行其他应用程序。

7) FreeRTOS 操作系统

FreeRTOS 操作系统是由 Richard Barry 开发,后由 Real Time Engineers Ltd 发布的一个开源的、可移植的、小型的嵌入式实时操作系统内核。FreeRTOS 既支持抢占式多任务,也支持协作式多任务。支持消息队列、二值信号量、计数信号量、递归信号量和互斥信号量。FreeRTOS 简单易用,移植方便,代码主要用 C 语言编写。

2. 数据库管理系统

数据库管理系统(DBMS)是操纵和管理数据库的软件系统。DBMS 对数据库进行统一的管理和控制,以保证数据库的安全性和完整性。DBMS 可使多个应用程序和用户在同时或不同时刻去建立、查询和修改数据库。DBMS 提供数据定义语言(data definition language,DDL)与数据操作语言(data manipulation language,DML)来定义数据库的模式结构与权限约束,实现对数据的追加、删除等操作。常见的 DBMS 有 MySQL、Microsoft Access、SQL Server、Oracle、Sybase 等。不同的 DBMS 可通过一个开放式数据库连接(ODBC)驱动程序使得各个数据库之间得以互相集成。

在控制系统中,往往需要处理不断更新、快速变化的数据和具有时间限制的事务,因此需要使用实时数据库。实时数据库(real-time data base,RTDB)是数据和事务都有定时限制的数据库,它的一个重要特性就是实时性,包括数据实时性和事务实时性。数据实时性体现在对现场数据的更新周期;事务实时性是指数据库对其事务处理的速度,可通过事件触发或定时触发方式来获得对事务处理的调度。

实时数据库比较昂贵,如美国 OSI Software 公司的 PI(plant information system)、HONEYWELL 公司的 PHD(process history database),通常在 DCS 控制系统、监控和数据采集系统(supervisory control and data acquisition,SCADA)包含支持实时数据库的软件系统。

实时数据库的访问方式可使用应用程序接口 API(application program interface)或使用 OPC(OLE for process control)方式,前者使用简单、效率最高,但通用性差;后者定义了一个开放的接口,使得不同的软件组件都能访问实时数据库。

OPC 基于 Windows 的 OLE(object linking and embeding)技术、COM(component object model)和 DCOM(distributed COM)技术,包括了一整套接口、属性和方法的标准,用于过程控制和制造业自动化系统。

4.4.2　应用软件

控制系统中数据采集、控制算法、过程监视等需要有相应的应用软件来完成,这些应用软件的开发需要有相应的软件开发环境和工具的支持,如集成开发环境 IDE(integrated development environment)。对控制系统工程人员来说,直接使用程序设计语言 C/C++、Java 等来开发应用软件仍有许多不便。

组态(configuration)软件是指一些数据采集与过程控制的专用软件,也有称为人机界面/监视控制和数据采集软件,记为 HMI/SCADA(human and machine interface/supervisory control and data acquisition)或 SCADA。

　　组态软件通常采用实时数据库和开放的数据接口,广泛支持各种 I/O 设备和通信网络,提供丰富的图形工具,工程设计人员可以高效地构建一个适合用户需求的控制系统,因此组态软件的应用也越来越广泛。对控制系统工程人员来说,掌握组态软件应用也是重要的基本技能。有关组态软件的使用将在后面章节详细介绍。

本章知识点

知识点 4-1　工业控制计算机的特点

　　工业控制计算机的特点主要体现在适应性、可靠性、实时性、扩展性等方面。工业控制计算机的结构有基于通用计算机的结构,有基于嵌入式系统的结构。前者的硬件与 PC 兼容,因此能充分利用现有 PC 的软件资源和外部设备资源,并在机械结构、元器件选用和电源配置等方面比普通 PC 的可靠性更高。后者的硬件软件可根据应用要求进行裁剪,可以满足对成本、体积、功耗等的特殊要求。

　　在许多智能传感器、执行器、调节仪、通信设备等应用领域,8 位和 32 位 MCU 得到了广泛的应用。ARM 架构的 MCU 发展迅速,已广泛使用在许多嵌入式系统设计中。

知识点 4-2　接口与总线的概念

　　计算机接口技术主要解决计算机 CPU 与外围电路在数据传输中的匹配问题。接口的数据传输是通过"按址访问"输入与总线的输出端口来实现的,数据传输方式与输入输出的定时和协调有关。根据定时和协调的不同要求,数据传输的实现有直接传输、程序查询、定时查询、中断传输和 DMA 等几种方式。

知识点 4-3　接口与总线的分类

　　按接口所连接的功能部件来分,有过程通道接口、人机交互接口、存储设备接口和通信接口;按接口的数据传输特征进行分类,有并行接口和串行接口;按接口和总线连接部件的技术特征可分为芯片级总线、板级总线(也称系统总线)和通信总线(也称外部总线)。

　　并行接口总线随着传输率的提高、并行导线的增多,相互之间的干扰和接口成本也会增大,应用受到极大的限制,而串行接口的应用越来越广泛。

　　串行传输方式分为异步传输和同步传输,前者电路简单,但传输效率低;后者传输效率高,但接口电路稍复杂些。

知识点 4-4　计算机控制系统中常见的接口总线及各自特点

　　RS-232C 是一种相当简单的异步串行通信标准,它的通信距离短、传输速率低。RS-485 采用平衡传输方式,传输距离远、传输速率高,并且组成通信网络,在控制系统中得到广泛应用。

　　SPI 是较早推出的一种同步串行通信接口,其硬件电路简单,两个器件之间可通过 3 根信号线实现全双工数据传输。I^2C 也是同步串行传输总线,通过两根信号线实现多个主器件和从器件之间的半双工数据传输。1-wire 单总线是仅采用 1 根信号线来实现数据传输,具有结构简单、成本低廉、便于扩展和维护方便等独特的优点。SPI、I^2C、1-wire 都属于芯片级的传输总线,传输距离较短。

　　USB 通用串行总线广泛应用于 PC 与外部设备的连接和通信,还可用于 PC 连接高速采样接口板和输出接口板,可通过 USB 接口转换为传统的 RS-232C、RS-485 和并行接口等。

CAN总线通过两根线的电位差来确定总线的显性电平和隐性电平。CAN总线可实现多主控制、灵活的通信速率和连接设备、错误检测和错误隔离等。CAN总线也是一种现场总线。

另外，在控制系统中，远距离高速数据传输都是离不开计算机网络技术。特别是基于Ethernet和现场总线的工业控制网络体系已成为发展的趋势，相应的接口总线也值得关注。

知识点 4-5 现场总线及其技术特征

现场总线是指安装在制造或过程区域的现场装置与控制室内的自动控制装置之间的数字式、串行、多点通信的数据总线。现场总线与企业内部网 Intranet、全球信息网 Internet 可构成一个完整的企业网络三级体系结构。现场总线的技术特征有数字计算和数字通信、互操作性和互换性、传输介质的多样化、适应性和可靠性。

知识点 4-6 人机交互及其要求

人机交互(HMI)是人与机器之间传递、交换信息的媒介和综合操作环境。控制系统中人机交互非常重要，人机交互的设计好坏会影响到控制系统的操作性、可靠性、安全性等。人机交互的设计要涉及多个领域的知识，如认知心理学、电子技术、计算机技术、信息技术、人机工程学、艺术设计、人工智能及与具体机器系统相关的知识。控制系统中人机交互设计应着重考虑可理解性和易操作性。

知识点 4-7 工业控制计算机的软件系统

工业控制计算机的软件系统包括系统软件和应用软件。最常见的系统软件是操作系统(operation system,OS)、数据库管理系统(data management system,DBMS)和各种软件开发工具(包括汇编、解释和编译软件等)。应用软件是控制系统设计人员针对某个生产过程而编制的控制和管理程序，诸如参数输入程序和采样程序、数据处理和滤波程序、控制算法、过程监视、设备驱动程序、人机接口程序等。有一定规模的控制系统，越来越多地采用通用的组态软件来完成特定的控制任务。

思考题与习题

1. 工业控制计算机有哪些要求？基于 PC 工业控制计算机其结构与普通 PC 有何不同？

2. 工业控制中的嵌入式系统可选择哪些设计模式？

3. 通过查阅资料，了解目前常见的 8 位和 32 位微控制器的特点和性能指标。

4. 通过查阅资料，了解某种工业控制计算机产品的构成、性能指标和适用场合。

5. 接口数据传输中有哪些定时和协调信号？

6. 接口技术中有哪些数据传输的方式？各有什么特点？

7. 接口与总线有哪些分类？

8. RS-232C 和 RS-485 各有什么特点？

9. I^2C 总线和 SPI 总线各有什么特点？

10. 简述 Infranet、Intranet、Internet 之间的关系。

11. 简述现场总线的技术特征。

12. 画出 I^2C 总线上主器件对地址为 1010110 的从器件写入 2 字节 5BH 和 87H 的时序。

13. 画出 SPI 总线上主器件向从器件写入 A5H 的时序。

14. 控制系统中对人机交互有哪些要求？

15. 通过查阅资料，了解有哪些嵌入式操作系统。

第 5 章

计算机控制系统中的

过程通道

一个控制系统本质上也是一个信息系统,信息的获取和施用是信息系统与外界联系的重要过程。一个与外部联系的信息节点,可以包含多个数据的输入和输出,并且还可能需要进行一系列的数据处理,这些数据处理通常是基于电信号来完成的。

在计算机控制系统中,控制对象运行的状态信息需要通过传感器转换为电信号才能输入给计算机,计算机处理后的信息也需转换为合适的电信号输出到执行器,由执行器对控制对象实施控制作用。传感器与执行器也是最接近控制现场的部件,它们对控制系统有着举足轻重的影响。具有多种信号处理功能及数字接口的传感器和执行器常称为智能传感器和智能执行器,也可看作智能变换器。

在计算机控制系统中实现控制对象与计算机之间信号传递和交换的装置称之为过程通道。过程通道解决两类基本问题:一是将外部传感器信号转换成计算机能接收的数字信号;二是将计算机输出的数字信号转换为外部执行器能接收的信号。由此,过程通道可分为输入通道和输出通道,输入通道又称为前向通道,主要用于采集来自传感器的各种数据;输出通道又称后向通道,主要用于驱动各种执行器。

过程通道主要由多种信号处理电路组成。根据处理信号类型的不同,输入通道可分为数字量输入通道和模拟量输入通道,输出通道可分为数字量输出通道和模拟量输出通道。基于现场总线的控制系统通常将过程通道的功能融合到传感器与执行器中。

本章主要介绍控制系统中的传感器与执行器、信号及其处理方式、过程通道结构和原理。

5.1 传感器与执行器

5.1.1 传感器和变送器

1. 传感器

传感器(sensor)是能感受规定的被测量并按照一定的规律转换成可用信号的器件或装置,通常由敏感元件和转换元件组成。传感器是计算机控制系统中获取外部信息的重要装置。

传感器的种类非常多,检测的物理量也非常广,但输出的信号以电量参数的形式为多,如电压、电流、电阻、电感、电容、频率等。

在控制系统中,对输出信号为开关信号、脉冲信号和数字量的传感器处理比较方便,而对输出为模拟量的传感器,希望有规范的信号标准,一种做法是制定传感器的标准,另一种做法是通过专门的部件进行信号转换。前者典型的例子是热电阻和热电偶的工业标准。后者的实例就是采用变送器,将来自传感器的信号转换为标准信号输出,以便各种仪表和计算机统一处理。

2. 变送器

变送器(transmitter)是从传感器发展而来的,凡能输出标准信号的传感器通常称为变送器。

通用的标准信号为直流电流 4～20mA 或直流电压 1～5V 等。无论被测变量是哪种物理量,也不论测量范围如何,经过变送器之后都转换为标准信号。4～20mA 电流型信号可克服传输导线电阻的影响,抑制干扰,适于远距离传输。但大部分的 A/D 转换器要求输入电压信号,通过简单的电流—电压信号转换电路就可转换成 1～5V 电压型信号。

有了统一的信号形式和数值范围,就便于把各种变送器和其他仪表组成检测系统或调节系统。无论什么仪表或装置,只要有同样标准的接口电路,就可以从各种变送器获得被测变量的信息,这样,兼容性和互换性大为提高。在过程控制系统中,如条件许可,应尽量使用能输出标准信号的变送器。

变送器信号的传输连接方式通常有四线制、三线制和两线制传输,如图 5-1 所示。

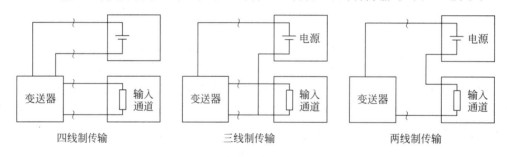

四线制传输　　　　　三线制传输　　　　　两线制传输

图 5-1　信号的传输连接方式

四线制传输方式中供电电源和输出信号分别用两对导线传输,适用于信号处理电路比较复杂,且有较大功耗的场合。

三线制传输方式与四制线不同之处是信号与电源装置的负端相连,这样可省去一根连线,但对多个传感器或变送器之间的共地连接可能会产生一定的干扰,故三线制的变送器使用不多。

两线制传输仅用两根导线传输,这两根导线既是电源线,又是信号线。采用两线制变送器不仅可省省大量电缆线和安装费用,而且有利于安全防爆。因此这种变送器得到了较快的发展。对采用现场总线的智能变送器在这两根传输线上还可同时传输数字信号。在两线制传输方式下,对变送器的功耗有较高的要求,至少能在 4mA 工作电流情况下工作,功耗过大,势必要求提高工作电压才能正常工作。

3. 智能传感器

随着微处理器技术与传感器技术的结合,出现了所谓智能型的传感器。与传统的传感器相比它具有多种数据处理功能,如自动补偿、在线校准、自动诊断、数字滤波、统计处理、数据存储以及提供数字信号的输出接口,使得传感器的各项指标有了较大幅度的提高。

智能传感器(smart sensor)也称灵巧式传感器,是现代传感器技术的一个重要发展方向。虽然智能传感器至今尚无明确的定义,但通常认为,智能传感器应当是包含"传感器和计算机系统"的芯片级装置。它通常集信号探测、变换处理、逻辑判断、功能计算、双向通讯和实现自检、自校、自补偿、自诊断等多种功能为一体。智能传感器输出的也是标准信号,除了模拟的 4～20mA DC 外,通常还在其上叠加了数字信号(如现场总线 HART),因此许多智能传感器产品常称为智能变送器。

智能传感器利用微处理器对测试的信号进行标度换算、数字调零、非线性补偿、温度补偿、数字滤波等诸多处理,从而能获得较精确的测量结果,可根本解决传感器的温度漂移和非线性问题。智能传感器可在线测量传感器工作状态,并能进行自检和自校,根据使用时间和利用存在 EPROM 内的计量特性数据进行对比校对,实现在线校正。还有许多智能传感器采用了无线传输技术,使得应用更为灵活。

在基于现场总线的控制系统中,传统的过程通道所完成的任务都可在智能传感器中实现,智能传感器通过数据接口连接现场总线与外部进行信息交换。智能传感器将会对计算机控制系统带来一场革命。

5.1.2　IEEE 1451 智能变换器标准

1. IEEE 1451 简介

IEEE 1451 是一个关于智能变换器(smart transducer)的接口标准系列,这一标准系列描述了一组用于智能变换器与微处理机、仪表系统和控制网络相连接的、开放的、通用的、独立于网络的通信接口。

智能变换器可以是一种传感器或检测器(sensor),也可以是一种执行器(actuator),或者是两种的组合,它可以作为信息系统与外界联系的一个信息节点。但 IEEE 1451 标准定义的智能变换器习惯上也被称为"智能传感器",因为它与传统意义上的传感器(sensor)或早期的智能传感器已有所不同。

IEEE 1451 的目标是定义一组变换器与系统或网络之间有线/无线的公共接口,通过这些接口可以容易地访问变换器中的数据。使智能变换器与网络或其他设备的连接更为容易,使得智能变换器设计制造更为容易,这些变换器能够融合现有的和未来的网络技术。

IEEE 1451 标准由多个工作组来制订不同领域的接口标准。其中,IEEE 1451.1 定义了智能变换器的公共对象模型和相应模型的接口;IEEE 1451.2 定义连接变换器——微处理器——网络节点的接口模型;IEEE 1451.3 定义多点分布式系统的数字通信接口;IEEE 1451.4 定义了基于模拟量变换器基础上的一个混合模式智能变换器的接口。

2. IEEE 1451.1

IEEE 1451.1 定义的信息模型中智能变换器通过称为 NCAP(network capable applications processors)的接口与不同类型的网络连接。NCAP 到网络协议的映射由标准的应用程序编程接口(API)完成,并以可选的方式支持多种接口模型的通信方式(如 IEEE 1451.2、1451.3、1451.4 标准提供)。IEEE 1451.1 定义的模型如图 5-2 所示。

3. IEEE 1451.2

IEEE 1451.2 定义的接口模型包括智能变换器接口模块 STIM(smart transducer interface module)及其接连到 NCAP 的 10 线标准接口 TII(transducer independent

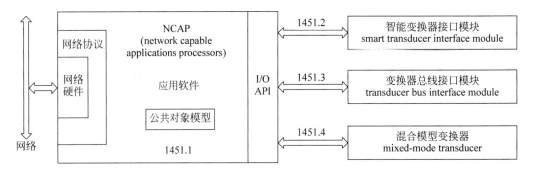

图 5-2　IEEE 1451.1 定义的模型

interface)。STIM 包括检测器、执行器、A/D 和 D/A 转换、信号调理、寻址逻辑以及电子数据表单 TEDS(transducer electronic data sheet)。其中 TEDS 是这个标准的重要内容。TEDS 存放在与变换器相关的存储装置中,它记录了变换器的标识、标度、校正数据和制造商相关的信息。基于 SPI 的通信层,以及为流控制和定时设置的硬件连线。后来修订增加了两个通用的串行接口:UART 和 USB。

TII 基于 SPI 的串行通信方式实现 STIM 与 NCAP 间的连接,使用户可方便地把变换器应用到多种网络中,并体现了变换器与网络的无关性。IEEE 1451.2 定义的模型如图 5-3 所示。接口 TII 的信号定义如表 5-1 所示。

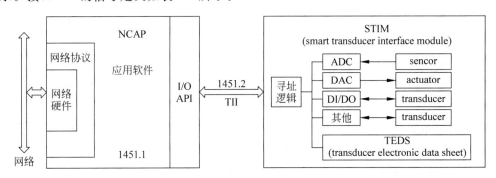

图 5-3　IEEE 1451.2 定义的模型

表 5-1　接口 TII 的信号定义

脚号	信号名称	驱动来自	颜色	逻辑	功　　能
1	DCLK	NCAP→STIM	棕	正沿	正沿锁存 DIN 和 DOUT 数据
2	DIN	NCAP→STIM	红	正逻辑	NCAP 传送到 STIM 的地址和数据
3	DOUT	NCAP←STIM	橙	正逻辑	STIM 传送到 NCAP 的数据
4	NACK	NCAP←STIM	黄	负沿	有两个功能:触发响应和数据传送响应
5	COMMON	NCAP→STIM	绿	N/A	信号公共端或接地
6	NIOE	NCAP→STIM	蓝	低电平	表示数据传送中和区划数据传送帧结构的信号
7	NINT	NCAP←STIM	紫	负沿	STIM 用来请求 NCAP 服务
8	NTRIG	NCAP→STIM	灰	负沿	执行启动功能
9	POWER	NCAP→STIM	白	N/A	电源(+5VDC)
10	NSDET	NCAP←STIM	黑	低电平	NCAP 用来侦探 STIM 的存在

4. IEEE 1451.3

IEEE 1451.3定义了多节点网络变送器总线(multi-drop transducer bus)到网络节点的接口。在有些情况下,很难把 TEDS 嵌入变换器中,此时可通过变送器总线接口模块 TBIM (transducer bus interface module)在公共的传输介质——多节点网络变换器总线上传输多路数字信号,由于 TBIM 规模较小更容易嵌入到变换器中,通过多节点网络可进行大量的数据转换和传输,最后通过含有 TBC(transducer bus controller)的 NCAP 与最终的网络相连。IEEE 1451.3 的模型如图 5-4 所示。

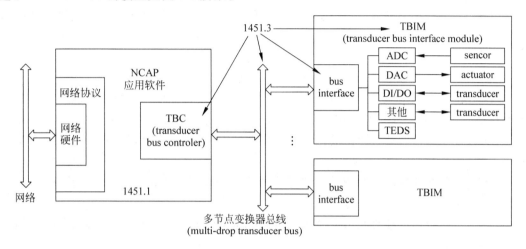

图 5-4　IEEE 1451.3 定义的模型

5. IEEE 1451.4

IEEE 1451.4定义了允许模拟量传感器以数字或混合模式通信的标准。包括一个基于现有模拟量传感器基础上提出的混合模式接口 MMI 和 TEDS,其模型如图 5-5 所示。

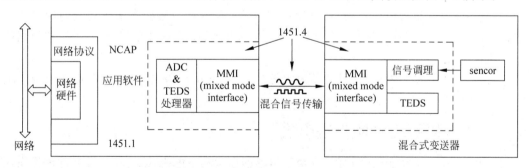

图 5-5　IEEE 1451.4 定义的模型

IEEE 1451.4 标准支持廉价和传统的模拟量传感器,它既可以通过现有电缆远距离传输模拟信号,也为具有智能特点的模拟量传感器连接到智能系统提供了 TEDS 格式,使传感器能进行自识别和自设置。TEDS 可以包括如下信息:

(1) 识别参数。如生产厂家、模块代码、序列号、版本号和数据代码;

(2) 设备参数。如传感器类型、灵敏度、传输带宽、单位和精度;

(3) 标定参数。如最后的标定日期、校正引擎系数;

(4) 应用参数。如通道识别、通道分组、传感器位置和方向。

5.1.3 执行器及其分类

1. 执行器的定义

控制系统中的执行器(actuator)通常又称为驱动器、激励器、调节器等,它是驱动、传动、拖动、操纵等装置、机构或元器件的总称。

如把控制系统看作是一个信息系统,则传感器完成信息获取任务,计算机担当信息处理功能,执行器完成的是信息施效。执行器将控制信号转换为相应的物理量,如产生动力、改变阀门或其他机械装置位移、改变能量或物料输送量。执行器也是影响控制系统质量的重要部件。

2. 执行器的分类

执行器按组成要素可分为结构型执行器和物性型执行器。

结构型执行器也称构造型执行器,这类执行器是通过物体的结构要素实现对目的物的驱动和操作,并可进一步按其采用的动力源可分为液动执行器、气动执行器和电动执行器。

(1)液动执行器的动力源由液压马达提供,其特点是推力大、防爆性能好,但缺点是体积和重量大。

(2)气动执行器的动力源由压缩空气提供,其特点是结构简单、体积小、安全防爆,但控制精度低、噪声大。

(3)电动执行器的动力源由电动机或电磁机构提供,其特点是控制灵活、精度高,但有电磁干扰。

物性型执行器主要是利用物体的物性效应(包括物理效应、化学效应、生物效应等)实现对目的物的驱动与操作。例如,利用逆压电效应的压电执行器,利用静电效应的静电执行器,利用电致与磁致伸缩效应的电与磁执行器,利用光化学效应的光化学执行器,利用金属的形状记忆效应的仿生执行器等。

执行器常见的执行机构有阀、泵、角度调节机构、位置调节机构和加热装置的功率调节机构,利用执行器可实现对执行机构的开关控制、速度控制、角度和位置控制、力矩和扭矩控制、功率控制等。

执行器离不开动力源,最常见的动力源是电动机,其中伺服电机、步进电机在控制系统中得到了广泛的应用。

5.1.4 伺服电机和步进电机

控制电机是一类用于信号检测、变换和传递的小型功率电机,既可作信号元件也可作执行元件,前者如测速电机,后者如伺服电机和步进电机。在控制系统中,控制电机也是电动执行器的重要组成部分。下面重点介绍伺服电机和步进电机。

1. 伺服电机

伺服电机(servo motor)又称执行电机,作为执行元件,可把电信号转换成电机轴上的角位移或角速度输出,实现对速度、位置的控制。伺服一词含有跟随、服从含义,由伺服电机作为执行器的伺服系统可跟随人们所期望的位置、速度和力矩要求进行运动。伺服电机与普通动力驱动用电机相比,具有惯性小、控制精度高的特点。

伺服电机通常需要与伺服驱动器构成一个伺服控制系统。伺服驱动器根据给定的输入电压或脉冲信号来控制伺服电机,以达到要求的转速、转向和位置。

伺服电机有直流伺服电机和交流伺服电机之分。直流伺服电机又分为有刷和无刷电机。

有刷直流伺服电机成本低、结构简单、启动转矩大、调速范围宽、容易控制,但碳刷易磨损,需要维护,会产生电磁干扰,噪音较大。

无刷直流伺服电机体积小、重量轻、寿命长、响应快、速度高、惯量小、转动平滑,但控制电路复杂,成本高。

交流伺服电机也是无刷电机,分为同步和异步电机,在运动控制中一般都用同步电机。在相同功率条件下交流伺服电机有更小的体积和重量,随着交流伺服驱动技术的不断完善和发展,其控制精度和质量不断提高,因而在工业上得到越来越广泛的应用。

在对控制指标要求不高、功率输出较小的场合,可使用简单的直流伺服电机,相应的驱动电路比较简单。对交流伺服电机,通常需要选用商品化的驱动器产品。

交流伺服电机与驱动器的连接如图 5-6 所示。其中驱动器可通过连接本地的控制器、计算机控制,也可通过通信接口由远程上位控制器控制,伺服电机的位置通过编码器输入给驱动器。根据需要还可配置外部制动电源,实现快速制动。另外,为安全和防止干扰,还需要配置断路器、滤波器和电抗器等。控制系统可通过驱动器监控交流伺服电机的运行。

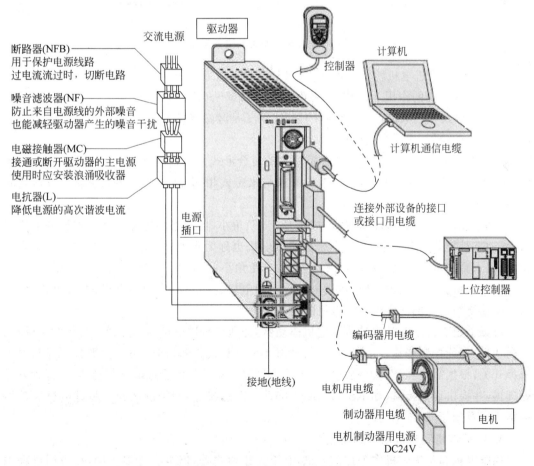

图 5-6 交流伺服电机的驱动器连接

2. 步进电机

步进电机(step motor)是将电脉冲信号转变为角位移的电机。步进电机的输入是脉冲序列,输出量则为相应的增量位移或步进运动。在正常工作情况下,步进电机在输入脉冲信号控制下,以固定的角度(称为步距角或步进角)一步一步转动。通常步进驱动器接收到一个脉冲信号,它就驱动步进电机按设定的方向转动一个或半个步距角。可以通过控制脉冲个数来控制电机的角位移量,通过控制脉冲频率来控制电机转动的速度和加速度,从而达到准确定位和定速的目的。由于步进电机没有积累误差,更适用于对位置的开环控制。步进电机在数控机床、自动送料机、磁盘驱动器、打印机和绘图仪等装置中有广泛的应用。

步进电机有三种构造:永磁式(permanent magnet,PM)、反应式(variable reluctance,VR)和混合式(hybrid,HB),示意图分别如图 5-7(a)、(b)和(c)所示。

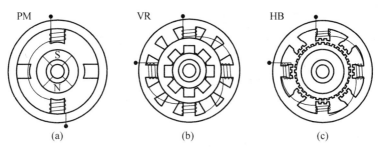

图 5-7　步进电机的构造示意图

(1) 永磁式步进电机转子是永磁体,定子是激磁绕组,在定子电磁铁和转子永磁体之间的排斥力和吸引力的作用下转动,步距角一般为 $7.5°\sim90°$。

(2) 反应式步进电机转子是齿状的铁芯,定子是激磁绕组。在定子磁场中,转子始终转向磁阻最小的位置,步距角一般为 $0.9°\sim15°$。

(3) 混合式步进电机是永磁式和反应式的复合形式。在永磁体转子和电磁铁定子的表面上加工出许多轴向齿槽,产生转矩的原理与永磁式相同,转子和定子的形状与反应式相似,步距角一般为 $0.9°\sim15°$。

反应式步进电机结构简单、生产成本低、步距角小,但动态性能差;永磁式步进电机出力大、动态性能好,但步距角大;混合式步进电机也称为永磁感应子式步进电机,它综合了反应式、永磁式步进电动机两者的优点,它的步距角小、出力大、动态性能好,应用最为广泛。

根据电机激磁绕组的对数,步进电机有二相电机、三相电机、四相电机、五相电机之分。通过驱动绕组通电的次序可控制电机的转动。

市场上也有许多商品化的步进电机驱动器,普通型步进电机驱动器通常提供时钟脉冲、方向选择、使能控制等输入信号,这些信号由上位计算机控制,同时还提供细分选择和电流选择开关,根据需要和所用电机规格进行手工设置。对智能型步进电机驱动器,内部含有微处理器,并提供通信接口(如 RS-232、RS-485、CAN 总线等)和控制面板。步进电机驱动器的结构示意图如图 5-8 所示。

3. 伺服电机和步进电机的比较

伺服电机和步进电机作为控制电机,有不少相似之处,但也有许多不同,在应用过程中需要合理选用。

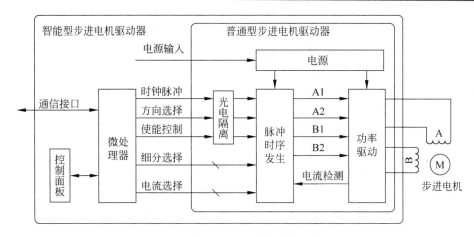

图 5-8 步进电机驱动器结构示意图

1）结构和工作原理

无论是直流还是交流伺服电机,在驱动信号作用下都是连续运动的,而步进电机是在驱动脉冲作用下,按步进离散运动的。

2）控制精度

伺服电机的控制精度需要通过闭环的伺服系统来保证,而步进电机是开环控制,在不失步情况下可以保证规定的精度。步进电机利用细分技术,在开环情况下可实现较高的控制精度;伺服电机安装数字旋转编码器后,闭环的伺服系统根据编码器的反馈信号可实现更高的控制精度,内部可构成位置环和速度环,控制性能更好,当然成本也会提高。

3）矩频特性

伺服电机输出力矩相对较大,转速较高,范围较宽,有较好加速性能,能适应快速启停的控制。步进电机的输出力矩随转速升高而下降,且在较高转速时会急剧下降,最高工作转速也较低,一般不超过 1000r/min。

4）过载能力

伺服电机具有较强的过载能力,可用于克服惯性负载在启动瞬间的惯性力矩;步进电机一般不具有过载能力,过载后容易失步。

5）成本

伺服电机本身结构简单,在相同驱动功率的情况下,比步进电机的成本低,但为了保证控制精度和质量,需要配置数字式闭环伺服控制器,构成的伺服控制系统其成本会较高。

综上所述,伺服电机及其构成的伺服系统,特别是交流伺服系统在许多性能方面都优于步进电机,在控制性能要求不是很高的场合可选用步进电机,而对控制精度不高,成本更低的场合,可选择伺服电机及其简单的开环控制驱动器。

值得指出,有一种新型的一体化步进伺服驱动系统是在数字步进驱动基础上融合了伺服控制技术,采用位置、速度、电流闭环控制,兼容步进和伺服双重优点。对步进电机结构进行改造,安装位置编码器,采用矢量控制技术,从根本上解决传统步进电机丢步的问题。具有低发热、高效率、平滑精确、高速响应、大力矩、高速度等优点。

5.1.5 变频器与电动执行器

1. 变频器

伺服电机和步进电机作为控制系统中的执行器,通常关注的是控制的灵活性和精度,其输出的功率一般不会很大。在生产过程中,大量的动力拖动用电动机作为驱动装置。驱动用电机是工业领域重要的动力设备,常需要对其速度进行控制。驱动用电机有直流电机和交流电机之分。直流电机是出现最早的电机,虽有较好的控制特性,但由于在结构、价格、维护方面存在的问题,其应用远不如交流电机。

异步交流电机是应用最为广泛的电力驱动电机,它广泛应用于驱动机床、水泵、鼓风机、压缩机、起重设备、机械加工等设备。

异步交流电机的速度控制曾经是非常困难的事,以至于不得不使用直流电机来进行速度控制。随着变频技术的发展成熟,变频器成了异步电动机调速最常用的控制装置。因此在越来越多的控制系统中,变频器也作为一种常见的执行器被应用。

变频器是一种利用电力半导体器件的通断作用将工频电源变换为另一频率的电能控制装置,以实现电机的变速运行。用于异步交流电机调速的变频器提供了多种接口,可通过标准的仪表信号(4~20mA)、开关信号、控制面板以及通信接口与外部相连,可方便地控制异步交流电机的转速。变频器能实现对输出功率很大的交流电机进行调速,但控制的精度远不如交流伺服系统。

用于交流电机调速的变频器通常会提供人机操作界面,用于设置参数,并提供一些输入输出控制和检测信号,如正转、反转、速度挡位等开关量输入信号,频率设定的模拟量输入信号,报警、状态开关量输出信号,当前频率设定的模拟量输出信号。另外,变频器还提供数字通信接口,实现上位机的远程控制。一个典型的变频器连接示意图如图 5-9 所示。

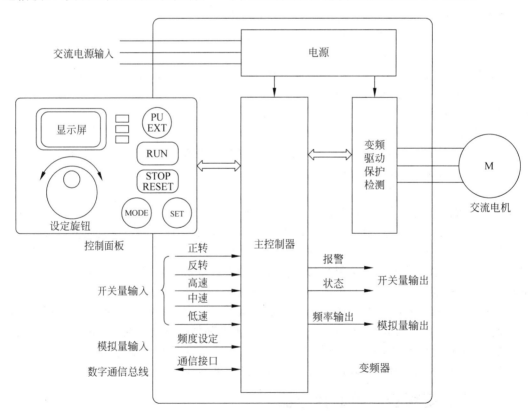

图 5-9　一个典型变频器的连接示意图

2. 电动执行器

电动执行器(也称电动力执行机构)是工业控制中常见的执行器。它接受来自调节器、工控机、DCS、计算机等仪表系统的控制信号,变成位移推力或转角力矩,完成调节的机械动作,如直行程和角行程阀门开度的调节。

电动执行器根据输入的标准信号 4~20mA 或开关信号,来调节行程位置,并可将当前的行程位置反馈给上位机。对阀门可以调节开度,此时的执行器常称为电动调节阀;也可以是简单的打开和关闭动作,此时的执行器即为电磁阀。

电动执行器也可将限位报警等其他状态信号反馈给外部,还可提供通信接口与外部通信。电动执行器的连接示意图如图 5-10 所示。

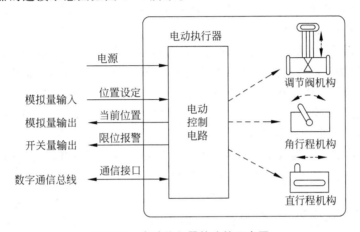

图 5-10　电动执行器的连接示意图

5.2　输入通道

5.2.1　控制系统中的信号种类及特点

要对生产过程实现自动控制,就必须对它的运行状态进行检测。生产过程中的开关信号、脉冲信号、数字编码信号等,可通过数字量输入通道输入计算机。生产过程中还有许多信号(诸如压力、流量、温度、液面高度等)是随着时间连续变化的模拟信号,由传感器和变送器把它们转换为模拟的电流或电压信号,这些信号需通过模拟量输入通道转换为数字信号,才能送入计算机。不同的信号有着各自的特征和处理要求,如表 5-2 所示。

表 5-2　信号类型和处理要求

信号类型	信 号 特 征	表 示 信 息	处 理 要 求
开关信号	只有两种不同的取值。需要关心信号频率变化范围和幅度	开关和按键状态、位置状态、通断状态等	限幅、整形、消抖、隔离、电平转换、锁存等
脉冲信号	脉冲的边沿表示信号的有无,需要关心脉冲的间隔、脉冲的宽度和频率	频率、时间、计数、报警触发、中断请求等	限幅、电平转换、隔离、计数、锁存等

续表

信号类型	信 号 特 征	表 示 信 息	处 理 要 求
数字信号	通常为二进制或 BCD 信号，每位只有"0"和"1"两种取值。需要关心数制、位数	数码开关输入的参数和量程，数字传感器检测到的温度、压力、流量、位移、速度、重量等	隔离、电平转换、锁存、校验、纠错、串/并转换等
模拟信号	在时间和幅度上是连续的，通常需要关心信号频度范围和精度	模拟传感器检测到的温度、压力、流量、位移、速度、重量、电压、电流、功率等	放大、隔离、滤波、采样保持、V/F转换、A/D 转换、非线性变换、标度变换等

根据处理信号类型的不同，输入通道可分为数字量输入通道和模拟量输入通道。数字量输入通道以处理开关信号、脉冲信号和数字信号为主。模拟量输入通道以处理模拟信号为主。输入通道也称前向通道。

输入通道对信号的处理实际上完成的是信号调理。所谓信号调理（signal conditioning）是指将敏感元件检测到的各种信号转换为规范标准信号。数字量输入通道中的信号调理主要包括消抖、滤波、保护、电平转换、隔离等。模拟量输入通道的调理内容有电流-电压信号转换、电阻-电压信号转换、电压放大以及隔离等，调理后的信号通常为一定大小的电压信号，然后由 A/D 转换器变为数字信号。

图 5-11 给出了以处理数字信号为主的前向通道结构。感应开关、机械式行程开关产生的信号经电平转换电路变为接口电路能接收的开关信号（通常为 TTL 电平）；转速传感器

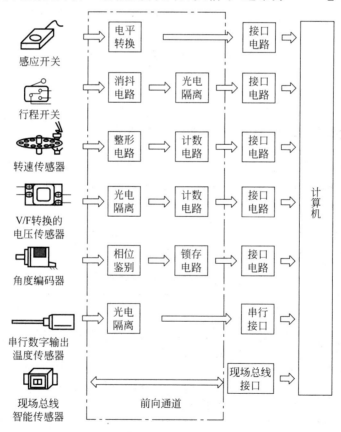

图 5-11　以处理数字信号为主的前向通道

产生的信号经整形成为边沿较好的脉冲信号,利用计数器记录收到的脉冲数;V/F(电压/频率)转换器输出的是频率信号,可经计数器或直接送接口电路;角度编码器输出的数字信号需经相位鉴别和锁存后,再送往计算机。传感器输出的数字信号通常需要经光电隔离后送往计算机接口电路。许多智能化传感器有串行数字输出功能,可经隔离电路送往串行接口;具有现场总线的传感器,已将过程通道的功能集成在传感器内部,因此,可直接与现场总线相连。

图 5-12 是以处理模拟信号为主的前向通道结构示意图。热敏电阻通过电桥将电阻阻值的变化量转换为电压信号;热电偶把温度信号转换为电势信号输出。这些信号经放大、线性化处理、模/数转换后送入计算机接口电路。大电流信号需要分流衰减,大电压信号需要分压衰减,高速变化的信号需要采样保持后,才能进行 A/D 转换;对输出电流信号的传感器,需要将电流信号转换为电压信号,才能进行 A/D 转换;为防止现场对计算机系统的干扰,在前向通道中,通常还要有光电或变压器隔离措施。

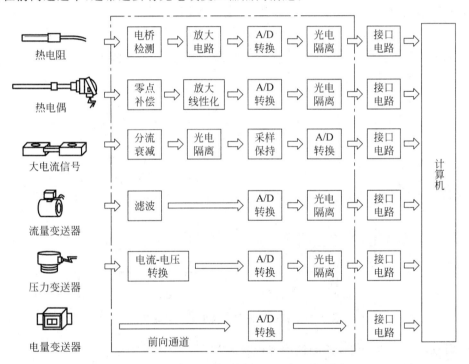

图 5-12　以处理模拟信号为主的前向通道

5.2.2　数字量信号处理方式

1. 开关量信号处理

对于输入的开关信号可能会引入过电压、过电流、电压瞬态尖峰和反极性等干扰信号,这些信号必须在输入通道中加以抑制。图 5-13 给出了消除这些干扰信号的典型调理电路。该电路具有过压、过流、反压保护和 RC 滤波等功能,串联二极管 V1 防止反向电压输入,由 R1、C1 构成滤波器,电阻 R1 也是输入限流电阻,稳压管 V2 把过压或瞬态尖峰电压嵌位在安全电压上,R2 为过流熔断保护电阻。

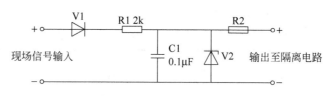

图 5-13　输入信号的调理电路

　　现场开关与计算机输入接口之间,一般有较长的传输线路,这就容易引入各种干扰,甚至包括强电干扰。采用光电隔离技术,可起到安全保护和抗干扰的双重作用。

　　另外,在开关或继电器闭合与断开时,还存在抖动问题,这是由机械触点的弹性作用导致。解决这类问题的方法很多,常用 RC 吸收电路、双稳态电路和施密特触发器来消除。

　　开关量信号的最终处理目标是把来自控制过程的开关通断信号、高低电平信号等转换为计算机能够接受的逻辑电平信号,如 TTL 电平、CMOS 电平。开关信号只有两种逻辑状态"ON"和"OFF"或数字信号"1"和"0",但是其电平不一定与计算机逻辑电平相同,计算机的接口主要考虑逻辑电平的变换以及噪声隔离的问题,一个具体的机械式开关信号输入电路如图 5-14 所示。

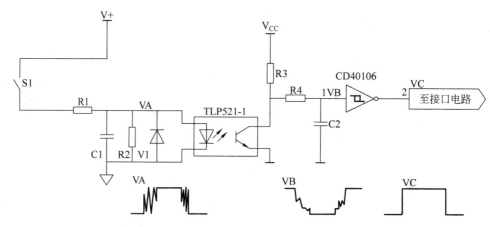

图 5-14　机械式开关信号的输入处理电路

下面叙述一下图中各元件的作用和选取原则。

(1) R1 为限流电阻,以提供光电耦合器发光二极管正常范围内的正向电流 I_f。

(2) R2 为分流电阻,一方面可防止高电压输入时,产生大电流而损坏发光二极管,另一方面还提供 C1 的放电回路。R2 一般取几千欧。

(3) C1 为滤波电容,以吸收尖刺脉冲。

(4) V1 为防击穿二极管,当输入端误接入反向电压,则可提供通路,以免反向击穿光电耦合器中的发光二极管。

(5) R3 为上拉电阻,当光电耦合器输出截止时,提供高电平。

(6) R4 和 C2 组成 RC 低通滤波器,以进一步消除脉冲干扰。C2 的充电时间常数为 (R3+R4)×C2,放电时间常数为 R4×C2。这些时间常数应远小于正常信号的脉冲宽度,并大于干扰脉冲的宽度。

　　(7) CD40106 为施密特触发器,以产生整形后的开关信号。

　　对电子开关的输入信号,在采用光电隔离时需要考虑极性和驱动能力。当输入的开关信号频率较高(大于几百千赫兹)时,要采用高速光电耦合器,信号整形也不能采用简单的 RC 滤波电路,此时的开关信号应视作高速脉冲信号来处理。

　　对一些有源的开关型传感器,可直接驱动光电耦合器,为连接方便,不必区分正负极,可选用双向光电耦合器,具体的输入电路如图 5-15 所示。

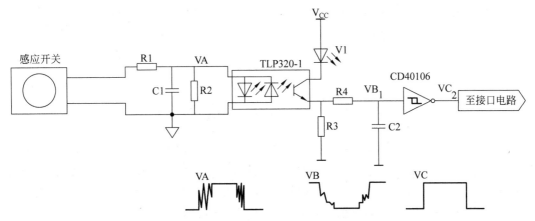

图 5-15　有源开关信号的输入处理电路

2. 脉冲量信号处理

　　脉冲信号实质上也是开关信号,但受关注的是信号的变化,即上升沿和下降沿,以及相邻间隔的时间。一个高速脉冲信号的输入电路如图 5-16 所示,图中 H11L1 为含有施密特整形电路的高速光电耦合器,74LS393 为双 4 位二进制计数器,MR 端为计数器的清零端,计数器的输出和 MR 端与接口电路相连。计算机通过接口电路两次读取计数器数据的间隔内,允许有不超过 256 个脉冲输入。

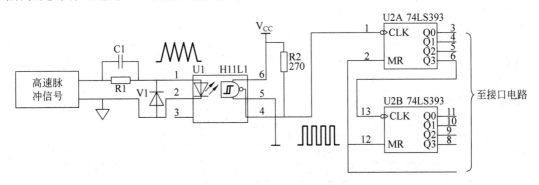

图 5-16　一个高速脉冲信号的输入电路

　　有些脉冲信号不仅需要记录数量,还要考虑多脉冲信号之间的相位关系,典型的例子是角度编码两相脉冲。下面以 KOYO 增量型旋转编码器 TRD-S/SH 系列为例介绍其工作原理和相应的输入电路。

　　旋转编码器是检测旋转角度的传感器,利用它也可以用来检测转速、位移和长度。其外形和内部结构如图 5-17 所示。

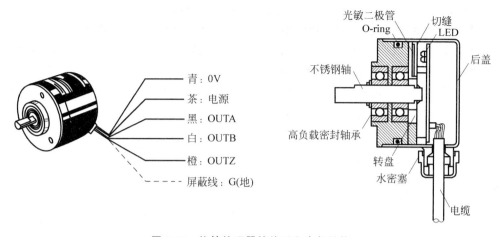

图 5-17 旋转编码器的外形和内部结构

KOYO 旋转编码器的主要特点和性能如表 5-3 所示。TRD-S/SH 的输出信号形式为增量型 AB 二相＋Z 相,其中 A 相和 B 相信号表示旋转角度,Z 相用来表示原点位置,负脉冲输出。输出驱动形式为 NPN 开路集电极输出(另有 V 型为符合 RS-422 标准的差分驱动输出),利用 A、B 相脉冲信号的边沿就可区分正转和反转,如图 5-18 所示。

表 5-3　KOYO 旋转编码器 TRD-S/SH 系列性能指标

性　　能	指　　标
基本特点	体积小,外径 Φ38mm/长度 30mm;高速应答(最高响应频率为 200kHz);分辨率范围宽(10～2500 脉冲/转);防尘
输出信号形式	增量型 AB 二相＋Z 相(负脉冲)
电源电压	A 型:5～12VDC±10％;B 型:12～24VDC±10％
电源允许波纹	3％rms 以下
电源消耗电流	50mA 以下
输出驱动形式	NPN 开路集电极输出,低电平时小于 0.4V
负载灌电流	30mA 以下
负载电压	30VDC 以下
输出脉冲占空比	50±25％
输出脉冲差宽度	25±12.5％
输出原点信号宽度	100±50％(负逻辑)
输出上升/下降沿时间	1μs 以下(电缆长度为 1m 时)
机械荷重	径向 20N/轴向 10N
起动转矩	0.001N・m 以下
机械可承受的最高转速	6000r/min
使用环境温度	−10℃～+70℃

一个检测 A、B 两相脉冲的输入通道电路如图 5-19 所示。电路中,A、B 两相脉冲经光电耦合器送入二输入端的异或门 74LS136,利用 74LS136 集电极开路的线与功能,将两个异或输出连至 AT89C51 单片机的外部中断 $\overline{\text{INT0}}$。A 相和 B 相脉冲分别由 AT89C51 的 P1.2 和 P1.3 检测,AT89C51 的 P1.0 跟踪 A 相脉冲,P1.1 跟踪 B 相脉冲,使得 P1.0、P1.1

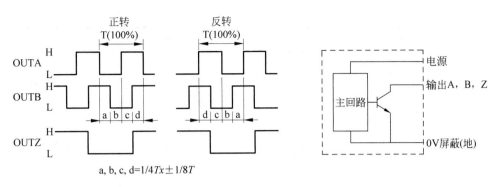

图 5-18 增量型旋转编码器输出信号和驱动形式

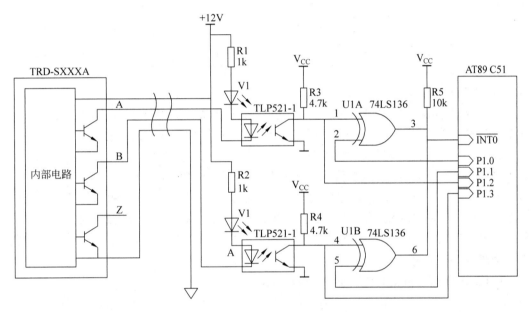

图 5-19 A、B 两相脉冲输入通道

与 A、B 相反,则异或输出为 1,若 A 或 B 相与 P1.0、P1.2 不同步,如 P1.0 与 A 不相同步,则相应的异或输出为 0,从而有一个中断信号送至 $\overline{INT0}$。单片机响应中断后,在中断服务程序中重新使 P1.0、P1.1 与 A、B 相同步(即使异或输出为 1),以撤销中断信号。通过对 A、B 两相的状态变化,可确定是正转还是反转,或者是没有变化还是异常,如表 5-4 所示。

表 5-4 A、B 两相的状态变化与旋转方向

编号	上次状态		当前状态		旋转	说 明
	B 相	A 相	B 相	A 相		
0	L	L	L	L	不变	两相没有变化
1	L	L	L	H	正转	
2	L	L	H	L	反转	
3	L	L	H	H	异常	两相同时变化
4	L	H	L	L	反转	
5	L	H	L	H	不变	两相没有变化

续表

编号	上次状态		当前状态		旋转	说　明
	B 相	A 相	B 相	A 相		
6	L	H	H	L	异常	两相同时变化
7	L	H	H	H	正转	
8	H	L	L	L	正转	
9	H	L	L	H	异常	两相同时变化
10	H	L	H	L	不变	两相没有变化
11	H	L	H	H	反转	
12	H	H	L	L	异常	两相同时变化
13	H	H	L	H	反转	
14	H	H	H	L	正转	
15	H	H	H	H	不变	两相没有变化

3. 数字量信号处理

对非二进制编码的数字信号,可以通过硬件或软件转换为二进制数字。下面以 OMRON 绝对值旋转编码器 E6C2-A 为例,介绍非二进制数字编码信号的输入电路。

OMRON 绝对值旋转编码器 E6C2-A 的输出驱动形式也是集电极开路,但输出信号形式为格雷(Gray)码,其特点是数值上大小相邻的编码,在逻辑上也相邻。逻辑上相邻的编码仅有 1 位不同,这样可保证按数值大小递增递减变化时,输出逻辑上相邻的编码,不会出现多于 1 位的码同时变化,这样可避免由于编码递增或递减变化时造成的干扰。如二进制编码 011 变化到 100 时,3 位都需要变化,如变化在时间上有先后,假设最高位先变化,则在期间会产生 111 的编码。

E6C2-A 输出的格雷码波形如图 5-20 所示。

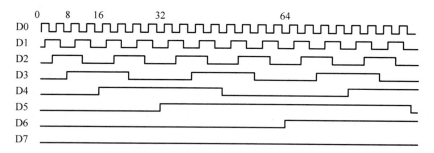

图 5-20　E6C2-A 输出格雷码波形

图 5-21 为格雷码-二进制编码的转换电路,E6C2-A 输出经 8 位反相器 74LS240 送至 8 个异或门,74LS240 有一定的驱动能力,可接 LED 指示器,如采用光电耦合器则可省去 74LS240。8 个异或门构成了格雷码-二进制编码的转换器,S 端可用来控制输出二进制编码的极性,S＝0 时输出为正常的二进制编码,S＝1 时则输出反相的十进制编码,如不需控制极性,则该位对应的异或门可省略。74LS373 为输入缓冲器,存放 8 位二进制编码。

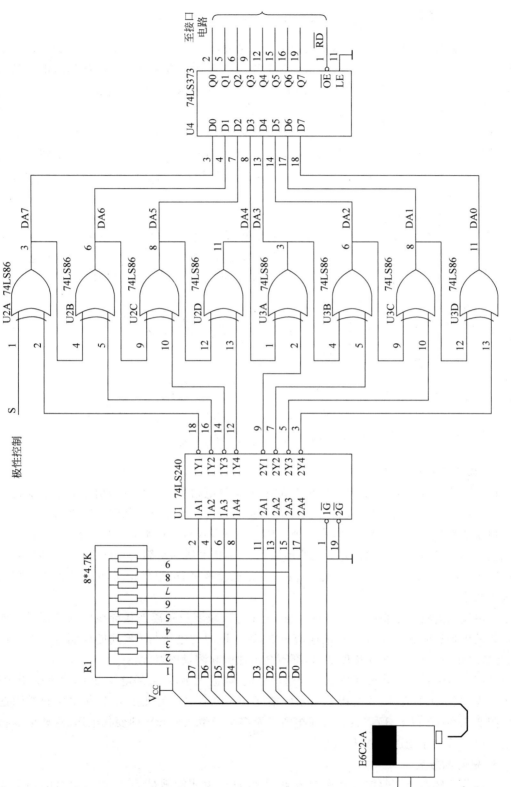

图 5-21 格雷码-二进制编码的转换电路

5.2.3　模拟量信号处理方式

在计算机控制系统中,模拟量输入通道的任务是把检测到的模拟信号转换为二进制数字信号,经接口送往计算机。输入通道处理的模拟信号通常有来自变送器的标准电流信号4~20mA 或 0~10mA、来自标准热电阻的信号、来自标准热电偶的温差电势信号和其他传感器的非标准模拟信号。

对这些模拟信号需要进行电流-电压信号转换、电阻-电压信号转换、电压放大、电压-电流转换以及隔离调理等,调理后的信号通常为几伏大小的电压信号,然后由 A/D 转换器变为数字信号。模拟量输入通道一般由信号调理、采样保持器、A/D 转换器、接口及控制逻辑等组成。

1. 电流-电压信号转换

信号转换电路有电流-电压信号转换、电阻-电压信号转换。图 5-22 给出了一个电流-电压信号转换电路,它可把标准 4~20mA 电流信号通过串接 1 个 250Ω 的电阻转换成 1~5V 的电压信号。图中的 R2、C1 是对输入信号的滤波,R3、R4、V1、V2 组成过压保护。

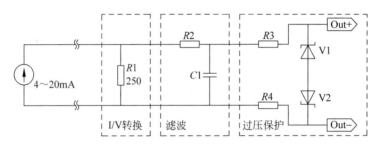

图 5-22　电流-电压信号转换电路

2. 电阻-电压信号转换

电阻-电压信号转换主要用于标准热电阻,即将热电阻受温度影响而引起的电阻变化转换为电压信号。常见的方法有两种:电桥法和恒电流法。具体电路如图 5-23 所示。

电桥法的特点是电路简单,能有效地抑制电源电压波动的影响,并且可用三线连接方法减弱长距离连接导线引入的误差。三线连接图中,AB 引线的电阻与 CD 引线的电阻相等,而 CE 可折算到电源中。所以,只要 AB 和 CD 的长度一样,电阻也相同,由此引起的误差就可大大减小。

恒电流法的特点是精度高,可使用四线连接方法减弱长距离连接导线引入的误差。四线连接图中,只要 AC、DE 引线中的电流为零,则 AD 间的电压与 CE 间的电压也一样。所以,不管 AB、AC、DE、DF 的长度如何,都不会由此引起测量误差。

这两种方法设计时都要考虑选择合适的电流,电流太小,产生的电压也小,容易受干扰;电流太大,则电阻会发热,并会影响测温的精度。一般取电流为几个 mA,热电阻每℃引起的电阻变化在 1Ω 以下,所以在几 mA 电流下至多会产生几个 mV 的变化电压,这些电压信号需经电压放大才能送至 A/D 转换器。

3. 信号的放大

大部分传感器产生的信号都比较微弱,需经过放大才能满足 A/D 输入信号的幅度要求。要完成这类信号放大功能的放大器必须是低噪声、低漂移、高增益、高输入阻抗和高共

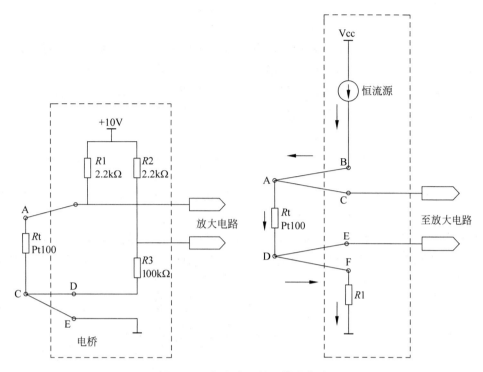

图 5-23 电阻-电压信号转换电路

模抑制比的直流放大器,这类放大器常用的是测量放大器。

1)测量放大器基本原理

测量放大器又称仪表放大器,一般采用多运放平衡输入电路,图 5-24 是最基本的原理电路。由图可知,该电路是由三个运算放大器 N1、N2、N3 组成。其中 N1 和 N2 组成具有对称结构的同相并联差动输入/输出级,其作用是阻抗变换(高输入阻抗)和增益调整;N3 为单位增益差动放大器,它将 N1、N2 的差动输入双端输出信号转换为单端输出信号,且提高共模抑制比 CMRR 的值。在 N1 和 N2 部分可由电阻 RG 来调整增益,此时 RG 的改变不影响整个电路的平衡。而 N3 的共模抑制精度取决于四个电阻 RB 的匹配精度。

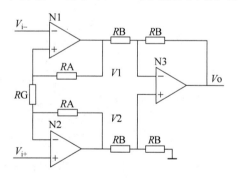

图 5-24 测量放大器的基本电路

根据叠加原理可以分析得到

$$V1 = +\left[1 + \frac{RA}{RB}\right] \times V_{i-} - \frac{RA}{RB} \times V_{i+}; \quad V2 = +\left(1 + \frac{RA}{RG}\right) \times V_{i+} - \frac{RA}{RG} \times V_{i-}$$

则测量放大器输出电压为

$$Vo = V2 - V1 = \left(1 + 2 \times \frac{RA}{RG}\right) \times (V_{i+} - V_{i-}) \tag{5-1}$$

其增益为

$$G = 1 + 2 \times \frac{RA}{RG} \tag{5-2}$$

由于对两个输入信号的差动作用,漂移减少,且具有高输入阻抗、低失调电压、低输出阻抗和高共模抑制比以及线性度较好的高增益。

目前有许多性能优异的测量放大器集成电路,有低功耗、高速、高精度、高阻抗的测量放大器,还有可编程和隔离的测量放大器,用户可根据需求选用。

2) AD620 仪表放大器

AD620 是一款低漂移、低功耗、高精度仪表放大器,只需要一个外部电阻来设置增益,增益范围为 1~10 000。AD620 采用 8 引脚 SOIC 和 DIP 封装。

AD620 的电压范围较宽,为 ±2.3V 至 ±18V,最大电源电流为 1.3mA,共模抑制比为 100dB(最小值,$G=10$ 时),带宽为 120kHz($G=100$)。

AD620 的内部结构和引脚图如图 5-25 所示。其中 4、7 脚之间为电源端,2、3 脚之间为信号输入端,6 脚为输出端,5 脚为参考电位端,1、8 脚之间连接一个用来设置增益的外部电阻。电阻 R_G 与增益 G 的关系如下:

$$R_G = \frac{49.4\text{k}\Omega}{G-1} \quad 或 \quad G = \frac{49.4\text{k}\Omega}{R_G} + 1 \tag{5-3}$$

当电阻 R_G 断开时,$G=1$;$R_G=1\text{k}\Omega$ 时,$G=50.4$;$R_G=499\Omega$ 时,$G=100$;$R_G=100\Omega$ 时,$G=495$。

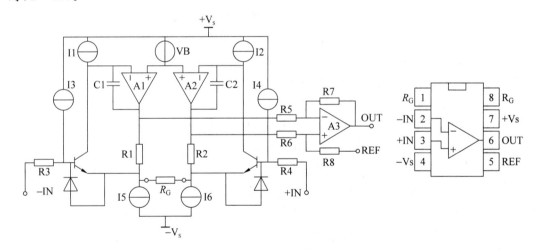

图 5-25　AD620 的内部结构和引脚图

AD620 的一个应用实例如图 5-26 所示。AD620 放大电阻电桥的信号,增益为 100,输出信号的幅度范围约为 1.1V($-V_s+1.1$V)~3.8V($+V_s-1.2$V),输出的基准参考电位为 2V,由运放 AD705 提供。AD620 放大后的电压信号送给后面的 ADC 芯片。

4. 电压-电流转换

传感器输出的电压信号常需要转换成标准电流 4~20mA 传送到远处的接口电路,这就需要使用电压-电流转换电路。

XTR115/XTR116 是一款 4~20mA 电流环发送电路,它的引脚和原理框图如图 5-27 所示。

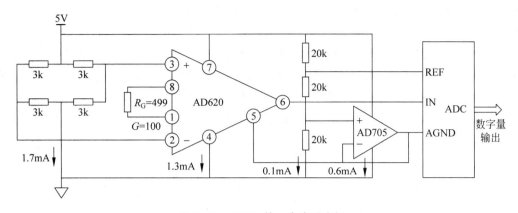

图 5-26　AD620 的一个应用实例

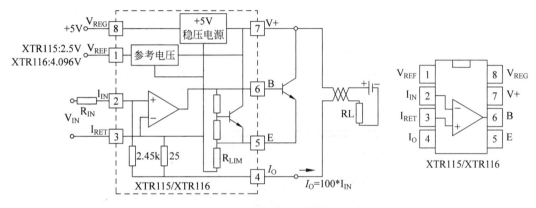

图 5-27　XTR115/XTR116 引脚和原理框图

XTR115/XTR116 将输入的电压信号 V_{IN} 转换为电流 I_O 输出，转换公式为

$$I_O = \frac{100V_{IN}}{R_{IN}} \tag{5-4}$$

XTR115/XTR116 也可作为一个电流放大器，输出电流 I_O 是 I_{IN} 的 100 倍。

XTR115/XTR116 从 $V+$ 获得电源，稳压到 5V 由 V_{REG} 输出，在 V_{REF} 输出基准电压（对 XTR115 为 5.25V，对 XTR116 为 4.096V），可供前面信号处理电路使用。XTR115/XTR116 正常工作时的电源电压范围为 7.5～36V，静态工作电流只有 $200\mu A$。

5. 模拟信号的隔离技术

在输入通道中，模拟信号的隔离可采用隔离放大器。隔离放大器适用于以下三种情况：消除由于信号源接地网络的干扰所引起的测量误差；测量处于高共模电压下的低电平信号；保护应用系统电路不至于因输入端或输出端大的共模电压造成损坏。

根据耦合的不同，隔离放大器可分为变压器耦合隔离放大器、电容耦合隔离放大器和光耦合隔离放大器。

1）AD202/AD204 隔离放大器

AD202/AD204 是由变压器耦合的隔离放大器，它具有精度高、功耗低、共模性能好、体积小等特点。AD202/AD204 由放大器、调制器、解调器、整流和滤波、电源变换器等组成，通过两个变压器耦合，对信号和电源进行隔离。由于直流和低频信号不能通过变压器，所以要将输入信号进行调制和解调处理,载波信号的频率为 25kHz,放大器的带宽小于 5kHz,输出满幅度为±5V。

AD202 和 AD204 的内部结构基本相同,主要区别在于供电方式,AD202 是由+15VDC电源直接供电(由引脚 31 端接入),而 AD204 是由外部时钟源(15V$_{PP}$/25kHz)供电(由引脚 33 端接入)。AD202/AD204 有 SIP 和 DIP 封装,其内部结构和 SIP 封装的引脚排列如图 5-28 所示。AD202/AD204 的一个应用电路如图 5-29 所示,该电路能进行增益调整和失调电压调整。

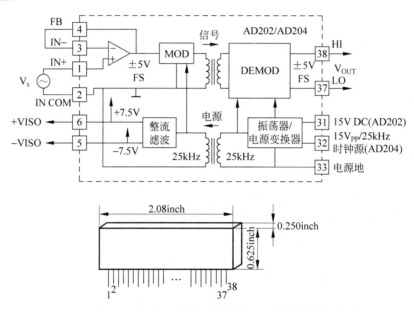

图 5-28　AD202/AD204 的内部结构和 SIP 封装的引脚排列

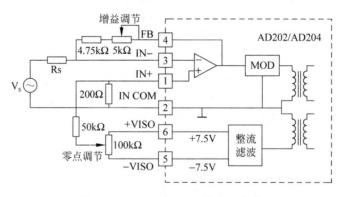

图 5-29　AD202/AD204 的应用电路

2) ISO124 隔离放大器

ISO124 是一款电容耦合的隔离放大器,它有两种封装:DIP-16 和 SO-28,其原理框图和引脚排列如图 5-30 所示。

ISO124 输入端有 Vin、GND1 和电源+Vs1、-Vs1;输出端有 Vout、GND2 和电源+Vs2、-Vs2;两部分之间通过电容耦合,能隔离 1500V/60Hz 的高压。ISO124 的增益为 1。

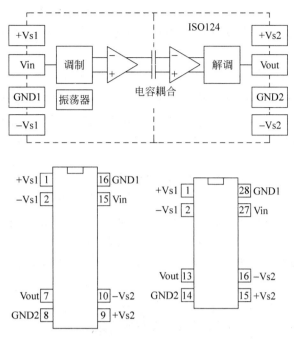

图 5-30　ISO124 的原理框图和引脚排列

6. A/D 转换器及其性能指标

A/D 转换器简称 ADC,其输入是一定范围内的模拟量信号,通常为模拟电压信号;其输出是某种形式的数字信号。不同种类和型号的 A/D 转换器有不同的性能指标,在选用 A/D 转换器时,首先应对其性能指标有所了解,确定其性能是否能够满足应用要求,以及在价格上是否合理。A/D 转换器的性能指标主要有以下几个:

1) 接口特性(interfacing)

接口特性主要涉及 ADC 如何与应用电路连接,包括 A/D 转换的启动、数字输出的形式以及输出时序等。有些 ADC 带有多路模拟开关,还要涉及如何选择输入通道。现在有不少 ADC 具有串行输出接口,大大简化了接口电路。

ADC 的输出数字信号主要有二进制数字信号、BCD 码信号和频率信号。输出二进制数字信号的 A/D 转换器常用输出位数来称呼,如 8 位 A/D 转换器(或 8 Bit ADC)、16 位 A/D 转换器(或 16 Bit ADC)等,输出 BCD 码数字信号的 A/D 转换器常用输出十进制位数来称呼,如 3 位半 A/D 转换器(也称 $3\frac{1}{2}$ ADC、3.5 Digit ADC),输出频率信号的 A/D 转换器常称为压频转换器 VFC。

2) 量程(range)

量程指 ADC 能够转换的模拟信号范围,一般用电压表示,如 $-5V \sim +5V$、$0 \sim 2V$、$0 \sim 10V$ 等,ADC 的量程通常与外接或内部的基准电源有关。

3) 分辨率(resolution)

分辨率用来表示 ADC 对于输入模拟信号的分辨能力,也即 ADC 输出的数字编码能够反映多么微小的模拟信号变化。ADC 转换器的分辨率定义为满量程电压与最小有效位 (LSB)之比值。例如具有 12 位分辨率的 ADC 能够分辨出满量程的 $1/2^{12} = 1/4096$,对于

10V 的满量程能够分辨输入模拟电压变化的最小值约为 2.5mV。对 3 位半 A/D 转换器，满量程数据为 1999≈2000，其分辨率为 1/2000。显然，ADC 数字编码的位数越多，其分辨率越高。

4）误差和精度（error&accuracy）

误差包括量化误差、偏移误差、线性度等。量化误差是由于 ADC 的有限分辨率所引起的误差。偏移误差是指输入信号为 0 时，输出信号不为 0 的值，所以有时又称为零值误差。线性度有时也称为非线性度，它是指 ADC 实际的输入输出特性曲线与理想直线的最大偏差。

精度通常也称转换精度，有绝对精度和相对精度之分。绝对精度是指为了产生某个数字码，所对应的模拟信号值与实际值之差的最大值，它包括所有的误差。相对精度是绝对精度与满量程输入信号的百分比。它通常不包括能够被用户消除的刻度误差。对于线性编码的 ADC，相对精度就是非线性度，其典型值为 ±1/2LSB。

精度通常与分辨率密切相关，高精度的前提必须有高分辨率，当然单有高分辨率还不一定就可达到高精度。

5）转换速率（conversion rate）

ADC 的转换速率就是能够重复进行数据转换的速度，即每秒转换的次数。有时也用完成一次 A/D 转换所需要的时间来表示，称为转换时间。转换时间也就是转换速率的倒数。不同转换方式的 ADC，其转换速率有很大不同。低的只有 1 次/秒，高的可达百万次/秒。

6）A/D 转换的方法

A/D 转换实现的方法有多种，随着大规模集成电路技术的飞速发展，新型设计思想的 A/D 转换器也在不断涌现。表 5-5 给出了不同方法实现的 A/D 转换器及其性能。

表 5-5　各种 A/D 转换方法比较

方　法	分辨率	速度	特　点	应　用　场　合
并行式 ADC	低	最高	速度高，分辨率难以做高	高速频采样
逐次比较式 ADC	较高	高	速度和分辨率能满足大部分要求，但常态干扰的抑制能力较差	能适应大量的应用场合，如温度、压力、流量、语音、电量等信号的采样
双积分式 ADC	高	低	分辨率和精度高，速率低，有较强的抗常态干扰能力	常用于数字电压表、温度测量等低速场合
Σ-ΔADC	高	较高	分辨率和精度高与双积分式 ADC 相当，速度高于双积分，但仍不如逐次比较式	低频、小信号的高精度测量
VFC	在牺牲速度的条件下可以较高	在牺牲精度的条件下可以较高	分辨率和精度可以互补，抗干扰能力强，输出信号可以远传	能适用于速度不是太高的数据采集系统，如温度、压力、流量等

7. ADC 芯片举例

ADC 芯片种类繁多，性能各异，使用时应根据需求选用。现在还有许多单片机（如

C8051F)及采用 ARM 内核的 MCU 内置了多种 A/D 和 D/A 转换芯片,使用非常方便,性价比也比较高。而独立的 ADC 芯片选择范围更宽,掌握一些典型芯片的使用方法,可以举一反三,提高数据采集的驾驭能力。

现在越来越多的 ADC 芯片具有串行输出接口,接口电路非常简单,但相应的时序比较复杂,需要认真理解。下面介绍两款典型的 ADC 芯片。

1) ADC083X 系列 A/D 转换器

ADC083X 系列为 8 位高速串行接口 A/D 转换器,具有多路选择、基准电压源、跟踪保持功能。ADC083X 有 4 个品种:ADC0831/ADC0832/ADC0834/ADC0838,它们分别有 1、2、4、8 路单端模拟量输入通道,也可作为 1、2、4 路差分模拟输入通道。

主要性能指标如下:在单电源 5V 情况下,输入量程为 0V～5V;转换时间在最高时钟频率 1MHz 情况下,为 8μs;误差为 ±1/2LSB～±1LSB;输入输出逻辑电平与 TTL/CMOS 兼容;功耗为 15mW。

ADC0831/ADC0832/ADC0834/ADC0838 引脚图如图 5-31 所示。

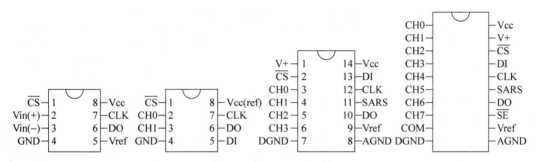

图 5-31 ADC083X 系列引脚图

ADC0838 有关引脚说明如表 5-6 所示。

表 5-6 ADC0838 引脚说明

引　脚	名　称	说　明
1～8	CH0～CH7	模拟量输入端
9	COM	模拟量输入的公共端
10	DGND	数字地
11	AGND	模拟地
12	Vref	外部基准电源输入端
13	$\overline{SE}$	移位使能控制端
14	DO	串行输出数据端
15	SARS	SAR(逐次逼近寄存器)状态输出
16	CLK	时钟输入端
17	DI	串行数据输入端
18	$\overline{CS}$	片选端,低电平有效
19	V+	内部基准电源输出端
20	V_{cc}	电源

ADC0838 工作从 $\overline{CS}$ 变为低电平开始。在 CLK 时钟信号的上升沿同步下由 DI 输入启动命令位（START BIT 用"1"表示），随后为单端/差分控制位（SGL/$\overline{DIF}$）、奇/符号位（ODD/SIGN）、选择 1（SEL1）和选择 0（SEL0）位（对 ADC0834 不需要 SEL0 位，对 ADC0832 不需要 SEL1 和 SEL0 位，而对 ADC0831 没有 DI 端，则 $\overline{CS}$ 变为低电平的同时就启动了 A/D 转换）。

在输入上述各位后 ADC0838 进行逐位转换，一边转换一边输出数据，在 CLK 时钟信号的下降沿同步下，数据从 DO 端输出。ADC0838 的工作时序如图 5-32 所示。

ADC0838 属于逐次逼近 ADC，因此转换速度不会因串行输出而降低。另外在保持器作用下，待转换的模拟量保持不变，转换精度得到了保证，这也是串行逐次逼近 A/D 转换技术的奇妙之处。

紧跟在 START BIT 之后的 SGL/$\overline{DIF}$、ODD/SIGN、SEL1 和 SEL0 控制选择位主要用于选择输入通道，决定是单端输入还是差分输入，ADC0838 单端输入时的寻址如表 5-7 所示，ADC0838 差分输入时的寻址如表 5-8 所示。

表 5-7 ADC0838 单端输入时的寻址

MUX 地址			模拟量单端输入								
SGL/$\overline{DIF}$	ODD/SIGN	SEL(1|0)	0	1	2	3	4	5	6	7	COM
1	0	00	+								−
1	0	01		+							−
1	0	10					+				−
1	0	11							+		−
1	1	00		+							−
1	1	01				+					−
1	1	10						+			−
1	1	11								+	−

表 5-8 ADC0838 差分输入时的寻址

MUX 地址			模拟量差分输入							
SGL/$\overline{DIF}$	ODD/SIGN	SEL(1|0)	0		1		2		3	
			0	1	2	3	4	5	6	7
0	0	00	+	−						
0	0	01			+	−				
0	0	10					+	−		
0	0	11							+	−
0	1	00	−	+						
0	1	01			−	+				
0	1	10					−	+		
0	1	11							−	+

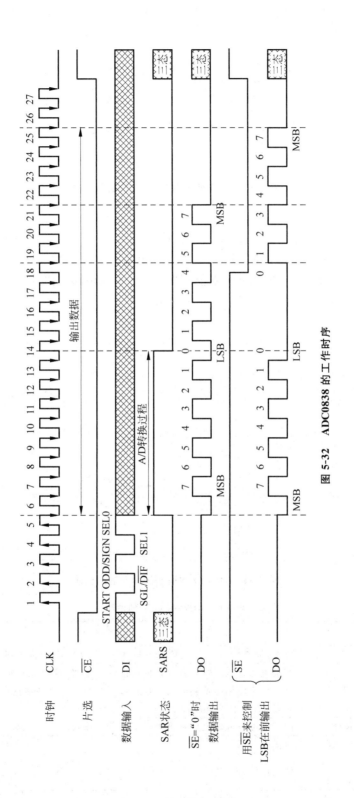

图 5-32 ADC0838 的工作时序

ADC083X 以 SPI 接口形式与外部连接,图 5-33 为 ADC0838 与 8051 单片机的连接示意图。

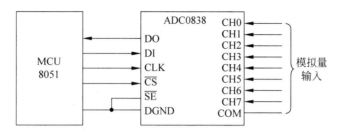

图 5-33 ADC0838 与 8051 单片机的连接

2)AD7699

AD7699 是一款低功耗、8 通道、16 位新型逐次逼近型 ADC,转换速率达 500Ksps,采用单电源供电,支持单端输入和差分输入,采用 SPI 串行接口输出和小型 20 脚 LFSCP 封装,图 5-34 为 AD7699 的引脚排列和功能框图。AD7699 内部有温度传感器,测到的数据可用于对基准电源进行温度补偿,以提高转换的精度。AD7699 的引脚说明如表 5-9 所示。

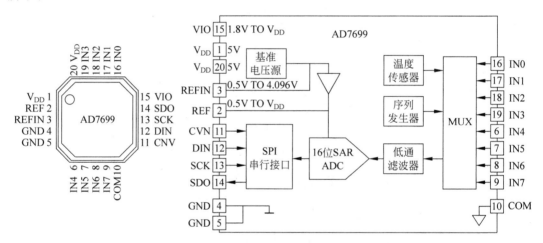

图 5-34 AD7699 的引脚排列和功能框图

表 5-9 AD7699 的引脚说明

引脚编号	符号	说 明
1、20	V_{DD}	电源,通常为 4.5～5.5V,应并联 $10\mu F$ 和 100nF 退耦电容
2	REF	基准电源输入/输出,在允许使用内部基准时,输出 4.096V;在关闭内部基准且允许使用缓冲器时,输出由 REFIN 确定的缓冲器基准电压。该引脚应并联 $10\mu F$ 退耦电容
3	REFIN	内部基准电源输出或基准电源缓冲器的输入
4、5	GND	电源地
16-19、6～9	IN0～IN3、IN4～IN7	模拟量输入通道
10	COM	模拟量输入通道的公共端

续表

引脚编号	符号	说　　明
11	CVN	转换启动输入端(上升沿有效),转换过程中,如 CVN 保持高电平,则"忙"标志处于有效状态,可用于中断机制
12	DIN	串行接口数据输入,用于写入 14 位配置寄存器的数据
13	SCK	串行接口时钟输入,配合 DIN、SDO 进行数据传送,传送时最高有效位 MSB 在前
14	SDO	串行接口时钟输出,在无极性模式下,输出转换后的二进制原码数据,在有极性模式下,输出转换后的二进制补码数据
15	VIO	输入/输出接口的数字信号电源,应取主机接口的标称电压(如 1.8V、2.5V、3V 或 5V)

AD7699 与上位机的连接采用 SPI 接口,没使用中断机制的连接如图 5-35 所示,此时 SPI 传输采用 SPI0(时钟相位 CKPHA＝0,时钟极性 CKPOL＝0)方式,即 SCK 平时为低电平,利用 SCK 上升沿接收数据。AD7699 的工作方式由一个 14 位的配置寄存器确定,配置寄存器的数据由 DIN 串行写入,转换后得到的数据和配置寄存器的数据可由 SDO 串行读取。14 位的配置(CFG)寄存器的说明如表 5-10 所示。

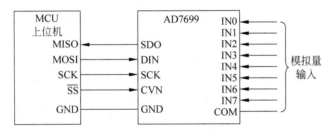

图 5-35　AD7699 与上位机的连接

表 5-10　AD7699 的配置寄存器说明

位编号	名称	说　　明
[13]	CFG	配置更新位。CFG＝0,表示保持当前配置;CFG＝1,表示重写寄存器内容
[12:10]	INCC	通道输入配置位。确定输入是单极性、双极性、差分对,还是内部温度传感器。INCC＝00X,表示双极性差分输入,参考电位为 VREF/2;INCC＝010,表示双极性输入,参考电位为 COM＝VREF/2;INCC＝011,表示输入为内部温度传感器;INCC＝10X,表示单极性差分输入,参考电位为 GND;INCC＝110,表示单极性差分输入,IN0～IN7 的参考电位 COM＝GND;INCC＝111,表示单极性输入,IN0～IN7 的参考电位为 GND
[9:7]	INx	输入通道选择位。INx＝000～111,分别表示选择 IN0～IN7
[6]	BW	低通滤波器带宽选择位。BW＝0,表示 1/4 带宽;BW＝1,表示全带宽
[5:3]	REF	基准源与缓冲器选择位。REF＝001,表示选择内部基准,REF＝4.096V;REF＝010,表示选择外部基准,内部温度传感器有效;REF＝011,表示选择外部基准,内部缓冲器和内部温度传感器有效;REF＝110,表示选择外部基准,内部温度传感器无效;REF＝111,表示选择外部基准,内部缓冲器和内部温度传感器无效

续表

位编号	名称	说　明
[2:1]	SEQ	通道序列发生器控制位。SEQ=00,表示关闭序列发生器;SEQ=01,表示在序列发生期间更新配置;SEQ=10,表示依次转换 IN0～INx(其中♯由输入通道选择位 INx 确定),然后内部温度传感器;SEQ=11,表示依次转换 IN0～INx(其中♯由输入通道选择位 INx 确定)
[0]	RB	回读配置寄存器位。RB=0,表示在读取转换数据后,接着回读当前配置寄存器内容;RB=1,表示不回读当前配置寄存器内容

通道输入配置示意图如图 5-36 所示。图 5-36(a)为单端输入,对应配置寄存器中的 INCC=111,参考电位为 GND。图 5-36(b)为带有公共参考点 COM 的输入,双极性时,COM 可取 VREF/2,对应配置寄存器中的 INCC=010;单极性时,COM 接至 GND,对应配置寄存器中的 INCC=110。图 5-36(c)为无公共参考点的输入,双极性输入时,INx 可取 VREF/2,对应配置寄存器中的 INCC=00X;单极性时,INx 可接至 GND,对应配置寄存器中的 INCC=10X;在此配置情况下,INx 可由配置寄存器[9:7]确定。图 5-36(d)为组合型配置,可通过动态配置分别实现。

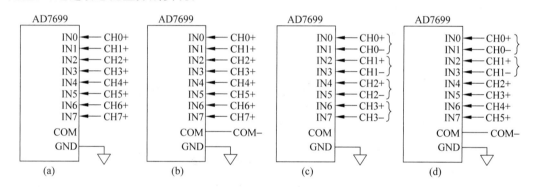

图 5-36　AD7699 的输入配置示意图

AD7699 的读写可在 A/D 转换后进行,也可在 A/D 转换期间进行,后者适用于与高速的主机连接。

AD7699 在 A/D 转换后进行的读写时序(没使用中断机制)如图 5-37 所示,从图中可看出,在第 n 个采样周期,读取的是第 $n-1$ 个采样周期的转换数据,写入配置寄存器的内容要在第 $n+1$ 个采样周期生效。在不回读配置寄存器内容时,只读取 16 位数据,在有回读配置寄存器内容情况下,需要读取 16+14=30 位数据。写入 AD7699 配置寄存器的内容有14 位。

5.2.4　数据采集的原理和实现

数据采集的任务就是把生产现场的工艺参数采集后以数字量的形式进行存储、处理、传输、显示或打印。

对数字信号,采样周期(或时间间隔)只要小于待采样信号的变化周期就能正确检测和输入。对模拟信号,考虑的问题就要多一些,这些问题包括采样周期、滤波、采样保持和量化精度。

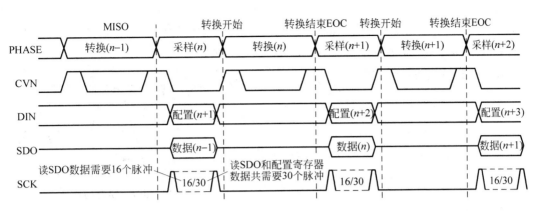

图 5-37 AD7699 在 A/D 转换后进行的读写时序

1. 采样过程

模拟信号的采样过程本质上就是将时间上连续的信号 $x(t)$ 转换为时间上离散的信号 $x_s(t)$，$x_s(t)$ 又称采样信号，$x_s(t)$ 在时间上是离散的，但在幅值上仍然是连续的。在数据采样过程中，还需对 $x_s(t)$ 进行量化，也就是经 A/D 转换为数字信号 $x_d(t)$。通常采样的时间间隔为固定值，用采样周期 T_s 表示，相应的采样频率为 f_s，采样过程中的信号变化如图 5-38 所示。实际的采样脉冲有一定的宽度，该宽度相应于 A/D 转换时间 $t_{A/D}$。采样频率 f_s 和 A/D 转换时间 $t_{A/D}$ 对采样效果都有一定的影响。

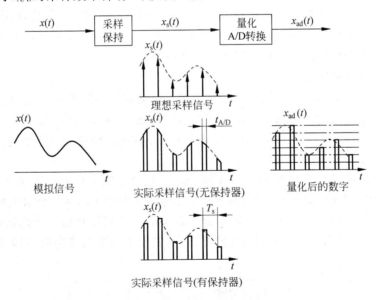

图 5-38 采样过程中的信号变化

2. 采样保持和孔径误差

理想的采样信号由冲激序列组成，脉冲宽度趋于 0，而实际的采样信号由一定宽度的脉冲序列组成，这个脉冲宽度在数值上相当于 A/D 转换时间 $t_{A/D}$，这一时间也称孔径时间，由此会产生孔径误差。

在孔径时间 $t_{A/D}$ 内，由于输入信号 $x(t)$ 的变化所引起的误差称为孔径误差 δ。

设 $x(t) = U_m\sin\omega t = U_m\sin2\pi ft$，在 $t_{A/D}$ 期间 $x(t)$ 的变化量为

$$\Delta U \approx \frac{\mathrm{d}x(t)}{\mathrm{d}t} \cdot t_{\mathrm{A/D}} = U_{\mathrm{m}}2\pi f\cos\omega t \cdot t_{\mathrm{A/D}} \tag{5-5}$$

其最大值在 $t=0$ 处，即 $\Delta U \approx U_{\mathrm{m}}2\pi f \cdot t_{\mathrm{A/D}}$，如图 5-39 所示。

最大的孔径误差 δ 为

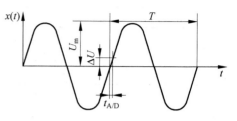

$$\delta \approx \frac{\Delta U}{U_{\mathrm{m}}} \times 100\%$$

$$= 2\pi f \cdot t_{\mathrm{A/D}} \times 100\% \tag{5-6}$$

对 $t_{\mathrm{A/D}}=10\mu s$ 的 10 位 ADC 芯片，为保证其

量化精度 $\frac{1}{2^{10}} = \frac{1}{1024} \approx 0.1\%$，则输入信号允许的

图 5-39 由 $t_{\mathrm{A/D}}$ 引起的误差

最大频率为

$$f \approx \frac{0.1\%}{2\pi \cdot t_{\mathrm{A/D}} \times 100\%} = \frac{0.1\%}{2\pi \times 10 \times 10^{-6} \times 100\%}\mathrm{Hz} \approx 15.9\mathrm{Hz}$$

这与该 ADC 芯片能达到的最大采样频率 $f_{s\mathrm{MAX}} = \frac{1}{t_{\mathrm{A/D}}} = 100\mathrm{kHz}$ 相比，要相差 6250 倍！也就是说由于 A/D 转换器的 $t_{\mathrm{A/D}}$ 影响，为保证精度，不得不大大降低采样频率。为了消除 $t_{\mathrm{A/D}}$ 的影响，有效的办法是使用采样保持器。

采样保持器的作用就是在 A/D 转换期间使得待转换的模拟信号保持不变，这样可有效地提高输入信号的频率范围。

需说明的是，对频率较高的输入信号和采用逐次逼近方式的 ADC，应使用采样保持器，而对频率较低的输入信号或采用双积分方式的 ADC，不一定需要采样保持器。目前越来越多的逐次逼近 A/D 转换芯片中已内置了采样保持器。

3. 数据选择与多路开关

由采样定理可知，对每一路输入信号只需按一定的时间间隔采样就能得到其包含的所有信息，这样就允许一路信号通道依次处理多路信号输入，为此，就需要通过多路开关实现数据的多路选择。对数字信号和模拟信号通常采用不同的多路选择电路结构。

1) 数字信号的多路选择

图 5-40 所示的是数字信号的多路选择，$N\times 8$ 位数字电平(如 TTL 电平或 CMOS 电平)送往多路开关组成的数据选择器，选择控制信号决定其中 1 路 8 位数据经光电隔离后存放到数据寄存器中，再由接口电路将采集到的数字信号送到计算机。当地址线为 8 位时，N 最多可达 $2^8=256$ 路。如不采用数据选择方案，则用于数据的光电隔离器和寄存器就将多达 256 路！

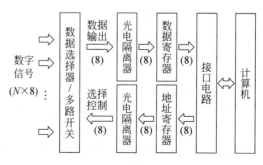

图 5-40 数字信号的多路选择

2) 模拟信号的多路选择

图 5-41 所示的是模拟信号的多路选择,N 路模拟电压信号(如 $1\sim5V$)送往多路模拟开关组成的模拟数据选择器,选择控制信号决定其中 1 路模拟数据经滤波、采样保持、隔离放大、A/D 转换,变为 M 位十进制数据,存放到数据寄存器中,再由接口电路将转换后的数字信号送到计算机。当地址线为 8 位时,N 最多可达 $2^8=256$ 路。如不采用数据选择方案,则所需隔离放大器、A/D 转换器也将多达 256 个。

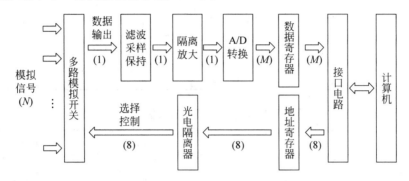

图 5-41 模拟信号的多路选择

3) 多路开关的原理

多路开关(multiplexer)是切换数字信号和模拟信号的器件,也称多路转换器、多路复用器,记为 MUX。只能切换数字信号的多路开关也称数据选择和数据分配器,能切换模拟信号的多路开关也称多路模拟开关(analog multiplexer),模拟开关当然也能切换数字信号。典型的多路开关有 4 双通道多路开关(4×2:1MUX)、双 4 通道多路开关(2×4:1MUX)、单 8 通道多路开关(1×8:1MUX)、双 8 通道多路开关(2×8:1MUX)、单 16 通道多路开关(1×16:1MUX)等,其中 1×8:1MUX 和 2×4:1MUX 典型产品为 CD4051 和 CD4052,但它们是早期标准 CMOS 产品,性能已不能满足目前控制系统的许多要求。AD 公司的 ADG658/659 是 CD405/4052 的改进型,DIP 封装的引脚与其兼容。现以 ADG658/659 为例介绍其结构和功能,ADG658/659 引脚图和内部结构如图 5-42 所示,功能表如表 5-11 和表 5-12 所示。

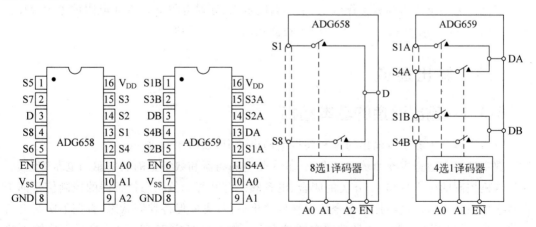

图 5-42 ADG658/659 引脚图和内部结构

表 5-11　ADG658 功能表

A2	A1	A0	$\overline{EN}$	输出 D
X	X	X	1	与输入断开
0	0	0	0	S1
0	0	1	0	S2
0	1	0	0	S3
0	1	1	0	S4
1	0	0	0	S5
1	0	1	0	S6
1	1	0	0	S7
1	1	1	0	S8

表 5-12　ADG659 功能表

A1	A0	$\overline{EN}$	输出 DA	输出 DB
X	X	1	与输入断开	与输入断开
0	0	0	S1A	S1B
0	1	0	S2A	S2B
1	0	0	S3A	S3B
1	1	0	S4A	S4B

ADG658 有 1 个使能端$\overline{EN}$和 3 个选择/分配控制端 A2、A1、A0,S1～S8 和 D 分别为多路开关引出端,S1～S8 既可作输入,也可作输出。S1～S8 作输入时,D 为输出。当把 ADG658 视为 8 选 1 数据选择器时,A2、A1、A0 为选择控制端,S1～S8 作输出,D 为输入;当把 ADG658 视为 1 至 8 数据分配器时,A2、A1、A0 为分配控制端,使能端$\overline{EN}=1$时,S1～S8 与 D 之间断开。$\overline{EN}$和 A2、A1、A0 为逻辑信号输入端,S1～S8 与 D 之间可传输模拟信号。

ADG659 有 1 个使能端$\overline{EN}$和 2 个选择/分配控制端 A1、A0,S1A～S4A 和 DA、S1B～S4B 和 DB 分别构成 4:1MUX,它们同时受$\overline{EN}$、A1、A0 控制。

多路开关的主要指标有工作电压、工作温度范围、导通电阻 R_{on}、导通电阻的差值 ΔR_{on}、导通时间 t_{on} 和关闭时间 t_{off}。这些参数可查阅相应的产品手册。

5.3　输出通道

5.3.1　输出通道的基本结构

输出通道分为数字量输出通道和模拟量输出通道,如图 5-43 所示。

数字量输出通道主要由输出锁存器、数字光电隔离器和数字量的功率驱动电路等组成。在计算机控制的生产过程中,开关的闭合、电磁阀的打开等二值状态执行器的控制信号都来自数字量输出通道。这些控制命令从计算机送出后,首先要保持控制状态,直到下次给出新的值为止,这就需要锁存。常见的锁存器件有 74LS273、74LS373 等,它们能对 8 位输出状态信号实现锁存。采用隔离电路的目的在于将计算机与被控对象隔离开,以防止来自现场

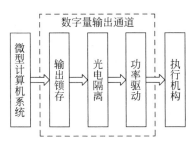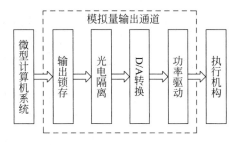

图 5-43　输出通道的结构

的干扰或强电侵入,通常采用的隔离器件是光电耦合器。

模拟量输出通道主要由输出锁存器、数字光电隔离器、D/A 转换和模拟量的功率驱动电路等组成。另外,隔离器也可放置在 D/A 转换之后,此时需要模拟的隔离电路。在计算机控制的生产过程中,诸如开度连续调节的阀门、速度连续变化的电机和导通角连续调节的晶闸管等控制信号都来自模拟量输出通道。

许多智能执行器都含有通信接口与微型计算机相连接,其中的输出通道已融合到执行器内部,如图 5-44 所示。通信接口可以是标准模拟量信号(如 4～20mA),也可以是数字信号,通常为标准的通信总线。

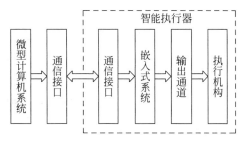

图 5-44　智能执行器中的输出通道

5.3.2　输出通道中的开关信号驱动

输出通道接收的是来自计算机的数字逻辑信号,通常不需要消抖、整形等处理,但仍需要进行锁存、隔离、放大等处理,这些与输入通道中的信号处理类似。但输出通道输出到执行机构(包括电气开关的控制、电磁阀的驱动和电机的控制)需要有信号的驱动电路。信号的驱动电路有开关量的功率驱动和模拟量的功率驱动。

从微处理器输出的数字逻辑一般为 TTL 电平或 CMOS 电平,驱动在 5V 以下,驱动电流一般不大于 10mA,内部集成驱动电路的 MCU 其输出电流也不大于 100mA,不能直接驱动许多输出设备。开关量的功率驱动可以由晶体管、场效应管或集电极开路的 TTL 电路、漏极开路的 MOS 电路、电磁式继电器、固态继电器、可控硅等功率器件组成。

1. 小功率开关信号的驱动

对驱动功率不大的单个部件可采用小功率晶体管,加以适当的偏置电阻、限流电阻就可以直接驱动。若驱动的负载数目较多时,可采用专用驱动集成电路。ULN2803 是一款高耐压、大电流专用驱动集成电路,它由八个达林顿管组成,采用集电极开路输出,输入接收 TTL 和 CMOS(5V 电源时)逻辑电平,反向输出灌电流可达 500mA,并能在关态时承受 50V 的电压,每个输出端设有钳位二极管,以抑制电感型负载产生的瞬态反向高压。 ULN2803 可驱动小型电磁阀、继电器等负载,ULN2803 采用 DIP-20 或 SOP-20 封装,其内部原理图和引脚图如图 5-45 所示。

对于功率较大的负载(驱动电流大于 1A),诸如继电器、电动机和电磁阀等,可以利用功率场效应管驱动。功率场效应管也称为功率 MOSFET,与双极型晶体管相比,它有以下几

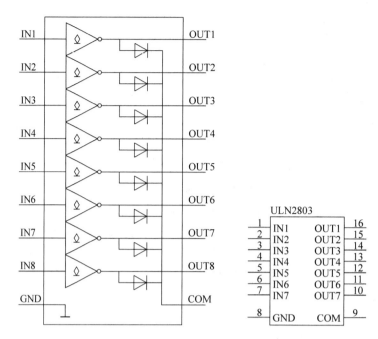

图 5-45   ULN2803 驱动电路原理图和引脚图

个特点:

(1) 功率场效应管是单极型器件,利用多数载流子导电,不存在少数载流子的储存效应,从而有较高的开关速度;

(2) 功率场效应管具有较宽的安全工作区而不易产生热点,同时,由于它是一种具有正温度系数的器件,所以可并联使用;

(3) 功率场效应管具有较强的过载能力,短时过载能力通常为额定值的四倍;

(4) 功率场效应管具有较高的开启电压,即阈值电压,通常阈值电压为 2~6V,因此具有较高的噪声容限和抗干扰能力;

(5) 功率场效应管是电压控制器件,具有较高的输入阻抗,对驱动电路要求较低。

另外,由于 TTL 的高电平大约是 3.6V,而场效应管的导通门槛电压是 2~4V,为使场效应管迅速且充分导通,一般需在栅极加 9~12V 的电压,因而常需要利用晶体管或集电极开路的 TTL 集成电路来驱动功率场效应管。

利用晶体管驱动功率场效应管的电路如图 5-46(a)所示。用集电极开路的 TTL 集成电路构成的驱动电路中,一般将上拉电阻接至 +10V~+15V 的电源上,以确保场效应管充分导通,有时为提高开关速度,可以采用多个门并联驱动的方式,如图 5-46(b)所示。

2. 电磁式继电器的驱动

继电器是电气控制中最常用的器件之一,它利用改变金属触点位置来实现闭合或分开,具有接触电阻小、耐压高等优点,特别适用于大电流、高电压的场合。但电磁式继电器触点切换时往往伴随着电弧或火花,会产生电磨损和干扰,使用寿命有限,有噪声,速度不快。

电磁式继电器一般由线圈和触头组成。当线圈有电流通过时,由于磁场的作用,使开关触点闭合(或断开)。它有常开和常闭触头,当线圈无电流通过时,常开触头断开、常闭触头闭合;当线圈有电流通过时则相反。线圈所加电压有交流和直流两种,直流电压常有 5V、

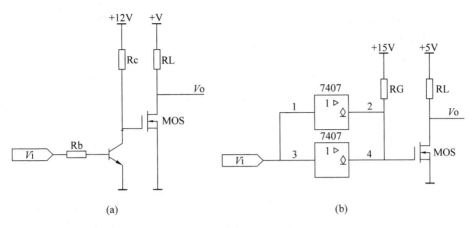

图 5-46 功率场效应管的驱动电路

6V、9V、12V、24V 等类型；交流电压有 220V 或 380V，线圈使用交流电源的继电器也称交流接触器。交流接触器还不能通过小功率开关信号来直接驱动，一般要通过中间继电器才能驱动，中间继电器是控制电路中用于增加触点数量和容量、传递中间信号的继电器。

常用的继电器驱动电路如图 5-47 所示，图中的二极管 1N4148 起续流或钳位作用，当线圈切断电流时产生的感生电动势可以通过二极管泄放，将三极管集电极电位钳位至电源电压。另外，采用继电器驱动电路时，为防止感生电动势的干扰，通常需要有光电耦合措施。

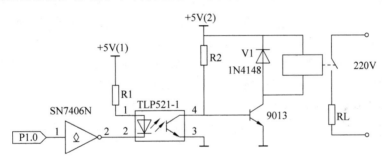

图 5-47 驱动继电器的电路

干簧继电器是另一类继电器，图 5-48 是其结构图。它由密封在玻璃管壳内的一对玻璃合金簧片及绕在管壳外的励磁线圈组成，簧片具有高导磁率和低矫顽力，其末端覆有黄金触点，用以保证接触时极低的接触电阻，玻璃壳内充氮气以防触点氧化。当励磁线圈充电时，线圈产生轴向磁场，簧片被磁化并互相吸合，从而使触点闭合；当线圈断电后，簧片由于弹性而恢复它原先的位置。

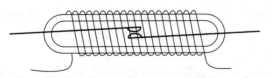

图 5-48 干簧继电器结构图

干簧继电器触点闭合时，导通电阻很低，一般小于 0.1Ω；触点断开时，其分断电阻很高，一般大于 1000MΩ。干簧继电器的工作频率可达 10～40 次/秒，吸合、释放时间约 1ms。

继电器的触点间、触点和励磁线圈间的击穿电压值超过数百伏,其工作寿命可达 10^8 次。干簧继电器在数字控制系统中已有很长的使用历史了。

3. 可控硅输出接口

可控硅(简称 SCR,也称晶闸管)是一种功率半导体器件。可分为单向可控硅和双向可控硅,在微机控制系统中,可作为功率驱动器件。它具有控制功率小、无触点,长寿命等优点,在交流电路的开关控制、调功调速等场合有着广泛的应用。但可控硅容易产生谐波干扰,并且一般不太适合用于直流驱动场合。

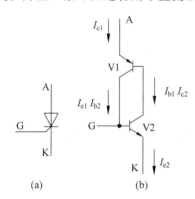

图 5-49 单向可控硅的内部结构及符号表示

1) 单向可控硅

单向可控硅有三个引脚,其符号标示如图 5-49(a)所示。其中 A 极为阳极,K 极为阴极,G 极为控制极或称触发极、门控极。其内部结构如图 5-49(b)所示。

从其内部结构可以看出,当在其 A、K 两端加上正向电压,而在其控制极 G 端不加电压时,单向可控硅不导通,正向电流极小,处于截止状态。如果在控制极上加上正向电压,则可控硅导通,由于三极管 V1、V2 处于深度饱和状态,所以正向导通压降很小,且此时即使撤去控制电压,仍能保持导通状态。因此利用切断控制电流的方法不能切断负载电流。只有当阳极电流降至足够小的定值以下时,负载回路中的电流才能被切断。若将单向可控硅用于交流回路中作整流器件时,电压过零进入负半周时,能自动关断可控硅。但在下一个正半周时,必须在控制极上再加上控制电压,可控硅才能导通。单向可控硅可作为一个无触点开关来接通或断开直流电或作为交流场合的受控整流器件。

由于单向可控硅能通过大电流,因此大功率单向可控硅的 A、K 极引脚较粗,更大功率的可控硅器件采用平板式,并采用风冷散热或水冷散热。

2) 双向可控硅

双向可控硅也称三极双向可控硅,它相当于两个单向可控硅反向并联。它和单向可控硅的区别是:它在触发之后是双向导通;在控制极上不管是加正还是负的触发信号,一般都可以使双向可控硅导通。所以双向可控硅特别适合用作交流无触点开关。双向可控硅的符号表示如图 5-50 所示。但需要特别注意的是,当双向可控硅接通感性负载时,由于电压与电流存在相位差,即电压的相位超过电流一定相位。因此,当电流为零时,存在一个反向电压,且超过转折电压,使管子反向导通,故必须使双向可控硅能承受这种反向电压。一般在双向可控硅 T1、T2 两极间并联一个 RC 网络,以吸收这种反向电压。

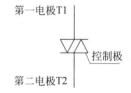

图 5-50 双向可控硅符号表示

由于双向可控硅接通的一般都是一些功率较大的用电器,且连接在强电网络中,所以可控硅触发电路的抗干扰问题,显得尤为重要,通常都是通过光电耦合器将微机控制系统中的触发信号加载至可控硅的控制极 G。由于双向可控硅的广泛使用,与之配套的光电耦合器已有系列产品,这种产品称为光电耦合双向可控硅驱动器,与一般的光耦器件不同之处在于其输出部分是一个光敏双向可控硅,一般还带有过零触发检测器,以保证电压接近零时触发可控硅,这对抑止干扰非常有效。

采用 MOC3011、MOC3041 驱动双向可控硅的电路分别如图 5-51(a)、图 5-51(b)所示。其中 MOC3011 用于交流 110V,MOC3041 用于交流 220V,并带过零触发检测器。

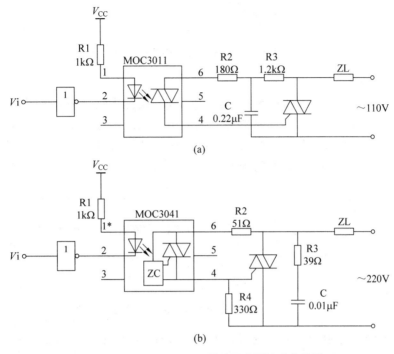

图 5-51　MOC3011、3041 驱动双向可控硅电路图

对不同的光耦,其输入的驱动电流也不同,如 MOC3041 为 15mA,而 MOC3011 仅为 5mA,所以可通过调节输入回路中的 R 来满足其电流要求。

4. 固态继电器输出接口

固态继电器(SSR)是一种新型电子继电器,它用晶体管或可控硅代替常规继电器的触点开关,而在输入级则把光电耦合器融为一体。因此,固态继电器实际上是一种带光电耦合器的无触点开关。根据使用的场合,固态继电器分为直流固态继电器和交流固态继电器。固态继电器一个很重要的特点是输入控制电流小,用 TTL、CMOS 等集成电路的输出可以直接驱动,因此特别适合于在微机控制系统中用作控制器件。与普通的机械电磁式继电器相比,它具有无机械噪声、无抖动和回跳、开关速度快、寿命长、工作可靠、使用方便等特点,特别适合易燃、易爆等危险场所驱动执行机构。但它也增加了一定的封装成本。

1) 直流型 SSR

直流型 SSR 主要用于控制直流大功率的场合。其原理图如图 5-52 所示,其输入端为一光电耦合器,可用 TTL 电平的 OC 门驱动,驱动电流根据各种型号的额定值而略有不同,一般不超过 15mA,控制端的电压范围为 4～32V。中间部分为整形放大电路,输出级为一只大功率的晶体管,二极管起保护作用,对反向电压起续流作用。直流 SSR 广泛应用于各种直流负载场合,如直流电机和电磁阀控制等。

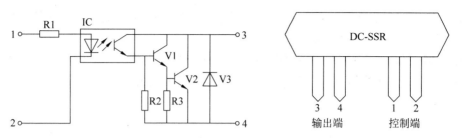

图 5-52　直流 SSR 原理及引脚图

2) 交流型 SSR

交流型 SSR 采用双向可控硅作为开关器件,用于交流大功率驱动的场合,其基本结构原理如图 5-53 所示。对过零型 SSR 必须在电源电压接近零且控制端输入信号有效时,输出端负载电源才接通,而当控制端的输入信号撤去后,流过双向可控硅的负载电流为零时才关断,这样可有效地抑制谐波干扰的产生。

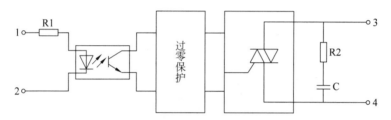

图 5-53　交流过零型 SSR 电原理图

对于交流 SSR,控制端的输入电压为 4～32V,输入电流小于 500mA,因此其控制端可加接一只晶体管直接驱动。输出端的工作电压为交流,可用于 220V、380V 等常用市电场合,输出断态电流一般小于 10mA。

5.3.3　输出通道中的模拟信号驱动

微机控制系统中的被控对象经常需要用模拟量对其进行驱动,以达到控制的目的。它一般由接口电路、D/A 转换器、V/I 变换和功率驱动等组成。数模转换器(DAC)是一种把数字信号转换成模拟信号的器件,F/V 转换器也是将数字信号转换成模拟信号的器件。不管是 DAC 转换器还是 F/V 转换器,其输出端的带载能力都较弱,需要用线性功率驱动接口器件进行驱动。下面重点讨论 D/A 转换器、线性功率驱动电路等。

1. D/A 转换器及其性能指标

实现 D/A 变换的方法有多种,最为常用的是电阻网络转换法。它的实质是根据数字量不同位的权重,对各位数字量的输出进行求和,构成相应的模拟量输出。D/A 转换器的性能指标主要有以下几个。

1) 分辨率

这是 D/A 转换器最重要的性能指标。它用来表示 D/A 转换器输出模拟量的分辨能力,通常用最小非零输出电压与最大输出电压的比值来表示。例如,对于 10 位 D/A 转换器,其最小非零输出电压为 $V_{ref}/(2^{10}-1)$,最大输出电压为 $1 \times V_{ref}$,则分辨率为

$$\frac{V_{ref}/(2^{10}-1)}{V_{ref}} = \frac{1}{(2^{10}-1)} \approx 0.001$$

分辨率越高,D/A转换器就越灵敏。分辨率与D/A转换器的位数有着直接的关系,因此有时也用有效输入数字信号的位数来表示分辨率。

2) 线性度

通常用非线性误差的大小表示D/A转换器的线性度,并且把理想的输入/输出特性的偏差与满刻度FSR(full scale range)输出之比的百分数,定义为非线性误差。

3) 转换精度

转换精度以最大的静态转换误差的形式给出。该转换误差是包含非线性误差、比例系数误差以及漂移误差等在内的综合误差。但是有的产品手册中只分别给出各项误差,而不给出综合误差。

应该注意,精度和分辨率是两个不同的概念。精度是指转换后所得到的实际值对于理想值的误差或接近程度,而分辨率则是指能够对转换结果发生影响的最小输入量。分辨率很高的D/A转换器不一定具有很高的精度,分辨率不高的D/A转换器则肯定不会有很高的精度。

4) 建立时间

由于D/A转换器中有电容、电感和开关电路,它们都会造成电路的时间延迟,当输入数据从零变化到满量程时,其输出模拟信号不能立即达到满量程刻度值。转换器的时延大小用建立时间来衡量,通常电流输出的D/A转换器建立时间是很短的,电压输出的D/A转换器的建立时间则主要取决于相应的运算放大器。

5) 温度系数

温度系数反映了D/A转换器的输出随温度变化的情况。其定义为在满量程刻度输出的条件下,输出变化相对于温度每升高1℃的ppm(FSR/℃)值(1ppm$=1\times10^{-6}$)。

6) 电源抑制比

对于高质量的D/A转换器,要求开关电路以及运算放大器所用的电源电压发生变化时,对输出电压的影响要小。通常把满量程输出电压变化的百分数与电源电压变化的百分数之比称为电源抑制比。

7) 输入形式

D/A转换器的数字量输入形式通常为二进制码。早期多采用并行输入的D/A转换器,很多新型的D/A转换器都采用串行输入,因为串行输入可以节省引脚。

为了便于使用,大多数D/A转换器都带有输入锁存器。但是也有少数产品不带锁存器,在使用时要加以注意。

8) 输出形式

按照D/A转换器输出信号形式可以分为电流输出型和电压输出型,电流输出型的D/A转换器需要使用外部运放电路转换为电压输出。按照输出通道的数量可以分为单路输出型和多路输出型。多路输出的D/A转换器有双路、四路和八路输出等。

2. D/A转换器与单片机的接口

许多MCU芯片都带有D/A转换器,也可利用PWM将数字量转换为模拟量。但有些场合仍然需要外接D/A转换器,下面以12位串行D/A转换器AD7543为例介绍D/A转换器与单片机的接口。

AD7543是专为串行接口应用设计的高精度12位D/A转换器,是美国模拟器件公司

(Analog Devices,Inc.)的产品,属于特殊用途的 D/A 转换器。AD7943 是 AD7543 的改进型产品,其引脚与 AD7543 兼容。AD7543 的内部结构以及它与 51 系列单片机的硬件接口及接口软件程序都很有特色,以下予以介绍。

1) AD7543 应用特性与引脚功能

AD7543 的主要应用特性如下:

(1) 分辨率12 位;

(2) 非线性为±1/2LSB;

(3) 提供异步清除信号输入;

(4) +5V 供电;

(5) 低功耗,最大功耗为 40mW。

AD7543 的内部结构和引脚分布如图 5-54 所示。

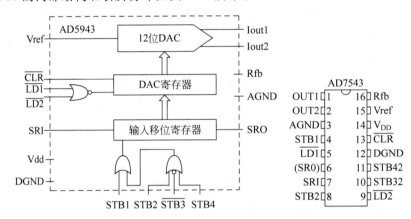

图 5-54 AD7543 的内部结构和引脚图

AD7543 的逻辑电路由 12 位串行输入并行输出移位寄存器(寄存器 A)和 12 位 DAC 输入寄存器(寄存器 B)组成。在选通输入信号的前沿或后沿(由用户选择)定时地把 SRI 管脚上的串行数据装入寄存器 A,一旦寄存器 A 装满,在加载脉冲的控制下,寄存器 A 的数据便装入寄存器 B。AD7543 为 16 引脚双列直插式封装,其引脚功能说明如表 5-13 所示。

表 5-13 AD7543 引脚功能说明

引脚	名称	说　　明
1、2	OUT1、OUT2	DAC 电流输出引脚 1 和 2
3	AGND	模拟地
4	STB1	寄存器 A 选通 1 输入
5	$\overline{\text{LD1}}$	DAC 寄存器 B 加载 1 输入。当$\overline{\text{LD1}}$和$\overline{\text{LD2}}$为低时,寄存器 A 的内容送到寄存器 B
6	SRO	输入移位寄存器(寄存器 A)的输出端
7	SRI	输入到寄存器 A 的串行数据输入引脚
8	STB2	寄存器 A 选通 2 输入
9	$\overline{\text{LD2}}$	DAC 寄存器 B 加载 2 输入
10	$\overline{\text{STB3}}$	寄存器 A 选通 3 输入
11	STB4	寄存器 A 选通 4 输入

续表

引脚	名称	说　明
12	DGND	数字地
13	$\overline{\text{CLR}}$	寄存器 B 清除输入(低有效),用于异步地将寄存器 B 复位至 000000000000
14	Vdd	+5V 电压
15	Vref	基准电压输入
16	Rfb	DAC 反馈输入引脚

出现在 AD7543 的 SRI 引脚上的串行数据在 STB1、STB2 和 STB4 的上升沿或 $\overline{\text{STB3}}$ 的下降沿定时地加到移位寄存器 A,表 5-14 详细说明了寄存器 A 和 B 各控制输入端所要求的各种逻辑状态。

表 5-14 AD7543 的逻辑真值表

AD7543 逻辑输入							AD7543 操作
寄存器 A 控制输入				寄存器 B 控制输入			
STB4	$\overline{\text{STB3}}$	STB2	STB1	$\overline{\text{CLR}}$	$\overline{\text{LD2}}$	$\overline{\text{LD1}}$	
0	1	0	↑	×	×	×	将 SRI 输入端的数据移入寄存器 A
0	1	↑	0	×	×	×	
0	↓	0	0	×	×	×	
↑	1	0	0	×	×	×	
1	×	×	×				寄存器 A 无操作
×	0	×	×				
×	×	1	×				
×	×	×	1				
				0	×	×	清除寄存器 B 使其为 000H(非同步)
				1	1	×	寄存器 B 无操作
				1	×	1	
				1	0	0	寄存器 A 的内容装入寄存器 B

AD7543 与 8031 单片机的接口电路如图 5-55 所示。

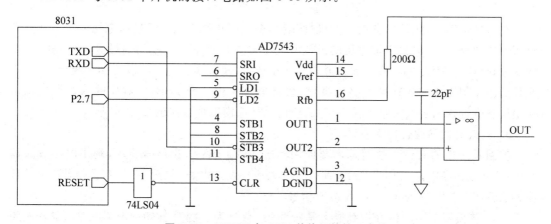

图 5-55 AD7543 与 8031 单片机的接口电路

　　图中 8031 的串行口直接与 AD7543 相连,8031 的串行口选用方式 0(移位寄存器方式),其 TXD 端移位脉冲的负跳变将 RXD 输出的位数据移入 AD7543,利用地址译码器的输出信号产生 $\overline{LD2}$,从而将 AD7543 移位寄存器 A 中的内容输入到寄存器 B 中,并启动D/A 转换。

　　由于 AD7543 的 12 位数据是由高位至低位串行输入的,而 8031 单片机串行口为工作方式 0 时,其数据是由低位至高位串行输出的,因此,在数据输出到 AD7543 之前必须重新装配。

　　2) D/A 转换器使用时的注意问题

　　(1) 关于零点和满度的调节。

　　当数字输入信号全为"0"时,DAC 输出的模拟电压应该为 0V。但是由于运算放大器的偏差,模拟输出可能不为 0V,调零的目的就是使此时 DAC 的输出电压尽可能接近 0V。同理,当输入数字信号为全"1"时,DAC 输出的模拟电压应该为满量程,而实际的输出可能会有偏差。

　　具有零点和满度调节功能的 DAC 应用电路如图 5-56 所示。通过电位器 R2 可以调整零点,而通过电位器 R1 则可以调整满度。

　　(2) 关于 DAC 的输出范围与极性。

　　通常 DAC 的输出电压范围不仅与运算放大器的接法有关,还与参考电压有关。所有的D/A 转换器件的输出模拟电压 V_{out} 都可以表示为输入数字量 D 和模拟参考电压 V_{ref} 的乘积,即有

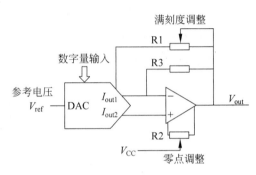

图 5-56　具有零点和满度调节功能的 D/A 转换电路

$$V_{out} = -V_{ref} \times D/(2^n) \qquad (5-7)$$

二进制代码 D 可以表示为

$$D = d_0 \times 2^0 + d_1 \times 2^1 + d_2 \times 2^2 + \cdots + d_{n-1} \times 2^{n-1} \qquad (5-8)$$

上式中 n 为二进制位数,d_i 为二进制数字。d_0 为最低有效位,d_{n-1} 为最高有效位。

　　当参考电压的极性不变时,要想获得双极性的模拟电压输出,就必须采用四象限工作的D/A 转换电路。此时的模拟输出电压可以表示为

$$V_{out} = V_{ref} \times (D - 2^{n-1})/2^{n-1} \qquad (5-9)$$

　　在这种情况下,无论参考电压的极性如何,都可以获得双极性的模拟电压输出。在参考电压不变的情况下,输出模拟电压的极性取决于输入数字量二进制码的最高位(MSB)。这样一来,对应于 MSB 的 0 或 1 和参考电压的正或负,模拟输出电压可以有四种组合方式,因此称为四象限工作方式转换电路。显然,数字量每变化一个 LSB,所对应的双极性模拟量输出比单极性输出要大一倍。图 5-57 是获得双极性模拟量输出的 D/A 转换电路。

3. 电流驱动与线性功率驱动

　　控制系统中的有许多执行器需要使用标准 4~20mA 电流信号驱动,利用电流放大器或电压-电流转换电路(如 XTR115/XTR116 电流环发送电路,如图 5-27 所示)可将 D/A 转换器的输出转换为标准 4~20mA 电流信号。

　　D/A 转换器输出的信号带载能力是较弱的,有时为了提高其功率驱动能力,需要选用线性功率驱动电路,此时需要注意以下几个问题:

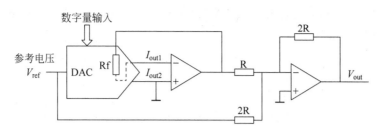

图 5-57 能够获得双极性输出的 D/A 转换电路

（1）输出功率。为了获得较大的输出功率，要求功放电路输出电压有足够大的幅度，并能承载较大的负载，即负载电阻能获得较大的电流。

（2）效率。由于输出功率大，因此直流电源消耗的功率也大。将交流输出功率与直流输入功率之比称为功率放大器的效率，要求这个比值越大越好。

（3）频度响应。根据驱动对象的特性，线性功率驱动电路必须要有足够的频带宽度。

（4）非线性失真。功率放大电路是在大信号下工作，所以不可避免地会产生非线性失真，而且同一功放管输出功率越大，非线性失真就越大。对于不同的系统，对非线性失真的要求不同。例如，在测量系统和电声设备中，对非线性失真要求较高；而在某些工业控制系统中，则主要以输出功率为目的，对非线性失真要求就不太高。

（5）散热问题。在功率放大器中，有相当大的功率消耗在功放管上，使得结温和管壳温度升高，因此功放管必须有良好的散热。低频功率放大器的电路形式主要有两类：一类是通过变压器与负载耦合，这类功率放大器的效率高，可实现阻抗变换，但是变压器笨重，频率特性差，且无法集成；另一类无输出变压器，这类功率放大器体积小、重量轻、频率特性好，非常容易集成，所以目前的功率放大器绝大多数均采用无输出变压器的方法。

（6）线性集成电路的选用。随着线性集成电路的发展，集成功率放大器的应用越来越广泛，在控制系统中一般可采用现成的集成功率放大器产品。

5.3.4 电机控制

在控制系统中，电机是常见的执行器。对控制指标要求高，且电机功率较大的场合，可以选用商品化的专用电机驱动器。对控制指标要求不高，且电机功率较小的场合，可使用简单的直流伺服电机和步进电机，与此相配需要设计一定的驱动电路，这也可看成是输出通道的组成部分。下面分别介绍直流伺服电机和步进电机驱动电路的设计。

1. 直流伺服电机驱动

图 5-58 是一个直流伺服电机的桥式控制原理电路。其中 V1～V4 为开关晶体管，V5～V8 为续流二极管，Rs 既可用于限流，也可用于电流取样。由于直流伺服电机为感性负载，当电流突变时，会有很大的感应电势出现，所以要在 V1～V4 开关元件上并联 V5～V8 续流二极管。当 V1、V4 导通，V2、V3 截止，则电机正转，如图 5-58(a)所示；当 V2、V3 导通，V1、V4 截止，则电机反转，如图 5-58(b)所示。

电机正转时，如关闭 V1、V4，则电机中的电流经 V6、V7 逐渐衰减，电机逐渐停止转动，如图 5-58(c)所示；如仅关闭 V1，则电机中的电流经 V6、V4 和 Rs 逐渐衰减，由于回路中增加了 Rs，时间常数相对减小，衰减速度加快，电机快速停止转动，如图 5-58(d)所示。另外，

V1～V4 均截止时,电机将停止转动;当 V2、V4 导通,V1、V3 截止时,电机绕组短路,此时电机可实现"堵转制动"功能。

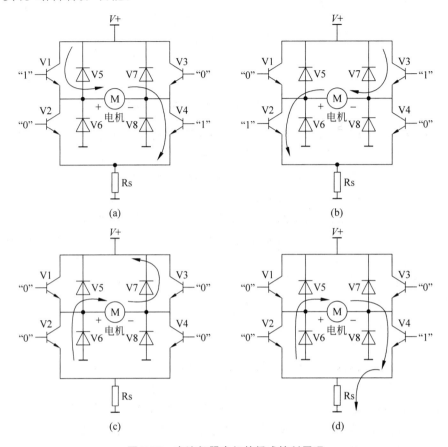

图 5-58　直流伺服电机的桥式控制原理

如改变控制 V1、V4 或 V2、V3 导通的脉冲宽度,就可实现对电机正转或反转的速度控制。但上述电路不允许出现 V1、V2 或 V3、V4 同时导通的情况,否则会造成电源的短路,因此必须有相应的保护措施。利用一些专用的电机驱动芯片,可以方便地实现对直流伺服电机的控制。

直流伺服电机驱动电路的一般框图如图 5-59 所示。下面通过具体电路 A3953 来介绍应用方法。

A3953 是一款桥式 PWM 电机驱动集成电路,能够输出 1.3A 电流,工作电压达 50V,可通过选择输入参考电压、外部感应电阻设置峰值载荷和电流限制,内部有过热过流保护,可实现"堵转制动",提供睡眠模式。A3953 功能框图如图 5-60 所示。

A3953 有 16 个引脚,其中 2 个负载电源、1 个逻辑电源、4 个地线、4 个输入控制端、2 个电机绕组驱动端、3 个辅助输入端。

4 个输入控制端分别为:使能控制$\overline{\text{ENABLE}}$,低电平有效;制动控制$\overline{\text{BRAKE}}$,低电平有效;相位选择 PHASE,高电平为正转,低电平为反转;模式选择 MODE,高电平为快速衰减模式,低电平为慢速衰减模式。2 个电机绕组驱动端为 OutA 和 OutB,接电机绕组的正负极。A3953 功能表如表 5-15 所示。

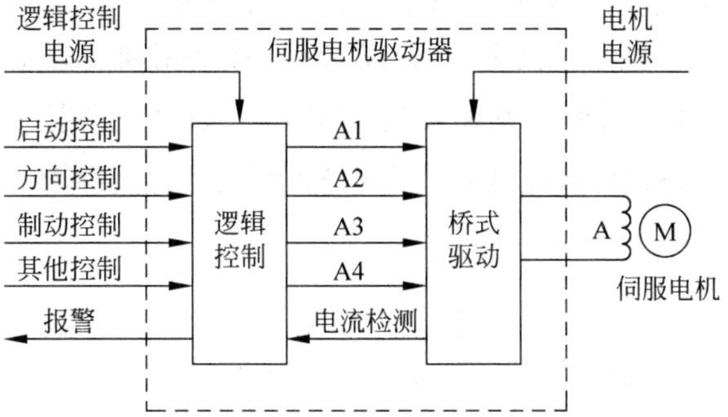

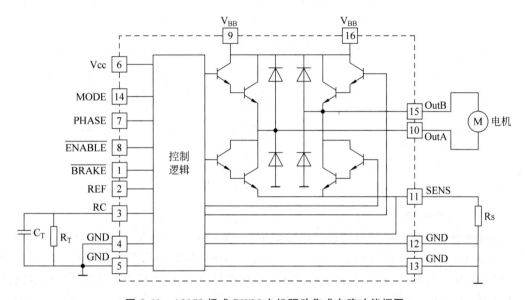

图 5-59　直流伺服电机驱动电路的一般框图

图 5-60　**A3953 桥式 PWM 电机驱动集成电路功能框图**

表 5-15　**A3953 功能表**

$\overline{BRAKE}$	$\overline{ENABLE}$	PHASE	MODE	OutA	OutB	说　　明
H	H	X	H	Off	Off	睡眠模式
H	H	X	L	Off	Off	待机
H	L	H	H	H	L	正转,快速电流衰减
H	L	H	L	H	L	正转,慢速电流衰减
H	L	L	H	L	H	反转,快速电流衰减
H	L	L	L	L	H	反转,慢速电流衰减
L	X	X	H	L	L	制动,快速电流衰减
L	X	X	L	L	L	制动,无电流控制

3 个辅助输入端分别为：RC 定时元件接入端，SENSE 电流检测端，REF 参考电位输入端。

A3953 的一个应用参考电路如图 5-61 所示。其中逻辑控制部分电源 V_{CC} 取 5V，电机负载电源为 12V，参考电位 REF 为 $2k/(2k+18k) * V_{CC} = 0.5V$，电流检测电阻 Rs 为 0.5Ω，则电机的限流电流约为 1A,定时元件 R_T 和 C_T 分别为 30kΩ 和 470pF,其时间常数为 14.1μs,它决定了 A3953 内部 PWM 控制的固定关闭时间 t_{off}。在采用同步固定频率的 PWM 来控制电机速度时,其输入脉冲的周期和宽度要远大于 t_{off}。通过使能控制 $\overline{ENABLE}$、制动控制 $\overline{BRAKE}$ 控制电机的启动和制动,通过模式选择 MODE、相位选择 PHASE 控制电机的衰减模式和方向。

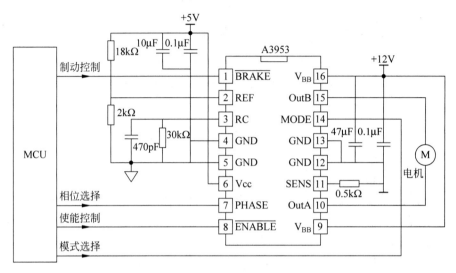

图 5-61　A3953 的应用电路

2. 步进电机驱动

步进电机的驱动器通常由两部分电路组成,一是功率驱动电路,一是脉冲时序发生电路。前者可用分立或集成的功率器件,后者可用专用时序电路或由单片机实现。现在也有专门的步进电机驱动器,同时包含了功率驱动和脉冲时序发生,并且还有其他控制和过流保护等功能,使用更为方便。步进电机驱动电路的一般组成如图 5-62 所示。控制系统可通过接口控制电机的运行。

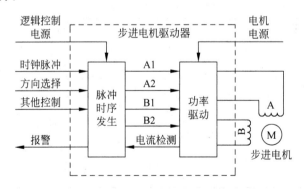

图 5-62　步进电机的驱动电路框图

步进电机绕组不能直接接到交流或直流电源上,需要有驱动时序控制。步进电机的驱动时序常见有单相(one-phase-on)、双相(two-phase-on)和半步(half step)方式。单相方式时,每进一步只有一个绕组通电;双相方式时,每进一步有两个绕组通电;半步方式时,依次有一个或两个绕组通电,所转角度只有单相和双相时的一半。以二相 PM 式步进电机为例,单相、双相和半步的时序如图 5-63(a)、图 5-63(b)和图 5-64 所示。显然半步方式要比单相和双相方式控制精度高一倍。如对绕组的电流不只是用通断的矩形波驱动,而是进一步细分,采用阶梯波驱动,则电机能以更小的步距"连续转动",当然相应的驱动电路要更复杂一些。

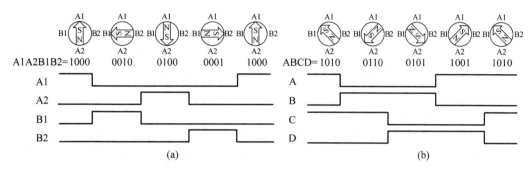

图 5-63　步进电机单相和双相方式驱动时的时序

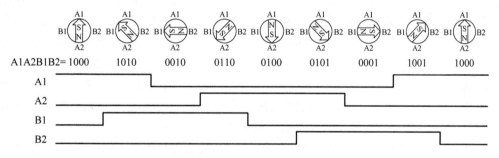

图 5-64　步进电机半步方式驱动时的时序

步进电机绕组的驱动方式有单电压功率驱动、双电压功率驱动、斩波恒流功率驱动等多种方式。前两种为电压型驱动,电路简单,但性能较差。后一种为电流型驱动,性能较好,但电路复杂,需要有专用集成电路支持。单电压功率驱动、双电压功率驱动的原理图如图 5-65(a)和图 5-65(b)所示,斩波恒流功率驱动的原理图如图 5-66 所示。

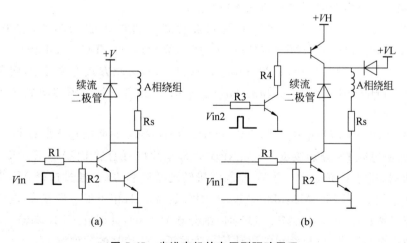

图 5-65　步进电机的电压型驱动原理

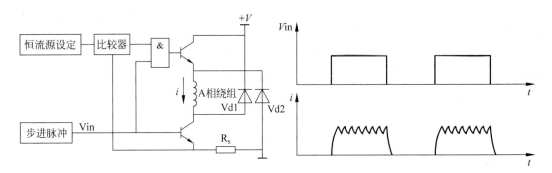

图 5-66　步进电机的斩波恒流功率驱动原理

单电压功率驱动电路简单，Vin 为高电平时，电机绕组通电。Vd 为防止感应高压而并设置续流二极管，绕组回路中的电阻 Rs 越大，回路时间常数越小，高频时电机能产生较大的电磁转矩，可缓解电机的低频共振现象，但为保证一定的驱动电流，需要提高驱动电压，由 Rs 引起的损耗也会增大。

双电压驱动的设计思路是在低频段用较低的电压 VL 驱动，以减小功耗，而在高频段用较高的电压 VH 驱动，以保证足够的电磁转矩。这种功率接口需要两个控制信号，Vin1 和 Vin2 同时为高电平时，高压 VH 驱动电机绕组；仅 Vin1 为高电平时，低压 VL 驱动电机绕组。在低频段，只加载低压控制信号 Vin1，在高频段同时加载高压控制信号 Vin2。这种功率接口也可以在绕组导通的前沿加载高压控制信号，前沿过后，用只加载低压控制信号来维持绕组较小的电流。这样既改善了高频性能，又可减小附加损耗，但加载高压控制信号的时间要恰当，通常与回路的时间常数相当时比较合适。

步进电机的功率驱动也常采用桥式结构，由于步进电机绕组多于伺服电机，并且也有正反控制需要，故步进电机的驱动器更多采用专用驱动器。

斩波恒流功率驱动的设计思想是使电机导通绕组的电流无论在锁定、低频、高频工作时均保持固定数值，使电机具有恒转矩输出特性。为保证恒流驱动，通常需要有电流的采样电阻 Rs，由于电机绕组具有较大电感，且不同转速和负载下的感应电动势变化较大，通常以斩波形式来维持电机导通绕组的电流，稳定在给定值附近，并形成小小的锯齿波。斩波恒流功率驱动性能较好，是目前使用较多的一种功率接口。

THB6064 是一款具有细分功能的两相混合式步进电机驱动芯片，它采用双全桥 MOSFET 驱动，有较低的导通电阻（Ron＝0.4Ω），高耐压（50VDC），大电流（达 4.5A），多细分可选（1/2、1/8、1/10、1/16、1/20、1/32、1/40、1/64），衰减方式连续可调，内置温度保护及过流保护。THB6064 采用 25 引脚的 HZIP25-P-1.27 封装。各引脚的功能描述如表 5-16 所示。

THB6064 的一个应用电路如图 5-67 所示。THB6064 的两组输出驱动接至电机两相绕组，电流检测电阻 Rs 分别接至 NFA、NFB，外部单片机可通过 ENABLE、$\overline{RESET}$ 端启动和复位驱动器，通过 CLK、$\overline{CW}$/CCW 控制电机转动角度和方向，通过选择 M1、M2、M3 实现细分控制。例如，当 M1、M2、M3＝000 时，细分数为 1/2，相当于半步方式，电机绕组的驱动信号为矩形波；而 M1、M2、M3＝111 时，细分数为 1/64，此时在 CLK 端输入 64 个脉冲电机才转动 1 个步距角，电机绕组的驱动信号为接近正弦信号的阶梯波了。

表 5-16　THB6064 引脚的功能描述

编号	符号	I/O 类型	功能描述
1	$\overline{\text{ALERT}}$	输出	过热及过流保护报警输出,正常为 1,异常为 0
2	SGND	—	信号地,通常与电机驱动电源地相连
3	OSC1B	—	B 相斩波频率控制端,外接定时电容
4	PFD	输入	衰减方式控制端,输入电压低则衰减快,输入电压则高衰减慢
5	Vref	输入	参考电位设定(0~3V),决定驱动电流 $Io=Vref/3/Rs$,Rs 为检测电阻
6	VMB	输入	电机 B 相电源,通常与 A 相电源相连
7	M1	输入	细分选择端,M1、M2、M3=000、001、010、011、100、101、110、111
8	M2	输入	时,所对应的细分数分别为 1/2、1/8、1/10、1/16、1/20、1/32、1/40、
9	M3	输入	1/64
10	OUT2B	输出	B 相功率桥输出端 2,接电机绕组
11	NFB	—	B 相电流检测端,应连接大功率检测电阻 Rs,典型值 0.15Ω
12	OUT1B	输出	B 相功率桥输出端 1,接电机绕组
13	PGNDB	—	电机 B 相驱动电源地,通常与 A 相电源地及信号地相连
14	OUT2A	输出	A 相功率桥输出端 2,接电机绕组
15	NFA	—	A 相电流检测端,应连接大功率检测电阻 Rs,典型值 0.15Ω
16	OUT1A	输出	A 相功率桥输出端 1,接电机绕组
17	PGNDA	—	电机 A 相驱动电源地,通常与 B 相电源地及信号地相连
18	ENABLE	输入	使能端,ENABLE=1 时正常工作,ENABLE=0 时停止工作,所有输出为高阻状态
19	$\overline{\text{RESET}}$	输入	上电复位端,低电平有效
20	VMA	输入	电机 A 相电源,通常与 B 相电源相连
21	CLK	输入	脉冲输入端,最高频率约 100kHz,输入 1 个脉冲,转动的步距角由细分选择端 M1、M2、M3 确定
22	$\overline{\text{CW}}$/CCW	输入	电机正反转控制端,假定低电平为正转,高电平为反转
23	OSC1A	—	A 相斩波频率控制端,外接定时电容
24	VDD	输入	芯片逻辑控制单元电源,通常为 5V,要求稳定
25	Down	输出	锁定控制端,用于电机锁定时降低功耗。当 CLK 小于 1.5Hz 时,Down 输出为低电平,此时可通过外部电阻拉低 VREF,从而降低驱动电流。当 CLK 大于 1.5Hz 时,Down 输出为开路

　　值得指出,有许多现成的电机驱动产品可满足不同的应用场合,作为应用工程人员需要了解掌握这些产品的特性和使用方法。例如某一体化步进伺服驱动电机产品的外形和连接接口如图 5-68 所示。其中,带编码器的步进电机、驱动电路组装在一起,在接线面板上有细分、方向、脉冲边沿设置开关,通信接口,输入输出接口,电源连接和指示灯。通过通信接口可设置步进伺服驱动的内部闭环控制参数,通过输入输出接口可控制电机转动及获取电机的报警信号,减少了电机与驱动电路的连接,更便于使用。

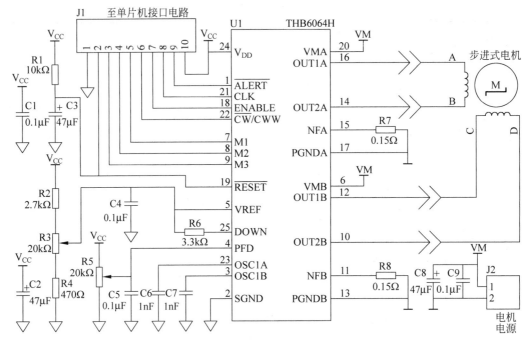

图 5-67　THB6064 的应用电路

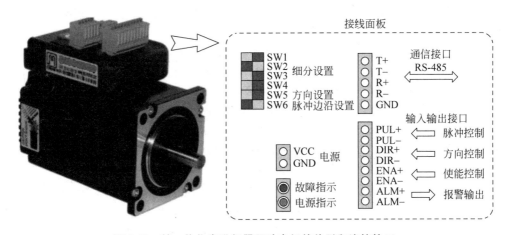

图 5-68　某一体化步进伺服驱动电机的外形和连接接口

本章知识点

知识点 5-1　计算机控制系统中的传感器与执行器

传感器作为信息获取的部件其品种繁多,输出信号各异,除了少数有标准规范的传感器(如热电阻和热电偶)外,更多传感器需要通过变送器进行信号转换,变送器输出标准信号4～20mADC 或 1～5VDC,变送器统一了模拟传感器的信号形式和数值范围。

IEEE 1451 标准提出了变换器(transducer)概念,它可以是一种检测器(sensor),也可以是一种执行器(actuator),或者是两者的组合。传感器与执行器都可看作是一种变换器,它可以作为信息系统与外界联系的一个信息节点。IEEE 1451 定义了一组变换器与系统或网络之间有线/无线的公共接口,通过这些接口可以容易地访问变换器中的数据。使智能变换器与网络或其他设备的连接更为容易,为形成开放、通用的传感器网络打下了基础。

执行器作为信息施效的部件对控制系统也至关重要,其中伺服电机、步进电机、变频器与电动执行器有着广泛的应用,对于控制系统的工程人员,也必须掌握其基本的应用方法。

传感器与执行器需要经过程通道与计算机进行信号传递和交换。过程通道解决两类基本问题:一是将外部传感器信号转换成计算机能接收的数字信号;二是将计算机输出的数字信号转换为外部执行器能接收的信号。分别由输入通道和输出通道完成。

知识点 5-2 输入通道的分类和组成

输入通道可分为数字量输入通道和模拟量输入通道。数字量输入通道以处理开关信号、脉冲信号和数字信号为主。模拟量输入通道以处理模拟信号为主。输入通道也称前向通道,完成对信号的各种调理。包括消抖、滤波、保护、电平转换、隔离、电流-电压信号转换、电阻-电压信号转换、电压放大以及隔离等,调理后的模拟信号还需要 A/D 转换器变为数字信号。

对高速、大批量的数据采集还需要用到采样保持器、数据选择器和多路开关,以保证数据的正确性、提高采集效率、减少元件成本。

知识点 5-3 输出通道的分类和组成

输出通道也可分为数字量输出通道和模拟量输出通道,数字量输出通道主要完成信号的驱动和隔离,模拟量输出通道还包括 D/A 转换和功能放大等功能。另外,简单的直流伺服电机和步进电机驱动电路也可看成是输出通道的组成部分,而复杂的大功率电机的驱动通常采用商品化的专用电机驱动器,专用电机驱动器提供标准接口,可方便与输出通道或网络相连接。

知识点 5-4 智能传感器和智能执行器

过程通道主要完成多种信号处理和信号驱动。未来这些功能可能会进一步融合到传感器与执行器中,形成智能传感器和智能执行器,并通过现场总线形成控制系统,此时,过程通道已不与计算机系统合为一体,但在应用过程中,仍需求掌握过程通道的基本结构和原理。

思考题与习题

1. 简述传感器与变送器的异同。

2. 变送器输出的信号通常为多少? 变送器与输入通道的连接方式有哪些? 请给出连接示意图。

3. IEEE 1451 标准所指的变换器(transducer)、检测器(sensor)和执行器(actuator)之间是什么关系?

4. 试比较伺服电机和步进电机的各自特点。

5. 简述在控制系统中变频器和电动执行器的作用。

6. 简述控制系统中信号的类型和处理的要求。

7. 什么是信号调理? 输入通道中的信号调理包括哪些?

8. 什么是格雷(Gray)码? 它有哪些特点?

9．画出电阻-电压信号转换电路示意图。

10．A/D 转换器有哪些性能指标？

11．A/D 转换的方法有哪些？各有什么特点？

12．某水箱水位正常工作时的变化范围为 0～100cm，经压力变送器变换为 1～5V 标准电压信号后送至 8 位 A/D 转换器 ADC0831，其输入量程为 0～5V。当水箱水位的高度为 25cm 时，ADC0831 的转换结果约为多少？

13．已知某 A/D 转换器的分辨率为 12bit，转换时间为 $10\mu s$，误差为 $\pm1LSB$。在没有采样保持的情况下，为保证数据精度，则输入信号的频率最高为多少？若采用了采样保持器后，理论上输入信号的频率最高可为多少？

14．试画出一个利用多路选择器构成的 64×8bit 数字信号数据采集系统示意图。

15．试画出一个利用多路开关构成的 32 路模拟信号数据采集系统示意图。

16．开关量的功率驱动有哪些器件？各有什么特点？

17．D/A 转换器有哪些性能指标？

18．计算机通过 12 位 D/A 转换器控制某三相电加热器，加热器的输出功率范围为 0～8kW，可接收 4～20mA 的标准电流信号来改变其输出功率，12 位 D/A 转换器的输出范围为 0～20mA，如计算机送给 D/A 转换器的数据为 800H(十六进制)时，加热器输出功率约为多少？

19．某 12 位 D/A 转换电路如图 5-57 所示，当 $V_{ref}=4V$ 时，第一级运算放大器输出范围为 $-4V\sim+4V$。若要求第二级运算放大器的输出电压 V_{out} 为 $-2V$，则输出到 D/A 芯片的二进制数为多少？此时的第一级运算放大器输出电压为多少？

20．画出直流伺服电机驱动电路框图。

21．画出步进电机驱动电路框图。

22．结合步进电机驱动器 THB6064 的应用电路，画出正转 3 步和反转 4 步有关控制信号($ENABLE$、CLK、$\overline{CW}/CCW$、$\overline{RESET}$、M1、M2、M3)的时序(假设采用半步方式)。

第 6 章

控制系统的可靠性与抗干扰技术

计算机控制系统的运行环境往往比较恶劣和复杂,不仅温度变化大、湿度大,有粉尘、振动和腐蚀气体,而且周围的电气干扰更会影响到系统的正常工作,轻则影响控制精度,重则使系统失灵瘫痪。计算机控制系统通常要求长期连续工作,不能随意关机、复位或重新启动。当有干扰信号出现时,系统应能抑制干扰的影响;数据被干扰破坏时,系统应能及时发现并能纠正;系统内部或外部出现异常情况时,应能及时给出报警信息;当干扰导致程序脱离正常运行或进入"死循环",应能及时发现并强制进入正常程序入口或进行系统复位。因此,可靠性要求对计算机控制系统来说至关重要,而抗干扰技术是提高可靠性的一项关键技术,可以说没有采取抗干扰措施的控制系统是根本不能投入实际使用的。

系统的可靠性也就是系统的正常工作能力,要提高系统的可靠性,首先要分析影响系统正常工作的因素,然后采取适当的措施来消除或抑制这些因素。本章首先介绍有关可靠性和抗干扰技术的基本概念,在此基础上,重点介绍硬件和软件的可靠性和抗干扰技术。

6.1 可靠性与抗干扰技术的基本概念

6.1.1 可靠性的概念

1. 可靠性(reliability)定义

控制系统的可靠性通常是指在一定条件下,在规定时间段完成规定功能的能力。

一定的条件包括环境条件(如温度、湿度、粉尘、气体、振动、电磁干扰等)、工作条件(如电源电压、频率允许波动的范围、负载阻抗、允许连接的用户终端数等)、操作和维护条件(如开机关机过程、正常操作步骤、维修时间和次数等)。规定的时间是可靠性的重要特征,常以数学形式表示可靠性的基本参量,如可靠度、失效率、平均故障间隔时间(mean time between failures,MTBF)、平均维护时间(mean time to repair,MTTR)等。规定的功能是指控制系统能完成任务的各项性能指标。对于不同的系统,规定的功能是不同的,如对温度控制系统,规定的功能有温度控制范围、控制精度和动态性能等。

影响系统完成规定功能的干扰因素是多方面的,有时甚至是错综复杂的。干扰有的来自外部,有的来自内部。外部因素有温度、湿度、振动、电源的波动、电磁干扰、操作失误、维修时间超期等;内部因素有器件的偶发性失效、长时间使用后性能老化以及经过试验未能发现的软件与硬件缺陷等。

2. 错误(error)和故障(failure)

在干扰的作用下,系统会产生非正常工作状态,也称异常状态。瞬时性的、功能上出现偏差的异常状态,称为错误,错误不经停机修理也可恢复到正常工作状态;固定性的、功能部件必要操作能力消失的异常状态,称之为故障,故障只有通过修理才能恢复到正常状态。错误和故障往往是不可避免的,这需要有正确的态度和策略来对待。

错误的发生并不可怕,可怕的是当发生了错误,系统仍一无所知,因此,错误的自动检测、纠正和指示,对控制系统来说非常重要。为消除错误对系统影响,可采用一些有效方法:如增设抗干扰电路,消除来自电源、信号、空间的电磁干扰;通过附加冗余码实现自动检错、纠错等。

故障按其发生时期通常分为早期故障、耗损故障和偶发故障。

实践证明许多产品的故障率是时间的函数,典型故障率曲线呈两头高、中间低形状,称为浴盆曲线(bathtub curve),如图 6-1 所示。因而故障按其发生的时期通常分为早期故障、偶发故障和耗损故障。

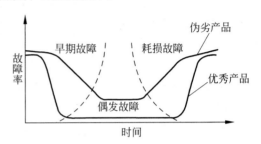

图 6-1　故障率曲线——浴盆曲线

早期故障的发生是由于元器件质量差,软件、硬件设计欠完善等"先天不足"原因所造成的,可通过调试系统及时发现问题,优化设计结构、选择优质部件,以减少早期故障的发生。

耗损故障的发生是由于元器件使用寿命已到所致。如果已知元器件使用寿命的统计分布规律,那么,预先更换元器件,就可防止耗损故障的发生。另外,定期检查或更换关键元件和部件,也可防止耗损故障的发生。

偶发故障是随机的,通常发生于早期故障和耗损故障之间,在故障发生后,需进行应急维修。由于偶发故障的发生既难以预见又不可避免,为尽可能减少由于故障发生所造成的损失,尽快恢复系统正常工作,就需要采取故障诊断、故障修复技术,如要使系统仍然继续运行,需要采取冗余技术等特殊措施,这也是可靠性技术应研究的重要课题。

因此,可靠性的概念有两层含义:一是系统在规定的时间内尽可能减少错误和故障的发生;二是发生了错误和故障后能迅速进行维修,尽快恢复正常工作。

另外,如考虑人为的干扰因素,如控制系统中有关数据和程序的非法窃取、修改等,则安全性也属于系统可靠性应考虑的内容。

6.1.2　电磁兼容性

1. 电磁兼容性的概念

电磁兼容性(electro-magnetic compatibility,EMC)并非指电与磁之间的兼容,而是指在不损害信号所含信息的条件下,信号和干扰能够共存的程度。国际电工委员会(IEC)对EMC 的定义是:设备或系统在其电磁环境中能正常工作且不对该环境中任何事物构成不能承受的电磁骚扰的能力。

研究电磁兼容的目的是为了保证电器设备或系统在电磁环境中具有正常工作的能力,以及掌握电磁波对社会生产活动和人体健康造成危害的机理和预防措施。

按传统的观点,控制系统为保证其正常工作,必须有较强的抗电磁干扰能力,如果忽略了其本身的许多部件,当然也就是忽略了产生电磁干扰的发射源。

电磁兼容实际有两方面的含义,一方面是设备或系统本身不应对周围其他设备或系统造成不能承受的电磁干扰(electro-magnetic interference,EMI);另一方面是设备或系统应具有较低的电磁敏感度(electro-magnetic susceptibility,EMS),这也能防御来自周围环境中的电磁干扰。

随着计算机技术、通信技术、自动化控制技术以及家用电器的广泛应用,电磁兼容成为世界工业技术的热点问题。电子产品在方便人们的同时,对社会生产活动和人体健康也带来了一系列不利的影响。电子元件几乎在所有的设备中都存在,而它们越来越趋于在极微弱的信号下工作,且信号工作频率越来越高,动作时间越来越短,因而更容易受外界电磁场的干扰。电子产品的广泛使用,也意味着电磁发射源也越来越多,而高能量、高频率的发射源使干扰信号不断增强,这些电磁辐射不仅对电子设备本身有干扰作用,更严重的是电磁辐射会对人体健康造成不良影响,电磁辐射污染也已被世界卫生组织列为必须严加控制的现代公害之一,因此,清洁电磁环境,保证电工、电子产品正常工作已受到世界范围的普遍关注。

解决电磁兼容问题应从产品的开发阶段开始,并贯穿于整个产品或系统的生产全过程。电磁兼容设计的关键技术是对电磁干扰机制的研究,从干扰源处限制电磁发射是治本的方法,切断电磁噪声的传播途径是提高抗干扰能力的重要手段。

2. 电磁兼容标准

电磁兼容技术的迅速发展,也激发了对电磁兼容标准化工作的需求。许多国家在 EMC 技术的研究、标准的制定、EMC 测试及认证方面做了不少工作,如欧共体成员国关于 EMC 法律性指令(89/336/EEC 指令)要求所有投放市场的电工电子产品,均要求进行 EMC 认证。认证合格后,贴上 CE 标志(形如: **CE**)。美国联邦通信委员会(Federal Communications Commission,FCC)颁布了一系列有关 EMC 的法规,并进行这方面的管理,对于通信发射机、接收机、电视机、计算机、各种医疗设备均有相应的法律要求。任何想出口到美国的这些设备必须取得 FCC 的某种形式的认可。

IEC 专门从事电磁兼容标准化工作的有两个技术委员会,即国际无线电干扰特别委员会(CISPR)和第 77 技术委员会(TC77)。我国的 EMC 测试及标准化工作是 60 年代起步的。对应于 CISPR 成立了全国无线电干扰标准化技术委员会,对应 TC77 成立了全国电磁兼容标准化联合工作组,以促进电磁兼容 EMC 研究和标准化工作。随着 EMC 标准化工作的进行,其认证工作已发展成一个比较成熟的产物,就如安全认证、环境保护的绿色认证一样,EMC 认证也将是产品的一个重要质量标志。

3. 常用名词说明

1) 噪声与干扰(noise & interfering)

噪声是一种明显不传送信息的信号,它可与有用信号叠加或组合,并使有用信号发生畸变。噪声会损害有用信号的接收,并可引起装置、设备或系统性能降低,甚至不能正常工作,具有危害性的噪声称干扰。"噪声"与"干扰"有时也不严格区分,一般在讨论对有用信号影响程度时,多用"噪声"一词,而讨论危害作用时,多用"干扰"一词。

2) 电磁骚扰和电磁干扰(electromagnetic disturbance & electromagnetic interference)

电磁骚扰是泛指对装置、设备、系统或者有生命物体产生损害作用的电磁现象。电磁骚扰可能是电磁噪声、无用信号或传播媒介自身的变化。电磁干扰(EMI)是指由电磁骚扰引起的设备、传输通道或系统性能的下降。

3) 噪声源与受扰体(noise source & susceptor)

噪声源就是产生噪声的主体,也称干扰源,如雷电、继电器、可控硅、电机、高频时钟等都可能成为干扰源,其用数学描述的特征是 du/dt 或 di/dt 较大的地方都可能是干扰源。受扰体就是受到干扰危害的装置、设备或系统,受扰体亦称受干扰对象或干扰对象,受扰体通常对噪声有较高敏感性(susceptibility),如 A/D、D/A 变换器、单片机、数字 IC、弱信号放大器等,都可以是受扰体。

4) 耦合与耦合途径(coupling & coupling paths)

耦合泛指系统间或一个系统的各部分之间相互作用而彼此发生关联的现象,此处主要指干扰源与受扰体之间通过电或磁产生联系的现象,它通常决定了受扰体受到干扰的方式。耦合途径是指干扰源对受扰体发生作用时,电磁能量的传输介质,亦称耦合通道。耦合途径主要有传导、感应和辐射。

5) 传导与辐射(coduction & radition)

传导是通过导线传播电磁能量的耦合方式,具体有电导耦合、电感耦合、电容耦合、公共阻抗耦合等。辐射是通过自由空间传播电磁能量的耦合方式。

6) 系统间干扰和系统内干扰(inter-system interference & intra-system interference)

系统间干扰是指由其他系统对一个系统造成的电磁干扰。系统内干扰是指系统中出现的由本系统内部电磁骚扰(disturbance)引起的电磁干扰。

7) 内部抗扰性和外部抗扰性(internal immunity & external immunity)

内部抗扰性是指装置、设备或系统在其输入或天线处存在电磁骚扰时能正常工作而性能没有降低的能力。外部抗扰性是指装置、设备或系统在电磁骚扰经由除常规输入端或天线以外的途径侵入情况下,能正常工作而性能没有降低的能力。

4. 产生干扰的必要条件

由噪声(或电磁骚扰)干扰引起设备或系统性能下降的现象,必须满足 4 个条件:噪声的发生(即有噪声源的存在)、噪声的接收(即有受扰体的存在)、噪声的传播(即有耦合途径的存在),以及上述三者在时间上的一致性。只要破坏上述 4 个条件中任何一个,干扰现象就能消除。上述 4 个条件也可看作是 EMC 的 4 个要素,如图 6-2 所示。

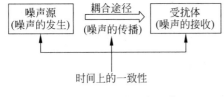

图 6-2 EMC 的 4 个要素

由于噪声源和受扰体通常是客观存在的,很难消除,只能通过减少噪声源的发射能量、降低受扰体敏感度来达到消除干扰的目的。切断噪声从噪声源到受扰体的耦合途径是消除干扰的常用方法,而调整噪声的产生、传播和接收的时间关系,有时也能起到事半功倍的效果。

6.1.3 噪声的分类和耦合方式

1. 噪声分类

噪声的种类繁多,下面按噪声产生的位置、原因、传导模式以及波形来分类介绍。

1）按噪声产生的位置分类

按噪声产生的位置可分内部噪声和外部噪声。

内部噪声是指装置内部或器件本身产生的噪声。外部噪声是指从外部侵入装置或系统的噪声，主要有自然噪声和人为噪声两类。

自然噪声包括大气噪声、太阳噪声等。大气噪声如雷电、火花放电、台风、火山喷烟、沙尘、飞雪等。其中雷电是经常遇到的，它从较低频率（数千赫兹）到 VHF 射频段（30～300MHz）或更高的频段内产生干扰，并能传到相当远的距离。太阳噪声是由于太阳黑子或磁暴发射出的电磁噪声，其强度与黑子活动的激烈程度有关。

人为噪声来自其他机器和设备的噪声，如有触点的家用电器和民用设备：电冰箱、电熨斗、电磁开关、继电器等；使用整流子电动机的机器：电钻、电动刮胡刀、电按摩器、吸尘器、电动搅拌机、牙科医疗器械；家用电力半导体器件装置：硅整流调光器、开关电源等；工业用高频设备：塑料热合机、高频加热器、高频电焊机等；高频医疗设备：甚高频或超高频理疗装置、高频手术刀、电测仪、X 光机等；电力传动设备：各种直流、交流伺服电动机、步进电机、电磁阀、接触器等；电力电子器件组成的变流装置：可控整流器、逆变器、变频器、斩波器、交流调压器、UPS 电源、高频开关电源等；电力传输设备：高压电力传输线、高压断路器、变压器等；内燃机中的点火系统、发电机、电压调节器、电刷等；无线电发射和接收设备：移动通信系统、广播、电视、雷达、导航设备等；高速数字电路设备：计算机及其相关设备等。

2）按噪声产生的原因分类

噪声产生的原因非常多，按其分类有热噪声、接触噪声、放电噪声、高频振荡噪声、感应噪声、工频噪声、反射噪声、浪涌噪声、辐射噪声等。

热噪声是由导体、半导体和电阻中电子热骚动所形成的电子噪声，由于电子热运动具有随机性质，所以热噪声电压也具有随机性质，而且它几乎覆盖整个频谱。

接触噪声是由两种材料之间的不完全接触，形成电导率的起伏而产生的。它发生在两个导体连接的地方，如继电器的接点、电位器的滑动接点以及接线柱和虚焊处。

放电噪声主要由雷电、静电、电机电刷和大功率开关触点断开等放电现象产生的。

高频振荡噪声主要是感应电炉、开关电源、逆变器、高频加热器、超声波设备以及电路内部反馈引起的高频自激振荡所产生的。

感应噪声是由于器件布局、配线或接地不当所产生的静电感应、电磁感应噪声。

工频噪声是电源整流电路滤波不佳、变压器漏磁通感应分量，以及大地漏电等导致有用信号中混入交流分量所产生的交流噪声。

反射噪声是高速电路长线传输时，由于阻抗不匹配，发生信号传输反射，引起信号波形畸变所形成的。

浪涌噪声是由大功率设备、晶闸管变流器和电动机启动产生涌流所造成的。

辐射噪声是由大功率发射装置、接收装置（如广播设备、雷达、发报机、电视机、调频机、调幅机等）产生的噪声，并通过空间辐射形式影响装置或设备。

3）按噪声传导模式分类

按噪声传导模式可分为串模噪声和共模噪声。

串模噪声又称差动噪声、常模噪声、横向噪声、线间感应噪声或对称噪声等，串模噪声与有用信号串在一起,噪声电流 In 与有用信号电流 Is 在线路中的流向是一致的,噪声电压 Vn 始终叠加在信号电压 Vs 上,如图 6-3(a)所示。这种噪声往往较难清除,当噪声的频率范围与有用信号相差较大时,可采用滤波方法来抑制。

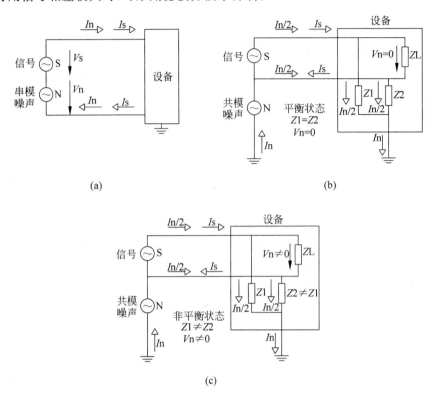

图 6-3　串模噪声与共模噪声

共模噪声又称地感应噪声、纵向噪声或不对称噪声。噪声电流 In 在一对信号线上各流过一部分,以地为公共回路,只要线路处于平衡状态,即两根信号线对地阻抗一致时($Z1=Z2$),则在两根信号线间产生的噪声电压 Vn 基本为 0,共模噪声不会对有用信号产生影响,如图 6-3(b)所示。但线路不平衡,即两根信号线对地阻抗不一致时,噪声电压 Vn 就不为 0,相当于在两根信号线存在串模噪声,如图 6-3(c)所示。通常输入输出信号线与大地或机壳之间的噪声都为共模噪声,信号线受到静电感应时产生的噪声也多为共模噪声。抑制共模噪声的方法较多,如隔离、屏蔽、接地等。

4) 按噪声波形分类

典型的噪声波形有连续的正弦波、偶发的脉冲波、周期性的脉冲波,分别如图 6-4(a)、图 6-4(b)和图 6-4(c)所示。对连续正弦波噪声,可用幅值 Vm、持续时间 ts 和振荡频率 fn 等特征值来描述;对偶发脉冲波噪声,可用最大幅度 Vm、上升时间 tr、脉冲宽度 tp 等特征值来描述;周期性脉冲波噪声,可用最大幅度 Vm、脉冲宽度 tp、脉冲间隔时间 ts 等特征值来描述。

根据噪声波形与有用信号的特征值,就能确定采用具体消除噪声的措施。

2. 噪声的耦合方式

噪声的耦合方式主要有公共阻抗耦合、直接耦合、电容耦合、电磁感应耦合、漏电耦合和辐射耦合等。

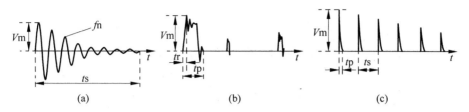

图 6-4 典型的噪声波形

1）公共阻抗耦合

公共阻抗耦合是噪声源和信号处理电路具有公共阻抗时的传导耦合。常见的情况是信号处理电路和信号输出电路使用公共电源，而电源不是内阻为零的理想电压源，电源内阻就成为了公共阻抗 Z_c，信号输出电路中的电流变化就会在公共阻抗上产生噪声信号，并通过电源线干扰信号处理电路，如图 6-5(a) 所示。为了防止公共阻抗耦合，应使耦合阻抗趋近于零，通过去耦电路可减少公共阻抗耦合引起的干扰。

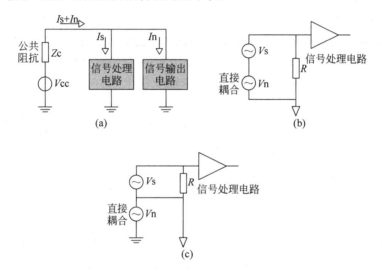

图 6-5 公共阻抗耦合与直接耦合

2）直接耦合

直接耦合通常是噪声信号经过导线直接传导到被干扰电路中。图 6-5(b) 中噪声信号 V_n 串接到有用信号 V_s 回路中，形成串模干扰；图 6-5(c) 中噪声信号 V_n 对有用信号 V_s 形成共模干扰。

3）电容耦合

控制系统的元件之间、导线之间、导线与元件之间都存在分布电容。如某一导体上的信号电压变化通过分布电容影响到其他导体上的电位，这种现象称为电容性耦合，也称静电耦合或电场耦合。噪声通过电容耦合的影响程度取决于分布电容大小和噪声的频率。如图 6-6(a) 所示，导线 a、导线 b 之间存在分布电容 C_{ab}，导线 a 和导线 b 对地的分布电容为 C_{ac} 和 C_{bc}，噪声信号 V_n 可通过分布电容 C_{ab} 会叠加在导线 b 上。

4）电磁感应耦合

电磁感应耦合又称磁场耦合。载流导体周围空间都会产生磁，如磁场是交变的，则会

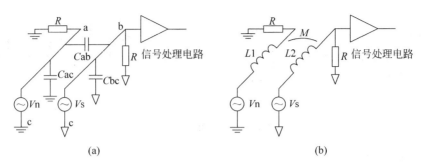

图 6-6 电容耦合与电磁感应耦合

对其周围闭合电路产生感应电势,因此,电路中的线圈、变压器甚至较长的导线都可能通过电磁感应耦合来传递噪声。如图 6-6(b)所示,噪声信号 Vn 回路的 $L1$ 与有用信号 Vs 回路的 $L2$ 经等效的互感系数 M 耦合,从而有可能造成对 Vs 的影响。

5)漏电耦合

漏电耦合是电阻性耦合方式。当相邻的元件或导线间绝缘电阻降低时,就会发生漏电耦合现象。如图 6-7(a)所示,Rab 为导线 a 与导线 b 之间的绝缘电阻,当电路绝缘性能下降时,即 Rab 变小,则导线 a 上的信号 Vn 通过 Rab 与 Rb 分压耦合到导线 b 上,从而造成 Vn 对 Vs 的干扰。

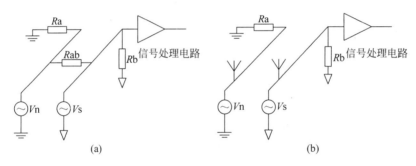

图 6-7 漏电耦合与辐射耦合

6)辐射耦合

辐射耦合主要由电磁场辐射引起。当高频电流通过导线时,就会在导体周围形成空间传播的电磁波,一定长度的信号传输线既可作为发射天线,也可作为接收天线,这就是所谓的"天线效应"。在一定强度的电磁场辐射条件下,由于天线效应,噪声经辐射耦合入侵电路就难以避免。辐射耦合的示意图如图 6-7(b)所示。

6.1.4 控制系统可靠性设计的基本途径

控制系统可靠性设计的基本途径可从如下 4 个方面考虑。

1. 提高元器件和部件的可靠性

控制系统整体的可靠性是建立在各组成部分可靠性基础上的,因此选择可靠性好、抗干扰能力强的元件、器件和部件是提高系统可靠性的前提。

在这方面进行的工作有:查明失效的物理机理,分析失效的原因加以消除;掌握元器件的性能,合理地规定使用条件,必要时可采用降额设计(使元器件在远低于额定条件下工作);建立器件的性能老化模型,提供有效的器件筛选方法;利用大规模、超大规模集成电路技术,减少使用分立元件,以提高电路或子系统的可靠性等。

2. 合理设计系统结构

一个控制系统通常由若干个部分组成,合理设计系统结构就是适当分解系统,然后建立相互的连接关系。分解系统除了按功能划分外,还应考虑噪声源与受扰体尽可能分开,各组成部分尽可能采用成熟技术,各组成部分之间的连接要着重考虑便于维护和更换。

3. 采用抗干扰技术

采用抗干扰技术,提高系统对环境的适应能力。常见的硬件抗干扰措施有滤波与去耦、隔离与屏蔽、电源与接地、停电保护与热插拔技术等,软件抗干扰措施有数字滤波、数据检错和纠错、开机自检等。抗干扰技术也是可靠性技术的重要组成部分。

4. 采用可靠性技术

控制系统可靠性技术涉及的内容还有冗余技术、自动检错纠错技术、故障诊断和恢复技术、安全性技术以及软件可靠性技术等。

下面从硬件和软件两个方面重点介绍计算机控制中采用的抗干扰技术。

6.2 硬件的可靠性与抗干扰技术

6.2.1 元器件与系统结构

1. 电子元器件的可靠性度量

电子元器件的可靠性常用失效比例来测定。比较容易理解的是所谓平均失效率。它可用公式表示如下:

$$平均失效率 = 失效产品的百分比 / 工作时间$$

例如,某种电子器件的平均失效率为 $1\%/1000$ 小时,它的意思是这种器件使用 1000 小时平均每 100 个器件中会有 1 个失效。

失效率国际上惯用菲特(Fit)作为单位。它的含义是

$$1\ 菲特(Fit) = 1 \times 10^{-9}/小时 = 1 \times 10^{-6}/千小时$$

电子元件失效率的参考值如表 6-1 所示。

表 6-1 电子元件失效率

元器件名称	失效率(Fit)	元器件名称	失效率(Fit)
大功率晶体管	100	二极管	2~5
电解电容	20~50	电阻、电感、非电解质电容	2~5
小功率晶体管	10	集成电路	0.1~100

需要指出,一般分立元件(电阻、电容、电感等)的失效率在几到几十菲特数量级,当一个系统使用数量超过千或万时,整个系统的失效率会达到几千到几十万菲特,这就意味着系统平均连续工作一年(8760 小时 ≈ 1 万小时)就可能产生数次故障,这对许多控制系统是不能接受的。集成电路芯片可取代许多个分立元件,集成电路芯片的失效率正不断降低,甚至可达 1 菲特以下,因而采用集成电路可使系统的可靠性大大提高。

2. 元器件的选择

半导体器件是微机控制系统最基础、最核心的器件,对系统的性能和可靠性影响极大。选择时一般应遵循下面一些原则:

(1) 必须深入了解元器件的电气参数,特别是极限参数,不能超出极限条件下工作。如对于二极管,应考虑最大反向电压、最大正向电流、反向电流、正向压降和工作频率等电气参数。

(2) 注意温度对器件性能的影响,选择温漂小、稳定性好的元器件。如工业级 TTL 集成电路的工作温度为 0℃～70℃,CMOS 集成电路的工作温度为 -55℃～+125℃。

(3) 为提高整体可靠性、降低接触不良故障、减少焊点数量,尽量选用大规模集成电路,少用小规模或中规模集成电路。

(4) 尽量选用抗干扰性能好的元器件。为了提高噪声容限,可选用 CMOS 器件;为了抑制共模干扰,可选用测量放大器;为了抑制工频干扰,可选用积分型 A/D;为提高传输距离,应采用电流传输器件等。

(5) 有条件时,尽可能采用低功耗器件。对电池供电的场合,更应选用功耗小的 CMOS 器件。

(6) 多路转换器的输入常常受到各种环境噪声的污染,尤其易受到共模噪声的干扰。在多路转换器输入端接入共模扼流圈,对抑制外部传感器引入的高频共模噪声十分有效。多个输入信号经多路转换器接至放大器或 A/D 转换器的方法有单端法和差动接法,其中差动接法抗干扰能力强。

(7) 放大器的选择一般采用不同性能的集成放大器。在传感器工作环境复杂和恶劣时,应选择测量放大器,它具有高输入阻抗、低输出阻抗、强抗共模干扰能力、低温漂、低失调电压和高稳定增益等特点,使其在微弱信号的监测系统中广泛用作前置放大器。为了防止共模噪声侵入系统可以采用隔离放大器。隔离放大器具有线性和稳定性好、共模抑制比高、应用电路简单、放大增益可变等特点。

(8) A/D 转换器其转换工作原理与转换性能有密切关系。逐次比较式 ADC 转换速度较高,但抗干扰能力差。双积分 ADC 抗干扰能力强,尤其是对工频干扰有较强的抑制能力,具有较高的转换精度,但转换速度较低。V/F 式 ADC 也具有较好的抗干扰性能、很好的线性度和高分辨率,其转换速度适中。Σ-Δ 式 ADC,它兼有余数反馈比较式和积分式的特征,具有抗干扰能力强、量化噪声小、分辨率高和线性度好的优点,转换速度也高于积分式 ADC。因此,Σ-Δ 式 ADC 是智能仪表和工业过程参数检测控制的优先选择。

(9) 数字输入端噪声抑制是根据有用脉冲信号与无用脉冲噪声之间的差别,来采取既保证有用脉冲信号不丢失,又有效地抑制无用脉冲噪声的措施。在数字电路的接口部位加入 RC 滤波环节,利用 RC 的延时作用来控制噪声的影响,并在 RC 滤波器的输出端接入施密特型集成电路。抑制输入噪声的另一项措施是提高输入端的噪声容限,这可通过加上拉电阻、电源分散配置,以及提高供电电源电压等措施。

(10) 数字电路不用的输入端可固定在规定的电平上,也可将不用输入端与有用信号输入端并联在一起。

3. 系统结构

控制系统的结构包括组成和关系,系统结构的设计就是分解系统、建立连接关系。为了

提高系统的可靠性与抗干扰能力,系统结构设计应考虑如下一些原则:

(1) 全面掌握各子系统的功能和信号流向,辨别存在的噪声源与受扰体,既要保证系统功能的实现、信号的正常传输,又要避免由于各种可能的耦合方式(如公共阻抗耦合、直接耦合、电容耦合、电磁感应耦合、漏电耦合和辐射耦合等)造成各子系统之间和各子系统内部的噪声干扰。

(2) 合理设计各子系统的物理布局和硬件连接,既要方便安装、调试、维护和功能扩展,又要防止使用和维修过程中误操作造成新的故障和安全隐患。

(3) 合理分配各种硬件抗干扰措施(如滤波与去耦、隔离与屏蔽、电源与接地、停电保护、热插拔技术等)在不同子系统中的应用,既要讲究效果,又有注意效率和成本。

(4) 注重系统状态信息的指示,对电源和关键子系统的状态提供多种信号指示电路,包括操作指导信号和状态提示信号,随时了解系统运行状况,及时发现可能存在错误和故障的隐患。

(5) 注意系统硬件与软件功能的协调,了解冗余技术、自动检错纠错技术、故障诊断和恢复技术、安全性技术以及软件可靠性技术等对系统结构的要求。

另外,在进行系统结构的可靠性与抗干扰设计的同时,还兼顾多种因素对系统结构的影响,如低碳环保、安全认证、知识产权等。

6.2.2 滤波与去耦电路

1. 滤波电路

滤波为电磁噪声提供一低阻抗的通路,以达到抑制电磁干扰的目的,是在频域上处理电磁噪声的技术。例如,电源滤波器对50Hz的电源频率呈现高阻抗,而对电磁噪声频谱呈现低阻抗。通常电磁噪声的频率高于有用信号的频率,而工频干扰的频率为固定的50Hz或60Hz。控制系统中有两种滤波电路,一种用于抑制信号处理电路中的干扰,另一种用于抑制电源的干扰。

1) 抑制信号处理电路中干扰的滤波电路

用于信号处理电路抗干扰的滤波电路通常为 RC 滤波器、LC 滤波器、双 T 滤波器和开关电容滤波器等。

RC 滤波器按结构可分为 L 型、Π型和 T 型,分别如图 6-8 的(a)、(b)和(c)所示。这三种 RC 滤波器的传递函数均为 $G(s) = \dfrac{1}{1+RCs}$,其对数幅频特性如图 6-9 所示,其中 $\omega_0 = \dfrac{1}{RC}$。实际应用时,取 ω_0 大于有用信号的 ω_s,小于噪声信号的 ω_n。

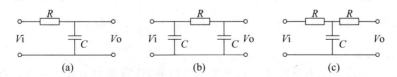

图 6-8 RC 低通滤波器

LC 低通滤波器按结构也可分为 L 型、Π型和 T 型,分别如图 6-10 的(a)、(b)和(c)所示。这三种 LC 低通滤波器的传递函数均为 $G(s) = \dfrac{1}{1 + RCs + LCs^2}$，其中 R 为 L 的直流电阻，其近似对数幅频特性如图 6-11 所示，其中 $\omega_0 = \dfrac{1}{\sqrt{LC}}$。由于 LC 低通滤波器对大于 ω_0 的衰减比 RC 低通滤波器快，因此其滤波效果相对较好，但需要使用电感元件。

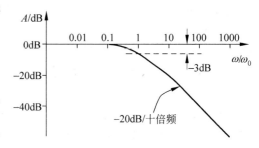

图 6-9　RC 低通滤波器幅频特性

RC 或 LC 滤波器的 L 型、Ⅱ 型和 T 型结构

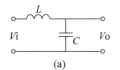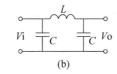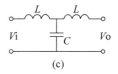

(a)　　　　　　　(b)　　　　　　　(c)

图 6-10　LC 低通滤波器

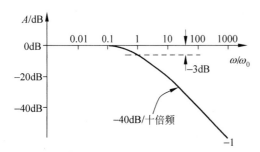

图 6-11　LC 低通滤波器幅频特性

的选择主要取决于信号源和负载的阻抗，一般对高阻抗的信号源和负载宜选用 T 型结构，对低阻抗的信号源和负载宜选用Ⅱ型结构，其他情况可选用 L 型结构。

另外，为保证线路平衡，抑制共模干扰，可采用对称结构，如图 6-12（a）所示。为降低负载阻抗对滤波器的影响，可采用串联结构，如图 6-12 的（b）、（c）所示，其中每一级的 ω_0 都相同，但后级的电阻为前级的 m 倍，一级滤波器衰减 $-20\text{dB}/$十倍频，二级滤波器衰减 $-40\text{dB}/$十倍频，而三级滤波器衰减 $-60\text{dB}/$十倍频。

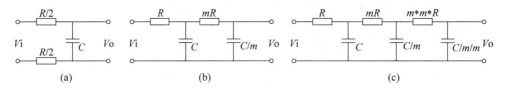

(a)　　　　　　　　　　(b)　　　　　　　　　　(c)

图 6-12　滤波器的对称结构和串联

双 T 型滤波器属于带阻滤波器，结构如图 6-13(a)所示，双 T 型滤波器能阻止某一频率信号的通过，其频率特性如图 6-13(b)所示，其中 $\omega_0 = \dfrac{1}{RC}$，当取 $\omega_0 = 2\pi f = 100\pi$ 时，能滤去 $50\,\text{Hz}$ 的干扰信号。

利用硬件实现滤波的电路除了上述无源滤波器外，还有利用运放组成各种有源滤波器，在计算机控制系统中，只要给出滤波器的传递函数，就可利用软件实现数字滤波。

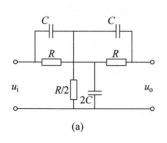
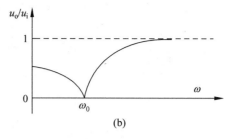

图 6-13 双 T 滤波器及频率特性

2）抑制电源高频干扰的滤波电路

电源中难以避免会引入高频干扰,抑制电源高频干扰通常在电源变压器初次级两端分别使用滤波电路。电源初级端抑制高频干扰的常见滤波电路如图 6-14 所示,电源次级端抑制高频干扰的常见滤波电路如图 6-15 所示。

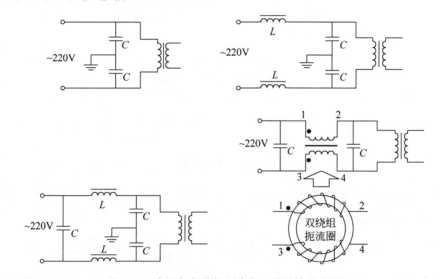

图 6-14 电源初级端抑制高频干扰的滤波电路

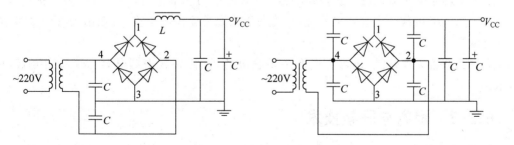

图 6-15 电源次级端抑制高频干扰的滤波电路

2. 去耦电路

许多信号处理电路,特别是数字电路在电平转换过程中会产生很大的尖峰电流,并在共用电源的内阻上产生压降,形成干扰信号。为抑制这种干扰,可采用去耦电路(decoupling circuit),也称退耦电路,最简单的去耦电路就是在各电路的供电端配上一定容量的电容,如

图 6-16(a)所示,去耦电容的取值与尖峰电流、持续时间和电源电压变化范围有关。

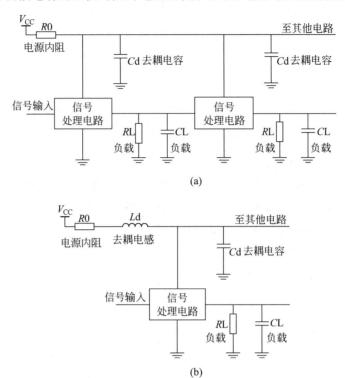

图 6-16 去耦电路

例如,某集成电路芯片的尖峰电流 $\Delta i = 50\text{mA}$,持续时间 $\Delta t = 20\text{ns}$,要求电源电压变化 $\Delta V_{CC} \leqslant 0.1\text{V}$,则去耦电容 Cd 的取值可由下式决定:

$$Cd \geqslant \frac{\Delta i}{\Delta V_{CC}/\Delta t} = \frac{\Delta i \cdot \Delta t}{\Delta V_{CC}} = \frac{50\text{mA} \times 20\text{ns}}{0.1\text{V}} = 0.01\mu\text{F}$$

去耦电路一方面提供或吸收电路尖峰电流的能量,滤去由此产生的高频干扰,另一方面也可滤去电源中的交流纹波干扰。去耦电容 Cd 的选用并不严格,为滤去高频干扰可选用 $0.01\mu\text{F} \sim 0.1\mu\text{F}$ 的陶瓷电容或薄膜电容,为滤去电源交流纹波干扰,可选用 $10\mu\text{F} \sim 1000\mu\text{F}$ 的电解电容。

有时为改善去耦效果,还可在电源中串联电感后,再并联去耦电容 Cd,如图 6-16(b) 所示。

6.2.3 隔离与屏蔽技术

1. 隔离技术

隔离技术就是切断噪声源与受扰体之间噪声通道的技术,其特点是将两部分电路的地线系统分隔开来,切断通过阻抗进行耦合的可能。

控制系统中通常有弱电控制部分和强电控制部分,两者之间既有信号上的联系,又有隔绝电气的要求。因此,隔离目的既为了抑制信号之间的干扰、电源之间的干扰,又为了保证设备和操作人员的安全。

具体的隔离方式有光电隔离、继电器隔离、变压器隔离和布线隔离。

1) 光电隔离

光电隔离就是利用光电耦合器件将电信号转换为光信号,然后再将光信号转换为电信号,从而实现了电气上的隔离。这部分内容已在前面过程通道的章节中介绍,此处就不再赘述了。

2) 继电器隔离

由于继电器的线圈与触点之间没有电气上的联系,因此,可通过驱动继电器线圈来控制触点的闭合或断开。

继电器隔离的主要电气参数有:①线圈的额定电压和电流;②触点形式、触点容量、触点电阻;③吸合时间、释放时间和工作频率;④绝缘电阻和绝缘强度。其中,绝缘电阻和绝缘强度对可靠性设计较为重要。继电器的绝缘电阻通常表示线圈端与触点之间的电阻,它与工作电压有关,如"1000MΩmin.(@500VDC)"表示在500V直流电压下,最小的绝缘电阻在1000 MΩ以上。继电器的绝缘强度反映了隔离能力,如"1000VAC,50/60Hz,1min"表示1000V50/60Hz交流电压加在线圈与触点之间,持续1min不击穿。

在驱动继电器时,还应考虑电感的反向电势影响,通常可用续流二极管来消除反向电势。另外,在实际使用继电器时还需一些特殊功能,如延时、锁存等功能。延时功能是指从发出驱动信号到触点动作有一个延时过程;锁存功能是指继电器能锁存驱动信号,即使驱动线圈的信号已撤销,但触点的状态仍保持。在计算机控制系统中,延时功能可通过软件来实现,而锁存功能就较难通过软件来实现,特别是在控制系统停电后,若要求继电器仍能保持原有状态,就需要使用具有锁存功能的继电器。

G6AK-234P是OMRON公司的具有锁存功能的继电器,它有两个控制线圈,S线圈为置位(SET)控制线圈,R线圈为复位(RESET)控制线圈,当S线圈通电后,继电器处于置位状态,R线圈通电后,继电器处于复位状态,S和R线圈断电后,继电器仍保持原来状态。使用具有锁存功能的继电器,不仅可在停电后保持原来继电器的状态,平时还可节约能量,另外,还能提高抗干扰能力。

图6-17是G6AK-234P的驱动电路,其中ULN2803是带有续流二极管的驱动器,其输出电流最大可达500mA,能驱动一般继电器。

3) 变压器隔离

利用变压器可隔离直流信号的特点,可用于它对信号和电源进行隔离。交流电源变压器则是保障电气安全的重要措施。

对交流信号和交流电源,可通过普通变压器隔离。高频数字信号需用脉冲变压器隔离。脉冲变压器的匝数较少,而且初级和次级绕组分别绕在铁氧体磁芯的两侧,分布电容极小,一般可在几皮法。利用脉冲变压器可传输频率较高的多值电平信号,这是一般光电耦合器难以做到的,因此,在许多通信和网络系统中得到了广泛的应用。

4) 布线隔离

在计算机控制系统中,有许多易产生噪声的电路,如电感性负载(如继电器驱动电路、电机驱动电路)、晶闸管整流电路、功率放大电路、开关电源、供电线路等,通过合理布线,可抑制噪声源对小信号处理电路的干扰。合理布线就是使小信号处理电路在空间距离上尽可能远离噪声源,但在有限的空间内,有时难以靠布线来隔离,这时就需要使用屏蔽技术。

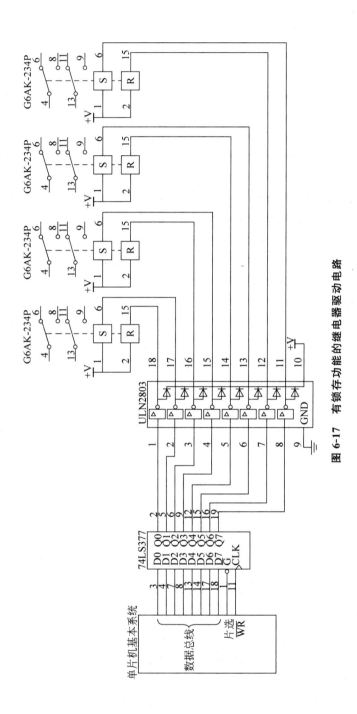

图 6-17　有锁存功能的继电器驱动电路

2. 屏蔽技术

屏蔽主要运用各种导电材料,制造成各种壳体并与大地连接,以切断通过空间的静电耦合、感应耦合或交变电磁场耦合形成的电磁噪声传播途径。

根据干扰的耦合通道性质,屏蔽可分为电场屏蔽、磁场屏蔽和电磁屏蔽三类。

1）电场屏蔽

处于高压电场的电阻抗回路,是电场干扰的主要形式,采用电场屏蔽的基本原理是基于静电屏蔽原理。由电学知识可知,任意形状的导体置于电场中,电力线将终止于导体表面,而不能穿过导体进入空腔,导体空腔内各点电势相等,因此,置入在导体空腔内的物体将不受外界电场的影响。利用这一性质,可用屏蔽材料包绕在电子设备和信号传输线外层,形成导体空腔,需注意的是,导体空腔内虽为等电势,但电势值还会随外界电场而变化,因此,实际应用时,须将屏蔽层接地,使导体空腔内的电势值也不受外界电场影响,同时,导体空腔内产生的电场也不影响外界,图 6-18 为示意图。

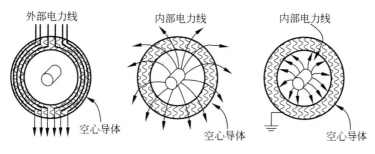

图 6-18　静电屏蔽原理

电源变压器初、次级之间的屏蔽层和采用金属网的屏蔽传输线都是静电屏蔽的具体实例,如图 6-19 所示。

2）磁场屏蔽

对一些产生磁场的噪声源需要采用磁场屏蔽措施,常用的方法是使用导磁率高的材料作屏蔽体,如用铁皮包在变压器的侧面,为漏磁提供回路,以减小对外界的影响;又如为抑制外界磁场对信号电路中受扰体(如脉冲变压器等)的影响,可用导磁率高的材料将信号电

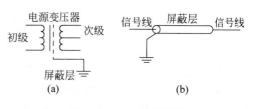

图 6-19　电场屏蔽实例

路屏蔽起来。一般来说磁场干扰以低频磁场干扰为主,高频磁场通常与电场并存,即以电磁场干扰形式出现。

3）电磁场屏蔽

根据电磁场理论,电磁场变化频率越高,辐射越强,电磁场干扰既包括电磁感应干扰,也包括辐射干扰。电磁场屏蔽可采用屏蔽罩,由于集肤效应,屏蔽罩的厚度对屏蔽效果影响不大,而采用低电阻材料、减小平行于导体电流的网孔大小则有利于屏蔽效果。

为了抑制电磁场对信号线的干扰,应避免使用平行电缆,而是应采用同轴电缆或双绞线,在控制系统中,信号传输更多地是采用双绞线。

双绞线主要分为屏蔽双绞线(shielded twisted pair,STP)和非屏蔽双绞线(un shielded

twisted pair,UTP)。STP 的信号线外面包裹着一层金属网,在屏蔽层外面才是绝缘外皮,屏蔽层可以有效地隔离外界电磁信号的干扰。UTP 是目前使用频率最高的一种信号传输线,这种传输线在塑料绝缘外皮里面包裹着 8 根信号线,每两根为一对相互缠绕,形成 4 对,结构如图 6-20 所示。双绞线互相缠绕的结构能够巧妙地利用铜线中电流产生的电磁场互相作用来抵消对邻近线路的干扰,同时也能有效地抑制来自外界的电磁干扰。因此,双绞线现在越来越多地取代早期曾使用的、成本较高的同轴电缆。

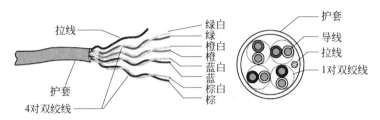

图 6-20　UTP 的外形和剖面图

双绞线按其电气特性分级或分类。每对线在每英寸长度上相互缠绕的次数决定了抗干扰的能力和通信的质量,缠绕得越紧密其通信质量越高,就可以支持更高的数据传送速率,当然它的成本也就越高。国际电工委员会和国际电信委员会 EIA/TIA 建立了双绞线的标准,早期曾根据使用的领域分为 5 个类别(categories 或者简称 CAT),目前常用的 UTP 主要有 3 类、5 类、超 5 类和 6 类,其中 6 类 UTP 的数据传送速率相对较高。

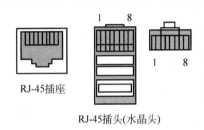

RJ-45插座

RJ-45插头(水晶头)

图 6-21　RJ-45 接插件

UTP 传输线使用 RJ-45 接插件进行连接,RJ-45 有 8 个连线,正好连接 UTP 的 4 对 8 根导线,通常 4 对双绞线分别接在 RJ-45 的 1-2、3-6、4-5、7-8 引脚。RJ-45 接头俗称水晶头,是一种只能固定方向插入并自动防止脱落的塑料接头,使用比较方便,RJ-45 接插件的结构示意图如图 6-21 所示。

双绞线的使用实例如图 6-22 所示,其中(a)为机械开关通过双绞线与光电耦合器连接的例子;(b)为 OC 门通过双绞线驱动光电耦合器的例子;(c)为 OC 门通过双绞线传输给施密特接收器的例子;(d)和(e)是采用平衡发送和接收的例子,(d)中的输出端接有防短路保护限流电阻,(e)的平衡输出发送器假定有输出短路保护功能,可省去短路保护电阻。平衡接收端通常要接平衡匹配电阻,否则会引起信号反射波的干扰。采用平衡发送接收器和双双绞线的数据传输方案,传输距离可大于 10 米,甚至可达上千米,并可有效地抑制电磁干扰。

6.2.4　电源干扰的抑制与接地技术

电源与接地一方面为控制系统提供电能,但另一方面也会带来干扰和安全性问题,下面主要从抑制干扰和提高安全性方面介绍有关电源和接地技术。

1. 电源干扰的抑制

根据许多工程统计分析和经验可知,工业控制系统中大部分的干扰来源于电源的干扰。因此,抑制电源干扰是控制系统的最基本要求。

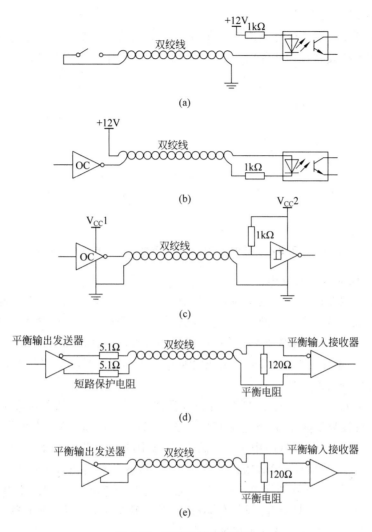

图 6-22 双绞线的使用实例

1）电源干扰的来源

电源干扰的来源主要有：切换感性负载产生的瞬变噪声干扰、电力线从空间引入的场型干扰、由启动大功率设备引起的瞬时电压下降的干扰、由晶闸管等设备引起电源波形畸变而产生的高次谐波干扰等。

2）电源干扰的耦合途径

电源干扰的耦合途径主要有：直接通过电源导线的耦合、经交流变压器产生的电磁耦合、由分布电容产生的电容耦合、由电源内阻产生的公共电阻耦合。

3）电源干扰的基本抑制方法

电源干扰的抑制方法主要有：使用电源滤波器、使用交流净化电源、采用电源去耦电路、采用电源变压器屏蔽措施、使用在线式 UPS 不间断电源、采用各单元电路分开方式供电、对不同类型用电设备（动力用电、照明用电、控制设备用电、信号处理用电等）采用分类供电方式、采用压敏电阻和瞬变电压抑制器等保护器件。

4）压敏电阻器的应用

压敏电阻器是一种非线性电阻性元件，它的电阻值会随外加电压而变化，如常见的氧化锌压敏电阻器的伏安特性曲线如图 6-23(a)所示。压敏电阻器可用于交流电路的过压保护，如图 6-23(b)所示。

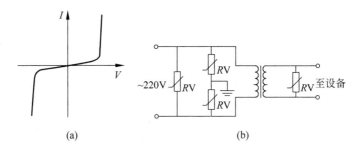

图 6-23　压敏电阻器的伏安特性曲线和用于交流电源的保护电路

5）瞬变电压抑制器的应用

瞬态电压抑制器也称瞬变电压抑制二极管(transient voltage suppressor, TVS)是在稳压管工艺基础上发展起来的一种产品，它的电路符号和普通稳压二极管相同，外形也与普通二极管无异。当 TVS 管两端经受瞬间的高能量冲击时，它能以极高的速度将其两端的阻抗降低，吸收一个大电流，把其两端间的电压箝制在一个预定的数值上，保护后面的电路元件不因瞬态高电压冲击而损坏。

TVS 的伏安特性和普通稳压管的击穿特性类似，为典型的 PN 结雪崩器件，如图 6-24(a)所示。但伏安特性只反映了 TVS 静态特性。图 6-24(b)反映了 TVS 管承受大电流冲击时的电流及电压波形。图 6-24(b)中曲线 1 是 TVS 管中的电流波形，它表示流过 TVS 管的电流由 1mA 突然上升到峰值，然后按指数规律下降，造成这种电流冲击的原因可能是雷击、过压等。曲线 2 是 TVS 管两端电压的波形，它表示 TVS 中的电流突然上升时，TVS 两端电压也随之上升，但最大只上升到 U_C 值，这个值比击穿电压 U_B 值大不了多少，从而保护了电路元件。这也就是浪涌功率冲击出现的情况。

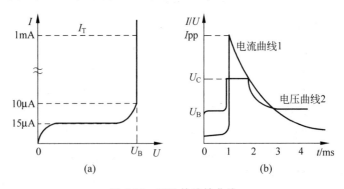

图 6-24　TVS 的特性曲线

TVS 管可按功率的大小分类，或按击穿电压高低分类，也可按极性分类。按极性可分为单极性及双极性两种。单极性记为 TVS，它只对一个方向的浪涌电压起保护作用，对相反方向的浪涌电压它相当于一只正向导通的二极管。双极性管记为 TVSC，它可对任一方向的浪涌电压都起箝位作用。

TVS 主要用于对电路元件进行快速过电压保护。它能"吸收"功率高达数千瓦的浪涌信号,可以有效地对雷电、过电压冲击起保护作用。TVS 具有体积小、功率大、响应快、无噪声等诸多优点,TVS 与压敏电阻的比较如表 6-2 所示。

表 6-2　TVS 与压敏电阻的比较

关键参数或极限值	TVS	压敏电阻器
反应速度(s)	10^{-12}	50×10^{-9}
是否会老化	否	是
最高使用温度(℃)	175	115
元件极性	单极性与双极性	单极性
反向漏电典型值(μA)	5	200
箝位因子(VC/BV)	$\leqslant 1.5$	最大可达 $7 \sim 8$
极性	单与双	单
封装性质	密封不透气	透气
价格	较贵	便宜

TVS 用于交流电路的例子如图 6-25 所示,TVS 用于信号传输的例子如图 6-26 所示。

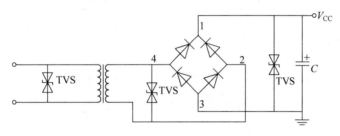

图 6-25　TVS 用于交流电路

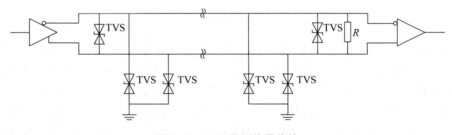

图 6-26　TVS 用于信号传输

2. 接地技术

电气设备中的接地有 3 类:安全接地、信号接地和屏蔽接地。

安全接地是指设备金属外壳与地球大地相连,以保证设备和人身安全。

信号接地是指信号回路与基准导体相连,基准导体又称参考零电位、系统地,这种接地的目的是提供稳定的参考基准电位,同时也对抗干扰有重要影响。

屏蔽接地是为电缆、变压器等屏蔽层提供接地,以抑制电场、磁场的干扰。

电子设备的接地方式有 3 种:浮地方式、直接接地方式和电容方式。

　　浮地方式是将信号接地与大地隔离,使其处于悬浮状态。浮地方式的特点是对地的电阻较大,对地分布电容很小,因此由共模干扰引起的干扰电流很小。但当设备附近有高压时,由电场耦合引起的静电感应会影响人身安全。另外,对体积较大的电子设备,较难使其对地分布电容变小,此时,系统的基准电位易受干扰而变得不稳定,从而影响系统的正常工作。

　　直接接地方式是将信号接地与大地相连,当设备体积较大时,采用直接接地方式可使系统的基准电位不易受静电干扰,但易受共模干扰。

　　电容方式是将信号接地与大地之间用电容相连。电容方式可抑制高频干扰通过分布电容对系统造成的影响。电容方式主要工作在信号地与大地之间存在直流或低频电位差的情况,所用的电容应具有良好的高频特性和耐压性能,容量一般可选 $2.2\sim10\mu\mathrm{F}$。

　　在控制系统中一般采用浮地-屏蔽-机壳接地方案,其中信号地处于悬浮状态,与其他接地互不相连,信号传输由屏蔽层隔开,机壳与安全接地相连(即与大地相连),屏蔽层的接地也与安全接地相连,如图 6-27 所示。

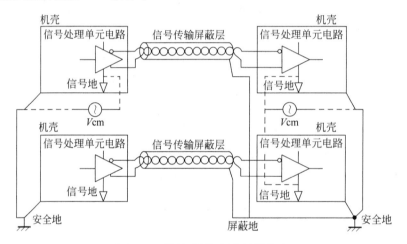

图 6-27　浮地-屏蔽-机壳接地方案

　　机壳与安全接地相连常采用一点接地形式,屏蔽接地与安全接地相连也常采用一点接地形式,而信号接地形式有一点接地和多点接地。在一点接地形式中应使用并联的一点接地,尽量避免串联的一点接地,因为串联的一点接地易引起各单元电路接地电位的差异,通过公共接地电阻的耦合,会造成相互干扰。对高频信号处理单元为避免过长的连线,可采用多点接地形式,即各电路以最短的距离分别接到就近的低阻抗接地排上,低阻抗接地排可以是有较大截面积的镀银导体,也可以是印制板上的加宽地线,如图 6-28 所示。

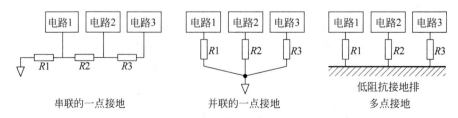

图 6-28　信号电路的一点接地和多点接地

6.2.5　电源管理和热插拔技术

1. 电源管理

电源对系统的可靠性影响比较大。许多 MCU 需要多种电源的支持,如备份电源、数字电路电源、模拟电路电源、基准电源等。根据功耗需要 MCU 还有多种工作模式,如正常模式、睡眠模式(sleep mode)、停止模式(stop mode)、待机模式(standby mode)等。当电源开启、关闭和欠压时,需要进行相应的处理,如上电复位 POR(power-on reset)、复位掉电 PDR(power-down reset)、欠压复位 BOR(brown-out reset)。

2. 停电保护

停电保护措施主要是为了减少由于异常关机或停电对控制系统造成的影响,除采用 UPS 不间断电源可防止外界的停电外,更重要的是要防止意外故障或非法操作造成的数据破坏。

在控制系统中有许多重要数据,在停电时需要快速保护,来电后又能正常恢复,这就需要有一定的数据保护措施。

保护数据的硬件措施包括具有停电保护功能的数据存储器和停电检测电路,软件上也要有相应程序配合。

1) 具有停电保护功能的数据存储器

具有停电保护功能的数据存储器主要有低功耗 RAM、EEPROM、Flash ROM 等。

低功耗 RAM 一般由 CMOS 工艺制成,如 6264 等,但这些芯片需要有外接电池供电。而像 DS12C887 等是内部带有电池的 RAM 芯片,并且还含有外部停电后仍继续工作的实时时钟芯片(real time clock,RTC)。

EEPROM、FLASH ROM 停电后能保持内部数据不变,来电后可通过电信号来修改其内容。FLASH ROM 是一种在 EEPROM 基础上改进的非易失性存储器,它擦写速度较快,容量可做得较大。但 EEPROM、FLASH ROM 的写入次数有一定的限制(如在 100 万次数量),不能像 RAM 那样不受限制地反复读写。

目前还有不少新颖的非易失性存储器,如 XICOR 生产的 X24C45 是具有自动存储功能的非易失性存储器,其特点是内部同时含有 RAM 和 EEPROM,平时读写在 RAM 中进行,停电时或通过指令,可将 RAM 中数据存放在 EEPROM 中,通电后数据可自动从 EEPROM 送回到 RAM 中。它既可克服 EEPROM 有写入次数的限制,又可避免芯片电池失效所带来的后顾之忧。

2) 停电检测电路

数据保护单靠非易失性存储器还不够,因为停电瞬间如 CPU 正在对存储器读写或进行重要的数据处理工作,则数据仍会破坏,因此需要有停电检测电路。目前许多 MCU 内部都含有停电检测电路,当电源电压降低到某一值后,会自动产生停电中断信号,启动相应的停电处理程序,在电源进一步下降到不能正常运行程序前,完成数据保护等善后工作。

3. 热插拔技术

许多控制系统为维护和扩展需要,常采用背板加板卡结构。由于一个控制系统通常有多块板卡,当发生故障或进行检查时,常需要拔下板卡,如果切断电源再进行检查,势必会影响整个系统的可靠性指标。如没有采取措施,带电将板卡插入或拔出会造成电路的损坏,现在越来越多的控制系统采用热插拔技术,允许带电将板卡插入或拔出。

热插拔技术主要解决如何抑制瞬态电流的问题。因为主机处于稳态工作时,许多电容被充满电,而待插入的电路板是不带电的,板卡上的电容没有电荷,当板卡与主机背板接触时,板卡上电容将从背板电源吸入较大的瞬态电流。同样,当把带电的板卡拔出背板时,板卡上旁路电容的放电在板卡与带电背板之间形成了一条低阻通路产生较大的瞬态电流,会导致连接器烧坏。

使用热插拔保护器件可抑制较大的瞬态电流对电路的影响。如 Maxim 公司的 MAX4271/2/3 系列产品具有双速/双电平检测功能,为热插拔应用提供了一套有效的控制保护解决方案。

板卡上采用热插拔保护器件的实例如图 6-29 所示,当板卡插入背板时,V_{CC} 通过接插件输入到 MAX4271/2/3 的 ON 端,然后由 GATE 端控制开启 N 沟道 MOSFET,供电给插卡电路,如发生较大的瞬态电流,则由 SENSE 端检测到后,控制 MOSFET 来切断电源。另外,主机也可通过 RESET 信号切断插卡电源。

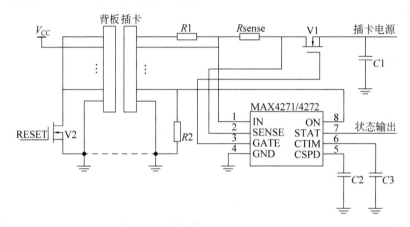

图 6-29 板卡上采用热插拔保护器件的实例

背板上采用热插拔保护器件的实例如图 6-30 所示,当板卡插入背板时,V_{in} 通过接插件输入到 MAX4271/2/3 的 ON 端,然后由 GATE 端控制开启 N 沟道 MOSFET,供电给插卡电路,同样也通过 SENSE 端来检测电流,以防止出现较大的瞬态电流。

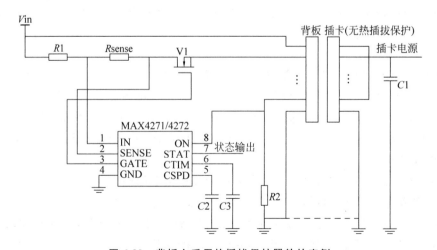

图 6-30 背板上采用热插拔保护器件的实例

6.2.6　Watchdog 技术

计算机 CPU 受到干扰时,会引起程序执行的混乱,也可能使程序进入"死循环"。指令的冗余技术、软件陷阱技术不能使失控的程序摆脱"死循环"的困境,通常采用 watchdog 技术(即程序监视技术,俗称"看门狗"技术),使程序脱离"死循环"。watchdog 常需要硬件与软件的配合。

一种方法是采用单片机内的一个定时器单元接收内部时钟提供的稳定脉冲,当定时器溢出时提出中断请求,对应的中断服务程序使 CPU 回到初始化程序的第一行,从而实现强制性"软复位"。程序正常运行时,主程序每隔一定的时间(小于定时器的溢出周期)给定时器清零或置数,即可预防溢出中断而引起的误复位。

另一种方法是采用专门的 watchdog 电路,由软件对其初始化,使得每隔一定的时间会自动地发出复位信号到 CPU,只有在主程序中定时地访问 watchdog 芯片,才可撤销复位信号的出现,一旦 CPU 受到干扰而失控,无法定时地访问 watchdog 芯片,则在规定时间内 watchdog 芯片将会强制 CPU 复位,从而脱离"死循环"。目前越来越多的 MCU 内部都含有 watchdog 电路,由软件编程决定是否启用。

在这些 MCU 芯片中,除了提供独立的看门狗 IWDG(independent watchdog),还有窗口看门狗 WWDG(window watchdog),允许监视的定时器在超出精确计时窗口时起作用,可避免由外部干扰或不可预见的逻辑条件造成的应用程序背离正常的运行序列而产生的软件故障。

6.2.7　印制板的抗干扰措施

印制板的设计对抗干扰也有很大关系,下面是印制板设计时所要考虑的一些抗干扰措施。

1. 电源和去耦电容

由于负载电流大,所以电源线和地线要加粗,走线尽量短。由于开关噪声严重,要在电源入口处,以及每片存储芯片的 V_{CC} 与 GND 之间接入去耦电容。

2. 存储器布线

数据线、地址线、控制线要尽量缩短,以减少对地电容。尤其是地址线,各条线的长短、布线方式应尽量一致,以免造成各线的阻抗差异过大,使地址信号传输过程中到达顶端时波形差异过大,形成控制信息的非同步干扰。印制板两面的各总线互相垂直,以防止总线之间的电磁干扰。

3. 匹配电阻

总线和时钟线的始端和终端要配置合适的上拉电阻,以提高高电平噪声容限,增加存储器端口在高阻状态下抗干扰能力和削弱反射波干扰。若主机的各总线需要引出,应通过三态缓冲门后再与其他扩展板相连接。这样,可以有效防止外界电磁干扰,改善波形和削弱反射干扰。

4. 接插件

印制板接插件除了要考虑插拔方便,还应考虑输入端悬空造成的影响,一是要保证输入信号线没有连接时,输入端有上拉电阻或下拉电阻给以一定的信号值,并且输入端要有一定的限流措施和防静电对电路的影响;二是在输出端有防止输出短路造成的影响,如可考虑串接一定的限流电阻。

另外,一些 PCB 设计工具还提供了信号完整性 SI(singnal integrity)设计和分析环境,通过对时序、信噪、串扰、电源地构造和电磁兼容等多方面因素进行分析,以帮助探索和解决单个和多个 PCB 板的可靠性问题。

6.3　软件的可靠性与抗干扰技术

软件抗干扰技术所要考虑的内容有这样几个方面:一是当干扰使运行程序发生混乱,导致程序乱飞或陷入死循环时,采取使程序重新纳入正规的措施,如软件冗余、软件陷阱、看门狗等技术;二是采取软件的方法抑制叠加在模拟输入信号上噪声的影响,如数字滤波技术;三是主动发现错误,及时报告,有条件时可自动纠正,这就是开机自检、错误的检测和故障诊断。

下面介绍一些有关的具体内容:存储空间分配和程序结构的设计、数字滤波技术、数据检错和纠错、数据的保护和恢复、开机自检与故障诊断。

6.3.1　存储空间分配和程序结构的设计

在控制系统中的计算机存储空间一般可分为程序区和数据区,程序区中一般存放的是固化的程序和常数,具体可分为复位中断入口、中断服务程序、主程序、子程序、常数区等。数据区一般为可读写的数据,数据存储器还可能通过串行接口与 CPU 相连接。

1. 硬复位和软复位

硬复位是指上电后或通过复位电路提供复位信号使 CPU 强制进入复位状态,而软复位指通过执行特定的指令或由专门的复位电路使 CPU 进入特定的复位状态。后者与前者的一个重要区别是不对一些专用的数据区进行初始化,这样后者可作为抗干扰的软件陷阱。

当乱飞程序进入非程序区或表格区时,采用冗余指令使程序引向软复位入口,当计算机系统有多个 CPU 时可相互监视,对只有一个 CPU 的情况,可由中断程序和主程序相互监督,一旦发现有异常情况,可由硬件发出软复位信号,使异常的 CPU 进入软复位状态,使程序纳入正轨。由于软复位不初始化专用的数据区,因此,多次进入软复位状态,不影响系统的整体功能。当然,为了可靠,一般在软复位这样的软件陷阱的入口程序中,先要校验特定数据区的正确性,如有异常,则需进入硬复位重新初始化。

2. 软件冗余和软件陷阱

在控制系统中,对于响应时间较慢的输入数据,应在有效时间内多次采集并比较,对于控制外部设备的输出数据,有时则需要多次重复执行,以确保有关信号的可靠性,这是通过软件冗余来达到的。有时,甚至可把重要的指令设计成定时扫描模块,使其在整个程序的循环运行过程中反复执行。

软件陷阱是通过执行某个指令进入特定的程序处理模块,相当于由外部中断信号引起的中断响应,一般软件陷阱有现场保护功能。软件陷阱用于抗干扰时,首先检查是否是干扰引起的,并判断造成影响的程度,如不能恢复则强制进入复位状态,如干扰已撤销,则可立即恢复执行原来的程序。

3. 程序存储器中的数据隔离

当 CPU 受干扰,使指令计数器指向程序存储器中的数据时,则执行后果不可预测。为不使这些"乱飞"的程序持续执行,可在两个数据之间插入转入软件陷阱(如软复位)的指令,具体源程序如下:

```
DATA_AREA1:              ;下面是数据区
    DB XX,XX,XX,XX,…
    DB XX,XX,XX,XX,…
    DB XX,XX,XX,XX,…
    NOP                  ;下面是空操作指令区
    NOP
    NOP
    LJMP WARM_BOOT       ;程序一旦进入上面空操作指令区,将跳转到软复位入口
DATA_AREA2:              ;下面是另一数据区
    DB XX,XX,XX,XX,…
    DB XX,XX,XX,XX,…
    DB XX,XX,XX,XX,…
    NOP                  ;下面是空操作指令区
    NOP
    NOP
    LJMP WARM_BOOT       ;程序一旦进入上面空操作指令区,将跳转到软复位入口
```

4. 初始化的考虑

这里的"初始化"泛指在各段程序中,对计算机外扩展器件的各种功能、端口或者方式、状态等采取的设置。不仅要保证上电复位后,软件能够正确地实现各种级别的初始化,而在程序中每次使用某种功能前,在可能的情况下都要再执行一次初始化,对响应的控制寄存器设定动作模式,以提高系统对于入侵干扰的自恢复性能。采用 C 语言编程时,有关系统复位后执行初始化程序可安排在 STARTUP.A51 文件中。

另外,在整个软件设计中还要重点考虑由于干扰或故障原因对程序执行的影响,避免一切由于外设故障而造成程序的"死循环",这部分内容与故障诊断有关,将在后面再讨论。

6.3.2 数字滤波技术

数字滤波方法主要有两类,一是基于程序逻辑判断的方法,二是基于模拟滤波器的方法。前者以逻辑判断和简单计算为基础,常用的算法有算术平均法、中值法、抑制脉冲算术平均法和递推平均滤波法等。后者以模拟滤波器的传递函数为基础,采用离散化方式转换 z 传递函数,然后通过程序来实现。

1. 基于程序逻辑判断的方法

1) 平均法

平均法的基本原理是通过对某点数据连续采样多次,取其算术平均值作为该点采样结果。这种方法可以减少周期性干扰对采集结果的影响。

(1) 基本算术平均法。算术平均法对信号 y 的 m 次测量值进行算术平均,作为时刻 n 的输出,其数学表达式为

$$\bar{p} = \frac{1}{m}\sum_{k=1}^{m} p_{(m-k)}$$

m 值决定了信号平滑度和灵敏度。

下面是 $m=4$ 时的基本算术平均滤波算法,其中 e_k1~e_k4 为当前输入,p_k 为当前输出。

```
stmt level    source
  1           //基本算术平均滤波算法
  2           float filter_1(float e_k1,float e_k2,float e_k3,float e_k4) {
  3    1          float p_k;
  4    1          p_k = (e_k1 + e_k2 + e_k3 + e_k4)/4.0;       //计算输出
  5    1          return(p_k);
  6    1          }
```

(2) 递推平均滤波法。一般的平均滤波法会降低实际采样频率,如每采样 5 次取平均,则会使实际采样频率降低 5 倍。如每采样一次,只舍去最早的 1 个采样值,与保留下来的前 $(m-1)$ 次采样值作平均,这样就可不降低采样频率。

下面是 $m=4$ 时的递推平均滤波算法,其中 e_k 为当前输入,p_k 为当前输出。

```
stmt level    source
  1           //递推平均滤波法算法
  2           float filter_2(float e_k) {
  3    1          static float x1,x2,x3;
  4    1          float p_k;
  5    1          p_k = (e_k + x1 + x2 + x3)/4.0;       //计算输出
  6    1          x3 = x2,x2 = x1,x1 = e_k;             //调整状态
  7    1          return(p_k);
  8    1          }
```

(3) 递推加权平均值滤波法。递推加权平均值滤波法在递推平均滤波法的基础上提高新采样值在平均值中的比重,其数学表达式为

$$\bar{p}(n) = r_0 p_0 + r_1 p_1 + \cdots + r_m p_m$$

其中,$r_i(i=1,2,\cdots,m)$ 为加权系数,$r_0 + r_1 + \cdots + r_m = 1, r_0 > r_1 > \cdots > r_m > 0$

下面是 $m=4$ 时的基本算术平均滤波算法,输入输出参数均为 1 个。

```
stmt level    source
  1           //递推加权平均值滤波法
  2             float filter_3(float e_k) {
  3    1          static float x1,x2,x3;
  4    1          static float r0 = 0.4,r1 = 0.3,r2 = 0.2,r3 = 0.1;
  5    1          float p_k;
  6    1          p_k = (e_k * r0 + x1 * r1 + x2 * r2 + x3 * r3);   //计算输出
  7    1          x3 = x2,x2 = x1,x1 = e_k;                         //调整状态
  8    1          return(p_k);
  9    1          }
```

(4) 抑制脉冲的算术平均法。抑制脉冲的算术平均法通过对某点数据连续采样多次,先去掉最大值和最小值,然后再取平均值作为该点采样结果。如采样 3 次,去掉最大值和最小值后,剩下的中值作为采样结果,这就是所谓的"中值法"。这种滤波方法,可抑制脉冲干扰。

下面是中值法的源程序。

```
stmt level    source
  1           //抑制脉冲的算术平均法-中值法
  2            float filter_4(float e_k1,float e_k2,float e_k3) {
  3   1          float p_k;
  4   1          if (e_k1 > e_k2)
  5   1            p_k = (e_k2 > e_k3)?e_k2:((e_k3 > e_k1)?e_k1:e_k3);
  6   1          else
  7   1            p_k = (e_k3 > e_k2)?e_k2:((e_k1 > e_k3)?e_k1:e_k3);
  8   1          return(p_k);
  9   1          }
```

2) 比较法

当控制系统测量结果的个别数据存在偏差时,为了剔除个别错误数据,可采用比较取舍法,即对每个采样点连续采样几次,根据采样数据的变化规律,确定取舍,从而剔除偏差数据。

(1)"3 中取 2 法"。"3 中取 2 法"是对每个采样点连续采样 3 次,取两次相同或最接近的数据作为采样结果。源程序如下:

```
stmt level       source
  1              //比较法－3 中取 2
  2              # include < MATH. H >
  3              float fmin(float a,float b) {
  4   1              return ((a > b)?b:a);
  5   1              }
  6              float filter_5(float e_k1,float e_k2,float e_k3) {
  7   1          float p_k,p_max,p_min;
  8   1              p_k = fmin(fmin(fabs(e_k1 - e_k2),fabs(e_k2 - e_k3)),fabs(e_k1 - e_k3));
  9   1            return(p_k);
 10   1            }
```

(2)限幅限速滤波法。限幅限速滤波法主要是为了防止个别的强干扰脉冲。

上下限幅的算式为

若 $p(k) \geqslant P_\mathrm{h}$,则 $p(k) = P_\mathrm{h}$;若 $p(k) \leqslant P_\mathrm{l}$,则 $p(k) = P_\mathrm{l}$

其中 P_h、P_l 分别为上限值和下限值。具体的源程序如下,其中 P_h、P_l 分别取 $+1000$ 和 -1000。

```
stmt level         source
  1                //比较法－限幅滤波法
  2                # define P_H + 1000.0
  3                # define P_L - 1000.0
  4                    float f_min(float a,float b){
  5   1              return ((a > b)?b:a);
  6   1              }
  7                    float f_max(float a,float b){
  8   1              return ((a > b)?a:b);
  9   1              }
 10                    float filter_6(float e_k){
```

```
11   1          float p_k;
12   1          p_k = f_min(e_k,P_H);
13   1          p_k = f_max(p_k,P_L);
14   1          return(p_k);
15   1          }
```

限速的算式如下:

$|p(k)-p(k-1)|\leqslant\Delta p_0$ 时,则取 $p(k)$;

$|p(k)-p(k-1)|>\Delta p_0$ 时,$p(k)=p(k-1)$。

其中,Δp_0 为相邻两次采样值之间之差的可能变化最大值。源程序如下:

```
stmt level      source
  1             //比较法 - 限速滤波法
  2             ♯include<MATH.H>
  3             ♯define D_P 100.0
  4             float filter_7(float e_k){
  5   1         static float x0;
  6   1         float p_k;
  7   1         if (fabs(x0 - e_k)>D_P)
  8   1             p_k = x0;
  9   1         else p_k = e_k;
 10   1         x0 = e_k;
 11   1         return(p_k);
 12   1         }
```

其中取 Δp_0 为 100。

2. 基于模拟滤波器的方法

上述基于程序逻辑判断的方法主要抑制特定的干扰,描述其滤波器的频率特性比较困难,而基于模拟滤波器的方法有严格的理论基础,其设计方法同数字调节器类似,首先根据模拟滤波器的传递函数,求出相应的 z 传递函数,然后通过具体算法来实现。

例如已知某 RC 低通滤波器的传递函数为 $D(s)=\dfrac{1}{1+RCs}$,如采用后向矩形的离散化方法,则可得该 RC 低通滤波器的 z 传递函数

$$D(z) = D(s)\Big|_{s=\frac{1-z^{-1}}{T}} = \frac{1}{1+RCs}\Big|_{s=\frac{1-z^{-1}}{T}} = \frac{1}{1+RC\dfrac{1-z^{-1}}{T}} = \frac{T}{T+RC(1-z^{-1})}$$

其中 T 为采样时间,如取 $T=1$,则 z 传递函数可整理为

$$D(z) = \frac{\dfrac{T}{RC}}{\dfrac{T}{RC}+(1-z^{-1})} = \frac{\dfrac{T}{RC}}{1+\dfrac{T}{RC}-z^{-1}} = \frac{\dfrac{\alpha}{1+\alpha}}{1-\dfrac{1}{1+\alpha}z^{-1}}$$

其中 $\alpha=\dfrac{T}{RC}$ 也称滤波平滑系数,通常 $\alpha<<1$,也即采样周期 $T<<RC$,如取 $\alpha=0.1$,即 $T=0.1RC$,z 传递函数为

$$D(z) = \frac{\dfrac{\alpha}{1+\alpha}}{1-\dfrac{1}{1+\alpha}z^{-1}} = \frac{\dfrac{0.1}{1+0.1}}{1-\dfrac{1}{1+0.1}z^{-1}} = \frac{\dfrac{0.1}{1.1}}{1-\dfrac{1}{1.1}z^{-1}} \approx \frac{0.1}{1-0.9z^{-1}} = \frac{a0}{1+b1\cdot z^{-1}}$$

相应的实现框图如图 6-31 所示,其中 $a0$ 为 0.1, $b1$ 为 -0.9。

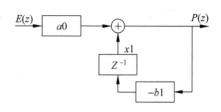

对应的状态方程为

$$x1(k+1) = -b1 \cdot x1(k) - a0 \cdot b1 \cdot e(k)$$

对应的输出方程为

$$p(k) = x1(k) + a0 \cdot e(k)$$

图 6-31　RC 低通滤波器的实现框图

具体的算法如下:

```
stmt level      source
  1             //一阶 RC 低通滤波器算法
  2             float filter_20(float e_k) {
  3     1       static float x1 = 0.0;
  4     1       static float a0 = 0.1,b1 = -0.9;
  5     1       float   p_k;
  6     1       p_k = x1 + a0 * e_k;              //计算输出方程
  7     1       x1 = -b1 * x1 - a0 * b1 * e_k;    //计算状态方程
  8     1       return(p_k);
  9     1       }
```

最后需说明,上述数字滤波算法采用的是 C 语言编写的,如用汇编语言编写需要大量子程序的支持。另外,对有些场合和算法,如对数字精度要求不高,可采用整型(int)或长整型(long),需要使用小数时,可先通过左移(相当于乘法)来扩大倍数,运算后再通过右移(相当于除法)来恢复比例,这样可提高运行效率。而对带有浮点运算单元 FPU 的高性能 MCU,可采用浮点数类型完成数字滤波算法。

6.3.3　数据的检错和纠错

为了增加系统中数据传输和数据存储的可靠性,可给重要的数据添加冗余位,延长数据-代码之间的汉明距离以增强检测和纠正错误的能力。这里主要强调数据存储过程中,提高可靠性的措施。

控制系统中有许多数据存储在采用串行接口的外部存储器中,由于停电和干扰等,很可能在数据读写过程中出现错误,这就需要采取数据的检错措施,最常用的方法是数据的冗余存储,除了采用冗余检查位,还要有纠错能力,最简单的纠错方法是"3 中取 2",即将同样数据重复存放 3 处,只有当两处以上数据相同时,才认为数据有效,一旦发现有一处数据不同时,及时更正。但"3 中取 2"方法效率较低,为提高效率,还可采用像汉明码那样有自动纠错功能的编码。

6.3.4　开机自检与故障诊断

任何一个系统出现错误和故障是难免的,但出现错误和故障并不可怕,可怕的是出现了错误和故障还不知道。在控制系统中,为提高可靠性,必须有错误和故障的检查和诊断措施,软件上常用的措施有开机自检与故障诊断。

1. 开机自检

开机自检是指在系统运行功能模块前首先进行的检查,以保证系统投入运行前各主要单元电路和器件处在正常工作状态。

开机自检的内容有：

（1）存储器的读写功能。存储器包括内部存储器、外部存储器、串行接口的存储器,检查内容包括能否正常读和写,有关数据区的标志是否正确,数据校验位是否正确。

（2）输入输出口的读写功能。控制系统中为提高可靠性,要求开机后先检查有关输入输出口是否处于正常工作状态,发现异常状态,则不能进入运行模式。

图 6-32 是一个可进行开机自检的串/并转换输入输出接口电路,其中 74HC595 是带有输出锁存功能的串入并出移位寄存器,74HC165 是并入串出的移位寄存器。电路左边采用 SPI 接口,与微控制器 MCU 相连,S_IN 为串行输入端,CLK 为时钟输入端,LD 为数据装入端,EN 为使能控制端,S_OUT 为串行输出端。通过 S_IN 和 CLK 可将数据串行送入接口电路,通过 LD 端将 74HC595 中串行寄存器中数据锁存到输出寄存器,同时也将外部数据锁存到 74HC165 的寄存器中。该电路实现了两个 8 位数据的输出和输入。该接口电路还可重复扩展,CLK、LD、EN 端直接与待扩展电路相连,S_IN_A 与待扩展的 S_IN 端相连,S_OUT_A 与待扩展的 S_OUT 端相连。自检时,LD 设为高电平,则通过 S_IN 和 CLK 传输到接口中的数据不会影响并行输出,MCU 向 74HC595 串行传输数据同时,也将 74HC164 中的数据通过 S_SOUT 端串行送回到 MCU 中。自检程序只要比较输出的数据经 4 个移位寄存器(扩展一块同类接口电路将增加 4 个移位寄存器)后,根据数据是否与原来的一致,就可判断接口电路正常与否。

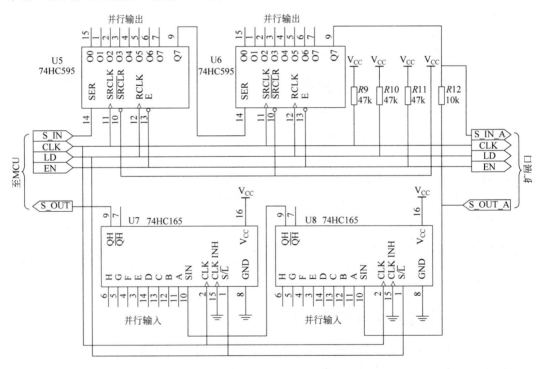

图 6-32   可进行自检的串/并转换输入输出接口电路

（3）设备和系统的自检。开机自检通常还包括设备和系统的自检。有许多外设提供检查功能,所以可在开机时先检查这些设备是否正常。另外,控制系统本身有许多配置也可在开机自检时确定,如外部存储器容量,当前设备地址、外接接口数量等。

外部存储器容量可通过读写程序来确定,当前设备地址通常由状态开关设置,外接接口数量的确定也可由状态开关设置,有些可扩展的接口数量也可通过软件来判断,如对图 6-32 所示的接口电路,可以串联来扩展,通过软件可判断出当前所接接口数量。还有像 I²C 接口的器件,也可在开机自检中确定其有关参数。

2. 故障诊断

故障诊断最基本的功能包括错误检查和错误指示。错误检查通常在各个运行模块中完成,而错误指示通常由一个独立的模块构成。

在控制系统中每个功能模块都要考虑出现错误的可能,对每个外设和接口的读写程序也要考虑出错的可能。一旦发现错误,由错误指示模块来显示错误的信息。

错误指示模块入口参数通常有两个,一是出错代码,二是错误描述。出错代码可标识错误类型等基本信息;错误描述用于较复杂系统,可指示出具体的出错原因和位置等。

错误指示模块的功能就是根据出错代码和错误描述,通过特定的方式,如指示灯、数码显示器、图形和字符显示器、音响设备和打印设备等,向外界指示错误信息。

另外,在一些可靠性要求较高的控制系统中,还要考虑错误自动修复和冗余设备的自动切换功能。

本章知识点

知识点 6-1　计算机控制系统中的可靠性概念及 EMC

控制系统的可靠性非常重要。可靠性是指在一定条件下,在规定时间段完成规定功能的能力。影响系统完成规定功能的干扰因素很多,错误和故障又难以避免,这就需要有正确的态度和积极的措施来应对。可靠性包含两层含义:一是系统在规定的时间内尽可能减少错误和故障的发生;二是发生了错误和故障后能迅速进行维修,尽快恢复正常工作。

电磁兼容性(EMC)是指在不损害信号所含信息的条件下,信号和干扰能够共存的程度。电磁兼容性一方面要求设备或系统本身不应对周围环境造成不能承受的电磁干扰(EMI);另一方面也要求设备或系统应具有足够的抗御电磁干扰能力,有较低的电磁敏感度(EMS)。EMC 的 4 个要素也就是产生干扰的必要条件包括:噪声的发生、噪声的接收、噪声的传播以及上述三者在时间上的一致性。

了解噪声的分类和耦合方式是采取抗干扰措施的基础。噪声的种类繁多,有按噪声产生的位置、原因、传导模式以及波形多种分类方法。其中按传导模式可分为串模噪声和共模噪声,他们的抑制方法也各不相同。噪声的耦合方式也有多种,有公共阻抗耦合、直接耦合、电容耦合、电磁感应耦合、漏电耦合和辐射耦合等。

知识点 6-2　计算机控制系统中的抗干扰技术

控制系统可靠性设计的基本途径可从提高元器件和部件的可靠性入手、合理设计系统结构,并采用多种传统的抗干扰技术和正在不断发展的可靠性技术。传统的抗干扰技术也是可靠性技术的重要组成部分。

常见的硬件抗干扰措施有滤波与去耦、隔离与屏蔽、电源与接地、停电保护、热插拔技术和印制板的抗干扰措施等,软件抗干扰技术包括软件冗余、软件陷阱、看门狗技术、数字滤波技术、数据检错和纠错、数据的保护和恢复、开机自检、错误检测和故障诊断技术等。其中存储空间分配和程序结构的设计、数字滤波技术、数据检错和纠错、数据的保护和恢复、开机自检与故障诊断是常见的抗干扰技术。

思考题与习题

1. 什么是控制系统中的可靠性？其含义有哪些？

2. 错误(error)和故障(failure)有何区别？如何正确对待？

3. 简述早期故障、耗损故障、偶发故障产生的原因和应对的策略。

4. 什么是电磁兼容性(EMC)？其含义有哪些？

5. 产生干扰的必要条件有哪些(EMC 的四要素)？

6. 噪声有哪些分类？

7. 什么是串模噪声和共模噪声？它们有何不同？有哪些抑制的方法？

8. 可靠性设计的基本途径有哪些？

9. 滤波和去耦有何异同？

10. 有哪些隔离和屏蔽技术？

11. 用于抗干扰的数字滤波方法有哪两类？各有什么特点？

12. 查阅有关 74HC595 和 74HC165 芯片的资料，编写出图 6-32 所示串行输入输出接口电路的开机自检程序和输入输出程序或相应的流程图。

第 7 章

控制系统的组态软件

随着工业自动化水平的提高、计算机在工业领域的广泛应用,人们对工业自动化的要求越来越高,传统的工业控制软件已无法满足用户的各种需求。在开发传统的工业控制软件时,被控对象一旦有变动,或控制目标需要改进,就必须修改其控制系统的源程序,导致软件开发周期长、维护困难;对开发成功的工控软件又由于每个控制项目的不同而使其重复使用率低,导致软件移植的成本非常昂贵。

通用工业自动化组态软件的出现为解决实际工程问题提供了一种崭新的方法。组态软件能够很好地解决传统工业控制软件存在的开发效率低下、维护困难、移植成本高等多种问题,使用户能根据自己的控制对象和控制目的快速进行参数配置、操作界面设计、控制算法选择,以建立数据采集和过程监视的软件系统。

本章主要介绍一般工控组态软件的特点与功能,介绍典型组态软件的特点、组成,工程的构成,组态过程等。有关组态软件的应用实例将在应用篇中介绍。

7.1　工控组态软件概述

7.1.1　组态软件及其特点

工控组态软件是用于工业控制中数据采集和过程监视的应用软件,它们为用户快速构建工业自动控制系统中的应用软件提供了方便。组态软件也称为人机界面/监视控制和数据采集软件,记为 HMI/SCADA(human and machine interface/supervisory control and data acquisition)或 SCADA。

所谓组态(configuration)是一种模块化组合的软件配置方式。用户通过类似"搭积木"的配置方式来设计所需求的软件功能,而不需要大量编写计算机程序。组态软件采用实时数据库和开放的数据接口,广泛支持各种 I/O 设备和通信网络,提供丰富的图形工具。利用组态软件,工程设计人员可以高效地构建一个适合用户需求的控制系统。组态软件主要特点有:

1. 通用性

组态软件通常提供大量通用设备(如 PLC、智能仪表、智能模块、板卡、变频器等)的 I/O 驱动程序和开放式的数据库,因而利用组态软件可集成多种通用设备构建符合用户需求的控制系统。

2. 扩展性

组态软件的提供商通常会不断完善和扩展软件功能,更新和升级各种设备的驱动程序和控制算法。当需要扩大控制系统规模、改变系统结构、扩展系统功能时,不需要做很多修改就能方便地完成软件的更新和升级。

3. 可维护性

组态软件通常以工程项目形式来帮助开发一个控制系统的软件,完成一个工程项目后,可以自动生成大量的文档资料,包括 I/O 参数设置、变量定义说明、图形界面、源程序等,大大方便了日后的维护工作,包括纠正存在的错误、完善现有的功能、适应更新的设备等。

4. 可移植性

组态软件提供了多种编程手段,提供类 BASIC 语言、类 C 语言、JAVA 语言等高级语言,以及图形化编程工具,利用这些高级语言和图形化编程工具设计的控制算法具有良好的可移植性。即在某个组态软件平台下开发的控制算法,可以快速地移植到另一个组态软件平台中。

5. 实时多任务

组态软件支持实时多任务。例如,实时数据采集与输出、数据处理与算法实现、图形显示及人机对话、实时数据的存储、检索管理、实时通信等多个任务能在同一台计算机上同时完成。实时多任务是计算机控制系统最基本的特点,组态软件能最大程度地满足绝大部分控制系统对快速性的要求。

6. 高效率

组态软件本身具有良好的操作界面,并提供大量的设计和制作工具,能快速构建一个具有动画效果、实时数据处理、历史数据与曲线并存和网络通信功能的工程,可大大提高控制系统中应用软件的开发效率。

7.1.2 组态软件的功能

组态软件的功能主要有数据采集、过程监控和人机交互。

1. 数据采集

通用工控组态软件以分布式实时数据库为整个软件的核心,负责将采集的实时数据进行处理、发布和存储。数据库通常具备强大的数据处理功能,有丰富的参数类型,可实现累计、统计、线性化和多种运算等功能。用户可根据实际需要,将采集到的数据加入到数据库中,以方便对采集的数据进行管理。

2. 过程监控

组态软件根据用户环境和需求,配置所连接的各硬件设备参数。组态软件利用各种功能模块,完成实时监控、产生功能报表、显示历史曲线、实时曲线、报警等功能,来完成整个监控过程,易于操作。组态软件支持对下位机和上位机的过程监控。下位机通常自身具有一定的控制功能,如可编程控制器 PLC,多用于现场的实时控制,其速度快、可靠性高、稳定。但受到其自身的限制,对于一些特殊的复杂控制,以及和其他特殊设备相关的控制功能则无法执行。上位机多用于监控下位机的运行和人机交互中给出命令的执行情况,上位机的控制脚本编写更容易,而且可执行涉及多个下位机的监控和实时数据库相关的控制动作。但上位机在实时性、可靠性和稳定性方面与下位机有一定的差距。

3. 人机交互

组态软件提供面向工程开发人员和面向操纵人员的人机交互界面。前者为工程开发人员配置组态参数、设计控制脚本、设计操作界面提供必要的工具和良好的开发环境。后者在控制系统运行时,为操作人员提供对系统的监控功能。

利用组态软件来开发通用型人机界面,可大大提高控制质量和降低开发成本,缩短开发周期。这也要求组态软件本身具有一定的开放性,能够支持流行的软件结构和浏览器界面,支持网络环境的应用。

7.1.3 组态软件的发展

随着工业控制系统应用的深入,在面临规模更大、控制更复杂的控制系统时,人们逐渐意识到原有的上位机编程开发方式,对项目来说费时费力、得不偿失。20 世纪 80 年代末,个人 PC 和 Windows 操作系统的普及,基于 PC 的组态软件是由专业的软件公司开发的。美国的 Wonderware 公司推出第一个商品化的组态软件 Intouch,提供了不同厂家、不同设备所对应的 I/O 驱动模块。20 世纪 90 年代中期,组态软件在国内的应用逐渐得到了普及。有关组态软件产品及企业网址可参见本书附录。下面章节将介绍几款比较典型的组态软件。

7.2 MCGS 组态软件

监视与控制通用系统 MCGS(monitor and control generated system)是一款典型的工控组态软件,1995 年由北京昆仑通态自动化软件科技有限公司推出,在环保、石油、航天、制药、煤矿、水处理、电力、化工、冶金、矿山、运输、机械、食品等几十个行业有广泛的应用。

通用版的 MCGS 能够在 Windows 平台上运行,通过对现场数据的采集处理,以动画显示、报警处理、流程控制、实时曲线、历史曲线和报表输出等多种方式向用户提供解决实际工程问题的方案,它充分利用了 Windows 图形功能完备、界面一致性好、易学易用的特点,比以往使用的专用机开发的工业控制系统更具有通用性,在自动化领域有着广泛的应用。

7.2.1 MCGS 组态软件的特点和组成

1. MCGS 组态软件特点

MCGS 提供丰富、生动的人机互动画面。MCGS 以图像、图符、报表、曲线等形式,为工程师或操作员及时提供系统的运行状态、产品质量和异常报警等有关信息。通过对图形大小的变化和移动、颜色的改变和明暗闪烁,使画面增加了动态显示效果。MCGS 还为用户提供丰富的动画构件,每个构件对应一个特定的动画功能。同时,MCGS 还提供多媒体功能。最终用户能够快速的开发出集图像、声音、动画于一体的工程画面。

MCGS 支持多硬件设备,实现“与设备无关”的软件。MCGS 针对外部设备的特征,建立了设备工具箱,定义了多种设备构件,使软件与外部设备建立联系,实现对外部设备的驱动和控制。用户在设备工具箱里可以方便地选择相应的设备构件。同时所有的构件都与数据库建立联系。因此 MCGS 是个“设备无关”的系统软件,用户不必因外部设备的局部改动而担心会影响整个系统。

　　MCGS 具有良好的可维护性和可扩充性。MCGS 主要的功能模块以构件的形式来构造,不同的构件有着不同的功能。设备构件、动画构件、策略构件完成了 MCGS 系统的设备驱动、动画显示和流程控制的所有工作。此外,MCGS 允许用户在 Visual Basic 中操作 MCGS 中的对象,用户可根据自己需求,通过 VB 等高级开发语言来编程,以实现特定的功能。

　　MCGS 组态软件功能强大、操作简单、易学易用,普通工程人员通过短期培训就能迅速掌握多数工程项目的设计和运行操作。同时,使用 MCGS 组态软件能避开复杂的计算机软硬件问题,集中精力解决工程问题。

2. MCGS 组态软件组成

　　MCGS 软件系统包括组态环境和运行环境两个部分。MCGS 组态环境是生成用户应用系统的工作环境,由可执行程序 McgsSet.exe 支持。组态环境相当于一套完整的工具软件,帮助用户设计和构造自己的应用系统。用户组态生成的结果存放在扩展名为.MCG 的工程文件中,工程文件又称为组态结果数据库。运行环境是一个独立的运行系统,由可执行程序 McgsRun.exe 支持,它按照工程文件指定的方式进行各种处理,完成用户组态设计的功能。运行环境与组态结果数据库一起作为一个整体,构成用户应用系统。一旦组态工作完成,运行环境和组态结果数据库可以离开组态环境而独立运行在监控计算机上。

　　在"MCGS 组态环境"和"MCGS 运行环境"两个系统中,两部分互相独立,又紧密相关。MCGS 组态环境下可以完成设备配置、参数定义、流程控制、算法设计、报警设置、动画构建、界面设计、报表制作等功能,组态结果数据存放于工程文件(.MCG)中。MCGS 运行环境下,从指定的工程文件中获取组态数据,完成动画显示、现场控制、报警输出、报表打印和设备输出等任务,实现人机交互和过程监控功能,运行过程中记录的数据存放在实时数据库中(文件后缀名为.MDB),如图 7-1 所示。

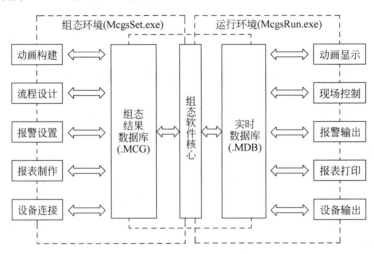

图 7-1　MCGS 的组态环境与运行环境

7.2.2　MCGS 工程构成

　　MCGS 组态软件的工作方式是以围绕建立工程来展开的。MCGS 组态软件所建立的工程由主控窗口、设备窗口、用户窗口、实时数据库和运行策略 5 部分构成,每一部分可分别进行组态操作,完成不同的工作。MCGS 工程的构成如图 7-2 所示。

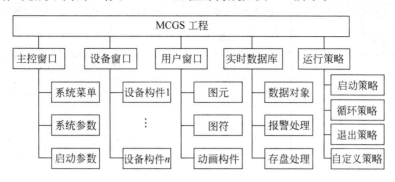

图 7-2　MCGS 工程的构成

1. 主控窗口

MCGS 主控窗口是整个工程结构的主框架,可在该窗口里建立菜单系统,创建各种菜单命令,展现整个系统的总体面貌,以及设置系统运行流程及特征参数。主要的组态操作包括定义工程的名称、编制工程菜单、设计封面图形、确定自动启动的窗口、设定动画刷新周期、指定数据库存盘文件名称及存盘时间等。

为应用系统编制一个完整的菜单系统,是主控窗口的主要功能,进入如图 7-3 所示的主控窗口,MCGS 会自动建立默认的菜单系统,如图 7-4(a)。但它只提供最简单的菜单命令,用户可根据自己工程设计的要求,来设计自己所需的菜单系统。主控窗口给用户提供了新增下拉菜单、新增分割线、向上移动和向左(右)移动等功能。根据这些功能可设计成如图 7-4(b)所示的菜单系统。图 7-4(c)是进入运行环境后显示的具体的菜单系统。

图 7-3　MCGS 的主控窗口

2. 设备窗口

设备窗口建立了系统与外部硬件设备的连接关系,使系统能够从外部设备读取数据并控制外部设备的工作状态,实现对工业过程的监控。在 MCGS 中设备窗口如图 7-5 所示,在设备窗口配置不同类型的设备构件,并根据外部设备的类型和特征设置相关的属性,将设备的操作办法(包括硬件参数配置、数据转换、设备调试等)都封装在构件之中,以对象的形式与外部设备建立数据的传输通道连接。系统运行过程中设备构件统一由设备窗口管理,通过通道连接,把从外部采集到的数据保存在实时数据库里,再从实时数据库里查询控制参

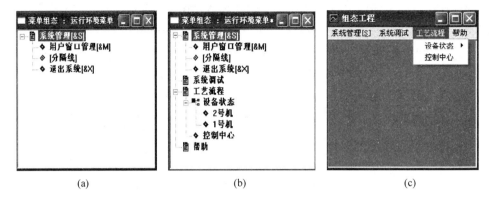

(a)   (b)   (c)

图 7-4　MCGS 的菜单系统

数,发送到其他部分,进行控制运算和流程调度,实现对设备工作状态的实时检测和控制。启动运行环境时,应用系统自动装载设备窗口及其含有的设备构件,并在后台独立运行,此时设备窗口是不可见的。

图 7-5　MCGS 的设备窗口

在设备窗口下的组态操作有选择构件、设置属性、连接通道、调试设备。

1) 选择硬件设备

MCGS 支持多硬件设备,实现"与设备无关"的特点也在设备窗口中体现出来。在设备管理中,对于不同的硬件设备,只需要定制相应的设备构件,放置在设备窗口中,并设置相关的属性,系统就可对这一设备进行操作,而不需要对整个结构作任何改动。通用串口父设备是提供串口通信功能的父设备,下面挂接所有通过串口连接的设备。设备组态和设备管理窗口如图 7-6 所示,在设备管理窗口中选择了通用串口父设备,下面挂接了 PLC 西门子 S7-200 设备。

MCGS 为用户提供了几乎所有的硬件设备,支持的设备主要有:

(1) 采集板:康拓、研华、中泰、研祥、同维、华控、艾迅、华远、科日新、双诺。

(2) PLC:富士、三菱、松下、GE、LG、AB、莫迪康、欧姆龙、西门子、台达、和利时。

(3) 智能仪表:昆仑天辰、浙大中控、日本岛电、厦门宇光、香港虹润、香港上润、霍尼韦尔、欧姆龙、欧陆、东辉大延、横河、天瑞麟、亚特克、英华达。

(4) 智能模块:昆仑海岸、研华、磐仪、威达、研祥、中泰、华控小麻雀、牛顿、研发。

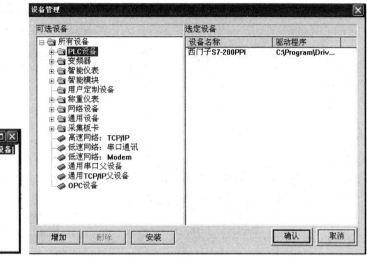

图 7-6 MCGS 的设备组态和设备管理窗口

(5) 称重仪表：托利多、志美 CB920。

(6) 变频器：西门子、AB、华为、台达。

2) 设置设备构件的基本属性

在 MCGS 中设备构件的基本属性分为两类：一类是各种设备构件共有的属性，有设备名称、设备内容注释、运行时设备初始工作状态、最小采集周期等；另一类是每种构件的特有属性，如对于模拟量输入设备，它特有的属性就有 A/D 转换方式、A/D 前处理方式、A/D 重复采集次数等。大部分构件的属性在基本属性页中就可以完成设置，有些设备构件的属性需要在基本属性页的"内部属性"中设置。

运行时设备初始工作状态是指进入 MCGS 运行环境时，设备构件的初始状态，设为"启动"时，设备构件自动开始工作；设为"停止"时，设备构件处于非工作状态，这时需要运行策略中的设备操作构件来启动设备。最小采集周期是指系统操作设备构件的最快时间周期，工作时，系统后台按照设定的采集周期，定时驱动设备构件采集和处理数据，在实际应用中，可根据设备的需要设置不同的周期。基本属性窗口如图 7-7(a)所示。

3) 建立设备通道和实时数据库之间的连接（通道连接）

MCGS 设备中包含了一个或者多个用来读取或者输出数据的物理通道，也称为设备通道，如模拟量输入装置的输入通道、模拟量输出装置的输出通道、开关量输出/输入装置的输出/输入通道等，这些都是设备通道。实时数据库是 MCGS 的核心，各部分之间的数据交换均通过实时数据库。因此所有的设备通道都必须与实时数据库连接。设备属性设置中的通道连接窗口如图 7-7(b)所示。

所谓通道连接，就是用户指定设备通道与数据对象之间的对应关系，如果不进行通道连接，MCGS 则无法对设备进行操作。在实际应用中，开始组态过程中可能不知道所采用的硬件设备，可利用 MCGS 系统的设备无关性，先在实时数据库中定义所需要的数据对象，组态完成整个应用系统，在最后的调试阶段，再把所需的硬件设备连上，可再建立设备通道和对应数据对象的连接。

MCGS 在设备构件中引入了虚拟通道的概念。虚拟通道就是在实际硬件设备中不存

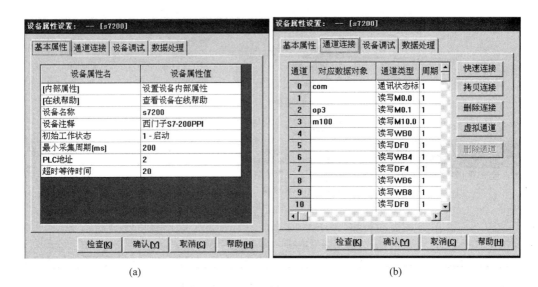

(a) (b)

图 7-7　设备属性设置中的基本属性窗口和通道连接窗口

在的通道。虚拟通道在设备数据前处理中可以参与运算处理,为数据处理提供灵活的有效组态方式。

4) 设置设备通道的数据处理内容(数据处理)

在实际应用中,经常需要对从设备中采集到的数据或输出到设备的数据进行前处理,以得到实际需要的工程物理量,如从 AD 通道采集进来的数据一般都为电压 mV 值,需要进行量程转换或查表计算等处理才能得到所需的物理量。如图 7-8(a)所示,双击带"＊"的一行可以增加一个新的处理。

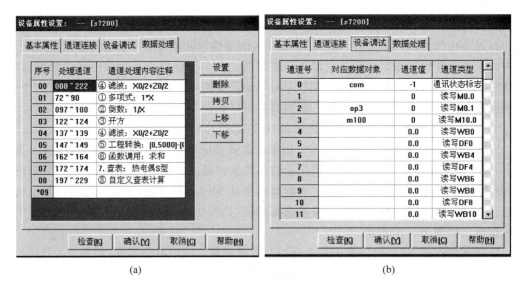

(a) (b)

图 7-8　设备属性设置中的数据处理窗口和设备调试窗口

通道数据有 8 种形式的数据处理,包括多项式计算、倒数计算、开方计算、滤波处理、工程转换计算、函数调用、标准查表计算、自定义查表计算。可以任意设置这 8 种数据处理组合,MCGS 从上到下顺序进行计算处理,每行计算结果作为下一行计算输入值,通道值等于最后计算结果值。单击"设置"按钮,可弹出处理参数设置对话框。

5) 硬件设备的调试(设备调试)

使用设备调试窗口可以在设备组态的过程中,能很方便地对设备进行调试,以检查设备组态设置是否正确、硬件是否处于正常工作状态。同时,在有些设备调试窗口中,可以直接对设备进行控制和操作,方便了设计人员对整个系统的检查和调试。设备属性设置中的设备调试窗口如图 7-8(b)所示。

在通道值一列中,对输入通道显示的是经过数据转换处理后的最终结果值;对输出通道,可以给对应的通道输入指定的值,经过设定的数据转换内容后,输出到外部设备。

3. 用户窗口

MCGS 系统组态的一项重要工作就是设计运行环境下的人机交互界面,这项工作在 MCGS 工程的用户窗口中完成。运行环境下的人机交互界面由一系列的图形化用户窗口组成,这些用户窗口是组成 MCGS 图形界面的基本单位,每个用户窗口有"基本属性"、"扩充属性"、"启动脚本"、"循环脚本"和"退出脚本"等属性。所有人机交互界面都是由一个或多个用户窗口对象组合而成的,它的显示和关闭由各种策略构件和菜单命令来控制。同时用户窗口提供图元、图符和动画构件等各种图形对象,通过对图形对象的组态设置,建立与实时数据库的连接,来完成图形界面的设计工作。

MCGS 中的图形对象包括图元对象、图符对象和动画构件三种类型,不同类型的图形对象有不同的属性,所能完成的功能也各不相同。用户窗口设计的任务除了设置有关属性外,主要是制作各种交互界面,这需要用到各种绘图对象。这些绘图对象可以从 MCGS 提供的工具箱中选取,如图 7-9 所示。

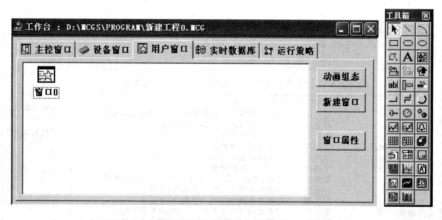

图 7-9　用户窗口和工具箱

单击绘图工具箱中的"插入元件"图标,弹出对象元件管理对话框,如图 7-10 所示,从"储藏罐"、"阀"和"泵"类中分别选取相应的对象。

4. 实时数据库

实时数据库是工程各个部分数据交换和处理的中心,它将 MCGS 工程的各个部分连成一个整体。在实时数据库窗口定义不同类型数据,可作为数据采集、处理、输出控制、动画连接及设备驱动的对象。

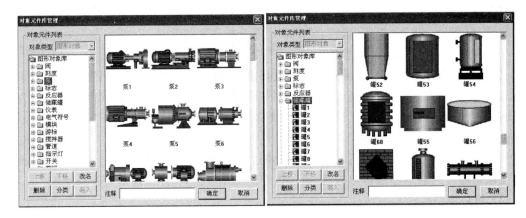

图 7-10　元件库中的储藏罐和泵

在 MCGS 中,构造实时数据库的过程就是定义数据对象的过程。定义数据对象时,在组态环境工作台窗口中,选择"实时数据库"标签,进入实时数据库窗口页,显示已定义的数据对象。当在对象列表的某一位置增加一个新的对象时,可在该处选定数据对象,单击"新增对象"按钮,则在选中的对象之后增加一个新的数据对象。

在 MCGS 中,数据对象具有基本属性、存盘属性和报警属性,其中基本属性包括对象类型(开关型、数值型、字符型、事件型和组对象等)、注释内容、初值和取值范围等;存盘属性包括是否需要存盘、定时保存周期、变化存盘、退出保留存盘、存盘时间设置等;报警属性包括是否需要报警、报警优先级、报警值等。组对象只是在组态时对某一类对象的整体表示方法,实际的操作则是针对每一个成员进行的。以某水位控制系统为例,实时数据库组态界面如图 7-11 所示。

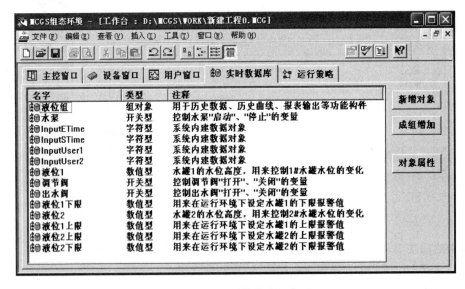

图 7-11　实时数据库组态

5. 运行策略

运行策略窗口主要完成工程运行流程的编写和各种功能构件选用(如数据提取、历史曲线、定时器、配方操作、多媒体输出等)。所谓"运行策略"是用户为实现对系统运行流程自由控制所组态生成的一系列功能块的总称。运行策略通过图形化界面和以类似 BASIC 语言编写的脚本程序来实现对系统运行流程及设备的运行状态进行有针对性地选择和精确地控制。运行策略的建立,使系统能够按照设定的顺序和条件,操作实时数据库,控制用户窗口的打开、关闭以及设备构件的工作状态,从而实现对系统工作过程精确控制及有序调度管理的目的。

MCGS 运行策略窗口中"启动策略"、"退出策略"、"循环策略"为系统固有的三个策略块,另外,还有用户策略、报警策略、事件策略、热键策略等由用户根据需要自行定义的策略,每个策略都有自己的专用名称,MCGS 系统的各个部分通过策略的名称来对策略进行调用和处理。

MCGS 的策略工具箱为用户提供了多种最基本的策略构件,如策略调用、数据对象、设备操作、脚本程序、音响输出构件、定时器、计数器、报警信息浏览、存盘数据浏览、存盘数据提取等。

在 MCGS 中,脚本程序是一种语法上类似 BASIC 编程语言编写的程序,为有效地编制各种特定的流程控制程序和操作处理程序提供了方便的途径。下面通过举例介绍控制流程脚本程序的编写过程。

1) 控制流程分析

以某水位控制系统为例,编写控制流程,先对控制流程进行分析。

(1) 当"水罐 1"的液位达到 9m 时,就要把"水泵"关闭,否则就要自动启动"水泵";

(2) 当"水罐 2"的液位不足 1m 时,就要自动关闭"出水阀",否则自动开启"出水阀";

(3) 当"水罐 1"的液位大于 1m,同时"水罐 2"的液位小于 6m 就要自动开启"调节阀",否则自动关闭"调节阀"。

2) 创建运行策略

在工作台"运行策略"窗口页中,单击"新建策略"按钮,即可新建一个用户策略块(选中"循环策略"进入策略组态窗口),缺省名称定义为"策略×"(×为区别各个策略块的数字代码)。在未做任何组态配置之前,运行策略窗口包括 3 个系统固有的策略块,新建的策略块只是一个空的结构框架,具体内容需由用户设置。进入"策略属性设置",将循环时间设为200ms,如图 7-12 所示。

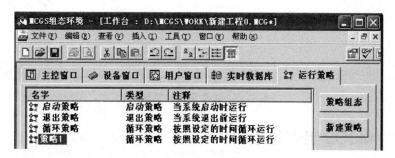

图 7-12　创建循环策略

3) 增加策略行

在策略组态窗口中,单击工具条中的"新增策略行"图标,增加一策略行,如图 7-13 所示。

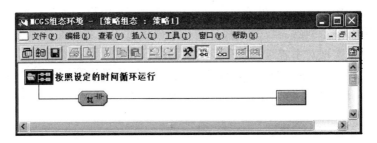

图 7-13　新增策略行

4）配置策略构件

鼠标单击某一策略行右端的框图,该框图呈现蓝色激活标志,选中策略工具箱对应的构件,则把该构件配置到策略行中;或者用鼠标单击策略工具箱中的对应构件,把鼠标移到策略行右端的框图处,再单击鼠标左键,则把对应构件配置到策略行中的指定位置,如图 7-14所示。

图 7-14　配置策略构件

单击"策略工具箱"中的"脚本程序",将鼠标指针移到策略块图标上,单击鼠标左键,添加脚本程序构件。双击脚本程序按钮,进入脚本程序编辑环境,输入下面的程序,如图 7-15所示,单击"确认"按钮,脚本程序编写完毕。

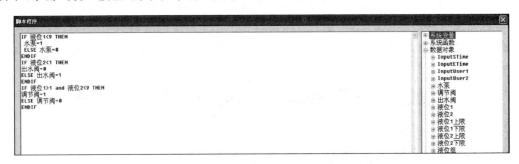

图 7-15　脚本程序编辑环境

7.2.3　MCGS 组态过程

使用 MCGS 完成一个实际的应用系统,首先必须在 MCGS 的组态环境下进行系统的组态生成工作,然后将系统放在 MCGS 的运行环境下运行。

MCGS组态过程包括分析系统、建立工程、定义数据对象、设计用户窗口、设计主控窗口、配置设备窗口、设计运行策略、检查组态结果、测试工程、提交工程等。

1. 分析系统

分析系统就是要了解工程项目的系统构成、技术要求和工艺流程,弄清系统的控制流程和测控对象的特征,明确监控要求和人机交互的基本内容,分析输入设备数据的数量、类型、范围、处理要求、存储方式,规划实时数据库中变量与外部设备、内部显示对象的连接关系。

2. 建立工程

通过新建工程操作或在复制已有工程基础上进行修改来建立项目的工程文件。建立工程的初步工作包括定义工程名称、封面窗口名称和启动窗口(封面窗口退出后接着显示的窗口)名称,指定存盘数据库文件的名称,设定动画刷新的周期。初步建立各用户窗口,定义相应窗口的名称,为后面工作做好准备。

3. 定义数据对象

定义数据对象的过程,就是构造实时数据库的过程。实时数据库是 MCGS 系统的核心,是应用系统的数据处理中心。利用数据对象可建立设备通道连接、建立图形动画连接、参与表达式运算、制定运行控制条件、作为变量编制程序。因此,定义数据对象是整个组态过程的重要基础。

在 MCGS 中,以数据对象的形式来进行操作与处理。数据对象不仅包含了数据变量的数值特征,还将与数据相关的其他属性(如数据的状态、报警限值等)以及对数据的操作方法(如存盘处理、报警处理等)封装在一起,作为一个整体,以对象的形式提供服务。即数据对象包含了数值、属性和方法 3 个内容。因此,定义数据对象必须了解其数值特征、属性(基本属性、存盘属性和报警属性)、方法(保存 SaveData、保存为初始值 SaveDataInitValue、按照指定时间保存 SaveDataOnTime、应答当前报警 AnswerAlm)。另外,为培养良好的设计风格,数据对象的命名和注释需要认真规划。

在 MCGS 中,数据对象有开关型、数值型、字符型、事件型和组对象等 5 种类型。其中事件型和组对象是比较特殊的对象。

事件型数据对象用来记录和标识某种事件产生或状态改变的时间信息。例如,开关量的状态发生变化、用户有按键动作、有报警信息产生等,都可以看作是一种事件发生。事件发生的信息可以直接从某种类型的外部设备获得,也可以由内部对应的策略构件提供。

数据组对象类似于一般编程语言中的数组和结构体。例如为方便描述一个锅炉的工作状态有温度、压力、流量、液面高度等多个物理量,可定义"锅炉"为一个组对象,其内部成员则由温度、压力、流量、液面等数据对象组成。这样,在对"锅炉"对象进行处理(如进行组态存盘、曲线显示、报警显示)时,只需指定组对象的名称"锅炉",就包括了对其所有成员的处理。

4. 设计用户窗口

MCGS 以用户窗口为单位来组建应用系统的图形界面。在用户窗口中可放置各种类型的图形对象,定义相应的属性,生成具有多种风格和类型的图形界面,并通过与变量的连接,实现动画显示效果。

设计用户窗口的一般步骤为创建用户窗口、设置用户窗口属性、创建图形对象、编辑图形对象、定义动画连接。

用户窗口的属性包括基本属性、扩充属性和脚本控制。基本属性包括窗口名称、显示标题、背景颜色、窗口位置、窗口边界、窗口内容注释等内容。扩充属性包括窗口的外观、位置坐标和视区大小等内容。脚本控制包括启动脚本(在用户窗口打开时运行)、循环脚本(在窗口打开期间以指定的间隔循环执行)和退出脚本(在用户窗口关闭时执行)。

MCGS 提供了 3 类图形对象供用户选用,即图元对象、图符对象和动画构件。这些图形对象位于常用符号工具箱和动画工具箱内,这两个工具箱中提供了丰富的构件或图符,可构成用户窗口的各种图形界面。设计用户窗口需要熟练掌握这些工具箱的使用。

图形对象创建完成后,要对图形对象进行各种编辑工作,如改变图形的颜色和大小、调整图形的位置和排列形式、图形的旋转及组合分解等项操作。

定义动画连接过程实际上是对图形对象的状态属性设置的过程。将用户窗口内创建的图形对象与实时数据库中定义的数据对象建立对应连接关系后,用数据对象的值的变化来驱动图形对象的状态改变,图形对象状态属性(如颜色、大小、位置移动、可见度、闪烁效果等)的动态变化,使系统在运行过程中,产生形象逼真的动画效果。

在 MCGS 中,每个图元、图符对象都可以实现 11 种动画连接方式:填充颜色、边线颜色、字符颜色、水平移动、垂直移动、大小变化、显示输出、按钮输入、按钮动作、可见度、闪烁效果等。

MCGS 还提供如按钮、流动块、滑动输入器、实时曲线、旋转仪表等 20 多种动画构件。在组态时,只需要建立动画构件与实时数据库中数据对象的对应关系,就能完成动画构件的连接,大大方便了动态画面的设计。

5. 设计主控窗口

主控窗口是应用系统的父窗口和主框架,其基本职责是调度与管理运行系统。在主控窗口内可建立菜单系统,创建各种菜单命令,展现工程的总体概貌,设计主控窗口的主要任务是进行菜单组态和属性设置。

菜单系统是常见的人机交互形式。菜单组态就是为应用系统编制一套功能齐全的菜单系统。在工程创建时,MCGS 在主控窗口中自动建立缺省的菜单系统,但它只提供最简单的菜单命令。

菜单组态就是设置所需的每一个菜单命令,设置的内容包括菜单命令的名称、菜单命令对应的快捷键、菜单注释、菜单命令所执行的功能。按照窗口内的栏目设置相关的属性。

主控窗口的属性包括基本属性、启动属性、内存属性、系统参数、存盘参数等。基本属性有窗口名称、菜单栏选择、封面窗口及显示时间、运行权限等。启动属性用于选择启动时打开的一个或多个用户窗口。内存属性用于选择调入内存的用户窗口,以加快一些用户窗口打开的时间。系统参数包括与动画显示有关的时间参数,例如动画画面刷新的时间周期、图形闪烁动作的周期时间等。存盘参数指定了数据库文件的名称及数据保留的时间要求,系统缺省的数据库文件名与工程文件名相同,且在同一目录下,数据库文件名的后缀为".MDB"。

6. 配置设备窗口

配置设备窗口就是建立系统与外部硬件设备的连接关系,从而可实现对外部设备的实时监控。配置设备窗口的主要工作有选择设备构件、设置构件属性、连接设备通道、设置设备通道的数据处理和进行硬件设备的调试。

选择设备构件需要了解设备分类,其中许多子设备(如 PLC)需要先安装父设备(如通用串口父设备)后才能安装。通常进行 MCGS 组态前,已确定了系统的外部设备,并安装相应的设备驱动程序,MCGS 支持的外部设备非常丰富。

在设备窗口内选择设备构件后,可根据外部设备的类型和性能,设置设备构件的属性,如设备名称、注释、运行时设备初始工作状态、最小数据采集周期以及不同构件特有的属性。

设备构件的通道连接就是由用户建立设备通道与数据对象之间的对应关系。如不进行通道连接组态,则 MCGS 无法对设备进行操作。

一般说来,设备构件的每个设备通道及其输入或输出数据的类型是由硬件本身决定的,所以连接时,连接的设备通道与对应的数据对象的类型必须匹配,否则连接无效。

设置设备通道的数据处理是指对设备采集到的数据或输出到设备的数据进行必要的处理,如非线性校正、量程转换、数字滤波等。MCGS 提供了多项式计算、倒数计算、开方计算、滤波处理、工程转换计算、函数调用、标准查表计算、自定义查表计算等 8 种处理的组合。

进行硬件设备的调试。使用设备调试窗口可以在设备组态的过程中,很方便地对设备进行调试,以检查设备组态设置是否正确、硬件是否处于正常工作状态。同时,在有些设备的调试窗口中,可以直接对设备进行控制和操作,方便了设计人员对整个系统的检查和调试。

配置设备窗口过程中,还可对有些设备进行调试,以检查设备组态设置是否正确、硬件是否处于正常工作状态。

7. 设计运行策略

对于复杂的工程,监控系统必须设计成多分支、多层循环嵌套式结构,按照预定的条件,对系统的运行流程及设备的运行状态进行有针对性选择和精确控制。这就要设计运行策略。

MCGS 运行策略窗口中"启动策略"、"退出策略"、"循环策略"为系统固有的三个策略块,分别在系统启动、退出以及设定的周期循环运行。复杂的控制流程可通过多种基本策略构件来组成,其中脚本程序策略构件可帮助用户编写脚本程序,实现复杂的控制流程。

许多智能设备本身含有控制流程,MCGS 组态时也不需要再设计复杂的脚本程序。

8. 检查组态结果

在组态过程中,不可避免地会产生各种错误,为保证组态生成的应用系统能够正常运行,必须保证组态结果准确无误。

MCGS 大多数属性设置窗口中都设有"检查(C)"按钮,可检查组态结果的正确性。在进行组态操作过程中,要养成及时发现问题和解决问题的习惯。每当用户完成一个对象的属性设置后,及时进行检查,及时纠正出现的错误,否则错误积累得越多,诊断越困难。

MCGS 在用户窗口、设备窗口、运行策略和系统菜单存盘时,会自动对组态的结果进行检查,发现错误时,会提示相关的信息。

在全部组态工作完成后,应对整个工程文件进行统一检查。MCGS 工具条上有专门的"组态检查"按钮,可对整个工程文件进行组态结果正确性检查。

9. 测试工程

所建工程完成组态配置后,应当转入 MCGS 运行环境,进入试运行,进行综合性测试检查。测试检查包括系统菜单、用户窗口、外部设备、按钮动作、动画动作、运行策略等。

10. 提交工程

组态完好、测试正确的工程文件(.MCG)与 MCGS 系统的运行环境一起构成用户的应用系统。为了防止最终用户对工程文件随意修改,保证应用系统正常、可靠地运行,工程文件不要与组态环境对应的执行程序(McgsSet.exe)放在一起,以免工程文件被操作人员误修改。

最后需要说明,为保障组态软件的操作安全性和数据安全性,各种组态软件都提供了一系列的安全机制,严格限制各类操作的权限,使不具备操作资格的人员无法进行操作,但仍存在许多不足,这也是组态软件开发者不断研究的课题。

7.3 组态王组态软件

组态王 KingView 是亚控公司在国内率先推出的工业组态软件产品。它融过程控制设计、现场操作以及工厂资源管理于一体,将一个企业内部的各种生产系统和应用以及信息交流汇集在一起,实现最优化管理。下面以组态王 KingView6.5 为例,介绍其特点和组成、软件构成、组态过程。

7.3.1 组态王软件的特点和组成

组态王 KingView 是运行于 Microsoft Windows 中文平台的中文界面的人机界面软件,采用了多线程、COM+组件等新技术,实现了实时多任务,软件运行稳定可靠。具体特点如下:

(1) 支持 1000 多个厂家近 4000 种设备,包括主流 PLC、变频器、仪表、特殊模块、板卡及电力、楼宇等协议;

(2) 具有变量导入导出及自动创建变量功能,方便变量定义和修改,大量节省开发时间;

(3) 可视化操作界面,真彩显示图形,支持渐进色,并有丰富的图库以及动画连接;

(4) 无与伦比的动画和灵活性,拥有全面的脚本与图形动画功能,支持多功能趋势曲线;

(5) 强大的脚本语言处理能力,能够实现复杂的逻辑操作和与决策处理;

(6) 强大的分布式报警、事件处理能力,支持分布式报警和历史数据存储;

(7) 方便的配方处理功能;

(8) 全新的 WebServer 架构,全面支持画面发布、实时数据发布、历史数据发布及数据库数据的发布;

(9) 灵活实用的报表功能,支持向导式报表快速建立班、日、周、月和年报表;

(10) 支持工业库和关系数据库接口,支持 OCX 控件的全新 Web 发布。

7.3.2 组态王软件的构成

组态王 KingView 软件由工程浏览器(TouchExplorer)、工程管理器(ProjManager)和画面运行系统(TouchVew)三部分组成。工程管理器内嵌画面管理系统,用于新工程的创建和已有工程的管理,对已有工程进行搜索、添加、备份、恢复以及实现数据词典的导入和导出等功能。工程浏览器是一个工程开发设计工具,用于创建监控画面、监控的设备及相关变量、动画链接、命令语言以及设定运行系统配置等的系统组态工具。运行系统是工程运行画面,从采集设备中获得通信数据,并依据工程浏览器的动画设计显示动态画面,实现人与控制设备的交互。组态王软件的结构如图 7-16 所示。

图 7-16 组态王软件结构

7.3.3 组态王组态过程

1. 建立工程

在组态王 KingView 中,工程管理器的作用是为用户集中管理本机上的多个组态王工程。工程管理器的功能包括新建工程、删除工程、对工程重命名、搜索指定路径下的所有组态王工程、修改工程属性、工程的备份和恢复、数据词典的导入导出、切换到组态王开发或运行环境。组态王的工程管理器如图 7-17 所示。

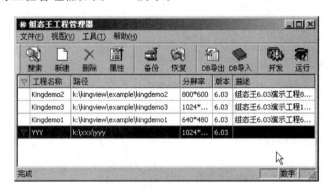

图 7-17 组态王工程管理器

2. 定义外部设备

所有需要和组态王进行通信的硬件设备都称作外部设备,包括 PLC、仪表、模块、板卡、变频器等。只有定义了外部设备后,才能和组态王进行通信。为了方便定义外部设备,组态王提供了"设备配置向导",在组态王工程浏览器树型目录中选择设备,在右边的工作区双击"新建"图标,在弹出的"设备向导"对话框中选择设备驱动目录下所提供的设备。针对具体设备填写设备地址、设置故障恢复参数和修改串口通信参数。组态王外部设备定义的界面如图 7-18 所示。

3. 定义数据库中的变量

实时数据库是组态王的核心,工业现场的参数变化和操作人员的操作会自动填入实时数据库,而实时数据库内容的变化,直接影响屏幕上有动画连接的显示部分。如图 7-19 所示,在数据库中包含结构变量、数据词典、报警组。组态王软件数据库中变量的集合称为数据词典。单击新建数据库,打开"定义变量"对话框,该对话框中包含基本属性、报警定义、记录和安全区块内容。

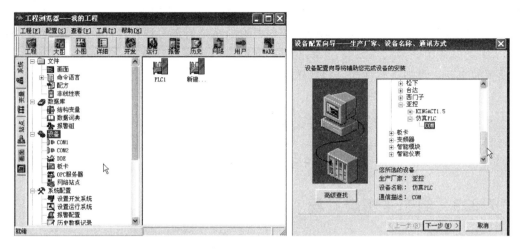

图 7-18　组态王外部设备定义

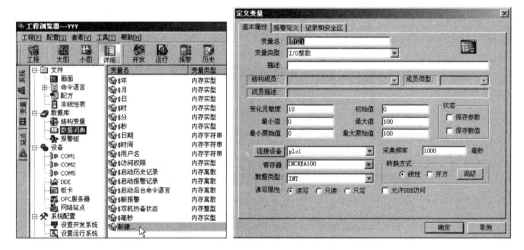

图 7-19　组态王数据库定义

4. 设计画面

工程浏览器是一种管理开发系统,它将图形画面、命令语言、设备驱动程序管理、配方管理、数据库访问等配置进行集中管理,并在一个窗口中以树型结构排列,类似于 Windows 资源管理器的功能,如图 7-20 所示。其主要作用是一个工程开发设计工具,用于创建监控画面、监控的设备及相关变量、动画链接、命令语言以及设定运行系统配置等的系统组态工具。

工程浏览器内嵌画面开发系统,在目录树中选择"画面"后,双击右窗口中的新建图标,则进入画面开发系统。在画面开发系统中可以利用组态王的图库和画图工具箱进行画面设计,如图 7-21 所示。

绘制图素的主要工具放置在图形编辑工具箱内。当画面打开时,工具箱自动显示。工具箱内有各种图形图标和文本图标。图库管理器降低了工程人员设计界面的难度,使用户可以更加集中精力于维护数据库和增强软件内部逻辑控制,缩短开发周期;同时用图库开发软件将具有统一的外观,方便工程人员学习和掌握;另外,利用图库的开放性,工程人员

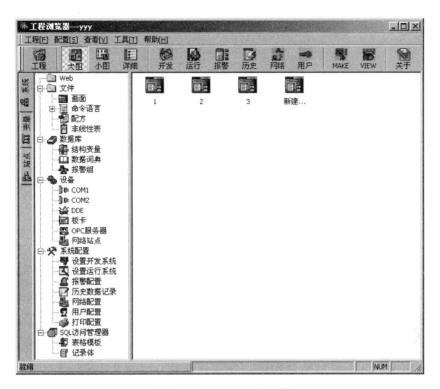

图 7-20 组态王工程浏览器

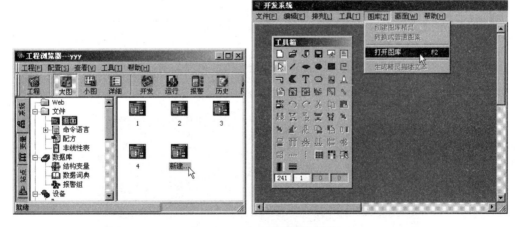

图 7-21 组态王画面开发系统

可以生成自己的图库元素。组态王图库管理器如图 7-22 所示。

5. 建立动画连接

一般制作的画面是静态的,要反映现场的状态就需要通过一个中间"人"——实时数据库,实时数据库中的变量是与现场变化同步的。画面上的动画又是跟随实时数据库中变量的变化而变化。因此所谓建立动画连接就是确定画面上的哪个图素跟随数据库中哪个变量变化。例如工业现场的温度发生变化时,通过 I/O 接口,将引起实时数据库中变量的变化,而画面上与这个变量建立了关联,所以画面上的温度指示会与现场温度同步变化。

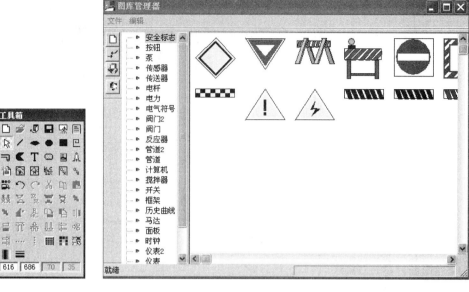

图 7-22　组态王图库管理器

　　画面的来源一般有两种,有自画图素的动画,也有图库元素的动画,其中自画图素的动画连接内容更多一些。双击某图素则打开动画连接对话框,动画连接对话框如图 7-23 所示。

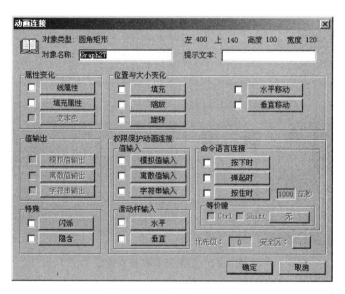

图 7-23　组态王动画连接

6. 趋势曲线

　　曲线一般能反应数据变量随时间变化的情况,横轴代表时间,纵轴代表变量值占量程的百分比。组态王的趋势曲线也分为两种:实时曲线、历史曲线。

　　1) 实时曲线

　　实时趋势曲线随时间变化自动卷动,以快速反应变量的新变化,但是不能时间轴"回卷",不能查阅变量的历史数据。实时趋势曲线设置如图 7-24 所示。

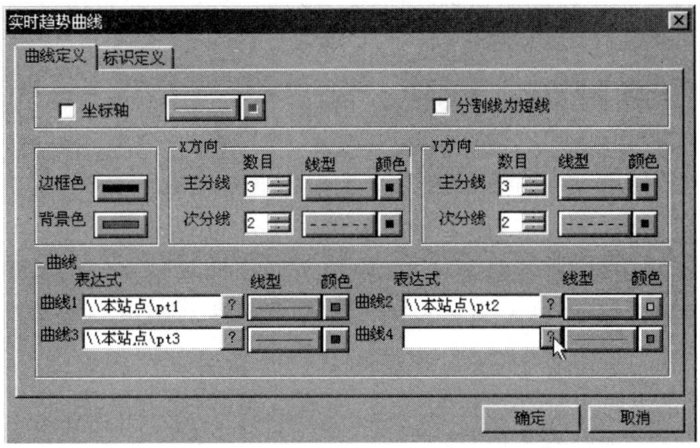

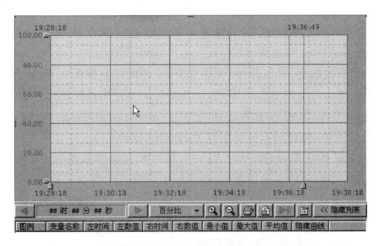

图 7-24　组态王实时趋势曲线设置

2) 历史曲线

历史趋势曲线可以完成历史数据的查看工作,但它不会自动卷动。组态王有 3 种历史趋势曲线:图库内的、通用控件中的、工具箱上的。无论使用哪一种历史趋势曲线,都要进行相关配置,主要包括变量属性配置和历史数据文件存放位置配置。历史趋势曲线界面如图 7-25 所示。

图 7-25　组态王的历史趋势曲线界面

第一种是从图库中调用已经定义好各功能按钮的历史趋势曲线。对于这种历史趋势曲线,用户只需要定义几个相关变量,适当调整曲线外观即可完成历史趋势曲线的复杂功能,这种形式使用简单方便。该曲线控件最多可以绘制 8 条曲线,但该曲线无法实现曲线打印功能。

第二种是调用历史趋势曲线控件。通过该控件,不但可以实现组态王历史数据的曲线绘制,还可以实现 ODBC 数据库中数据记录的曲线绘制,而且在运行状态下,可以实现在线动态增加/删除曲线、曲线图表的无级缩放、曲线的动态比较、曲线的打印等。

第三种是从工具箱中调用历史趋势曲线。对于这种历史趋势曲线,用户需要对曲线的各个操作按钮进行定义,即建立命令语言连接才能操作历史曲线。对于这种形式,用户使用时自主性较强,能做出个性化的历史趋势曲线。该曲线控件最多可以绘制 8 条曲线。

7.4 力控监控组态软件

力控监控组态软件 ForceControl 是北京力控元通科技有限公司(前身为北京三维力控科技有限公司)推出的产品。其产品支持微软的 32/64 位 Windows 及 Windows Server 操作系统,具有系统的稳定性、产品的灵活性、使用的便捷性等特点。力控组态是一个应用规模可以自由伸缩的体系结构,整个力控系统及其各个产品都是由一些组件程序按照一定的方式组合而成的。在力控组态中,实时数据库 RTDB 是全部产品数据的核心,分布式网络应用是力控组态的最大特点。在力控组态中,所有应用(例如趋势、报警等)对远程数据的引用方法都和引用本地数据完全相同,这是力控组态分布式特点的主要表现。

7.4.1 力控软件的特点和组成

力控监控组态软件 ForceControl 为实施数据采集、过程监控、生产控制提供了基础平台,它可以和检测、控制设备构成复杂的监控系统。力控监控组态软件的技术特点有:

(1) 强大的报警管理功能,完整的冗余与容错技术,保证数据完整性;

(2) 开放的数据接口,强大的组件容器可以很好地和第三方软件结合;

(3) 方便、灵活的开发环境,提供各种工程、画面模板,大大降低了组态开发的工作量;

(4) 高性能实时、历史数据库,在数据库 4 万点数据负荷时,访问吞吐量可达到 20 000 次/秒;

(5) 强大的分布式报警、事件处理,支持报警、事件网络数据断线存储与恢复功能;

(6) 支持操作图元对象的多个图层,通过脚本可灵活控制各图层的显示与隐藏;

(7) 强大的 ACTIVEX 控件对象容器,定义了全新的容器接口集,增加了通过脚本对容器对象的直接操作功能,通过脚本可调用对象的方法、属性;

(8) 全新的、灵活的报表设计工具:提供丰富的报表操作函数集,支持复杂脚本控制,包括脚本调用和事件脚本,可以提供报表设计器,可以设计多套报表模板。

7.4.2 力控软件的构成

力控监控组态软件基本的程序及组件包括工程管理器、人机界面 VIEW、实时数据库DB、I/O 驱动程序、控制策略生成器以及各种数据服务及扩展组件,其中实时数据库是系统的核心,它们可以构成如图 7-26 所示的网络系统。

主要的组件说明如下:

(1) 工程管理器(Project Manager):工程管理器用于创建工程、工程管理等用于创建、删除、备份、恢复、选择当前工程等。

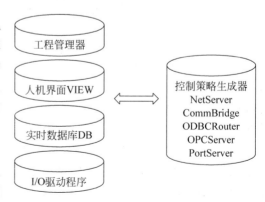

图 7-26 力控监控组态软件构成

（2）开发系统（Draw）：开发系统是一个集成环境，可以创建工程画面，配置各种系统参数，启动力控 R 等其他程序组件。

（3）界面运行系统（View）：界面运行系统用来运行由开发系统 Draw 创建的画面、脚本、动画连接等工程，操作人员通过它来完成监控。

（4）实时数据库（DB）：实时数据库是力控 R 软件系统的数据处理核心，构建分布式应用系统的基础。它负责实时数据处理、历史数据存储、统计数据处理、报警处理、数据服务请求处理等。

（5）I/O 驱动程序（I/O SERVER）：I/O 驱动程序负责力控 R 与控制设备的通信。它将 I/O 设备寄存器中的数据读出后，传送到力控 R 的数据库，然后在界面运行系统的画面上动态显示。

（6）网络通信程序（NetClient/NetServer）：网络通信程序采用 TCP/IP 通信协议，可利用 Intranet/Internet 实现不同网络结点上力控 R 之间的数据通信。

（7）通信程序（PortServer）：通信程序支持串口、电台、拨号、移动网络通信。通过力控 R 在两台计算机之间，使用 RS232C 接口，可实现一对一（1：1 方式）的通信；如果使用 RS485 总线，还可实现一对多台计算机（1：N 方式）的通信。同时也可以通过电台、MODEM、移动网络的方式进行通信。

（8）控制策略生成器（StrategyBuilder）：控制策略生成器是面向控制的新一代软件逻辑自动化控制软件，采用符合 IEC1131-3 标准的图形化编程方式，提供包括变量、数学运算、逻辑功能、程序控制、常规功能、控制回路、数字点处理等在内的十几类基本运算块。内置常规 PID、比值控制、开关控制、斜坡控制等丰富的控制算法。控制策略生成器与力控 R 的其他程序组件可以无缝连接。

7.4.3　力控组态过程

在力控监控组态软件环境中建立新工程时，首先通过力控的"工程管理器"指定工程的名称和工作的路径，不同的工程放在不同的路径下。

1. 启动力控的"工程管理器"

打开力控组态软件，进入工程管理器界面，如图 7-27 所示。

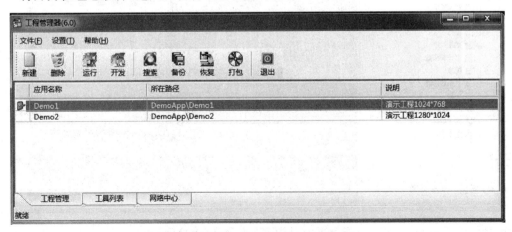

图 7-27　力控组态软件工程管理器

　　单击"新建"按钮,创建一个新的工程。出现如图 7-28 所示的应用定义对话框,在"项目名称"框内输入要创建的应用程序的名称,在"生成路径"框内输入应用程序的路径,或者单击"…"按钮创建路径。最后单击"确定"按钮返回,这样应用名称列表就增加了"New App1"项目。

图 7-28　力控组态软件新建工程对话

　　单击工程管理器的"开发"按钮进入开发系统,即进入图 7-29 所示的项目开发窗口。

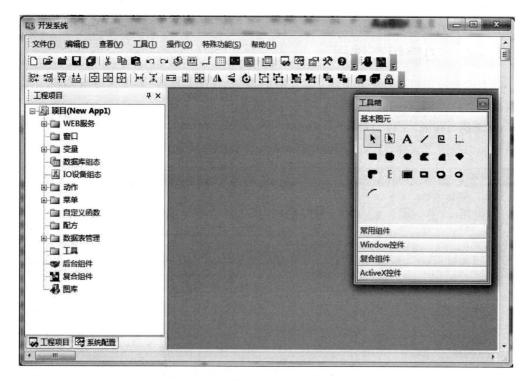

图 7-29　力控组态软件项目开发窗口

2. 创建组态界面

进入力控的开发系统后,可以为每个工程建立无限数目的画面,在每个画面上可以组态相互关联的静态或动态图形。这些画面是由力控开发系统提供的丰富的图形对象组成的。开发系统提供了文本、直线、矩形、圆角矩形、圆形、多边形等基本图形对象,同时还提供了增强型按钮、实时/历史趋势曲线、实时/历史报警、实时/历史报表等组件。开发系统还提供了在工程窗口中复制、删除、对齐、打成组等编辑操作,提供对图形对象的颜色、线型、填充属性等操作工具。力控开发系统提供的上述多种工具和图形,方便用户在组态工程时建立丰富的图形界面。例如,在开发环境中的"选择图库"和"选择精灵"快捷按钮,选择后会出现"图库"和"复合组件"对话框,可以从中选择一些图样来进行流程图的绘制和曲线的设置,如图 7-30 所示。

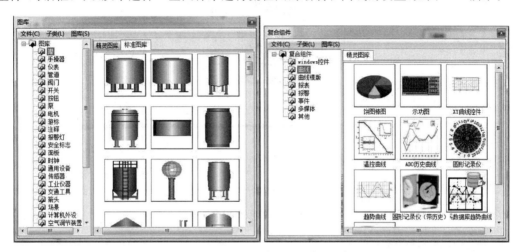

图 7-30　力控组态软件"图库"和"复合组件"对话框

3. 定义 I/O 设备

在力控中,把需要与力控组态软件交换数据的设备或者程序都作为 I/O 设备,I/O 设备包括 DDE、OPC、PLC、UPS、变频器、智能仪表、智能模块、板卡等,只有在定义了 I/O 设备后,力控才能通过数据库变量和这些 I/O 设备进行数据交换。从力控结构功能示意图知道,数据库是从 I/O Server(即 I/O 驱动程序)中获取过程数据的,而数据库同时可以与多个 I/O Server 进行通信,一个 I/O Server 也可以连接一个或多个设备。所以在获取过程数据时,就需要定义 I/O 设备。

在 Draw 导航器中双击"I/O 设备组态"项使其展开,树状目录下展示了所有可连接的 I/O 设备,在展开项目中选择具体的 I/O 设备项并双击使其展开,出现如图 7-31 所示的"I/O 设备定义"对话框,在"设备名称"输入框内键入为设备定义的名称,以及"数据更新周期"和"超时时间"。

4. 创建实时数据库

数据库 DB 是整个应用系统的核心,是构建分布式应用系统的基础。它负责整个力控 R 应用系统的实时数据处理、历史数据存储、统计数据处理、报警信息处理、数据服务请求处理。在数据库中,操纵的对象是点(TAG),实时数据库根据点名字典决定数据库的结构,分配数据库的存储空间。在点名字典中,每个点都包含若干参数。一个点可以包含一些系统预定义的标准点参数,还可包含若干个用户自定义参数,如图 7-32 所示。

图 7-31　力控组态软件 I/O 设备定义对话框

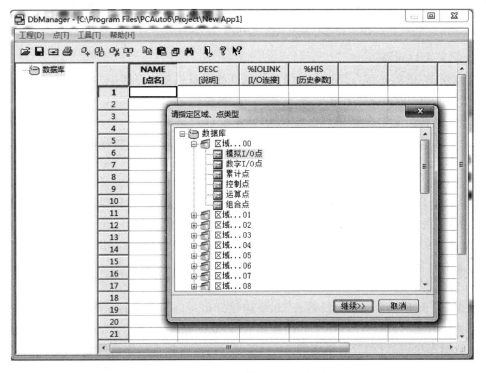

图 7-32　力控组态软件实时数据库

引用点与参数的形式为"点名.参数名"。如"TAG1.DESC"表示点 TAG1 的点描述，"TAG1.PV"表示点 TAG1 的过程值。点类型是实时数据库 DB 对具有相同特征的一类点的抽象。DB 预定义了一些标准点类型，利用这些标准点类型创建的点能够满足各种常规的需要。对于较为特殊的应用，可以创建用户自定义点类型。DB 提供的标准点类型有模拟 I/O 点、数字 I/O 点、累计点、控制点、运算点等。

不同的点类型完成的功能不同。例如，模拟 I/O 点的输入和输出量为模拟量，可完成输入信号量程变换、小信号切除、报警检查、输出限值等功能；数字 I/O 点输入值为离散量，可对输入信号进行状态检查。有些类型包含一些相同的基本参数。

5. 制作动画连接

动画连接是将画面中的图形对象与变量之间建立某种关系，当变量的值发生变化时，在画面上图形对象的动画效果以动态变化方式体现出来。有了变量之后就可以制作动画连接了。一旦创建了一个图形对象，给图形加上动画连接就相当于赋予图形"生命"，使它动起来。

动画连接使对象按照变量的值改变其大小、颜色、位置等。例如，一个泵在工作时是红色，而停止工作时变成绿色。有些动画连接还允许使用逻辑表达式，如 OUT_VALVE==1&&RUN==1 表示 OUT_VALVE 与 RUN 这两个变量的值同时为 1 时条件成立。又如，如果希望一个对象在存储罐的液面高于 80 开始闪烁，这个对象闪烁的表达式就为"LEVEL>80"。力控组态软件动画连接框图如图 7-33 所示。

图 7-33 力控组态软件动画连接

6. 运行

力控工程建立完成，保存所有组态内容，进入运行阶段。关闭 DBManager，在力控的开发系统中选择"运行"，进入力控的运行系统。从"选择窗口"选择相关画面，单击"开始"按钮，开始运行程序，如图 7-34 所示。

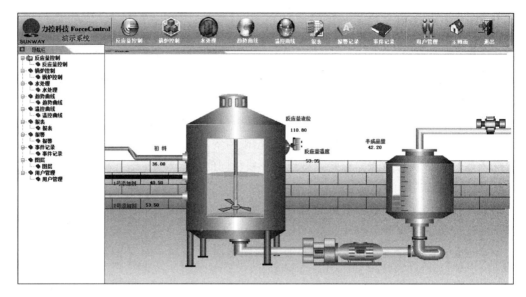

图 7-34　力控组态软件运行系统

本章知识点

知识点 7-1　工控组态软件及其功能

工控组态软件是用于工业控制中数据采集和过程监视的应用软件,它们为用户快速构建工业自动控制系统中的软件系统提供了方便。它具有较好的通用性、扩展性、可维护性、可移植性,支持实时多任务,可大大提高控制系统的软件开发效率。组态软件的功能主要有数据采集、过程监控和人机交互。

知识点 7-2　常见组态软件及其特点

MCGS 是一种典型的组态软件,通过对现场数据的采集处理,以动画显示、报警处理、流程控制、实时曲线、历史曲线和报表输出等多种方式向用户提供解决实际工程问题的方案。功能简捷,操作简单,易学易用,普通工程人员经过短时间的培训就能迅速掌握多数工程项目的设计和运行操作。MCGS 组态软件比较适用于单用户操作的控制系统。

组态王组态软件融过程控制设计、现场操作以及工厂资源管理于一体,将一个企业内部的各种生产系统和应用以及信息交流汇集在一起,实现最优化管理。组态王提供了资源管理器式的操作主界面,提供了丰富的图库以及动画连接,支持多功能趋势曲线。组态王组态软件适用于一定规模的控制系统。

力控组态软件是在自动控制系统监控层一级的软件平台,最大的特点是能以灵活多样的"组态方式"而不是编程方式来进行系统集成,它能同时和国内外各种工业控制厂家的设备进行网络通信,它可以与高可靠的工控计算机和网络系统结合,进而可以达到集中管理和监控的目的,通过一定的冗余与容错技术保证数据完整性。力控组态软件适用于一定规模的分布式控制系统。

思考题与习题

1. 工控组态软件的特点哪些？

2. 工控组态软件的主要功能有哪些？

3. 简述 MCGS 组态软件的特点。

4. 简述 MCGS 组态软件的组成。

5. "MCGS 组态环境"和"MCGS 运行环境"有什么功能和关系？

6. MCGS 组态软件所建立的工程文件包含了哪些内容？文件的后缀名是什么？

7. MCGS 主控窗口的主要功能是什么？

8. 在 MCGS 设备窗口下的组态操作有哪些？

9. 在 MCGS 用户窗口下主要完成什么工作？

10. 在 MCGS 中的数据对象有哪些属性？

11. MCGS 组态软件中的实时数据库包含了哪些内容？文件的后缀名是什么？

12. 什么是 MCGS 组态软件中的"运行策略"？有何作用？

13. 什么是 MCGS 组态软件中的"脚本程序"？有何作用？

14. 简述 MCGS 组态的过程。

15. 通过查阅资料，了解组态王组态软件最新版本的特点和组态过程。

16. 通过查阅资料，了解力控组态软件最新版本的特点和组态过程。

17. 查阅有关资料，了解组态软件的发展概况。

第 8 章

集散控制系统

集散控制系统(distributed control system,DCS)也称分布式控制系统,是按照"分散控制、集中操作、分级管理"原则构建的用于数据采集、过程控制和生产管理的综合控制系统。DCS 是伴随着现代化大规模生产过程的控制需求发展起来的。在化工、炼油、石化、冶金、造纸、电力、建材、啤酒等行业存在许多大规模生产过程,需要应用计算机进行过程控制。由于这些大规模的控制对象距离广,控制规律复杂多样,许多工序既需要并行协调工作,也允许独立运行,若使用计算机来集中控制,则系统变得十分复杂,可靠性也会降低,如使用大量分布的嵌入式控制器,则操作和管理又有一定的难度。

DCS 兼顾了控制、操作、管理各自的特点,采用了合理的体系结构,运用组态软件高效配置系统参数,设计所需功能,方便用户的监控界面,较好地满足了大规模过程控制的需求,得到广泛应用。

DCS 集成了计算机控制系统的许多关键技术,包括计算机及其接口技术、信号处理与过程通道技术、控制系统的可靠性和抗干扰技术、控制系统中应用软件技术、网络通信技术以及系统集成技术等。

本章主要介绍 DCS 的产生与发展、体系结构、组态软件,结合具体的 DCS 产品——浙江中控自动化系列的品牌产品 WebField JX-300XP,介绍 DCS 的硬件、软件。

8.1 DCS 的产生与发展

8.1.1 DCS 的产生

DCS 是在传统过程控制系统的基础上发展起来的。随着科学技术的快速发展,过程控制领域在过去的半个世纪里发生了巨大的变革。

20 世纪 50 年代之前,出现了基于 3~15ps 气动信号标准的基地式气动控制仪表系统,即第一代过程控制体系结构(pneumatic control system,PCS)。

20 世纪 50 年代后,出现了采用 0~10mA 和 4~20mA 标准模拟电流信号的电动单元组合式模拟仪表控制系统,即为第二代过程控制体系结构(analogous control system,ACS)。

20 世纪 60 年代后,由于使用了数字计算机,从而产生了集中式数字控制系统,即第三代过程控制体系结构(computer control system,CCS)。

20 世纪 70 年代,随着现代化工业的飞速发展,工业生产过程日益复杂,控制规模不断扩大,工艺要求日趋严格,因而对过程控制和生产管理提出了越来越高的要求。此时微处理机的出现,为计算机技术应用于控制领域创造了有利的条件,促使了"分散控制、集中操作、分级管理"设计理念的形成,从而产生了DCS控制系统。

8.1.2 DCS 的发展

第一代DCS(1975—1980年)处于初创期。此时的DCS存储容量小,功能较简单,代表产品主要有美国Honeywell公司的TDC2000,Baily公司的Network90,Foxboro公司的Spectrum,日本横河公司的Centum等。

第二代DCS(1980—1990年)处于推广期。DCS向计算机网络控制扩展,将过程控制、监督控制和管理调度进一步结合起来,使得DCS在大型工业生产领域开始推广应用。典型产品有Honeywell的TDC-3000和横河公司的CENTUM-XL。

第三代DCS(1990年以后)处于普及期。DCS在硬件上采用了开放的Client/Server的结构,在网络结构上增加了工厂信息网,并可与互联网联网,在软件上采用UNIX和Windows的图形用户界面,系统的软件更丰富,一些优化和管理良好的界面软件被开发并移植到DCS中。这一时期,国内一些企业积极开发DCS产品和开拓市场,为中国广大中小型企业新建工业装置和一些大中型工业装置的改造提供了实用的DCS平台。如浙大中控技术公司、北京和利时公司、上海新华公司控制系统公司,在化工、炼油、石化、冶金、电力、轻工、纺织、建材、制药、生化、机械制造、水处理、大型轨道交通自动化领域、电力、制药、水泥等领域取得很好的成绩,缩短了国产系统和进口系统的差距,大大降低了DCS的应用门槛和成本,使DCS在各种工业生产装置上得到普及应用。

第四代DCS(2000年以后)处于快速发展期。受信息技术(网络通信技术、计算机硬件技术、嵌入式系统技术、现场总线技术、各种组态软件技术、数据库技术等)发展的影响,以及用户对先进的控制功能与管理功能需求的增加,加上大规模工业生产的飞速发展,各DCS厂商纷纷提升DCS系统的技术水平,并不断地丰富其内容,DCS得到了快速发展。具体体现在如下几个方面:

(1)信息化和集成化。DCS全面支持企业信息化,系统构成进一步集成化。控制的概念不断拓展,由底层的物理参数控制向高层的信息管理发展,从"分散控制、集中操作、分级管理"进一步发展到"综合管理",并形成了企业自动化整体解决方案思想。

(2)开放和互连。DCS的结构和相关技术进一步开放,使DCS能融入更多的新技术,开发更多的产品,用户有更多的选择。系统平台进一步开放,应用系统则更专业化。网络互连技术使DCS与PLC、IPC、PAC、智能传感器、现场总线的结合更为紧密,信息交流更为畅通。开放的实时操作系统平台,支持更多优秀的监控与数据采集系统(supervisory control and data acquisition,SCADA)、人机界面(human machine interface,HMI)软件的推广应用。

(3)嵌入和交互。嵌入式系统向底层渗透,使控制进一步分散,降低风险,提高控制质量和可靠性。混合控制功能兼容,硬件进一步分散化。人机交互技术使DCS的操作界面更为直观,互操作性更友好。

(4)功能和价格。智能化技术、数据库技术和各种组态软件技术使DCS的功能进一步加强,性能价格比的提高使DCS的应用更为广泛。

近年来,由于应用于工业现场设备间通信的 EPA 网络通信平台的发展,实现了传统 DCS 控制系统与基于 EPA 的现场总线控制系统之间的信息无缝集成,使得工业现场设备中的大量控制和非控制信息能够无缝地传递到制造执行层和企业管理层系统,通过信息集成创新技术、数据综合利用技术、数据增值挖掘技术等,使工业企业生产全过程实现高效智能化管理。

8.1.3　EPA 现场总线

1. EPA 简介

EPA(ethernet for plant automation)是在国家标准化管理委员、全国工业过程测量与控制标准化技术委员会的支持下,由浙江大学、浙江中控技术股份有限公司、中国科学院沈阳自动化研究所、重庆邮电学院、清华大学、大连理工大学、上海工业自动化仪表研究所、机械工业仪器仪表综合技术经济研究所、北京华控技术有限责任公司等单位联合成立的标准起草工作组,经过 3 年多的技术攻关,而提出的基于工业以太网的实时通信控制系统解决方案。

EPA 实时以太网技术的攻关,以国家“863”计划 CIMS 主题系列课题“基于高速以太网技术的现场总线控制设备”、“现场级无线以太网协议研究及设备开发”、“基于蓝牙技术的工业现场设备、监控网络及其关键技术研究”,以及“基于 EPA 的分布式网络控制系统研究和开发”、“基于 EPA 的产品开发仿真系统”等滚动课题为依托,先后解决了以太网用于工业现场设备间通信的确定性和实时性、网络供电、互可操作、网络安全、可靠性与抗干扰等关键技术难题,开发了基于 EP 的分布式网络控制系统,并在化工、制药等生产装置中获得成功应用。

在此基础上,标准起草工作组起草了我国第一个拥有自主知识产权的现场总线国家标准《用于工业测量与控制系统的 EPA 系统机构与通信规范》。同时,该标准被列入现场总线国际标准 IEC61158(第四版)中的第十四类型,标志着中国第一个拥有自主知识产权的现场总线国际标准——EPA 得到国际电工委员会的正式承认,并全面进入现场总线国际标准化体系。

2. EPA 国际标准体系

EPA 国际标准体系,包括 1 个核心技术国际标准和 4 个 EPA 应用技术标准。以 EPA 为核心的系列国际标准为新一代控制系统提供了高性能现场总线完整解决方案,可广泛应用于过程自动化、工厂自动化(包括数控系统、机器人运动控制系统等)、汽车电子等,可将工业企业综合自动化系统网络平台统一到开放的以太网技术上来。基于 EPA 的 IEC 国际标准体系如图 8-1 所示。

EPA 现场总线协议(IEC61158/type14)在不改变以太网结构的前提下,定义了专门的确定性通信协议,避免了工业以太网通信报文的碰撞,确保了通信的确定性,同时也保证了通信过程中不丢包。

EPA 分布式冗余协议 DRP(IEC62439-6)主要是针对工业控制以及网络的高可用性要求,DRP 采用并行数据传输管理和环网链路并行主动故障探测与恢复技术,实现了故障的快速定位、快速恢复,提高了网络的高可靠性。

EPA 功能安全通信协议 EPASafety(IEC6178-3-14)主要是针对工业数据通信中存在

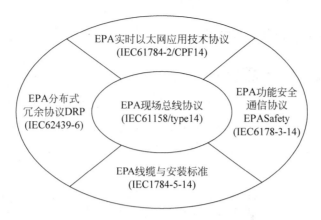

图 8-1 基于 EPA 的 IEC 国际标准体系

的数据破坏、重传、丢失、插入、乱序、超时、寻址错误等风险，EPASafety 功能安全通信协议采用专门的工业数据加密方法，以及工业数据传输多重风险综合复合控制技术，将通信系统的安全完整性水平提高到 SIL3 等级。

EPA 实时以太网应用技术协议（IEC61784-2/CPF14）定义了 3 个应用技术行规，即 EPA-RT、EPA-FRT 和 EPA-nonRT。EPA-RT 用于过程自动化，EPA-FRT 用于工厂自动化，EPA-nonRT 用于一般工业场合。

EPA 线缆与安装标准（IEC1784-5-14）定义了基于 EPA 的工业控制系统在设计、安装和工程施工中的要求。从安装计划到规模设计，线缆和连接器的选择、存储、运输、保护、路由以及具体安装的实施等各个方面，EPA 线缆与安装标准都提出了明确的要求和指导意见。

3. EPA 关键技术

（1）分布式精确时钟同步：基于 IEEE 1588 精确时钟同步协议，EPA 采用专门的时钟同步技术，将网络中各节点间时钟同步精度控制在 $1\mu s$ 之间，满足时间同步要求的应用场合。

（2）确定性通信：针对普通以太网的数据碰撞、报文传输延时和通信响应不确定的问题，EPA 采用基于专门的确定性通信调度技术，变"随机发送"为"确定发送"，实现了通信"确定性"。将整个网络数据的传输阶段分为周期数据传输阶段和非周期数据传输阶段。

（3）强实时性通信：EPA 基于专门的实时通信方式，将以太网通信通道划分为 3 个部分：同步实时通道、非同步实时通道和非实时通道。同步实时通道用于传输有最高通信响应性能要求的同步数据传输，其优先级最高；非同步实时通道用于传输有较高通信响应性能要求的非同步数据传输，其优先级次高；非实时通道则用于传输 HTTP 等对通信实时性无特殊要求的标准以太网报文，其优先级最低。

（4）网络可靠性与高可用性技术：高可靠性与高可用性是工业控制网络的关键，它要求在任一网络故障下，系统能够迅速探测到故障，并能在可接受的时间范围内恢复正常。对工业控制网络高可靠性与高可用性的要求，EPA 定义了 DRP 协议，对环形网络，它是基于主动并行故障探测技术，分散了故障风险，大大缩短了环形网络自愈时间。

8.2 DCS 的体系结构

8.2.1 DCS 的分层结构

根据"分散控制、集中操作、分级管理"的构建原则,DCS 可分为 3 层结构,分别为分散过程控制层、集中操作监控层、综合信息管理层,并通过通信网络形成一个整体,如图 8-2 所示。早期的 DCS 以分散过程控制层和集中操作监控层为主,现代的 DCS 扩展了综合信息管理层。

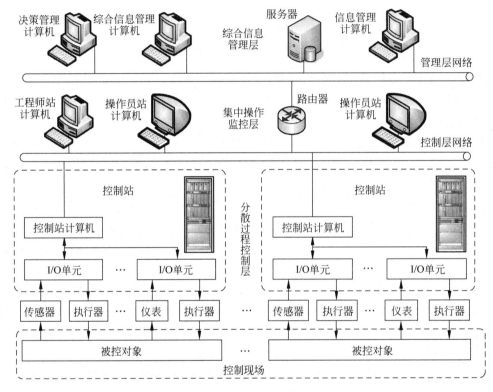

图 8-2 DCS 的分层结构

(1) 分散过程控制层。分散过程控制层主要包括现场仪表、传感器、执行器、控制站等,控制站包括控制站计算机(也称控制器、主控制卡)、I/O 单元等。I/O 单元通常通过许多 I/O 卡件与控制现场的仪表、传感器、执行器相连接。分散过程控制层主要完成现场的数据采集和实时控制。

(2) 集中操作监控层。集中操作监控层主要包括各操作站、工程师站等计算机。操作站、工程师站与底层的控制站通过通信网络连接。集中操作监控层实现对底层参数设置、扫描控制、操作监控以及组态设计等功能。

(3) 综合信息管理层。综合信息管理层主要包括用于各种管理的上层计算机,并通过通信网络形成企业内部网。综合信息管理层完成诸如过程管理、生产管理和经营管理等综合信息管理和全面的决策与调度。

8.2.2 DCS 的硬件结构

1. 控制站

控制站是 DCS 系统中非常重要的核心部件,也是整个 DCS 的基础,其主要任务是完成所有 I/O 信号的处理、控制算法的运行、上下网络通信、冗余诊断等。一个控制站可以有上千个控制点,它的可靠性和安全性尤为重要。控制站中的微处理器、内部总线、I/O 单元、电源等均采用冗余配置,各 I/O 端口都有较强的抗干扰措施,系统内部有很强的自诊断功能,能进行冗余部件的自动切换,对重要的控制回路提供手动/自动切换,许多 I/O 卡件都支持热插拔更换操作,可实现不停机在线修复,从而缩短了故障修复时间。控制站具有一定的独立性,在没有接收到新的操作指令情况下,控制站会按照既定的控制算法执行,控制站在实现分散控制的同时,使得故障和危险的风险也得到了分散。

2. 操作站

操作站有时也称操作员站,通常由安装监控软件的 PC 或工控机组成,可配置专用的操作键盘和鼠标或触摸屏。操作站的主要作用是实现对系统运行的监视和运行参数的设置。操作站通常提供丰富的人机界面,将过程控制中的工艺设备、工艺过程、运行状态、检测数据、报警信息等用多媒体形式展示给操作人员,操作人员也可在操作站上设置过程变量、设定值、控制参数等,查阅变化趋势和历史报告,进行数据分析和统计。操作站通过网络与控制站相连接,可灵活布置在不同的物理位置,实现集中操作和远程监控。不同的操作员身份拥有不同的操作权限,一台操作站允许以不同操作员身份登录,这样即可体现操作的方便性,又可保证操作的安全性。

3. 工程站

工程站也称工程师站、工程工作站,通常由安装组态软件和系统开发环境的高性能 PC 或工控机组成。工程站的主要作用是为设计人员提供工程设计、系统扩展或维护修改的操作平台。在工程工作站上,工程设计人员可进行系统组态,配置控制站的 I/O 单元,设计控制站的控制算法,制作操作站的人机界面,管理操作站的用户账号,并可进行系统调试、维护和诊断等。

8.2.3 DCS 的网络结构

1. DCS 的网络结构

对 DCS 系统设计有实际意义的网络结构有两种:一种是共享传输介质而不需中央节点的网络,如总线型网络和环型网络;另一种是独占传输介质而需要中央节点的网络,如星型网络。总线型、环型和星型网络的结构如图 8-3 所示。共享传输介质会产生资源竞争的问题,这将降低网络传输的性能,并且需要较复杂的资源占用裁决机制;而中央节点的存在又会产生可靠性问题,因此在选择系统的网络结构时,需要根据实际应用的需求进行合理的取舍。

在共享传输介质类的网络中,常用的资源占用裁决机制有两种,一种是确定的传输时间分配机制,另一种是随机的碰撞检测和规避机制。

确定的传输时间分配机制中,主要采用两种方法进行时间的分配。一种是采用令牌

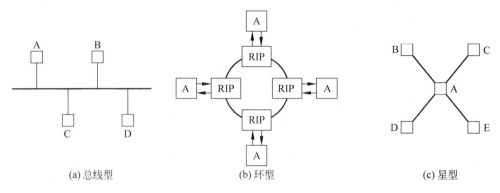

图 8-3 DCS 常见网络结构

(token)传递来规定每个节点的传输时间。令牌以固定的时间间隔在各个节点间传递,只有得到令牌的节点才能够传输数据,这样就可以避免冲突,也使各个节点都有相同的机会传输数据。另一种是根据每个节点的标识号分配时间槽(time slot),各个节点只在自己的时间槽内传输数据,这种方法要求网络内各个节点必须进行严格的时间同步,以保证时间槽的准确性。

随机碰撞检测和规避机制的最典型例子就是以太网,这是一种非平均分配时间的传输机制,即抢占资源的传输方式。各个节点在传输数据前必须先进行传输介质的抢占,如果抢占不成功则转入规避机制准备再次抢占,直至得到资源,在传输完成后撤销对介质的占用,而对占用介质时间的长短并不做强制性的规定。

2. DCS 的网络软件

网络通信软件也是 DCS 的一个重要组成部分。它的作用是实现分散过程控制层、集中操作监控层、综合信息管理层内部以及各层之间的信息通信和系统的扩展。网络通信软件担负着系统各个节点之间信息沟通、运行协调的重要任务,因此其可靠性、运行效率、信息传输的及时性等对系统的整体性能至关重要。在网络软件中,最关键的是网络协议,这里指的是高层网络协议,即应用层的协议。由于网络协议设计得好坏直接影响到系统的性能,因此各个厂家对此都花费了大量的时间进行精心地设计,并且各个厂家都分别有自己的专利技术。DCS 网络结构如图 8-4 所示。

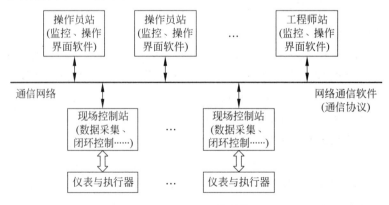

图 8-4 DCS 网络结构

8.2.4 DCS 的软件结构

1. 功能和特点

DCS 组态软件是运行在操作站、工程站操作系统下的重要应用软件,它主要包含有组态软件、绘图软件、编程软件、监控软件和网络通信软件等。DCS 组态软件除了提供数据采集、过程监控和人机交互的功能外,还要完成对控制站参数的设置(包括 I/O 单元中各端口的数据类型、测量范围等信息的配置)、控制算法的设计和系统调试诊断。

控制站参数设置和控制算法设计通常在工程站上进行,最终还需要将设计结果下载到控制站计算机中,而实时监控软件通常在操作站上运行,此时需要控制站在线工作或配有仿真控制站。

由于 DCS 是一个规模较大的系统,操作站、工程站通常在网络环境下工作,控制站硬件往往互不兼容,因此组态软件需要有较好的可靠性、安全性和适应性,能支持网络环境和多用户操作系统平台,组态软件所设计的控制算法和人机界面要有较好的移植性。

2. 编程语言和系统监控

DCS 组态软件中的编程语言主要用于控制算法的设计,大部分的 DCS 组态软件都支持面向 PLC 的 IEC61131-3 描述的编程语言,其中文本化编程语言包括指令表(IL)、结构化文本(ST)和文本版本的顺序功能图;图形化编程语言包括梯形图(LAD)、功能块图(FBD)和图形版本的顺序功能图(SFC)。其中图形化编程语言在 DCS 中使用较多,但 IEC61131-3 的编程语言不太适合编写复杂的控制算法,因此 DCS 通常配置类似于 C 语言的高级编程语言。

DCS 中的系统监控需要有图形化界面的设计工具,并能提供大量的控制对象图形库(包括各种电机、传输带、精馏塔、燃烧炉、管道、调节阀门等静态和动态图形动画),为能在多种操作平台下运行实时监控软件,需采用开放的基于 Internet 的 Web 技术,其中信息安全技术是不可忽视的重要内容。

8.3 WebField JX-300XP 控制系统

8.3.1 概述

WebField JX-300XP 控制系统是浙江中控技术股份有限公司(简称浙江中控,之前曾称浙大中控)自动化系列的品牌产品,也是典型的 DCS 产品。1993 年,浙江中控成功研制开发出了国内第一套具有 1∶1 热冗余技术的 SUPCON JX-100 DCS,填补了国内空白。随后相继推出了 SUPCON JX-200、SUPCON JX-300、SUPCON WebField JX-300X DCS 和 WebField JX-300XP。2000 年后,又推出了基于 Web 技术的控制系统 SUPCON WebField ECS-100、开放式控制系统 SUPCON WebField GCS-1、超大规模 DCS 系统 SUPCON WebField GCS-200。

为促进企业信息集成,实现集控制、优化、调度、管理、经营于一体的综合自动化新模式,全面提升企业产品质量、生产能力、信息化水平以及综合竞争力,浙江中控提出了 InPlant (intelligent plant)工厂自动化整体解决方案,涵盖了 WebField JX 系列、ECS 系列控制系统和 GCS 系列控制系统。这些系统广泛应用于化工、炼油、石化、冶金、造纸、电力、建材、啤酒等多个行业。

WebField JX 系列 DCS 系统是浙江中控家族中历史最长,并不断发展、完善,在流程工业行业取得了大量应用案例的产品系列。

WebField JX-300XP(简称 JX-300XP)控制系统是在国内应用最广泛的 JX-300X 控制系统基础上,经优化设计和提升性能后推出的中小型过程控制系统,该系统更加适应化工、石化、电力、冶金、建材等流程工业企业对中小规模过程控制的要求。

JX-300XP 系统的特点包括采用高性能微处理器和成熟先进的控制算法;可实现全系统的冗余配置;全智能化卡件设计;I/O 卡件贴片化设计、I/O 端子插拔设计;采用符合国际标准的控制算法组态工具;提供丰富的控制算法模块;实时监控界面丰富、实用、友好;强大的报警功能,并具有二次计算、历史数据离线浏览等功能;系统符合工业级电磁兼容性 EMC 抗干扰国际标准。

8.3.2 JX-300XP 系统的组成

1. 系统的整体结构

JX-300XP 的基本组成包括控制站(control station,CS)、工程师站(engineer station,ES)、操作员站(operator station,OS)、多功能计算站(multi-function station,MFS),通过 SCnet Ⅱ 过程控制网将控制站(CS)、工程师站(ES)、操作员站(OS)等硬件设备构成一个完整的分布式控制系统。SCnet Ⅱ 是一个带冗余的工业以太网,传输速率为 10/100Mbps。JX-300XP 系统整体结构如图 8-5 所示。

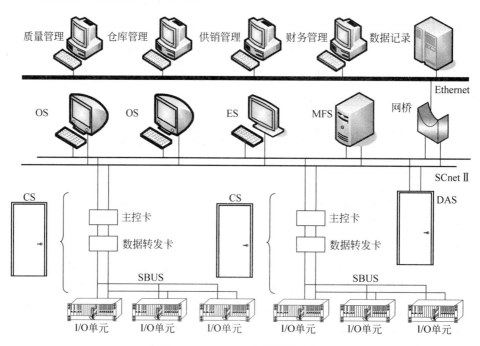

图 8-5 JX-300XP 系统整体结构

2. 系统主要设备及功能

控制站(CS):通过主控制卡与 SCnet Ⅱ 连接,主控制卡通过数据转发卡与 I/O 单元连接,I/O单元中的I/O卡件进一步与控制现场的仪表、传感器、执行器相连接。控制站完成整个工业过程的实时监控功能。通过不同的硬件配置和软件设置,可构成不同功能的控制站,如过程控制站(PCS)、逻辑控制站(LCS)、数据采集站(DAS)。

工程师站(ES):配备组态软件(包括系统组态 SCKey、系统诊断 SCDiagnose、图形化组态 SCControl 等工具软件),用于给 CS、OS、MFS 进行组态,并进行系统诊断和维护。

操作员站(OS):配备实时监控软件,用于过程实时监视、操作、记录、打印、事故报警等功能。

多功能站(MFS):用于工艺数据的实时统计、性能运算、优化控制、通信转发等特殊功能。

3. 系统规模

JX-300XP 通过 SCnet Ⅱ 过程控制网最多可连接 15 个控制站、32 个操作员站或工程师站,由此形成一个控制区域。控制站以主控制卡为核心部件。一个控制站可以配置一对互为冗余的主控制卡,一对冗余的主控制卡通过 SBUS 网络可以挂接最多 8 个 I/O 单元,每个 I/O 单元可以挂接 16 块 I/O 卡件。一个控制站允许配置的 I/O 信号点数最多可达 1024 个(其中模拟量输入 AI 点数≤384;模拟量输出 AO 点数≤128;数字量输入 DI 点数≤1024;数字量输出 DO 点数≤1024),一个控制站最多可定义 128 个控制回路。由此可推出一个控制区域允许配置的 I/O 信号点数最多达 $15 \times 1024 = 15360$。

8.3.3 JX-300XP 系统的硬件

1. 控制站机柜

控制站的电源、主控制卡、数据转发卡、I/O 卡件和用于构建 SCnet Ⅱ 网的集线器/交换机都安装在控制站机柜内。一个控制站机柜最多配置 5 只机笼,其中 1 个为电源机笼,4 个为 I/O 机笼,1 个 I/O 机笼对应安装 1 个 I/O 单元,机笼固定在机柜的多层机架上。

一个控制站内的主控制卡通过 SBUS 网络最多可以挂接 8 个 I/O 单元,当挂接 4 个以上的 I/O 单元时,需要使用两个或两个以上的机柜。

2. JX-300XP 的电源系统

JX-300XP 的电源系统采用双路 AC 输入和二重/四重冗余设计,当某一电源单元或外部线路出现故障时,仍能保证系统的正常供电。电源功率为 110W,提供 5VDC/5A 和 24VDC/6A 输出,内置低通 AC 滤波器和功率因素校正,具有过流保护和报警功能,采用导轨式的插接方式安装,便于在线更换。JX-300XP 电源系统的连接关系如图 8-6 所示。

3. 系统接地

为保障包括人身和设备安全、抑制干扰,JX-300XP 要求将保护接地、工作接地、防静电接地等分类汇总后,最终与总接地板连接接入大地,系统接地桩应与其他大电流或高压设备的接入点保持大于 5m 的距离,与避雷地桩之间的距离大于 20m。JX-300XP 的系统接地图如图 8-7 所示。其中设备控制台为 EC(equipment console),控制对象为 CO(control object)。

4. 控制站卡件

控制站的卡件有主控制卡、数据转发卡和 I/O 卡件。这些卡件安装在机柜的机笼中。一个机笼可安装一对互为冗余的主控制卡、一对互为冗余的数据转发卡以及最多 16 块 I/O 卡件。一个控制站只需一对互为冗余的主控制卡和最多 8 个 I/O 单元,一个 I/O 单元由一

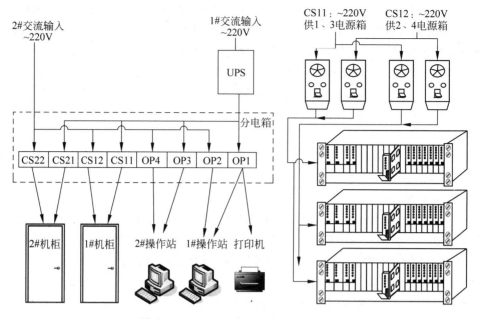

图 8-6　JX-300XP 电源系统的连接关系

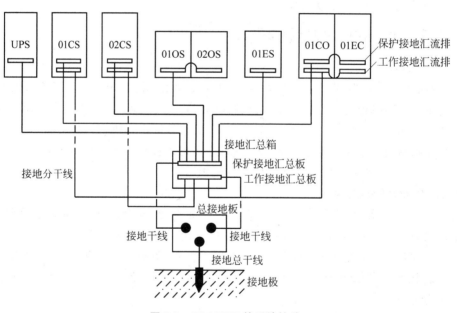

图 8-7　JX-300XP 的系统接地

对互为冗余的数据转发卡以及最多16块I/O卡件组成,因此不是所有的机笼都要安装主控制卡,每个机笼必须安装数据转发卡后才能安装I/O卡件。一个机笼内的所有卡件都以导轨方式插卡安装,并通过机笼内欧式接插件和母板进行电气连接,实现对卡件的供电和卡件之间的总线通信。各类卡件在机笼中的摆放位置如图 8-8 所示。

　1) 主控制卡

　(1) 主控制卡(又称主控卡,卡编号为 XP243)是控制站软硬件的核心,协调控制站内软

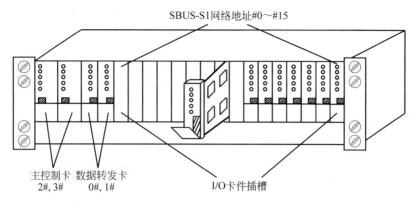

图 8-8 各类卡件在机笼中的摆放位置

硬件关系和各项控制任务。它是一个智能化独立运行的计算机系统,可以自动完成数据采集、信息处理、控制运算等各项功能。通过对过程控制网络与集中操作层中的操作站、工程师站相连,接收上层的操作信息,并向上传递工艺装置的特性数据和采集到的实时数据;向下由 SBUS 总线与数据转发卡连接,并通过其与各智能 I/O 卡件实时通信,实现与 I/O 卡件的信息交换(现场信号的输入采样和输出控制)。主控制卡采用双微处理器结构,协同处理控制站的任务,功能更强,速度更快,具有以下特点:

① 具有双重化 10Mbps 以太网标准通信控制器和驱动接口,互为冗余,使系统数据传输实时性、可靠性、网络开放性有了充分的保证,构成了完全独立的双重化热冗余 SCnet Ⅱ。

② 具有独立于 CPU 的看门狗 WDT 电路,监视 CPU 的程序运行并进行电源管理,能处理主控制卡的电源波动、RAM 的掉电保护、系统冷热启动的判断等异常事件。

③ 支持冗余结构。主控制机笼(主控制卡所在的机笼)可配置双主控制卡,互为冗余。若不需冗余,可单卡工作(冗余工作和单卡工作系统功能完全一致)。互为冗余卡件之间的高速数据交换,使工作/备用卡件之间的运行状态同步,速度达 1Mbps。

④ 实时诊断和状态信息可在本卡件的 LED 上显示,并向 SCnet Ⅱ 网络广播。

⑤ 支持 SCX 语言、梯形图、功能图、顺控等组态工具构造的控制方案。带算术、逻辑、控制算法库。

⑥ 支持 1~128 块 I/O 卡。通过 SBUS 中继,可配置远程 I/O 机笼。

⑦ 综合诊断到 I/O 通道级,具有灵活的报警处理和信号质量码功能。过程点的传感器和高低限检查,过程点报警处理,增加了过程点质量标志——"报警"、"变送器故障"、"自动/手动"、"可疑"等。

(2) 技术特性。提供+5V,300mA;+24V,10mA 供电,SBUS 输出负载可带 8 个 I/O 机笼(16 块数据转发卡)。采样周期从 50ms~5s 可选或根据程序运行自行决定。控制周期从 50ms~5s 可选或根据程序运行自行决定。控制方案有手操器、单回路、串级、SCX 语言编程。网络地址:2~31(任选)。冗余为 1:1。

(3) 使用说明。控制站作为 SCnet Ⅱ 的节点,其网络通信功能由主控制卡承担。每个控制站可以安装两块互为冗余的主控制卡,分别安装在主机笼的主控制卡槽位内。

主控制卡(XP243)外形及指示灯如图 8-9 所示。主控制卡面板上具有两个互为冗余的

SCnet Ⅱ通信口和 7 个 LED 状态指示灯,以下详细说明主控制卡的外部接口、卡件设置、状态指示灯等。

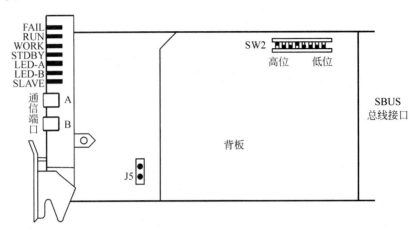

图 8-9 主控制卡(XP243)外形及指示灯

网络端口:通信端口 PORT-A(RJ-45)和 PORT-B(RJ-45)分别通过双绞线 RJ-45 连接器与冗余网络 SCnet Ⅱ的 0♯网络和 1♯网络相连。

SBUS 总线接口:主控制卡的 Slave CPU 负责 SBUS 总线(I/O 总线)的管理和信息传输,通过欧式接插件物理连接实现了主控制卡与机笼内母板之间的电气连接,将主控制卡的 SBUS 总线引至主控制机笼,机笼背部右侧安装有 4 个双冗余的 SBUS 总线接口(DB9 芯插座)。

LED 状态指示灯:FAIL 为故障报警或复位指示,RUN 为工作卡件运行指示,WORK 为工作/备用指示,STDBY 为准备就绪指示(备用卡件运行指示),LED-A 和 LED-B 为 PORT-A 和 PORT-B 的通信状态指示灯,Slave 为 CPU 运行指示(包括网络通信和 I/O 采样运行指示)。

主控制卡的 SCnet Ⅱ网络节点地址设置:通过主控制卡上拨号开关 SW2 的 S4、S5、S6、S7、S8 采用二进制码计数方法读数进行地址设置,其中自左至右代表高位到低位。如果主控制卡按非冗余方式配置,即单主控制卡工作,卡件的网络地址必须有以下格式:ADD(地址)必须为偶数,$2 \leqslant \text{ADD} < 31$;而且 ADD+1 的地址被占用,不可作其他节点地址用。如地址 02♯、04♯、06♯。如果主控制卡按冗余方式配置,两块互为冗余的主控制卡的网络地址必须设置为以下格式:ADD、ADD+1 连续,且 ADD 必须为偶数,$2 \leqslant \text{ADD} < 31$。如地址 02♯与 03♯、04♯与 05♯。

主控制卡网络地址设置有效范围,最多可有 15 个控制站,对 TCP/IP 协议地址采用如表 8-1 所示的系统约定。

表 8-1 控制地址

类　别	地址范围		说　明
	网络号	主机号	
控制站 IP 地址	128.128.1	2～31	每个控制站包括两块互为冗余主控制卡。同一块主控制卡享用相同的主机号,两个不同网络号
	128.128.2	2～31	

网络号 128.128.1 和 128.128.2 代表两个互为冗余的网络。在控制站表现为两个冗余的通信口（PORT-A 和 PORT-B），网络号分别为 128.128.1 和 128.128.2，如图 8-10 所示。

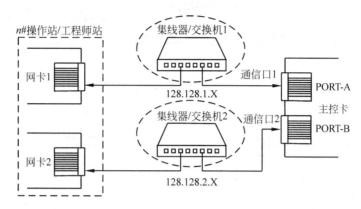

图 8-10 主控制卡网络安装调试示意图

（4）故障诊断与调试。主控制卡可冗余配置，也可单卡工作。冗余中的每一个主控制卡均执行同样的应用程序，当然只有一个运行在控制方式（工作机），另外一个必须运行在后备方式（备用机）。它们都能访问 I/O 和过程控制网络，但只有工作机的主控制卡起着控制、输出、实时信息广播的作用。

主控制卡的切换可分为失电强制切换、干扰随机切换和故障自动切换。工作机的主控制卡在突然断电情况下，强制切换到备用机，称失电强制切换。由于切换逻辑电路受到干扰（电磁干扰）而引起的工作/备用切换，称为干扰随机切换。工作机主控制卡发生故障，并将故障信息通知后备机后自动放弃控制权，这种切换称为故障自动切换。一旦主控制卡被切换到后备方式，故障的主控制卡可断电维修或更换，不影响系统的安全运行。检修好的处理器上电后再启动，会检测到其配对的处理器是否处于控制方式，若是便进入后备方式。工作机检测到有备用机存在，便会按冗余配置运行，为运行方式切换作准备。主控制卡的切换不影响系统的安全运行。

2）数据转发卡

（1）功能。数据转发卡（卡编号为 XP233）是 I/O 机笼的核心单元，是主控制卡连接 I/O 卡件的中间环节，它的主要功能包括通过 SBUS 连接主控卡，管理本机笼中的 I/O 卡件，进行数据转发，同时提供本机笼温度采集，用于热电偶的冷端温度补偿。一块主控制卡（XP243）通过 SBUS 总线（S2）可连接 1～8 个数据转发卡（即连接 1～8 个 I/O 单元机笼），每个数据转发卡通过 SBUS 总线（S1）连接 1～16 块不同功能的 I/O 卡件。数据转发卡（XP233）与 SBUS 总线的连接如图 8-11 所示。

（2）技术特性。具有 WDT 看门狗复位功能，在卡件受到干扰而造成软件混乱时能自动复位 CPU，使系统恢复正常运行。支持冗余结构，每个机笼可配置双数据转发卡，互为备份。在运行过程中，如果工作卡出现故障可自动无扰动切换到备用卡，并可实现硬件故障情况下软件切换和软件死机情况下的硬件切换，确保系统安全可靠地运行。可方便地扩展 I/O 单元机笼，数据转发卡具有地址跳线，可设置本卡件在 SBUS 总线中的地址和工作模式（是否需要冗余配置）。

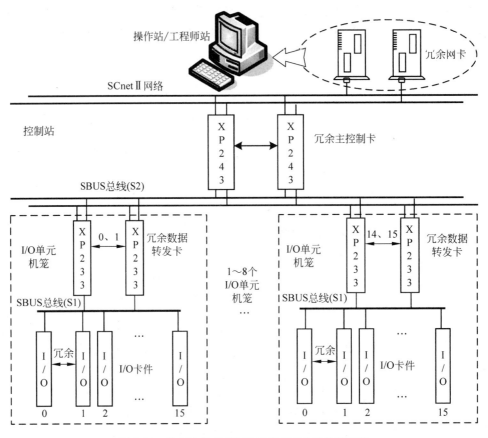

图 8-11 数据转发卡(XP233)与 SBUS 总线的连接

（3）使用说明。数据转发卡(XP233)外形及指示灯如图 8-12 所示。

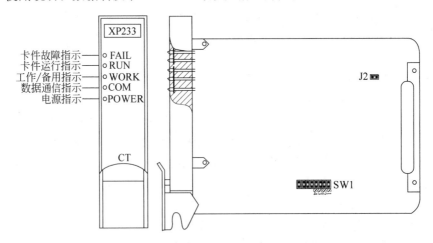

图 8-12 数据转发卡(XP233)外形及指示灯

数据转发卡(XP233)上共有 8 对跳线,其中 4 对跳线 S1～S4(SW1)采用二进制码计数方法读数,用于设置卡件在 SBUS 总线中的地址,S1 为低位(LSB),S4 为高位(MSB),S5～S8 为系统保留资源,必须设置成 OFF 状态。跳线用短路块插上为 ON,不插上为 OFF。

按非冗余方式配置(即单卡工作时),卡件的地址 ADD 必须符合以下格式:ADD 必须为偶数,0≤ADD<15;而且 ADD+1 的地址被占用,不可作其他节点地址用。在同一个控制站内,把卡件配置为非冗余工作时,只能选择偶数地址号,即 0#、2#、4#、…。

按冗余方式配置时,两块卡件的 SBUS 地址必须符合以下格式:ADD、ADD+1 连续,且 ADD 必须为偶数,0≤ADD<15。XP233 地址在同一 SBUS 总线中,即同一控制站内统一编址,不可重复。采用冗余方式配置 XP233 卡件时,互为冗余的两块卡件的 J2 跳线必须都用短路块插上(ON)。

(4) 调试和故障诊断。数据转发卡具有完全独立的微处理器和 WDT(看门狗定时器)复位功能,在卡件受到干扰而造成软件混乱时能自动复位 CPU,使系统恢复正常运行。并且数据转发卡具有一系列自检功能,可以通过 LED 指示部分故障情况。自检项目包括上电时地址冲突检测、I/O 通道巡检、SBUS 总线故障检测。

3) I/O 卡件

I/O 卡件的功能是实现输入输出信号的调理和转换。其主要技术特点包括:全智能化设计,采用专用的工业级、低功耗、低噪声微控制器,光电和电磁隔离技术,智能化自检和故障诊断。模拟量输入卡件均可自动调整零点/自动校正,通过软件可修改卡件的输入输出功能,具有高度的自治能力,也支持 1:1 热冗余工作模式。模拟量 I/O 卡件的精度一般为 ±0.1%~±0.2%FS。主要 I/O 卡件如表 8-2 所示。

表 8-2　主要 I/O 卡件一览表

型　　号	卡件名称	规　　格
XP313	电流信号输入卡	6 路输入,可配电,分组隔离,可冗余
XP314	电压信号输入卡	6 路输入,分组隔离,可冗余
XP316	热电阻信号输入卡	4 路输入,点点隔离,可冗余
XP322	模拟信号输出卡	4 路输出,点点隔离,可冗余
XP361	电平型开关量输入卡	8 路输入,统一隔离
XP362	晶体管触点开关量输出卡	8 路输出,统一隔离
XP363	触点型开关量输入卡	8 路输入,统一隔离
XP335	脉冲量测量卡	4 路三线制或二线制的脉冲信号检测
XP000	空卡	I/O 槽位保护板

下面介绍几款典型的 I/O 卡件。

(1) 电压信号输入卡(XP314)是智能型带有模拟量信号调理的 6 路模拟信号采集卡,每一路可单独组态并接收各种型号的热电偶以及电压信号,将其调理后再转换成数字信号并通过数据转发卡(XP233)送给主控制卡(XP243)。卡件可单独工作,也能以冗余方式工作。卡件具有自诊断功能,在采样、处理信号的同时,也在进行自检。卡件冗余配置时,一旦工作卡自检到故障,立即将工作权让给备用卡,并且点亮故障灯报警,等待处理。工作卡和备用卡对同一点信号同时进行采样和处理,无扰动切换。单卡工作时,一旦自检到错误,卡件也会点亮故障灯报警。卡件安装在 I/O 单元机笼中,其外形尺寸与数据转发卡相同,原理框图和端子接线如图 8-13 所示。

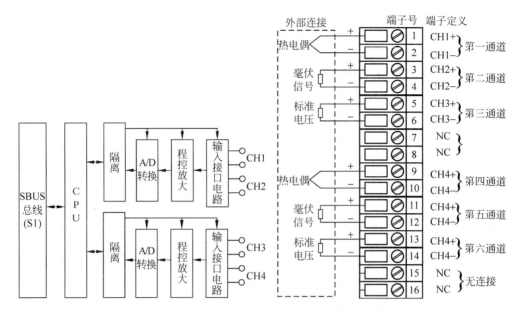

图 8-13　电压信号输入卡(XP314)原理框图和端子接线

用户可通过上位机对电压信号输入卡(XP314)进行组态,决定其对何种信号进行处理,并可随时在线更改,使用方便灵活。XP314 卡件可处理的信号如表 8-3 所示。

表 8-3　电压信号输入卡(XP314)信号测量范围及精度

输入信号类型	测量范围	精度	其他
B 型热电偶	0~1800℃	±0.2%FS	
E 型热电偶	−200~900℃	±0.2%FS	
J 型热电偶	−40~750℃	±0.2%FS	
K 型热电偶	−200~1300℃	±0.2%FS	冷端补偿误差±1%
S 型热电偶	200~1600℃	±0.2%FS	
T 型热电偶	−100~400℃	±0.2%FS	
毫伏	0~100mV	±0.2%FS	
毫伏	0~20mV	±0.2%FS	
标准电压	0~5V	±0.2%FS	
标准电压	1~5V	±0.2%FS	

(2) 模拟信号输出卡(XP322)为 4 路点点隔离型电流信号输出卡。作为带 CPU 的高精度智能化卡件,具有实时检测输出信号的功能,它允许主控制卡监控输出电流。卡件安装在 I/O 单元机笼中,其外形尺寸与数据转发卡相同。模拟信号输出卡(XP322)的原理框图和端子接线如图 8-14 所示。

(3) 晶体管开关量输出卡(XP362)是智能型 8 路无源晶体管开关触点输出卡,采用光电隔离,具有输出自检功能,可通过中间继电器驱动电动执行装置。晶体管开关量输出卡(XP362)的原理框图和端子接线如图 8-15 所示。

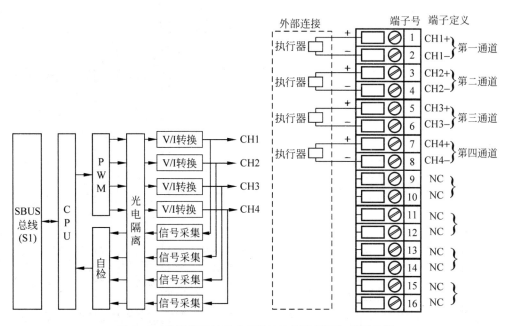

图 8-14 模拟信号输出卡(XP322)原理框图和端子接线

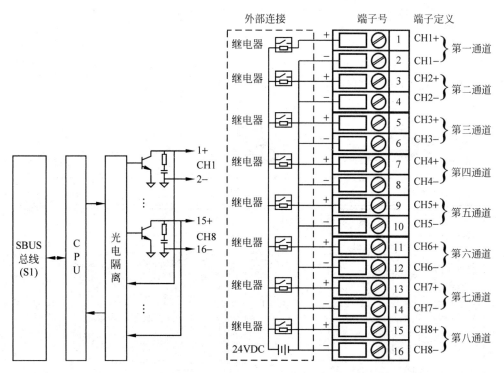

图 8-15 晶体管开关量输出卡(XP362)的原理框图和端子接线

（4）干触点开关量输入卡(XP363)是智能型 8 路干触点开关量输入卡,采用光电隔离,卡件提供隔离的 24V 直流巡检电压,具有自检功能。干触点开关量输入卡(XP363)的原理框图和端子接线如图 8-16 所示。

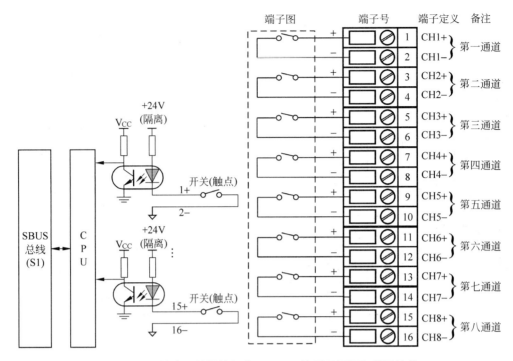

图 8-16　干触点开关量输入卡(XP363)的原理框图和端子接线

5. 通信网络

　　JX-300XP 控制系统的通信网络分 3 层：高层信息管理网(Intranet)、过程控制网(SCnet Ⅱ)和底层 I/O 控制总线(SBUS)，如图 8-17 所示。

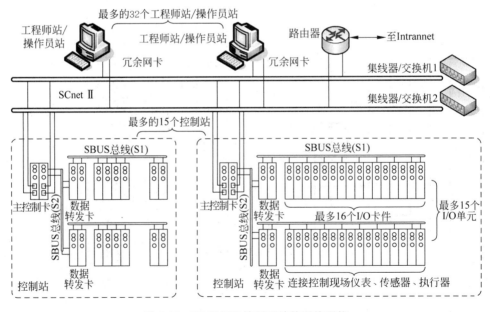

图 8-17　JX-300XP 控制系统的通信网络

　　(1) 高层信息管理网 Intranet。高层管理网用于大容量文件的高速传输，资源信息的共享，支持采用大型数据库功能，并可将本地控制系统连入企业 Intranet。它连接了中央管理计算机、工作站、网络管理器等,是实现全厂综合管理的信息通道。

(2) 过程控制网 SCnet Ⅱ。过程控制网络 SCnet Ⅱ是在 Ethernet 基础上开发的网络系统,它采用双重化冗余结构,当任一条通信线路发生故障的情况下,通信网络仍保持正常的数据传输。SCnet Ⅱ的物理层和数据链路层采用 IEEE 802.3 标准,网络层和传输层采用 TCP/IP 协议。各节点的通信接口采用了专用的以太网控制器。SCnet Ⅱ连接了控制站、操作站和工程师站。

(3) I/O 控制总线(SBUS)。控制站的主控制卡、数据转发卡和 I/O 卡件通过 SBUS 总线相连接。SBUS 包括 SBUS(S1)和 SBUS(S2)。前者实现数据转发卡与各 I/O 卡件之间的信息交换,后者实现主控制卡与数据转发卡之间的信息交换。SBUS(S1)属于系统内局部总线,其通信介质为印刷电路板,总线节点数目最多可带载 16 块智能 I/O 卡件。SBUS(S2)采用 EIA 的 RS-485 标准,通信介质为屏蔽双绞线,总线节点数目最多可带载 16 块数据转发卡,通信距离最远为 1.2km。

6. 操作员站、工程师站

操作员站的作用是提供过程监控任务的操作平台。操作站可由普通 PC 或工控机组成,可配置专用的操作员键盘和鼠标,安装 AdvanTrol 实时监控软件。操作站可根据操作场合的需要配置操作台。

工程师站的作用是为设计人员提供工程设计、系统扩展或维护修改的操作平台。工程站可由普通 PC 或工控机组成,安装组态软件包和 AdvanTrol 实时监控软件,工程师站也可兼作操作站使用。

操作站和工程师站都有两块互为冗余的网卡。两块网卡使用不同的网络号(128.128.1 和 128.128.2),享用相同的一个主机号,范围为 129~160。

8.3.4　JX-300XP 系统的软件

JX-300XP 系统的软件主要由 SCKey 系统组态软件、SCLang C 语言组态软件、SCControl 图形组态软件、SCDraw 流程图制作软件、SCForm 报表制作软件、AdvanTrol 实时监控软件组成。SCKey 组态软件用于控制系统的硬件配置,SCControl 图形化组态软件和 SCLang C 语言组态软件用于设计各种控制算法,SCDraw 流程图软件和 SCForm 报表软件用于图形界面和报表的制作。

JX-300XP 系统软件的组态包括总体信息设置、控制站组态、操作站组态。将组态信息、控制方案编译后,下载到控制站。使用 SCKey 进行总体信息设置,控制站 I/O 配置信息,常规控制方案组态。使用 SCControl 图形化组态软件和 SCLang C 语言组态软件设计用户特定的控制算法。

操作站组态包括操作站和操作小组的设置。操作站的设置主要为操作站的 IP 地址设置,而操作小组的设置包括操作小组的命名。不同的操作小组有不同的界面,但不同的操作小组对应相同的控制站。

操作界面包括总貌画面、一览画面、趋势画面、分组画面、流程图、报表、自定义键、语音报警等。其中流程图、报表需要使用 SCDraw 流程图软件和 SCForm 报表软件来设计。

1. SCKey 组态软件

SCKey 基本功能是说明控制系统的硬件配置信息,生成操作站基本显示画面。硬件配置信息包括主机设置和主控制卡的 IP 地址设置、各 I/O 单元机笼数据转发卡和 I/O 卡件配置选择、信号点地址位号设置等。SCKey 组态软件界面如图 8-18 所示。

图 8-18　SCKey 组态软件界面

2. SCControl 图形化组态软件

SCControl 图形组态软件是图形化编程软件,用于 JX-300XP 的控制方案设计。SCControl 图形组态软件支持 IEC1131-3 标准,提供了梯形图 LAD(或 LD)编辑器、功能块图 FBD 编辑器、顺控图 SFC 编辑器等。SCControl 图形化组态软件界面分别如图 8-19~图 8-21 所示。

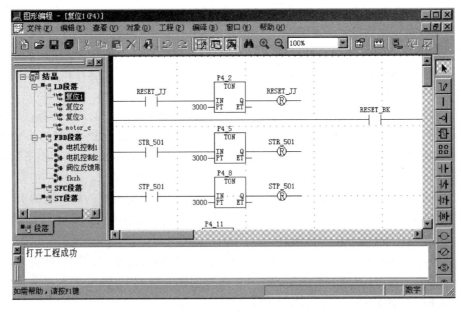

图 8-19　SCControl 梯形图 LAD 编辑器

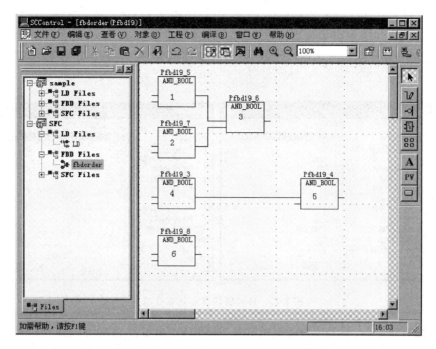

图 8-20　SCControl 功能块图 FBD 编辑器

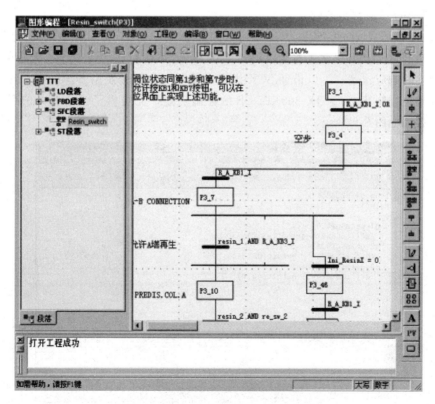

图 8-21　SCControl 顺控图 SFC 编辑器

图形化组态软件提供了各种模块库,包括 IEC 模块库、辅助模块库和自定义模块库 3 种。其中 IEC 模块库提供了各类运算,如算术运算、逻辑运算、数学函数、计数器、定时器、触发器等,辅助模块库提供各种控制模块、通信辅助函数、输入处理、电量转换等实用模块,如图 8-22 所示。

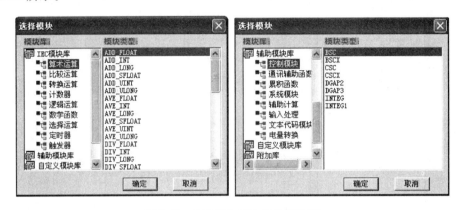

图 8-22　IEC 模块库和辅助模块库

在辅助模块库中,有关控制模块包括单回路模块、串级控制模块、二位式二状态控制模块、BSCX 单回路 PID 模块、CSC 串级控制 PID 模块等。这些模块为设计控制算法带来极大的方便。

3. SCLang C 语言组态软件

SCLang C 语言(简称 SCX 语言)是一个功能强大的、类 C 语言风格的高级编程语言,SCX 语言软件在词法和语法上符合高级语言的特征,并在控制功能上作了大量的扩充,具有较好的实时响应速度。可以借助 SCX 语言来编写一些很难使用 SCControl 图形组态软件设计的复杂控制算法,为 JX-300XPDCS 的控制功能扩充提供了一个有力的手段。SCX 语言编辑界面如图 8-23 所示。

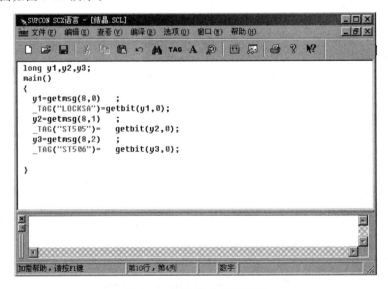

图 8-23　SCX 语言编辑界面

4. SCDraw 流程图制作软件

SCDraw 绘制的流程图用于显示监视过程中的图形界面,该软件的一个设计界面如图 8-24 所示。它包括静态图形和文字、动态图形和数据、交互操作工具(如命令按钮)等。

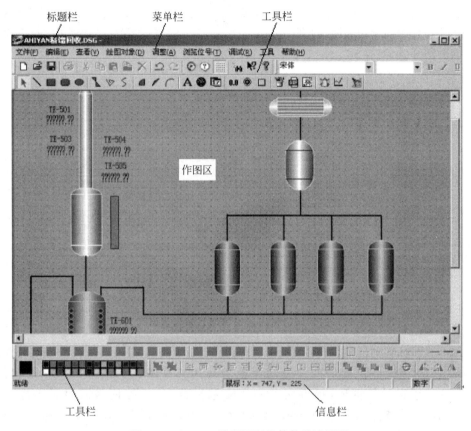

图 8-24　SCDraw 流程图制作软件设计界面

在流程图绘制中,要用到许多标准图形或相同、近似的图形。为了减少工作量,避免不必要的重复操作,用户可以选择模板功能。这里的模板是指可用于流程图制作的,用户不必另外去绘制,而能够直接拿来使用的常用组合图形对象,如仪表面板、传输带、锅炉、精馏塔等。流程图模板界面如图 8-25 所示。

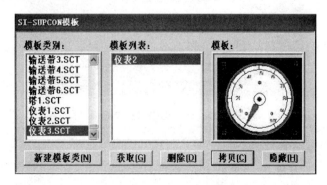

图 8-25　流程图模板

5. SCFrom 报表制作软件

SCForm 报表制作软件在绘制报表的功能设计上，充分吸收了商用电子表格软件在表格绘制方面的优点，结合工业实时报表的特殊性，提供了类似于 Excel 的制表功能。在报表数据组态的功能设计上，引入了针对各类位号数据的事件定义，可用表达式来确定报表数据的记录条件和报表的输出条件，能够充分满足工业控制的实时性需求。SCFrom 报表制作软件界面如图 8-26 所示。

	A	B	C	D	E	F	G	H
1					硫酸日生产量报表			
2	年	月	日				备注 ·············	
3	项 目		内 容			数 据		
4	浓度(%)		93%酸		={YUANLAG}[0]	={YUANLAG}[3]	={YUANLAG}[6]	={YUANLAG}[9]
5			98%酸		={YUANLBG}[0]	={YUANLBG}[3]	={YUANLBG}[6]	={YUANLBG}[9]
6			105%酸		={YUANLCG}[0]	={YUANLCG}[3]	={YUANLCG}[6]	={YUANLCG}[9]
7	温度(℃)		93%酸		={YUANLAJ}[0]	={YUANLAJ}[3]	={YUANLAJ}[6]	={YUANLAJ}[9]
8			98%酸		={YUANLBJ}[0]	={YUANLBJ}[3]	={YUANLBJ}[6]	={YUANLBJ}[9]
9			105%酸		={YUANLCJ}[0]	={YUANLCJ}[3]	={YUANLCJ}[6]	={YUANLCJ}[9]
10	电流(A)		93%酸		1	2	3	4
11			98%酸		=Timer1[0]	=Timer1[1]	=Timer1[2]	=Timer1[3]
12			105%酸	1#	星期一	星期二	星期三	星期四
13				2#	1月4日	1月5日	1月6日	1月7日
14	总 计		93%酸					
15			98%酸					
16			105%酸					
17	耗用量合计		内容－>		93%酸	98%酸	105%酸	总计
18			用量－>					

图 8-26 SCFrom 报表制作软件界面

6. AdvanTrol 实时监控软件

AdvanTrol 实时监控软件的主是功能是管理用户登录、进行实时监视、控制操作。AdvanTrol 采用实时数据库，提供实时和历史数据读取，支持网络实时数据库。进入AdvanTrol 时首先选择组态、操作小组、登录权限，登录界面如图 8-27 所示。监控运行状态的界面如图 8-28 所示。

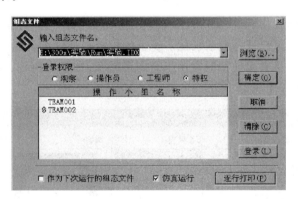

图 8-27 选择组态和登录界面

7. 用户授权管理

为保障信息安全，在使用 SCKey 组态软件、AdvanTrol/AdvanTrol-Pro 监控软件和维护软件时需要以不同的用户身份登录。

运行 SCKey 组态软件、AdvanTrol 监控时需要选择不同级别的用户身份，这些用户的

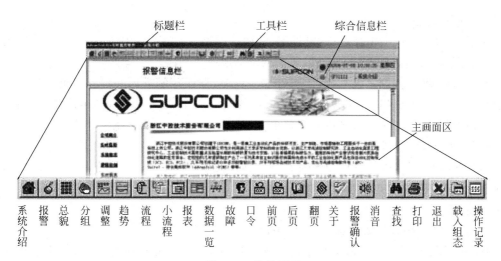

图 8-28 监控界面

授权管理操作由 ScReg 软件来完成。通过定义不同级别用户的权限以保证系统的操作安全。

用户级别分为观察员、操作员－、操作员、操作员＋、工程师、特权。不同级别的用户拥有不同的授权，即拥有不同的操作权限，部分用户操作权限说明表如表 8-4 所示。

表 8-4 用户操作权限说明表

权限项/级别	观察员	操作员－	操作员	操作员＋	工程师	特权
退出监控	×	×	×	×	√	√
重调组态	×	×	√	√	√	√
报表打印	×	√	√	√	√	√
屏幕拷贝打印	×	√	√	√	√	√
查看故障信息	×	×	×	×	√	√
位号查询	×	×	×	×	√	√
报警使能	×	×	√	√	√	√
PID 参数设置	×	×	×	√	√	√
手工置值	×	√	√	√	√	√
报表实时修改	×	×	×	×	√	√
主操作站设置	×	×	×	×	√	√
查看操作记录	×	√	√	√	√	√
报警声音修改	×	×	×	×	√	√
调节器正反作用设置	×	√	√	√	√	√

本章知识点

知识点 8-1　DCS 组成及其特点

DCS 是在传统过程控制系统的基础上发展起来的，它综合了控制技术、计算机技术、网络技术和多媒体人机交互技术，体现了系统化、工程化思想，为现代工厂自动化整体解决方案提供了可行途径。

根据"分散控制、集中操作、分级管理"的构建原则,DCS 可分为分散过程控制层、集中操作监控层、综合信息管理层,并通过通信网络形成一个整体。

与大型的 PLC 控制系统相比,DCS 在顺序控制、程序控制方面并没有突出之处。与现场总线 FCS 控制系统相比,DCS 在需要本质安全的危险复杂区域的现场通信能力,还有待提高。但 DCS 已积累了丰富的成功案例的经验,并在不断完善,弥补自身的不足。另一方面,新型的 PLC,其处理模拟量信号的能力、人机交互能力以及大规模组网能力在不断提高,在由 DCS、PLC 基础上发展而来的 FCS,也开始走向成熟。PLC、DCS 和 FCS 的应用领域正相互交叉,它们的开放性,允许相互共存。在 DCS 的通信网络中,同样也允许连接 PLC 和 FCS 系统。

知识点 8-2 DCS 组成实例——JX-300XP

WebField JX-300XP 控制系统是一个典型的 DCS 系统,它采用高性能微处理器和成熟先进的控制算法,实现全系统的冗余配置,并通过带冗余的 SCnet II 过程控制网将控制站、工程师站、操作员站等硬件设备构成一个完整的分布式控制系统。全系统的冗余配置和 SCnet II 过程控制网是 WebField JX-300XP 的重要技术特色。

JX-300XP 硬件包括控制站机柜、电源系统、系统接地、控制站及其主要卡件、操作员站、工程师站和通信网络等,JX-300XP 系统的软件主要由 SCKey 系统组态软件、SCLang C 语言组态软件、SCControl 图形组态软件、SCDraw 流程图制作软件、SCForm 报表制作软件、AdvanTrol 实时监控软件组成。通过对 JX-300XP 系统介绍,可以了解 DCS 的基本构成和工作原理。

思考题与习题

1. DCS 控制系统是在什么控制系统的基础上发展起来的? 其构建的原则是什么?

2. DCS 可分为哪几层结构? 每层的主要功能是什么? 各层通过什么通信网络相互连接?

3. DCS 中的控制站、操作站、工程站完成哪些主要任务?

4. 简述 WebField JX-300XP 中一个控制站和一个控制区域的规模。

5. 简述 WebField JX-300XP 电源系统的组成和特点。

6. 简述 WebField JX-300XP 有哪些接地,如何连接。

7. 简述 WebField JX-300XP 主控卡的功能和特点。

8. 简述 WebField JX-300XP 数据转发卡的主要作用。

9. 通过查阅资料,进一步了解 WebField JX-300XP 典型 I/O 卡件的原理框图和端子接线。

10. 简述 WebField JX-300XP 中控制站、操作员站、工程师站的 IP 地址设置要求和范围。

11. 简述 WebField JX-300XP 中的通信网络,并画出连接示意图。

12. 简述 WebField JX-300XP 的软件组成及主要功能。

学以致用
用学相长

1. 学习内容

制定计算机控制系统解决方案需要考虑哪些因素？有哪些常见的解决方案？它们各有什么特点和适用场合？有哪些应用实例？……这些是本篇将要解答的问题。

本篇将介绍基于嵌入式系统的解决方案、基于智能控制仪表的解决方案、基于 PLC 可编程逻辑控制器的解决方案、基于分布式数据采集与控制模块的解决方案、基于 PAC 可编程自动化控制器的解决方案、基于 DCS 集散控制系统的解决方案。介绍了这些解决方案的组成和特点，并结合案例分析其原理。通过两个实验案例——水箱液位控制和锅炉温度控制——介绍计算机控制技术在简单过程控制中的应用。通过两个工程案例——DCS 在循环流化床锅炉中的应用和 DCS 在大中型氮肥装置中的应用——介绍计算机控制技术在流程工业自动化中的应用。

本篇是在前面各篇基础上的综合应用，包括第 9 章计算机控制系统的解决方案、第 10 章计算机控制技术在简单过程控制中的应用、第 11 章计算机控制技术在流程工业自动化中的应用。

2. 学习目标

通过学习计算机控制系统多种解决方案的应用实例，了解计算机控制技术的具体应用，理解不同解决方案的特点和适用场合，理解计算机控制系统和产品设计的基本思路，并通过实践环节掌握计算机控制技术的基本应用技能，从而理解计算机控制系统中的原理、技术和应用之间的内在联系。在学习中实践，在实践中提高。

本篇知识点

<table>
<tr><td>第 9 章</td></tr>
<tr><td>CHAPTER 9</td></tr>
</table>

计算机控制系统的解决方案

计算机控制系统通常由检测和执行机构、计算机系统以及被控对象和目标规则等组成。所谓的计算机控制系统的解决方案就是针对不同被控对象的特点和控制目标的要求,确定计算机控制系统所采用的结构和技术,规划开发的过程和内容,制定实施监控及评价的措施和指标。

制定计算机控制系统解决方案,除了要全面了解被控对象的特点、控制规模和目标的要求,还需要考虑诸多因素,如技术的先进性和成熟性、结构的适应性和可靠性、开发和维护人员的应用水平、设备和器件的成本、开发和实施的进度等。

根据不同的被控对象和应用场合,人们提出了一些具体的计算机控制系统解决方案,例如有基于嵌入式系统的解决方案、基于智能控制仪表的解决方案、基于 PLC 可编程逻辑控制器的解决方案、基于分布式数据采集与控制模块的解决方案、基于 PAC 可编程自动化控制器的解决方案。另外,还有基于 DCS 集散控制系统的解决方案、基于 FCS 现场总线的解决方案等。

本章主要介绍这些解决方案的组成和特点,并结合案例分析其原理。另外,基于 DCS 集散控制系统的解决方案在后面章节介绍,基于 FCS 现场总线的解决方案可参考其他资料。

9.1 基于嵌入式系统的解决方案

9.1.1 组成和特点

嵌入式系统(即嵌入式计算机系统)是嵌入到某个应用对象内的专用计算机系统。相对于通用计算机而言,其功能与某个特定的应用密切相关,其性能也会与具体的应用环境有关,如可靠性、实时性、适应性、成本、体积、功耗等会有特殊的要求。嵌入式系统仍是一个计算机系统,所以其组成及原理与普通计算机相同,但通常其硬件软件可根据应用要求进行裁剪。

基于嵌入式系统的解决方案中,控制单元采用了专用的嵌入式计算机系统,经输入输出通道、检测单元、执行单元与被控对象相连,其组成结构如图 9-1 所示。

这种解决方案的特点在于系统的控制单元、执行单元、反馈单元与被控对象高度融合,用途专一,结构紧凑,性价比高。

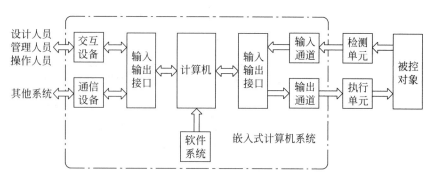

图 9-1　基于嵌入式系统解决方案的组成结构

　　这种解决方案非常适用于批量生产的自动控制产品。作为批量生产的产品,在可靠性、适应性、可维护性、成本、体积、功耗等方面都会有特殊的要求,需要有经验丰富的嵌入式系统开发人员及其开发环境的支持,需要有一定的开发周期。

9.1.2　案例 1:由嵌入式系统控制的全自动洗衣机

1. 被控对象和目标要求

　　某全自动洗衣机由机身、电机、波轮转盘、内桶、外桶、进水阀、出水阀、控制按钮、指示面板、水位探测装置等组成,如图 9-2 所示。作为一个控制系统,它由控制单元、执行单元、反馈单元以及操作指示装置和操作按钮开关等组成,如图 9-3 所示。

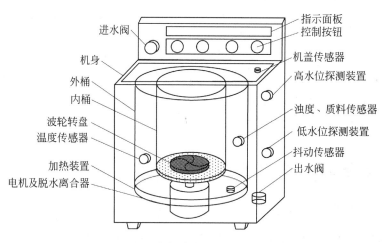

图 9-2　全自动洗衣机对象结构

　　为描述系统的控制过程和目标要求,首先需要对系统的信号进行分析,这些信号包括来自反馈单元的输入信号、驱动执行单元的输出信号和用于操作的人机交互信号。

　　1) 来自反馈单元的输入信号

　　洗衣机的输入信号为来自反馈单元的检测信号,基本的输入信号有水位、抖动、机盖状态等。功能先进的洗衣机还有浊度信号、质料信号和水温信号等。

　　水位是控制过程中的一个基本反馈信号,许多工作状态的转换都需要依据水位信号。水位信号可以通过液位传感器检测,原始的水位信号可以是模拟量,通过 A/D 最终转换为

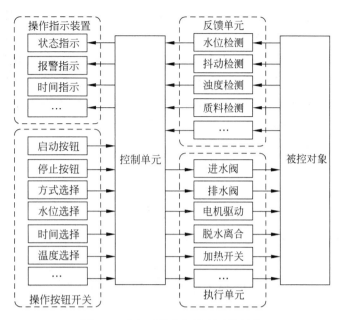

图 9-3 全自动洗衣机控制系统结构

数字量。

抖动信号主要用来监视脱水过程中内桶运转是否平稳(即桶内衣物分布是否均匀),如发生抖动现象,则需要调整转速,以及加水旋转波轮转盘。平衡信号可用开关量表示。

机盖状态信号用于监视运行过程中机盖是否被打开。为保证使用安全,如在脱水过程中打开机盖,将停止电机转运。

浊度信号能反映衣物的肮脏程度、肮脏性质和洗净程度等。通过检测浊度信号能合理选择洗涤方式和时间。质料信号能反映衣物的材质和数量,其可作为确定洗涤时间和水位控制的一个重要参数。

2) 驱动执行单元的输出信号

洗衣机的输出信号送至执行单元,用于驱动相关执行器。驱动的执行器有进水阀、出水阀、排水泵、洗涤电机和脱水离合器等。功能先进的洗衣机还有洗涤液加料、调理液加料、水温加热等执行器。

进水阀、排水阀(或排水泵)的驱动信号均为开关量信号,用于开启和关闭这些执行器。

洗涤电机在洗涤和漂洗时带动波轮转盘,在脱水时通过离合器带动内桶。洗涤电机的正转和反转可用两个开关信号控制,脱水离合器可用一个开关信号控制。

3) 用于操作的人机交互信号

人机交互信号有状态指示(用于指示进水、洗涤、漂洗、排水、脱水、故障、结束、工作等状态)、报警指示(用于指示缺水、堵塞、抖动等故障现象)、时间指示(显示运行时间或结束时间)等输出信号,启动、停止、方式选择(如洗涤、漂洗、脱水)、水位选择(如高、中、低)、时间选择、温度选择等输入信号。为了操作方便,除了启动、停止按钮外,其他信号可通过选择开关或操作面板来设置。

控制目标的基本要求是根据设定的方式选择(洗涤、漂洗、脱水)、水位选择(高、中、低)和时间选择(长、中、短),按顺序控制规律,控制进水阀、排水阀(或排水泵)和洗涤电机等。一个典型的"一洗二漂"工作时序可分为 3 个阶段,即洗涤阶段、1 次漂洗阶段和 2 次漂洗阶段。洗涤阶段进一步分为进水 S1_1、洗涤 S1_2、排水 S1_3、脱水 S1_4 子阶段;1 次漂洗阶段分为进水 S1_5、漂洗 S1_6、排水 S1_7、脱水 S1_8 子阶段;2 次漂洗阶段分为进水 S1_9、漂洗 S1_10、排水 S1_11、脱水 S1_12、结束 S1_13 子阶段。时序示意图如图 9-4 所示。其中进水和排水状态的结束时间由检测水位信号来判定,洗涤、漂洗和脱水时间可根据设定的洗涤时间来确定。波轮转盘、内桶可使用同一电机驱动,通过机械装置改变其连接方式和转速。洗涤、漂洗时,电机驱动波轮转盘间隙正转和反转,脱水时,电机驱动内桶高速旋转。脱水时,如检测到抖动信号,将进入调整平稳方式,相当于进入漂洗方式,让内桶内的衣物调整到平稳状态,然后再次进入脱水方式。

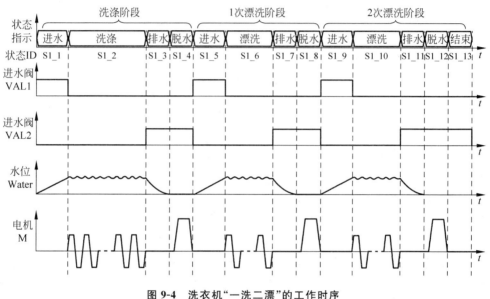

图 9-4　洗衣机"一洗二漂"的工作时序

控制目标的进一步要求可以通过浊度检测、质料检测来自动设置洗涤时间,通过设定温度来控制洗涤的水温等,预测结束时间等。

2. 硬件电路

由洗衣机的信号特性可设计出相应的硬件电路,如图 9-5 所示。其中 MCU 采用 C8051F340,根据所需的输入输出信号类型进行 I/O 分配如表 9-1 所示。人机交互的状态指示(指示进水、洗涤、漂洗、排水、脱水、故障、结束、工作)和时间指示采用动态扫描的 LED 显示器,当 W0 为低电平时,D0~D7 输出状态信号(低电平有效),当 W1 和 W2 依次为低电平时,D0~D7 输出时间显示数码管的笔段信号(低电平有效),数码管 LED1、LED2 分别显示时间的高位和低位。为简化起见,电路中没有列出浊度信号、质料信号和温度信号的检测电路,也没有列出加温的控制电路。另外,如实现多种智能控制、Wifi 无线通信、变频调速电机控制等功能,需要采用 32 位高端 MCU。

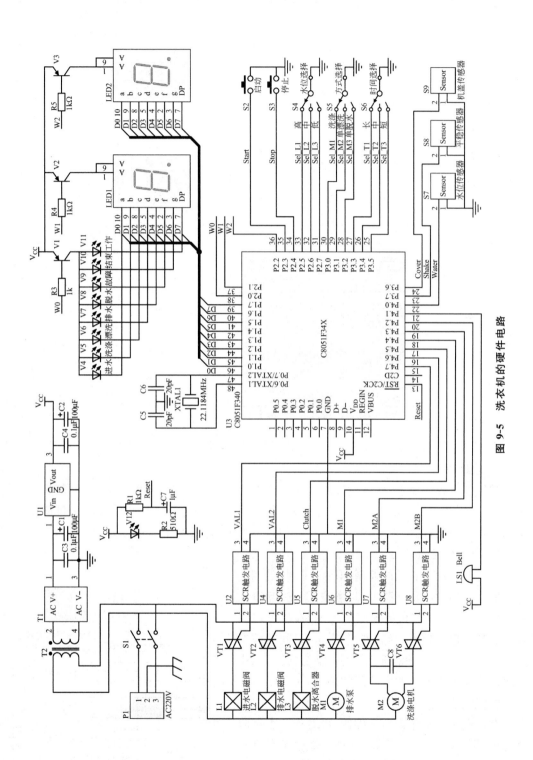

图 9-5　洗衣机的硬件电路

表 9-1   全自动洗衣机控制系统中的 I/O 分配

NO	类别	信号名	IO	输入/输出	类型	说　　明
1	检测	Water	P4.0	输入	模拟量	水位检测
2	检测	Shake	P3.7	输入	开关量	平稳检测
3	检测	Cover	P3.6	输入	开关量	机盖检测
4	驱动	Val1	P4.7	输出	开关量	进水阀驱动
5	驱动	Val2	P4.6	输出	开关量	出水阀驱动
6	驱动	Clutch	P4.5	输出	开关量	脱水离合器驱动
7	驱动	M1	P4.4	输出	开关量	排水泵驱动
8	驱动	M2A	P4.3	输出	开关量	洗涤电机正转驱动
9	驱动	M2B	P4.2	输出	开关量	洗涤电机反转驱动
10	驱动	Bell	P4.1	输出	开关量	声音报警
11	人机交互	Start	P2.3	输入	开关量	启动信号
12	人机交互	Stop	P2.4	输入	开关量	停止信号
13	人机交互	Sel_L1	P2.5	输入	开关量	水位选择-高
14	人机交互	Sel_L2	P2.6	输入	开关量	水位选择-中
15	人机交互	Sel_L3	P2.7	输入	开关量	水位选择-低
16	人机交互	Sel_M1	P3.0	输入	开关量	方式选择-洗涤
17	人机交互	Sel_M2	P3.1	输入	开关量	方式选择-单漂洗
18	人机交互	Sel_M3	P3.2	输入	开关量	方式选择-单脱水
19	人机交互	Sel_T1	P3.3	输入	开关量	时间选择-长
20	人机交互	Sel_T2	P3.4	输入	开关量	时间选择-中
21	人机交互	Sel_T3	P3.5	输入	开关量	时间选择-短
22	人机交互	W0～W2	P2.0～P2.2	输出	开关量	LED 显示位扫描驱动
23	人机交互	D0～D7	P1.0～P1.7	输出	开关量	LED 显示段扫描驱动

3. 软件设计

按软件工程的要求,软件设计之前先进行需求分析,通过适当的工具将控制算法作一描述,然后确定程序设计语言,设计程序结构,编写代码,完成调试和测试,最后交付使用。在使用过程中,还需进行维护,修正存在的问题,不断优化、完善程序的功能。

1) 顺序功能图描述

上述全自动洗衣机的控制本质上是顺序控制,其功能可采用顺序功能图(简称顺控图 SFC)描述。图 9-6 为全自动洗衣机的顶层顺控图,在按下启动按钮后进行启动处理,读取方式、水位、时间选择参数,根据方式选择,分别进入洗涤、漂洗、脱水工作方式。不同工作方式的顺控图如图 9-7 所示。

2) 程序结构

全自动洗衣机作为顺序控制,可看作一个有限状态机(finite state machine,FSM,简称状态机),它是一个表示有限个状态以及在这些状态之间的转移和动作等行为的数学模型。有限状态机的程

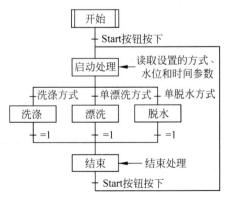

图 9-6　全自动洗衣机的顶层顺控图

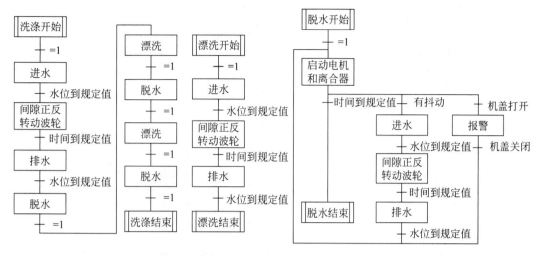

图 9-7 全自动洗衣机的洗涤、漂洗、脱水顺控图

序模型有 4 个要素：状态、事件、状态转换表、状态处理。

设一个有限状态机有 N 个状态 S，M 个事件 E，$N \times M$ 个状态转换条件 C。如状态转换条件 $Cijk$ 表示在 Si 状态下，出现 Ej 事件时，状态 Si 将转换到 Sk。状态处理包括状态开始、状态进行和状态结束。

状态机的数据结构主要有状态、事件、状态转换表，用 C 语言定义如下。

```
// == 定义状态类型
typedef enum {
    S_INIT,                              //初始状态
    S_START,                             //启动状态
    S1,S1_1,S1_2,…,S1_13,                //洗涤状态
    S2,S2_1,S2_2,S2_3,S2_4,              //单漂洗状态
    S3,S3_1,S3_2,…,S3_6,                 //单脱水状态
    ⋮
    S_END                                //结束状态
}TYPE_STATE;
// == 定义事件类型
typedef enum {
    E_Always,                            //无条件
    E_Water_H,                           //水位高于规定值
    E_Water_L,                           //水位低于规定值
    E_Shake,                             //出现抖动现象
    E_Cover,                             //机盖打开
    E_Timer1,                            //定时器1时间到达规定值
    E_Timer2,                            //定时器2时间到达规定值
    E_Timer3,                            //定时器3时间到达规定值
    E_Counter1,                          //计数器1次数到达规定值
    E_Counter2,                          //计数器2次数到达规定值
    E_Counter3,                          //计数器3次数到达规定值
    E_Sel_L1, E_Sel_L2, E_Sel_L3,        //水位选择高、中、低
    E_Sel_M1, E_Sel_M2, E_Sel_M3,        //方式选择洗涤、单漂洗、单脱水
    E_Sel_T1, E_Sel_T2, E_Sel_T3,        //时间选择长、中、短
    ⋮
}STATE_EVENT;
```

```
// == 定义状态转换项类型
typedef code struct {
    TYPE_STATE Current;              //当前状态
    STATE_EVENT Event;              //当前输入条件
    TYPE_STATE Next;                //下一个状态
} TYPE_STATE_ITEM;
```

状态转换表可用 TYPE_STATE_ITEM 的数组表示如下。

```
TYPE_STATE_ITEM code Trans_TAB[ ] = {       // == 状态转换表
    {S_INIT,E_ALWAYS,S_START},              //初始化后,自动进入启动状态
    {S_Start,E_Sel_M1,S1},                  //启动后,进入方式 1(洗涤状态)
    {S_Start,E_Sel_M2,S2},                  //启动后,进入方式 2(单漂洗状态)
    {S_Start,E_Sel_M3,S3},                  //启动后,进入方式 3(单脱水状态)
    ⋮
    {S1_1,E_Water_H,S1_2},                  //进水升到规定水位后,间隙转动波轮
    {S1_2,E_Timer1,S1_3},                   //定时器 1 时间到后,开始排水
    {S1_3,E_Water_L,S1_4},                  //排水降到规定水位后,开始脱水
    ⋮
    {S3_1,E_Timer1,S3_6},                   //定时器 1 时间到后,脱水结束
    {S3_1,E_Shake,S3_2},                    //脱水时有抖动,进入调整状态
    {S3_1,E_Cover,S3_5},                    //脱水时机盖打开,进入报警状态
    {S3_2,E_Water_H,S3_3},                  //调整时,加水到规定值
    {S3_3,E_Timer2,S3_4},                   //调整时,间隙转动波轮
    {S3_4,E_Water_L,S3_1},                  //调整时,排水到规定值,重新进行脱水
    ⋮
    {S_END,E_START,S_START},                //结束后,按下启动按钮,进入启动状态
};                                           //状态转换表
```

状态机的工作过程可通过 3 个函数即状态处理、事件检测和状态转换来实现。根据状态机的程序模型,可设计出相应的程序流程图,如图 9-8 所示。事件的检测和 LED 显示需要使用定时中断,其中断服务程序也是状态机的重要组成部分,包括了显示、键检测和停止处理。当按下停止 Stop 键时,需要进行关闭相关驱动装置和显示提示等处理工作。中断服务程序的流程图如图 9-9 所示。

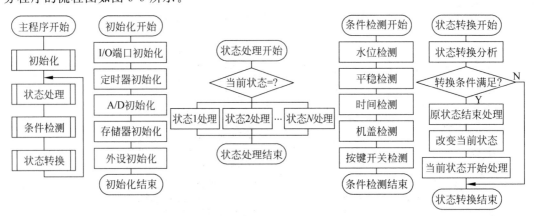

图 9-8　全自动洗衣机的程序流程图

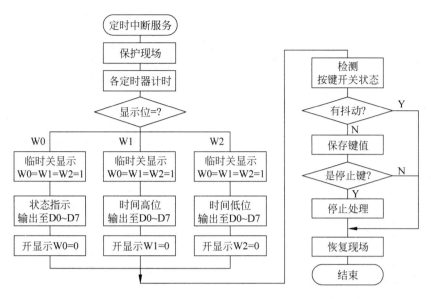

图 9-9　全自动洗衣机的定时中断服务程序流程图

由数据结构和流程图可写出相应的程序结构如下。

```
// == 1.定义包含文件
# include <STDIO.H>
…
// == 2.定义常量和数据类型
…
// == 定义状态类型
typedef enum {
  S_INIT,                              //初始状态
  …
  S_END                                //结束状态
}TYPE_STATE;
// == 定义事件类型
typedef enum {
  E_Always,                            //无条件
  …
}STATE_EVENT;
// == 定义状态转换项类型
typedef code struct {
  TYPE_STATE Current;                  //当前状态
  …
} TYPE_STATE_ITEM;
// == 定义状态转换表
TYPE_STATE_ITEM code Trans_TAB[ ] = {  // == 状态转换表
  {S_INIT,E_ALWAYS,S_START},           //初始化后,自动进入启动状态
  {S_Start,E_Sel_M1,S1},               //启动后,进入方式1(洗涤状态)
  {S_Start,E_Sel_M2,S2},               //启动后,进入方式2(单漂洗状态)
  {S_Start,E_Sel_M3,S3},               //启动后,进入方式3(单脱水状态)
  …
};//状态转换表
```

```
// ==  3.定义 I/O 信号
sbit Water = P4.0;                      //输入模拟量,水位检测
sbit Shake = P3.7;                      //输入开关量,平稳检测
sbit Cover = P3.6;                      //输入开关量,机盖检测
…
sbit Val1 = P4.7;                       //输出开关量,进水阀驱动
sbit Val2 = P4.6;                       //输出开关量,排水阀驱动
sbit Clutch = P4.5;                     //输出开关量,脱水离合器驱动
…
sbit Sel_T1 = P3.3;                     //输入开关量,时间选择 - 长
sbit Sel_T2 = P3.4;                     //输入开关量,时间选择 - 中
sbit Sel_T3 = P3.5;                     //输入开关量,时间选择 - 短
sbit W0 = P2.0;                         //输出开关量,LED 显示位扫描驱动
sbit W1 = P2.1;                         //输出开关量,LED 显示位扫描驱动
sbit W2 = P2.2;                         //输出开关量,LED 显示位扫描驱动
sfr Port_Data = P1;                     //输出数字量,LED 显示段扫描驱动
…
// ==  4.定义全局变量
TYPE_STATE STATE;                       //当前状态
…
// ==  5.定义函数原型
void Init(void);                        //初始化
void STATE_Deal(void);                  //状态处理
void EVENT_Test(void);                  //事件检测
void STATE_Transform(void);             //状态转换
void S_INIT(void);                      //初始处理
void S_START(void);                     //启动处理
void S1(void);                          //洗涤开始处理
void S1_1(void);                        //洗涤 - 进水处理
…
void S2(void);                          //单漂洗开始处理
…
void S3(void);                          //单脱水开始处理
…
// ==  6.主函数
void main(void) {
    Init();                             // == 初始化
// == 主循环
    while (1) {
    STATE_Deal();                       // == 状态处理
    EVENT_Test();                       // == 事件检测
    STATE_Transform();                  // == 状态转换
    }//while
}//main
// ==  7.定义函数实现
…
void Init(void){                        //初始化
…
}//
void STATE_Deal(void){                  //状态处理
```

```
...
    switch(STATE){
        case  S_INIT:                      //初始化状态处理
            P_INIT();
            break;
        case  S_START:                     //启动状态处理
            P_START();
            break;
        case  S1:                          //洗涤开始处理
            P_S1();
            break;
        case  S1_1:                        //洗涤 - 进水处理
            P_S1_1();
            break;
    ...
    }//switch
}//
void EVENT_Test(void);                     //事件检测
...
}//EVENT_Test
void STATE_Transform(void);                //状态转换
...
}//STATE_Transform
```

9.2　基于智能控制仪表的解决方案

9.2.1　组成和特点

　　智能控制仪表也称智能调节仪或智能调节器,它是在显示仪表的基础上发展起来的。显示仪表接受测量仪表或传感器输出的信号,经调理后进行显示或记录。测量仪表习惯称为一次仪表,它直接感受被测物理量并输出测量信号,通常安装在控制现场。而显示仪表称为二次仪表,通常安装在操作室中的控制台面板上。

　　智能控制仪表的外形结构如图 9-10 所示。智能控制仪表的操作面板有上显示窗(测量值 PV)、下显示窗(设定值 SV)和状态显示指示灯,通常有 4 个通用操作按键,分别为设置键(SET)、数据移位键(手动 M/自动 A)、数据减键(运行 RUN/保持 HOLD)和数据加键(停止 STOP),标识符号为↻、◀、▼、▲,如图 9-11 所示。

图 9-10　智能控制仪表的外形结构

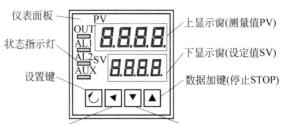

图 9-11 智能控制仪表的操作面板

智能控制仪表本质上是把微型计算机系统嵌入到数字式显示仪器中而构成的独立式仪器。它集成了基本的输入输出通道,实现多种测量功能,接收标准模拟信号、开关量输入信号,进行必要的信号调理,可直接连接各种类型的热电偶、热电阻等符合标准信号的传感器和测量仪表,在其窗口显示测量结果,提供人工智能 PID 控制算法和模拟量输出、可控硅驱动、继电器报警输出,并配有 RS-485 通信接口,以便通过上位机进行参数设置和监控。智能控制仪表的内部结构如图 9-12 所示。

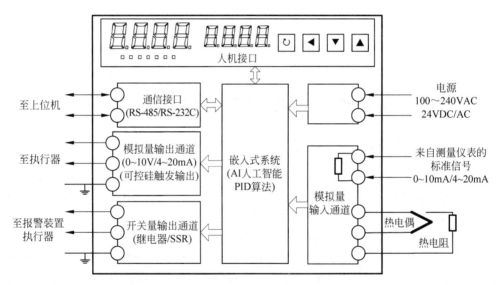

图 9-12 智能控制仪表的内部结构

基于智能控制仪表的解决方案是以智能控制仪表为控制核心,利用其集成的基本输入输出通道和简单的数码显示装置,配置通用的传感器和执行器,通过手动或上位机设置控制参数,提供或通过上位机进行监控。对单变量控制的简单应用,一个智能控制仪表就可完成相应的控制功能,参数设置和监控可通过面板进行,如图 9-13(a) 所示。对复杂的应用,需要多个智能控制仪表和其他部件,如扩展的 I/O 模块、人机界面触摸屏等,并通过 RS-485 通信网络连接,借助工业组态软件通过上位机实现参数的设置(也可通过仪表本身的人机接口设置)和过程的监控,如图 9-13(b) 所示。

智能控制仪表结构紧凑、安装方便、配置容易、操作简单、通用性强、技术成熟,是广泛应用于工业自动化控制领域的过程控制。但其功能相对单一,适用于以模拟信号控制为主的

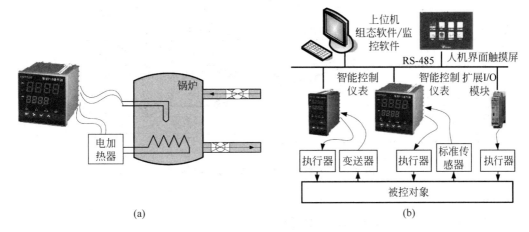

图 9-13 基于智能控制仪表解决方案的组成结构

单一变量或小规模控制系统,也可通过通信网络,形成一定规模的过程控制系统。智能控制仪表由于受其自身结构的限制,在扩展性、快速性方面仍有不足之处,也不太适用于顺序控制、程序控制的场合。

9.2.2 案例2:基于智能控制仪表的电阻炉温度控制系统

1. 被控对象和目标要求

电阻炉内部的发热元件采用电阻材料做成,电流通过加热元件时产生热量,再通过热的传导、对流、辐射而使放置在炉中的炉料被加热。工业电阻炉的结构有周期式和连续式之分,箱式炉通常为周期式作业炉,传送带式炉为连续式作业炉。案例 2 以箱式电阻炉为例,介绍基于智能控制仪表的温度控制系统。

温度控制系统主要由温度传感器、智能控制仪表、电加热器执行装置、被控对象组成,其控制结构图如图 9-13(a)所示。温度控制的调节规律通常有二位式、三位式、PID 调节等。

二位式调节过程:当炉温低于下限给定值时执行器全开;当炉温高于给定值时执行器全闭。执行器只有开、关两种状态。这种调节方式控制电路简单,但控制精度差。

三位式调节过程:当炉温低于下限给定值时执行器全开;当炉温在上、下限给定值之间时执行器部分开启;当炉温超过上限给定值时执行器全闭。执行器只有关闭、保温、加温3 种状态。采用三位式调节可实现加热与保温功率的不同,但控制精度仍不高。

PID 调节过程:根据给定温度与当前实际炉温的偏差,按照比例、积分和微分(PID)运算得到输出量来驱动执行器,执行器可在一定范围内调节发热元件的功率大小。这种调节方式不仅控制精度高,而且还可以实现分段式温度控制。智能控制仪表非常适用于电阻炉的 PID 调节。

电阻炉的温度控制方式通常有恒温控制、恒速升温、恒速降温等,这些控制方式又伴随着时间长短的要求和相应的报警或提示的要求。一个典型的分段式温度控制时序如图 9-14 所示。这个控制时序包含了线性升温、恒温、线性降温、跳转报警、准备、暂停等阶段。

第 1 阶段:从温度到达 100℃起,开始线性升温至 400℃,升温时间 30min,升温斜率为

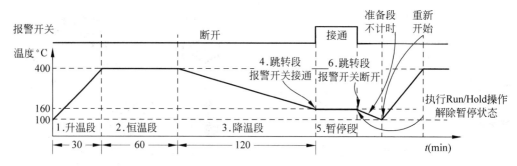

图 9-14　一个典型的分段式温度控制时序

10℃/min;

第 2 阶段:温度到达 400℃后,恒温保持 60min;

第 3 阶段:开始线性降温,降温时间为 120min,降温斜率为－2℃/min;

第 4 阶段:降温至 160℃后,接通报警提示开关,进入暂停状态;

第 5 阶段:等待操作人员手动操作,关闭报警提示信号,进入下一准备阶段;

第 6 阶段:准备阶段中,等待温度下降到 100℃,重新进入第 1 阶段线性升温,重复上述过程。

2. 硬件电路

基于智能控制仪表电阻炉温度控制系统的硬件组成如图 9-15 所示。其中智能控制仪表采用程序型人工智能工业调节器仪表,温度检测采用热电偶,电加热器由电阻丝、双向可控硅及其触发器组成。

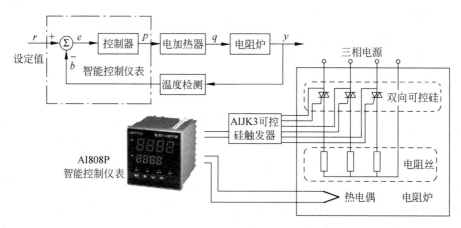

图 9-15　电阻炉温度控制系统的硬件组成

1) 智能控制仪表

案例 2 采用智能调节器 AI-808P 作为控制器,它是一款定程序的控制仪表(用户只能进行参数设置,不能编程)。控制功能模块采用模糊规则＋PID 调节的人工智能调节算法,在偏差大时,运用模糊算法调节,以消除 PID 饱和积分现象,当偏差趋小时,采用改进后的 PID 算法进行调节,并能在调节中自动学习和记忆被控对象的部分特征以使效果最优化。具有无超调、高精度、参数确定简单、对复杂对象也能获得较好的控制效果等特点。在使用过程中结合 PID 调节、自学习及模糊控制技术,可实现自整定/自适应功能,及无欠调的精确调节,性能远优于传统 PID 调节器。

AI-808P 的主要技术规格如下:

(1) 输入规格(一台仪表可接受下列信号)。

热电偶:K、S、E、J、T、B、N 分度号;热电阻:Cu50、Pt100;

线性电压:0～5V、1～5V、0～1V、0～100mV、0～20mV 等;线性电流(需外接分流电阻):0～10mA、0～20mA、4～20mA 等。

(2) 测量范围。

热电偶:K(−50～+1300℃)、S(−50～+1700℃)、R(−50～+1650℃)、T(−200～+350℃)、E(0～800℃)、J(0～1000℃)、B(0～1800℃)、N(0～1300℃);

热电阻:Cu50(−50～+150℃)、Pt100(−200～+600℃);

线性输入:−1999～+9999 由用户定义。

(3) 测量精度。

热电偶输入且采用仪表内部元件测温补偿冷端时:0.2%FS±2.0℃;

热电阻、线性电压、线性电流及热电偶输入且采用铜电阻补偿或冰点补偿冷端时:0.2 级。

(B 分度号热电偶在 0～600℃ 范围时可进行测量,但测量精度无法达到 0.2 级,在 600～1800℃ 范围可保证 0.2 级测量精度。)

(4) 响应时间。

设置数字滤波参数 dL=0 时:响应时间≤0.5s。

(5) 调节方式。

提供 AI 人工智能调节,包含模糊逻辑 PID 调节及参数自整定功能的先进控制算法和简单的位式调节方式(回差可调)。

(6) 输出规格(根据需要选择不同的模块)。

继电器触点开关输出(常开+常闭):250VAC/1A 或 30VDC/1A;

可控硅无触点开关输出(常开或常闭):100～240VAC/0.2A(持续),2A(20ms 瞬时,重复周期大于 5s);

SSR 电压输出:12VDC/30mA(用于驱动 SSR 固态继电器);

可控硅触发输出:可触发 5～500A 的双向可控硅、2 个单向可控硅反并联连接或可控硅功率模块;

线性电流输出:0～10mA 或 4～20mA。

(7) 报警功能。

4 种方式:上限、下限、正偏差、负偏差;最多可输出:3 路(有上电免除报警选择功能)。

(8) 隔离耐压。

电源端、继电器触点及信号端相互之间:电压≥2300V;相互隔离的弱电信号端之间:电压≥600V。

(9) 扩展功能。

① 提供自动/手动双向无扰动切换；

② 30 段程序控制功能,可设置任意大小的给定值升、降斜率；具有跳转、运行、暂停及停止等可编程/可操作命令,可在程序控制运行中修改程序；

③ 具备二路事件输出功能。可通过报警输出控制其他设备连锁动作,进一步提高设备自动化能力；

④ 可通过安装外部开关执行程序运行/暂停/停止等操作,以实现连锁、同步启动运行或方便操作；具有停电处理模式、测量值启动功能及准备功能,使程序执行更有效率及更完善。

（10）电源。

电源参数为 $100 \sim 240VAC$, -15%, $+10\%/50 \sim 60Hz$；或 $24VDC/AC$, -15%, $+10\%$；电源消耗$\leqslant 5W$。

2）温度传感器

AI-808P 仪表可连接多种温度传感器,只需要输入不同的 Sn 输入规格参数（见后面的操作说明）。

根据实际测量温度的范围,选择合适的温度传感器。被测温度低于$+600$℃时可选择 Pt100,低于$+150$℃时可选择 Cu50。本案例选择热电偶作为温度传感器。根据热电偶测温原理,采用热电偶作为输入信号时,需要对热电偶冷端进行温度补偿和非线性校正,AI-808P 内部已具配自动补偿电路和非线性校正算法。

由于测量元件的误差、仪表本身发热及仪表附近其他热源等原因,常导致自动补偿方式偏差较大,最坏时可能达 $2\sim4$℃。故对测量温度精度要求较高时,可外置一只接线盒,将 Cu50 铜电阻及热电偶冷端都放在一起并远离各种发热物体,这样由补偿造成的测量不一致性一般小于 0.5℃。热电偶内部自动补偿模式和外接铜电阻自动补偿模式接线图如图 9-16 所示。

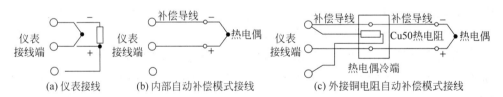

(a) 仪表接线　　(b) 内部自动补偿模式接线　　(c) 外接铜电阻自动补偿模式接线

图 9-16　热电偶两种补偿模式接线图

3）电加热器

电加热器由电阻丝、双向可控硅及其触发器组成。电阻炉的加热原理是基于电流在电阻中流过时,将电能转换为热能,按焦耳楞次定律

$$Q = I^2 \cdot R \cdot t = U \cdot I \cdot t = P \cdot t$$

其中,I 为电流（单位 A）,R 为电阻（单位 Ω）,U 为电压（单位 V）,P 为功率（单位 W）,Q 为热量（单位 J）。1kWh 的电能全部转换为热能,可得 $Q = (0.24 \times 1000 \times 36000)/1000 = 864kcal$ 热量。

电炉的温度调节是通过电加热器的断续作用,改变电炉电阻丝的导电和断电时间比例来调节产生热能的速度。电阻丝的导电和断电由可控硅控制,通过可控硅触发器可改变可控硅的导通时间。

可控硅的触发方式有移相触发和周波过零触发，如图 9-17 所示。移相触发会产生严重的奇次谐波，在可控硅导通瞬间使电网电压畸变，功率因数下降，对电网的其他用电设备产生不良影响。而过零触发电路产生的谐波很小，只是存在一定程度的低频干扰。但周波过零触发的电路稍复杂。实例 2 采用 AIJK3 周波过零触发器。

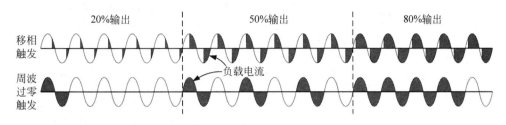

图 9-17　可控硅的移相触发和周波过零触发原理

AIJK3 是应用了单片机技术的智能化三相移相触发及周波过零两用触发器，能适应各种电阻丝、硅碳棒及负载采用变压器降压的硅钼棒、钨丝等各种类型工业电炉，也可用于电机软启动的控制，其主要特点包括：

（1）0～20mA(0～5V)/4～20mA(1～5V)信号兼容输入；

（2）采用计算机技术进行线性化功率修正，当负载为阻性时，其输出功率与输入信号成正比；

（3）缺相检测、过流检测及报警功能；AIJK3 还具备可控硅击穿及负载开路检测功能；

（4）自动同步功能，连接可控硅触发线时不需要辨别相序；AIJK3 甚至不需要辨别极性；

（5）内含开关电源，可直接用 220VAC 电源供电，并具备 5V 及 24V 两组直流电源输出。

AIJK3 接受 0～20mA(0～5V)或 4～20mA(1～5V)信号（内部跳线确定），输出驱动可控硅的触发信号，使可控硅控制电阻丝的功率与输入信号成正比。

3. 程序段参数设置

AI-808P 仪表在使用前应根据其输入、输出规格及功能要求来正确设置参数，只有配置好参数的仪表才能投入使用。利用 AI-808P 仪表的 4 个操作按键：设置键[↻]、数据移位键[◀]、数据减键[▼]和数据加键[▲]，配合上显示窗(PV)、下显示窗(SV)，可进行显示切换、给定值修改、参数设置、手动/自动切换等操作。

AI-808P 仪表有 6 种显示状态，分别为①测量值和给定值显示；②测量值和输出值显示；③参数显示与设置；④当前程序段显示；⑤当前设定时间和运行时间；⑥程序段设定温度和时间格式。

通过操作设置键[↻]、数据移位键[◀]可切换不同的显示状态，操作数据减键[▼]、数据加键[▲]改变参数值。按键操作流程如图 9-18 所示。

另外，为安全起见，AI-808P 仪表提供了参数锁定功能，锁定后只能显示规定的数据，不能随意修改其他参数，详见产品手册。

AI-808P 仪表的主要参数与同类产品相似，具体说明如表 9-2 所示。其中输入规格 Sn，根据实际输入信号来设置，如表 9-3 说明。案例 2 选用 K 型热电偶，则 Sn 设为 0。

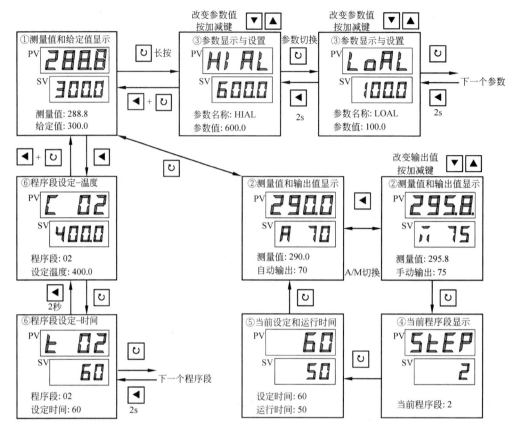

图 9-18 AI-808P 仪表按键操作流程

表 9-2 AI-808P 仪表主要参数说明

参数代号	参数含义	说　明
HIAL	上限报警	测量值大于 HIAL＋dF 时产生上限报警， 测量值小于 HIAL－dF 时解除上限报警
LOAL	下限报警	测量值小于 LOAL－dF 时产生下限报警， 测量值大于 LOAL＋dF 时解除下限报警
DHAL	正偏差报警	正偏差大于 DHAL＋dF 产生正偏差报警
DLAL	负偏差报警	负偏差大于 DLAL－dF 产生负偏差报警
dF	回差	用于避免因测量输入值波动而导致位式调节频繁通断。dF 参数对 AI 人工智能调节没有影响
CTrL	控制方式	CtrL＝0，采用位式调节(ON-OFF)； CtrL＝1，采用 AI 人工智能调节/PID 调节； CtrL＝2、3 或 4 用于自整定参数功能； CtrL＝5，仪表将测量值直接作为输出值输出，可作为手动操 作器或伺服放大器使用
P	比例度	比例系数的倒数
I	积分时间	PID 控制参数
D	微分时间	PID 控制参数
Sn	输入规格	连接不同的传感器信号，需要正确的 Sn 参数设置，见后说明

续表

参数代号	参 数 含 义	说　　明
DIP	小数点位置	小数点位置,以配合用户习惯的显示数值
DIL	输入下限显示值	定义线性输入信号下限刻度值
DIH	输入上限显示值	定义线性输入信号上限刻度值
OP1	输出方式	OP1＝0,时间比例输出方式; OP1＝1,0~10mA 线性电流输出; OP1＝2,0~20mA 线性电流输出; OP1＝3,三相过零触发可控硅信号; OP1＝4,4~20mA 线性电流输出; OP1＝5~8,其他输出方式,详见产品手册
OPL	输出下限	限制调节输出的最小值
OPH	输出上限	限制调节输出的最大值
CF	系统功能选择	$CF=A\times1+B\times2+C\times4+D\times8+E\times16+F\times32+G\times64$ $A=0$,为反作用调节方式,输入增大时,输出趋向减小,如加热控制;$A=1$,为正作用调节方式,输入增大时,输出趋向增大,如制冷控制。 $D=0$,程序时间以分为单位;$D=1$,时间以秒为单位。C、E、F、G,详见产品手册
Addr	通讯地址	仪表通讯地址。相连设备应有不同值
bAud	通讯波特率	RS-485 通信接口的速率,相连设备应有相同值
run	运行状态	$run=A\times1+D\times8+F\times32$ 其中,A 用于选择 5 种停电事件处理模式,D 用于选择 4 种运行/修改事件处理模式,F 用于选择自动/手动工作状态,详见产品手册

表 9-3　AI-808P 仪表的输入规格 Sn 参数说明

Sn	输　入　规　格	Sn	输　入　规　格
0	K	1	S
2	R	3	T
4	E	5	J
6	B	7	N
8、9	备用	10	用户指定的扩充输入规格
11~19	备用	20	Cu50
21	Pt100	22~25	备用
26	0~80Ω 电阻输入	27	0~400Ω 电阻输入
28	0~20mV 电压输入	29	0~100mV 电压输入
30	0~60mV 电压输入	31	0~1V(0~500mV)
32	0.2~1V(100~500mV)	33	1~5V 电压输入
34	0~5V 电压输入	35	−20~+20mV(0~10V)
36	−100~+100mV(2~10V)	37	−5V~+5V(0~50V)

　　为实现图 9-14 所示的分段式温度控制时序,除了需要正确设置主要参数外,还必须正确设置相应的程序段参数。

AI-808P 程序段参数由程序段号 x、设置温度 Cx、时间格式 tx 组成。段号 x 为 1~30（有的产品可达 50），从当前段 x 设置温度 Cx 开始，经过该段设置时间 tx 到达下一段设置温度 $C(x+1)$。温度设置值单位为℃，时间单位默认为 min。

时间格式 tx 参数比较特殊，如 tx 为 1~9999 的正整数，则表示该段设置的时间值；$tx=0$ 表示仪表 x 段进入暂停状态（HoLd）。如 tx 为负数（-1~-240），则 tx 表示程序运行的停止、跳转及报警事件输出，tx 由下式表示

$$tx = -(A \times 30 + B)$$

其中，A 的值控制两个事件输出，能控制报警开关 1 或报警开关 2 工作，及自动停止，其含义如下：

(1) $A=0$，无作用（只执行跳转功能）；

(2) $A=1$，接通报警开关 1；$A=2$，接通报警开关 2；$A=3$，同时接通报警开关 1 及 2；

(3) $A=4$，仪表执行停止（StoP）操作（此时 B 应设置为 1，2~30 备用）；$A=5$，关闭报警开关 1；

(4) $A=6$，关闭报警开关 2；$A=7$，关闭报警开关 1 及 2；

(5) B 的值为 1~30，表示程序跳转到 B 段执行。

由此可获得待设置的程序段参数，如表 9-4 所示。

表 9-4　AI-808P 仪表的程序段参数设置说明

段号 x	设置温度 Cx	时间格式 tx	说　明
1	100	30	100℃起开始，时间为 30min。由于下段温度设置为 400℃，故为线性升温，升温斜率为 10℃/min
2	400	60	400℃起开始，时间为 60min。由于下段温度为 400℃，故为恒温保持 60min
3	400	120	400℃起开始，时间为 120min。由于下段温度为 160℃，故为线性降温，降温斜率为 -2℃/min
4	160	-35	160℃起开始，tx 为负数，$A=1$，$B=5$。接通报警开关 1，并且跳往第 5 段执行
5	160	0	160℃起开始，tx 为 0。进入暂停状态，需操作人员执行运行操作才能继续运行至第 6 段
6	160	-151	160℃起开始，tx 为负数，$A=5$，$B=1$。关闭报警开关 1，并且跳往第 1 段执行，从头循环

9.3　基于可编程逻辑控制器的解决方案

9.3.1　组成和特点

可编程逻辑控制器（Programmable logic controller，PLC）是一种以计算机技术为基础的控制装置。在 1987 年国际电工委员会（International Electrical Committee，IEC）颁布的 PLC 标准草案中对 PLC 的定义为一种专门用于工业环境下而设计的数字运算操作的电子

装置。它采用可以编制程序的存储器,用来在其内部存储执行逻辑运算、顺序运算、计时、计数和算术运算等操作的指令,并能通过数字式或模拟式的输入和输出,控制各种类型的机械或生产过程。PLC 及其有关的外围设备都应该按易于与工业控制系统形成一个整体、易于扩展其功能的原则而设计。

基于 PLC 的解决方案中,以 PLC 可编程逻辑控制器为控制核心,配置通用的传感器和执行器作为检测单元和执行单元,通过通信接口设置控制参数和进行监控。对简单的应用,一个 PLC 就可完成所有控制功能,如图 9-19(a)所示。对复杂的应用,需要多个 PLC 组成,并通过通信网络连接,用户的操作界面由上位机实现,如图 9-19(b) 所示。

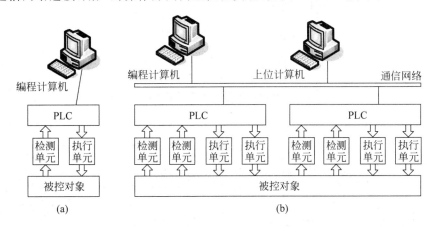

图 9-19 基于 PLC 解决方案的组成结构

PLC 产品成熟可靠,品种规格丰富,扩展方便灵活,编程简单方便,因此基于 PLC 解决方案的特点在于控制系统的开发效率高,可靠性好,扩展方便,特别适用于顺序控制、单机和流水线等机电一体化产品的控制系统。虽然 PLC 也有 A/D 和 D/A 转换模块,也能胜任有关模拟信号的处理,但其在性价比、外形结构连接的灵活性以及人机交互方面仍有不足之处。对于开关量占大多数、模拟量为少数的控制系统,以 PLC 作为主控制器,配以适当的智能仪表是一个较佳的选择方案。

9.3.2 案例3:PLC 控制的工业洗衣机

1. 被控对象和目标要求

工业洗衣机与普通的家用洗衣机的最大区别就在于其容量大,工作强度大。由于工业洗衣机的使用环境复杂、工作强度大,因此在机械传动、选材、制造工艺和控制电路方面需要有特殊考虑,为保证其耐用可靠,控制单元常采用 PLC。

工业洗衣机一般采用滚筒式的洗衣方式。由电动机驱动使滚筒旋转,衣物在滚筒中不断地被提升落下,做重复运动,加上洗衣粉和水的共同作用使衣物洗涤干净。衣物在洗涤过程中不缠绕、洗涤均匀、磨损小。工业洗衣机一般适用于各类服装厂、医院、宾馆、洗衣房等单位。

某工业洗衣机的外形如图 9-20 所示,控制框图如图 9-21 所示,其中包括反馈单元、执行单元、操作面板,以及 PLC 组成的控制单元。

基本的输入信号来自水位传感器,包括排空传感器、低水位传感器、高水位传感器。排空传感器用于判断滚筒内水是否排完;低水位传感器用于检测水位是否达到洗涤较少衣物

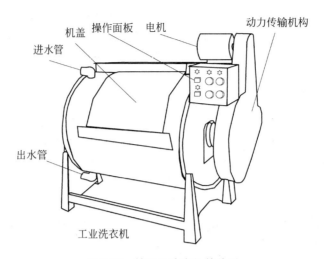

图 9-20　某工业洗衣机的外形

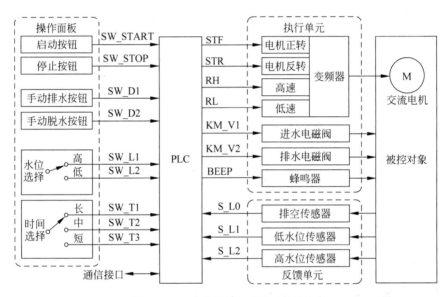

图 9-21　PLC 控制的工业洗衣机框图

时的水位；高水位传感器用于检测水位是否达到洗涤较多衣物时的水位。功能先进的工业洗衣机还会有水温、抖动、机盖以及浊度、质料等传感器。

　　基本的输出信号包括进电机正转和反转控制、高速和低速控制、进水电磁阀、排水电磁阀、蜂鸣器等。功能先进的洗衣机还会配备洗涤液加料电磁阀、调理液加料电磁阀和水温加热开关等执行器。在洗涤和漂洗时电机低速带动滚筒，在脱水时电机高速旋转滚筒。洗涤电机的正转和反转、高速和低速可分别用两个开关信号控制。电机的转速可采用变频器控制，这样能使滚筒的转速更为平稳。

　　人机交互信号有启动按钮、停止按钮、手动排水按钮、手动脱水按钮、高低水位选择开关、时间选择开关(长、中、短)。状态的显示信号可借助于传感器和执行器来驱动。

　　启动、停止用于启动或中止洗衣机的工作；水位开关可根据所洗衣物的多少来选择；时间选择开关可根据衣物脏的程度来选择，以改变洗涤次数和时间；手动排水和手动脱水需要在停机状态时启用,正常按下启动按钮,则进入自动洗涤工作方式。

控制目标的基本要求是根据设定的水位(高、低)和时间程度(长、中、短),按顺序控制规律,控制进水阀、排水阀和电机。一个典型的洗涤顺序如下:

(1) 按下启动按钮,进入漂洗过程;

(2) 打开进水阀,等待水位达到规定的值(由水位选择开关确定);

(3) 等待 2s 后开始洗涤;

(4) 电机正转 V_T1 秒,停 V_T2 秒,然后反转 V_T1 秒,停 V_T2 秒,如此循环 V_N 次,V_T1、V_T2、V_N 根据时间选择(长、中、短)开关确定;

(5) 洗涤结束后,驱动排水电磁阀,开始排水,等待排空信号出现;

(6) 排空后,驱动电机高速旋转,进行脱水 V_T3 秒,V_T3 由时间选择(长、中、短)开关确定;

(7) 脱水后,进入第 1 次漂洗:重复(2)~(6);

(8) 进行第 2 次漂洗:重复(2)~(6);

(9) 驱动蜂鸣器 10s,并自动停机。

在停机状态下,按下手动排水按钮,则打开排水电磁阀,直到排空信号出现;按下手动脱水按钮,则先进行排水,出现排空信号后,驱动电机,进行脱水 V_T3 秒;期间按下停止按钮,则中止排水和脱水过程。

2. 硬件连接和 I/O 分配

由 PLC 控制的工业洗衣机框图不难得到相应的 I/O 连接电路,如图 9-22 所示。根据电机的功率合理选择变频器(如三菱 FR-F700),根据所需的输入输出信号类型和数量选择 PLC(如西门子 S7-200 CPU224)。相应的 I/O 分配如表 9-5 所示。

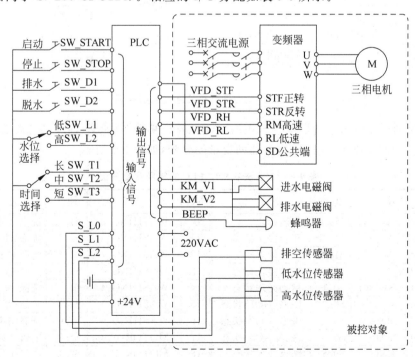

图 9-22　PLC 控制的工业洗衣机 I/O 连接电路

表 9-5 工业洗衣机中 PLC 的 I/O 分配

NO	符 号	地址	注 释	NO	符 号	地址	注 释
1	SW_START	I0.0	启动按钮	11	S_L1	I1.4	低水位传感器
2	SW_STOP	I0.1	停止按钮	12	S_L2	I1.5	高水位传感器
3	SW_D1	I0.2	手动排水按钮	13	VFD_STF	Q0.0	电机正转控制
4	SW_D2	I0.3	手动脱水按钮	14	VFD_STR	Q0.1	电机反转控制
5	SW_L1	I0.4	低水位选择开关	15	VFD_RH	Q0.2	电机高速控制
6	SW_L2	I0.5	高水位选择开关	16	VFD_RL	Q0.3	电机低速控制
7	SW_T1	I1.0	长时间选择开关	17	KM_V1	Q0.4	进水电磁阀
8	SW_T2	I1.1	中时间选择开关	18	KM_V2	Q0.5	排水电磁阀
9	SW_T3	I1.2	短时间选择开关	19	BEEP	Q0.6	蜂鸣器
10	S_L0	I1.3	水位排空传感器				

3. 程序设计

根据 I/O 连接电路和工业洗衣机的工作流程,可画出相应洗涤过程的顺控图,如图 9-23 所示。

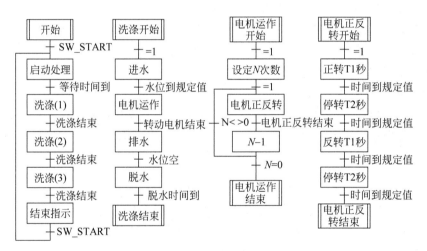

图 9-23 工业洗衣机洗涤过程顺控图

用户控制程序可采用梯形图(Ladder,LAD)、顺序功能图(SFC)以及其他高级语言来编写。在 I/O 分配基础上,还需要进行辅助变量的分配,如表 9-6 所示。

表 9-6 工业洗衣机中 PLC 的辅助变量分配

NO	符号	地址	注 释	NO	符号	地址	注 释
1	M_SPIN_1	M2.0	正转标志	10	WASHING_0	S1.0	洗涤开始状态
2	M_SPIN_2	M2.1	正转停止标志	11	WASHING_1	S1.1	洗涤-进水状态
3	M_SPIN_3	M2.2	反转标志	12	WASHING_2	S1.2	洗涤-电机运作状态
4	M_SPIN_4	M2.3	停转停止标志	13	WASHING_3	S1.3	洗涤-排水状态
5	STATE_START	S0.1	启动处理状态	14	WASHING_4	S1.4	洗涤-脱水状态
6	WASH_NO1	S0.2	洗涤(NO1)状态	15	WASHING_5	S1.5	洗涤-等待状态
7	WASH_NO2	S0.3	洗涤(NO2)状态	16	WASHING_6	S1.6	洗涤-结束状态
8	WASH_NO3	S0.4	洗涤(NO3)状态	17	MOTOR_0	S2.0	电机运作开始状态
9	STATE_END	S0.5	结束处理状态	18	MOTOR_1	S2.1	电机正反转 N 次

续表

NO	符号	地址	注　释	NO	符号	地址	注　释
19	MOTOR_2	S2.2	电机运作结束状态	25	Timer_DEHY	T43	脱水定时器
20	Timer_WAIT	T37	等待定时器	26	V_T1	VW100	电机转动时间 T1
21	Timer_STF	T38	正转定时器	27	V_T2	VW102	电机停止时间 T2
22	Timer_STF_STOP	T39	正转停止定时器	28	V_T3	VW104	电机脱水时间 T3
23	Timer_STR	T40	反转定时器	29	V_N	VW106	电机转动循环次数
24	Timer_STR_STOP	T41	反转停止定时器	30	Cycle_Counter	C1	循环计数器

例如,进水和脱水过程的 LAD 程序如图 9-24 所示,对应网络的 FBD 如图 9-25 所示。

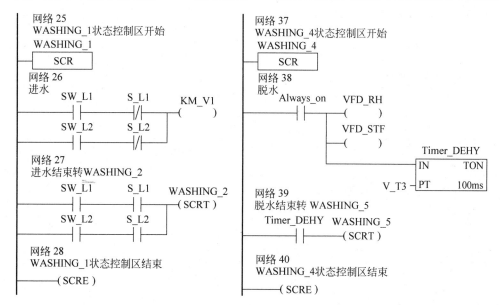

图 9-24　进水和脱水过程的 LAD 程序

图 9-25　网络 26、27、37、38、39 的 FBD 描述

采用步进梯形指令(STL)描述的程序结构如下。

```
TITLE = 工业洗衣机 PLC 控制程序
ORGANIZATION_BLOCK 程序块:OB1
TITLE = 工业洗衣机 PLC 控制程序
BEGIN
Network 1
// 在首次扫描时启用状态 1
LD    First_Scan_On
S     STATE_START, 1
Network 2
//STATE_START 启动处理状态控制区开始
...
//初始化输出信号,设置电机转动停止时间
...
//WASH_NO1~WASH_NO3 状态控制区
...
//STATE_END 状态控制区
...
//WASHING_0 状态控制区
...
Network 25
//WASHING_1 状态控制区开始
LSCR WASHING_1
Network 26
//进水
LD    SW_L1
AN    S_L1
LD    SW_L2
AN    S_L2
OLD
=     KM_V1
Network 27
//进水结束转 WASHING_2
LD    SW_L1
A     S_L1
LD    SW_L2
A     S_L2
OLD
SCRT WASHING_2
Network 28
//WASHING_1 状态控制区结束
SCRE

//WASHING_2 状态控制区
...
//WASHING_3 状态控制区开始
...
Network 34
//排水
LD    Always_On
S     KM_V2, 1
```

```
Network 35
//排水结束转 WASHING_4
LD    S_L0
SCRT  WASHING_4
Network 36
//WASHING_3 状态控制区结束
SCRE

Network 37
//WASHING_4 ～WASHING_5 状态控制区
…
//MOTOR_0～MOTOR_1 状态控制区
…
END_ORGANIZATION_BLOCK
```

9.4　基于分布式数据采集与控制模块的解决方案

9.4.1　组成和特点

基于分布式数据采集与控制模块的解决方案以分布式 I/O 模块及控制器为控制核心，配置通用的传感器和执行器，通过通信网络形成一个控制系统，并通过组态软件进行参数设置和监控。

分布式数据采集模块也称分布式 I/O 模块，通常内置 CPU 和信号调理与隔离电路，有较强的抗干扰能力，较宽的电源电压范围，有统一的外形和紧凑的体积，便于安装。

分布式数据采集模块按输入输出信号类型可分为数字量输入/输出模块、模拟量输入模块、模拟量输出模块、计数/频率模块。控制器可由 PC、IPC、μPAC、PAC 和 PLC 构成，主要的控制任务由 μPAC 承担，控制系统的监控软件设计可借助于组态软件或 PLC 软件完成。

同一系列的分布式数据采集模块采用相同的通信接口，常见的有 RS-485 总线、以太网Ethernet 接口、CAN-bus 总线以及其他现场总线接口。普通 PC 与 RS-485 网络连接需要进行接口转换，PC/IPC 与以太网连接比较方便，可直接连接到交换机 Switch 或集线器Hub，如图 9-26 所示。

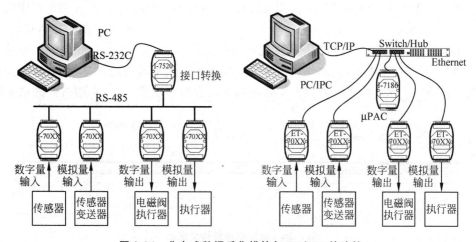

图 9-26　分布式数据采集模块与 PC/IPC 的连接

一个基于分布式数据采集与控制模块的控制系统组成结构如图 9-27 所示,现场数据采集通过 RS-485 网络组成的分布式 I/O 模块实现,控制算法由微型可编程自动化控制模块(μPAC)或其他控制器完成,控制器可以同时连接 RS-485 网络和以太网,系统的监控由以太网上的 PC 或工控机 IPC 完成。

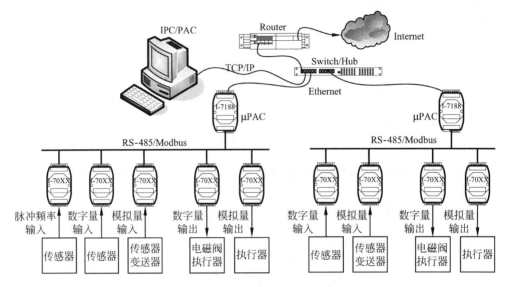

图 9-27　基于分布式数据采集与控制模块的控制系统组成结构

基于分布式数据采集与控制模块的解决方案的主要特点包括分布式数据采集、远程控制、简洁的通信网络、扩展灵活的结构、较强的工业现场适应性,适用于需要分布式采集数据、有一定规模的过程控制系统。由于分布式数据采集模块使用的通信网络在快速性、可靠性以及数据传输速率上还有所不足,有待于先进的现场总线技术来完善。

9.4.2　案例 4:潮流水槽计算机检测与控制系统

1. 被控对象和目标要求

1) 被控对象

潮流水槽主要用于模拟海洋的潮汐,根据已有的海洋潮汐数学模型,控制水槽中的流速和水位,以便在水槽中完成与海洋潮汐有关的实验项目。潮流水槽是系统的控制对象,其结构示意图如图 9-28 所示。水槽的长、高、宽物理尺寸为 3000cm×60cm×120cm。左端为进水口,右端为尾门控制机构,转动尾门角度可改变水槽至储水池的溢水量大小,从而控制水槽中的水位高度。水槽中有一台双向水泵控制水流方向和水流速度,水槽右侧的储水池中

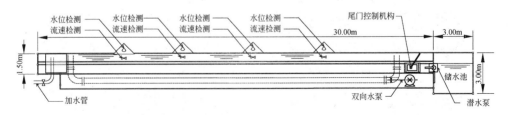

图 9-28　潮流水槽结构示意图

有一台潜水泵始终向水槽中供水,以保证水槽中有充足的水量,水槽上安装水位检测和流速检测装置。

潮流水槽计算机检测与控制系统的框图如图 9-29 所示,其中检测单元、执行单元由分布式 I/O 模块通过通信网络与控制单元相连接。

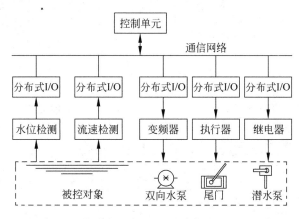

图 9-29 潮流水槽计算机检测与控制系统的框图

2)目标要求

根据月亮和太阳的运行规律,以及不同的地理位置,记录和分析得到潮汐数学模型,得到潮流变化曲线,在水槽中通过水位和流速的变化模拟潮流变化,流速的正负方向分别表示涨潮和退潮,潮流变化曲线示意图如图 9-30 所示。潮流水槽计算机检测与控制系统的目标就是在水槽中模拟出给定的潮流变化,并记录潮流水槽中实际的水位和流速变化曲线。

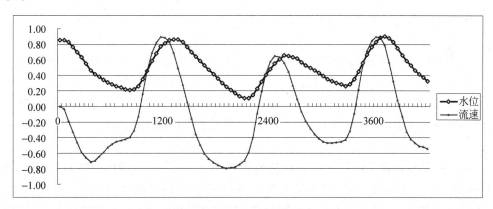

图 9-30 潮流变化曲线示意图

2. 系统结构

1)系统的物理结构

系统的物理结构由水槽、控制箱、配电箱和工控机组成,其中水槽包括了检测装置(流速仪、水位仪及其接口箱)、执行装置(尾门控制机构、双向水泵、潜水泵),控制箱包括远程模块、路由器、UPS 电源等,配电箱包括动力电源、变频器和电气装置等。工控机是一台装有监控软件的 PC。系统的物理结构如图 9-31 所示。

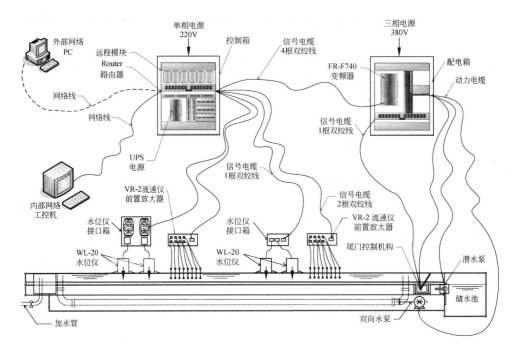

图 9-31　潮流水槽计算机检测与控制系统的物理结构

2）系统的逻辑结构

系统的逻辑结构由被控对象、检测单元、执行单元、控制单元组成,其中检测单元由分布式 I/O 模块 I-7051D、I-7080D 和水位仪、流速仪组成；执行单元由分布式 I/O 模块I-7060D、I-7024 和 FR-F740 变频器、NB-25B 电动执行器等组成；控制单元由 I-7188EGD 控制器、工控机及组态王监控软件组成。系统的逻辑结构如图 9-32 所示。

3）分布式 I/O 模块

案例 4 采用 I-7000 系列分布式 I/O 模块,这些模块有着便于安装的统一外形尺寸,坚固的工业级塑料外壳,输入端均有过压保护,内部有 3000VDC 隔离,较宽的电源电压范围(10～30VDC),具有 Self-Turner 功能的 RS-485 接口,能适应多种传输速率和数据格式,可方便地构建分布式 RS-485 网络,非常容易地与常见的 SCADA/HMI 以及 PLC 软件进行通信。

I-7000 系列分布式 I/O 模块提供模块看门狗和主机看门狗。模块看门狗为硬件看门狗,主机看门狗为软件看门狗。当模块死机时,模块看门狗将自动复位模块；主机看门狗监测主机的通信状态,当其通信不正常或死机时,模块的输出会自动进入安全状态。以保证主机或通信线路异常时,模块所连接的设备能处于安全状态。

案例中,采用了 I-7051D 数字量输入模块、I-7080D 计数频率输入模块、I-7060D 数字量输出模块、I-7024 模拟量输出模块和 I-7188 可扩展嵌入式控制模块。

(1) I-7051D 数字量输入模块。I-7051D 提供 16 路隔离数字量输入,也可作为 16 路计数输入。I-7051D 的内部框图如图 9-33 所示。I-7051D 采用共源或共地输入类型。干接点输入时,端口接 GND 为逻辑 1,端口开路时为逻辑 0；电平输入时,输入 10～50V 为逻辑 1,低于 4V 时为逻辑 0。输入阻抗为 10 kΩ/0.5 W。I-7051D 用于计数时,最大计数值为 16bit

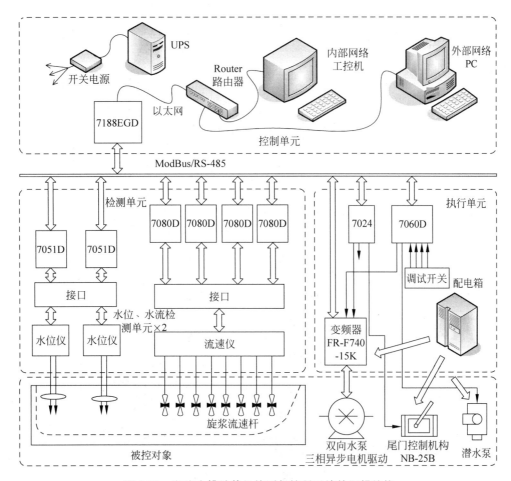

图 9-32　潮流水槽计算机检测与控制系统的逻辑结构

(65 535)，最大输入频率为 100Hz，最小脉冲宽度为 5ms。I-7051D 功耗为 1.5W。

I-7051D 模块安装在水位仪接口箱，读取 WL-20 水位仪的 11 位格雷码信号，通过 RS-485 传送至上位机，并将其转换为二进制数据。

(2) I-7080D 计数频率输入模块。I-7080D 含有两个独立的 32 位计数器，同时提供隔离和非隔离计数输入及相应的门控信号，2 路集电极开路的报警输出信号。I-7080D 的内部框图如图 9-34 所示。I-7080D 最大计数值为 32bit(4 294 967 295)，带有可编程数字滤波器。隔离输入端输入 3.5～30V 为逻辑 1，低于 1V 时为逻辑 0；非隔离可编程输入端，逻辑电平 0 为 0～5V(缺省 0.8V)，逻辑电平 1 为 0～5V(缺省 2.4V)。输出负载为 30mA/30VDCmax。I-7080D 的功耗为 2.2W。

I-7080D 安装在控制箱，通过双绞线连接 VR-Z 流速仪，读取流速的脉冲信号，通过 RS-485 将计数器数据传送至上位机，并计算出相应的流速数据。

(3) I-7060D 数字量输入输出模块。I-7060D 为 4 通道隔离数字量输入/4 通道继电器输出模块，提供数字量输入计数功能。I-7060D 的内部框图如图 9-35 所示。4 路单端电平输入小于 1V 为逻辑 0，4～30V 为逻辑 1，输入阻抗为 3kΩ/0.5W。最大计数值为 16bit(65 535)，输入频率为 100Hz，最小脉冲宽度为 5ms。4 路继电器输出，其中 2 路为 A 型(常开型)、2 路为

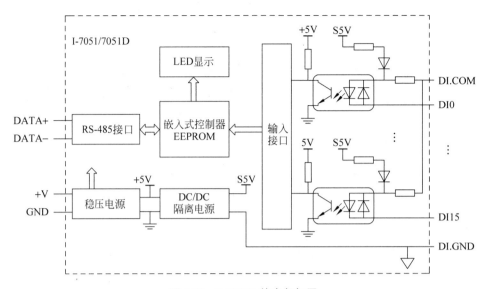

图 9-33　I-7051D 的内部框图

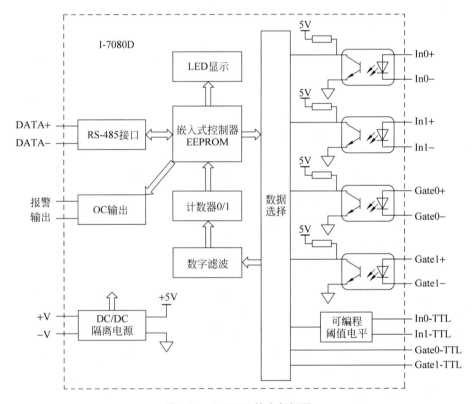

图 9-34　I-7080D 的内部框图

C 型(转换型),交流触点容量为 125V/0.6A/250V/0.3A,直流触点容量为 30V/2A/110V/0.6A,接通时间为 3ms,断开时间为 1ms,电源功耗为 1.9W。

　I-7060D 安装在控制箱,通过双绞线连接配电箱,用于检测"计算机控制/手动控制"开关、变频器的正反转控制、潜水泵的开关控制。

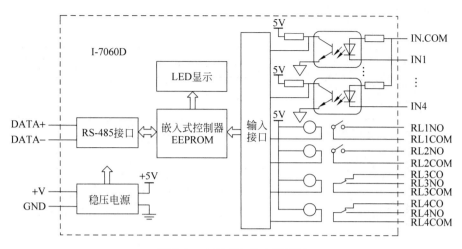

图 9-35 I-7060D 的内部框图

（4）I-7024 模拟量输出模块。I-7024 为 4 路 14 位模拟量输出模块，通过改变连接方式，确定电压输出或电流输出，通过软件设置可改变输出范围。输出电压为 0～5V、±5V、0～10V、±10V，输出电流为 0～20mA、4～20mA，分辨率为 14bit，精度为 ±0.1%FSR。I-7024 的内部框图如图 9-36 所示。

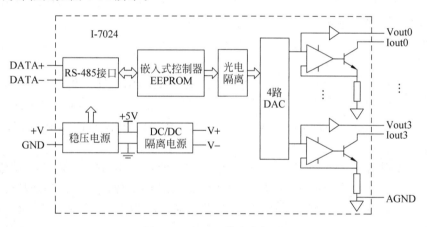

图 9-36 I-7024 的内部框图

I-7024 安装在控制箱中，通过双绞线连接变频器 F740-18.5KW-CH 和 NB-25 智能型电动执行机构。I-7024 输出的 4～202mA 信号送到变频器和电动执行机构，变频器产生 0～50Hz 频率电压控制双向水泵电机的转速，电动执行机构驱动尾门转动 0～90°，控制潮汐水槽中的水位高度。

4）I-7188EGD 嵌入式控制器

I-7188EGD 是带有以太网接口的嵌入式控制器，它使用 80188-40 为 CPU 的嵌入式控制器，有 512KB 的静态 RAM 和 512KB 的 Flash 存储器。它提供 1 个 RS-232 通信口，1 个 RS-485 通信口和 1 个 10BASE-T 的网口。I-7188EG 还支持作为选件的电池后备 SRAM 扩展板或 Flash-Rom 扩展板，存储容量可由 2MB 到 64MB 等不同的选择。I-7188EGD 带有 5 位 7 段数码管显示，有着与 I-7000 分布式模块一样的外形尺寸和电源规格（10～

30VDC),功耗约为 3.0W。I-7188EGD 的外形与内部框图如图 9-37 所示。

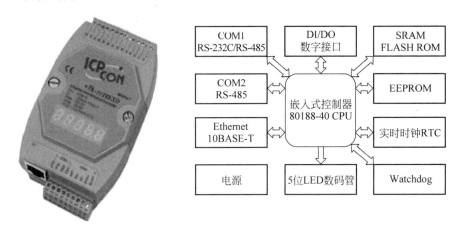

图 9-37 I-7188EGD 的外形与内部框图

I-7188EGD 作为嵌入式控制器,有着较强的抗干扰能力,内嵌的 MiniOS7 安全稳定,可以长期连续工作。I-7188EGD 是整个系统的核心控制部件,它一方面通过 COM2/RS-485 接口与 I-7000 分布式模块连接,完成实时数据采集和控制,形成一个现场检测和控制的整体;另一方面通过以太网接口与上位工控机连接,提供实时监控数据,接收控制命令,在开发过程中,完成程序下载和调试。

3. 软件组成

1) MiniOS7 和 ISaGRaF

MiniOS7 嵌入式操作系统兼容传统的 DOS 操作系统,MiniOS7 更适合于嵌入式应用,其具有更短的上电启动时间,内置硬件诊断功能,直接支持 I-7000 模块和多种存储设备。在 MiniOS7 下,支持 C 语言开发程序,提供的 TCP/IP 函数库能帮助实现 TCP/IP 通信协议的开发。

ISaGRAF 软件是一种符合 IEC 61131-3 标准的自动化软件,提供了功能丰富的 IEC61131 标准函数和功能块,借助 ISaGRAF 可以在 PC 上使用梯形图(LAD)、功能块图(FBD)、顺序功能图(SFC)、结构文本图(ST)、指令集(IL)等 PLC 编程语言进行程序设计,编译通过后,可下载到安装 MiniOS7 的 I-7188EGD 中运行。

ISaGRAF 应用开发环境采用了工业上标准的 PLC 编程方法,编程人员不需要了解复杂、高等的计算机语言或深入了解特殊的计算机硬件,就能进行程序设计。开发环境使用简单、结构化的体制,在编写时能及时发现语法错误。使开发者可以用最短的时间,开发更为精炼的应用程序。

案例 4 中,I-7188EGD 中的程序是在 ISaGRAF 应用开发环境下,使用功能块图(FBD)开发完成的。

2) 应用软件

潮流水槽计算机检测与控制系统需要根据用户提供的潮流数据进行控制,工控机主要用来输入潮流数据和监控系统运行,用户的操作平台主要在工控机上。系统采用了北京亚控科技的组态王 Kingview 6.53 作为监控软件,该软件是一个多用户实时 SCADA 软件,主要用于过程监控。

运行在工控机上的 Kingview 作为用户的主要操作平台,完成系统的监控操作。使用 Kingview 设计的一个监控界面如图 9-38 所示。

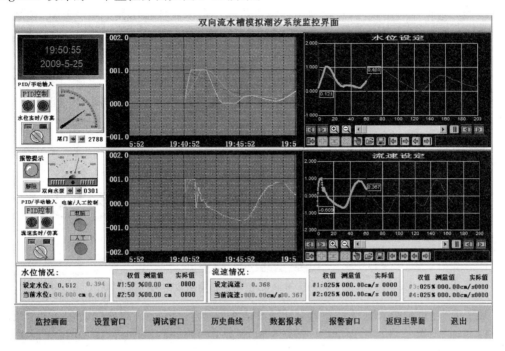

图 9-38　Kingview 设计的监控界面

9.5　基于可编程自动化控制器的解决方案

9.5.1　组成和特点

可编程自动化控制器(programmable automation controller,PAC)是一种结合 PLC 可编程控制器与 PC 个人计算机的多功能控制器。PAC 具有 PLC 扩展灵活、结构坚固、安全可靠以及采用 IEC-6113 开放式的软件架构的特点,同时还支持与 PC 兼容的众多通用外部设备、丰富的共享软件资源。

PAC 从外形(见图 9-39)上来看,与传统的 PLC 非常相似,但在硬件和软件方面已发生许多变化。在硬件方面,PAC 选择通用标准的嵌入式系统结构,可采用更为先进和较高性价比的 CPU 和硬件架构,可带有传统 PC 的键盘、鼠标、USB 和显示器等接口,丰富的通信接口和 I/O 扩展模块。在软件方面,PAC 采用的嵌入式实时操作系统,如 Vx Works、Windows CE、Linux 以及 MiniOS 嵌入式实时操作系统,在成本、开放性、安全性上有许多的优势。PAC 可采用 IEC-61131-3 标准编程语言,也可使用 C、JAVA 等通用编程语言。

图 9-39　PAC 的外形

　　基于 PAC 可编程自动化控制器解决方案以 PAC 可编程自动化控制器为控制核心,配置通用的传感器和执行器,通过 PAC 提供的软件控制平台和 HMI 人机接口,开发相应的控制软件和数据库应用软件,利用通用外设进行监控和设置控制参数。基于 PAC 控制系统的组成结构如图 9-40 所示。

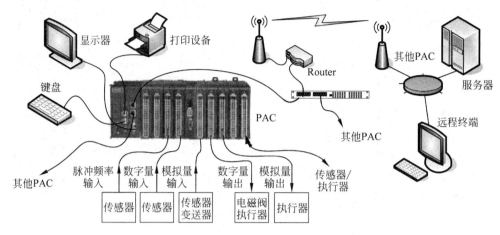

图 9-40　基于 PAC 控制系统的组成结构

　　基于 PAC 可编程自动化控制器解决方案在复杂的控制能力、高速的数据采集、大容量的数据处理、多任务的运行模式、丰富的人机界面、良好的软件开发环境、开放式的通信接口、可扩展的 I/O 接口等方面具有良好的性能,适用于进行多种信号处理、需要较复杂的数据运算和控制算法的应用系统。

9.5.2　案例 5:PAC 在桥梁健康检测系统中的应用

1. 检测对象和目标要求

　　被检测的对象是某一大型桥梁,主桥结构形式为预应力混凝土矮塔斜拉桥,桥跨布置为 (30+60+120+60+30)m,主跨两侧采用墩、塔、梁固结体系。全桥宽 12.20m,布置 2 车道,主梁采用 TT 型截面,梁高 1.8m,如图 9-41 所示。

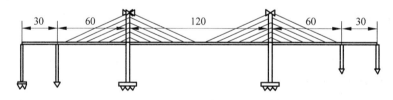

图 9-41　桥梁健康检测系统的检测对象

　　为实现对大桥的健康检测,需要将桥梁各部分结构的温度、应力、位移变化、风力、风向等参数通过传感器进行快速和同步采集,然后通过光纤等网络传输方式将这些数据传输到桥梁监控室,对信号进行处理和分析,并由桥梁分析专用软件进行特殊计算、显示和存储,最终显示给用户以供参考。

　　系统的主要功能是实现桥梁的主梁线型监控、主塔塔顶偏位监控、主梁控制截面应力监测、主塔塔底截面应力监测、斜拉索索力监控等。

系统的主要数据采集任务是将分散在桥梁各关键部位的温度、应力、位移变化、风力、风向等传感器进行同步采集,每通道采集精度为16bit,每通道采集速率不低于0.2K/s,并通过分散在桥梁各段的控制器将数据上传到高速光纤网上,然后集中提供给专用软件分析处理,并有效存放到数据库系统,建立日趋完善的健康评估系统。

2. 系统组成

系统的核心控制器采用研华PAC产品ADAM-5550KW。它能同时满足坚固可靠和强大运算性能两方面的要求,ADAM-5550KW使用AMD Geode GX533 CPU,带有丰富的控制功能如看门狗定时器、电池备份RAM、SD扩展存储、VGA显示接口和I/O扩展槽。

ADAM-5550支持CE 5.0下的5种标准IEC61131-3编程语言,支持Web Server和e-mail报警等远程监控,通过ftp Server进行远程维护,支持SQL数据库,支持全系列ADAM-5000模块。

数据采集采用ADAM-5017S同步高速模拟量输入模块,提供12路单端输入,分辨率为16位。ADAM-5017S能进行自动通道扫描,内部具备FIFO,保证采样信号连续采集不丢失,每通道均可达到不低于3kHz的采集速度,很好地保证了数据采集的连续、实时性。

远程数据传送采用EKI-2541S以太网光纤转换器,EKI-2541S提供一个10/100Mbps以太网RJ-45型连接器和一个100Mbps单模SC型光纤连接口。EKI-2541S将以太网信号转换为光信号,利用光信号可以发挥防电磁干扰及传输距离远的优势,将大桥关键部位的数据采集进行光纤传输后集中监控。

大桥的温度、应力、位移变化、风力、风向等现象信号经ADAM-5017S采集,由ADAM-5550进行初步检测处理和保存,经EKI-2541S连接光纤,传输到核心交换机,在监控室与核心交换机相连的数据处理计算机进行监控和数据分析处理,桥梁健康检测系统的组成框图如图9-42所示。

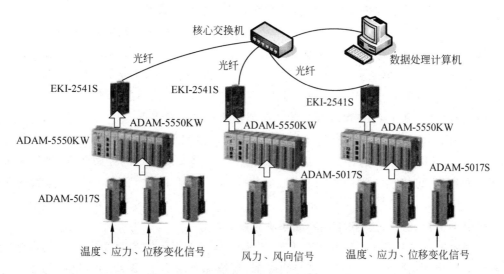

图9-42　桥梁健康检测系统的组成框图

本章知识点

知识点 9-1 计算机控制系统解决方案所需考虑的因素和任务

计算机控制系统解决方案所需考虑的因素包括全面了解被控对象的特点、控制规模和目标的要求，技术的先进性和成熟性，结构的适应性和可靠性，开发和维护人员的应用水平，设备和器件的成本，开发和实施的进度。

主要任务是针对不同被控对象的特点和控制目标的要求，确定控制系统中反馈单元、执行单元和控制单元的结构和采用的技术。另外，还要规划开发的过程和内容，制定实施监控措施，确定评价指标。

知识点 9-2 基于嵌入式系统的解决方案特点

基于嵌入式系统的解决方案中，系统中的控制单元由专用的嵌入式系统组成。控制单元与执行单元、反馈单元与被控对象能够高度融合，结构紧凑，性价比高。但需要有经验丰富的嵌入式系统开发人员及开发环境的支持，需要有一定的开发周期。基于嵌入式系统的解决方案适用于批量生产的自动控制产品。

知识点 9-3 基于智能控制仪表的解决方案特点

基于智能控制仪表的解决方案中，控制单元由智能控制仪表组成。其特点在于智能控制仪表安装方便、配置容易、操作简单，有一定的通用性，维护成本低。适用于小规模的温度、压力、流量等信号的测控系统。

知识点 9-4 基于 PLC 可编程逻辑控制器的解决方案特点

基于 PLC 可编程逻辑控制器的解决方案中，以 PLC 可编程逻辑控制器为控制核心，通过通信接口设置控制参数和进行监控。其特点在于开发效率高、可靠性好、扩展方便，特别适用于顺序控制等机电一体化产品和过程控制系统。

知识点 9-5 基于分布式数据采集与控制模块的解决方案特点

基于分布式数据采集与控制模块的解决方案中，控制单元可以由 μPAC、PAC、IPC 工控机等组成，而控制单元与反馈单元、执行单元之间则通过分布式 I/O 模块连接。其特点在于能够实现分布式数据采集、远程控制，具有简洁的通信网络、扩展灵活的结构、较强的工业现场适应性，适用于需要分布式采集数据、有一定规模的过程控制系统。

知识点 9-6 基于 PAC 可编程自动化控制器的解决方案特点

基于 PAC 可编程自动化控制器的解决方案中，控制单元为 PAC 可编程自动化控制器，它结合了 PLC 和 PC 的各自特点。其特点在于能够实现复杂的控制运算、高速和大容量的数据处理，可提供丰富的人机界面，适用于需要较复杂数据运算和控制算法的应用系统。

知识点 9-7 常见计算机控制系统解决方案比较

不同的解决方案在组成结构上各有特点，从而体现在适用的控制规模、开发周期和成本上有所不同，其中成本又分为开发过程的成本、系统本身的成本、系统运行维护的成本。几种计算机控制系统解决方案在控制规模的大小、开发周期的长短、各种成本的高低比较如表 9-7 所示。

表 9-7 计算机控制系统解决方案的比较参考

方 案	控制规模	开发周期	开发成本	系统成本	维护成本
嵌入式系统	★	★★★★	★★★★	★	★
智能控制仪表	★★	★	★	★★	★★
PLC	★★★★	★	★★	★★★	★★★
分布式模块	★★★	★★	★★★	★★	★★★
PAC	★★★★	★★★	★★★★	★★★★	★★★★
DCS 和 FCS	★★★★★	★★★★★	★★★★★	★★★★★	★★★★★

（注：以★多少表示程度大小）

值得指出，具体某一应用场合也可能会有多种可行的解决方案。作为一个解决方案的设计者，应随着技术的发展、器件和设备成本的变化、开发维护人员水平的提高，追求安全、可靠、经济适用的解决方案。

思考题与习题

1. 计算机控制系统解决方案的主要任务有哪些？需要考虑哪些因素？

2. 基于嵌入式系统的解决方案有哪些特点和适应场合？

3. 结合某个应用系统，提出基于嵌入式系统的解决方案，给出控制系统的结构框图。

4. 基于智能控制仪表的解决方案有哪些特点和适应场合？

5. 结合某个应用系统，提出基于智能控制仪表的解决方案，给出控制系统的结构框图。

6. 基于 PLC 可编程逻辑控制器的解决方案有哪些特点和适应场合？

7. 结合某个应用系统，提出 PLC 可编程逻辑控制器的解决方案，给出控制系统的结构框图。

8. 基于分布式数据采集与控制模块的解决方案有哪些特点和适应场合？

9. 结合某个应用系统，提出分布式数据采集与控制模块的解决方案，给出控制系统的结构框图。

10. 基于 PAC 可编程自动化控制器的解决方案有哪些特点和适应场合？

11. 结合某个应用系统，提出 PAC 可编程自动化控制器的解决方案，给出控制系统的结构框图。

12. 比较多种控制系统的解决方案，找出它们存在的不足之处。

第 10 章

CHAPTER 10

计算机控制技术在简单

过程控制中的应用

现代工业自动化生产过程离不开计算机控制技术。过程控制系统通常伴随某个生产过程而进行,表征生产过程的许多参量如温度、压力、流量、液位、成分、浓度等作为被控制量,这些参量随时间连续变化,通过对这些过程参量的控制,可有效地提高产量和质量、降低材料和能耗。

模拟信号的输入输出是过程控制中最基本的环节,闭环控制(或反馈控制)和恒值控制(使被控制量接近给定值或保持在规定范围内)是过程控制中常见的系统结构和控制规律,图形化操作界面是过程控制中不可或缺的人机交互形式。

本章通过两个实例——水箱液位控制和锅炉温度控制来介绍计算机控制技术在简单过程控制中的应用。实例分别采用基于仪表控制和分布式 I/O 模块的 DDC 控制方案,应用 MCGS 进行组态设计,给出了 PID 参数整定过程和相关的编程方法。

工业生产中实际的过程控制环境比较复杂,难以进行验证性和设计性的教学实验。本章的应用实例可在 AE2000 常规综合型过程控制实验装置上模拟简单过程控制的环境,完成相应的教学实验。

10.1 实例 1:水箱液位控制

10.1.1 被控对象和控制方案

实例 1 中的单容水箱系统结构图如图 10-1(a)所示。水箱液位高度为 h,电动调节阀 $V1$ 可控制水箱进水量 $q1$,出水阀 $V2$ 可影响出水量 $q2$,从而干扰水箱的液位。控制的目标是使水箱的液位 h 在各种干扰因素下,仍能达到设定值或规定的范围。通过液位变送器获得水箱液位 h,通过调节电动调节阀 $V1$ 控制进水量 $q1$,控制器采用智能调节仪,控制算法

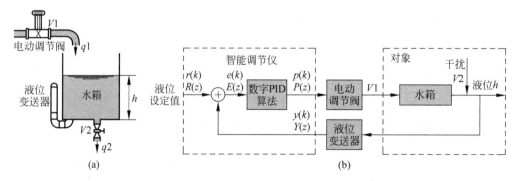

图 10-1 单容水箱及控制框图

可采用数字 PID 算法,控制框图如图 10-1(b)所示。

水箱液位控制属于单回路控制系统,控制器只接受一个测量信号,输出也只控制一个执行机构。控制任务是在有扰动的情况下(如出水阀 V2、电动调节阀 V1 水管中压力的变化等),控制水箱液位达到给定值所要求的高度或范围。控制系统的设计任务包括确定检测装置、执行机构、控制器,设计控制算法和人机交互界面。

在应用实例中,选用浙江中控科教仪器设备有限公司提供的 AE2000 常规综合型过程控制实验装置模拟简单过程控制的环境。AE2000 包括水箱、锅炉、换热器等模拟对象,配有工业生产中常用的温度、压力、流量传感器及变送器和电动调节阀、电加热器、水泵和变频器等执行机构,可进行基于仪表、PLC、DDC 和 DCS 控制方案的实验。AE2000 实验装置结构如图 10-2 所示。

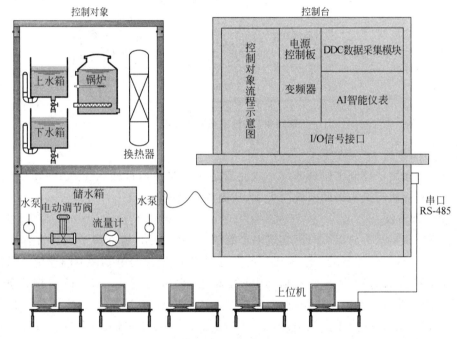

图 10-2　AE2000 常规综合型过程控制实验装置

在水箱液位控制应用实例中,采用压力变送器作为液位检测装置,电动调节阀作为执行机构。控制器采用智能调节仪,采用 PID 控制算法,并通过 RS-485 与上位机连接,在上位机上完成人机界面和组态设计。水箱液位控制各部件连接示意图如图 10-3 所示。

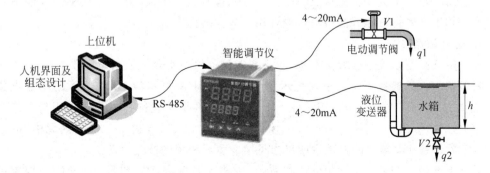

图 10-3　水箱液位控制各部件连接示意图

10.1.2　硬件组成

1. 液位变送器

液位变送器主要由差压传感器和信号处理电路组成,通过检测水箱底部管道的压力获得水箱液位信号,输出 $4\sim20\text{mA}$ 标准电流输出信号。通过 250Ω 负载电阻可转换成 $1\sim5\text{V}$ 电压信号。液位变送器与智能调节仪的连接采用二线制,接线图如图 10-4 所示。如果输出的信号与实际测量值有一定的误差可通过变送器上的零点调整和满幅调整电位器来校正。

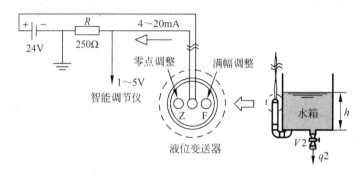

图 10-4　液位变送器接线图

2. 电动调节阀

电动调节阀用于控制水位调节动力支路管道出水量。通过输入 $4\sim20\text{mA}$ DC 信号控制智能型直行程执行机构来调节阀门大小,从而调节水的流量。

3. 智能调节仪

智能调节仪型号为 AI808P,可实现一个简单回路的控制,智能调节仪通常有一个输入的测量端,一个输出的控制端。输入与液位变送器连接,输出与电动调节阀连接。通过智能调节仪本身的操作面板设置给定值、PID 等参数,也可通过 RS-485 通信接口来设置。AI808P 智能调节仪可按照位式调节(回差控制)、PID 控制和 AI 人工智能调节等方式进行控制。在水箱液位控制应用实例中,采用 PID 控制方式,通过 RS-485 完成参数设置和数据传输。

10.1.3　组态过程

组态软件采用 MCGS。组态过程包括分析系统、建立工程、定义数据对象、设计用户窗口、设计主控窗口、配置设备窗口、设计运行策略、检查组态结果、测试工程、提交工程等。下面主要介绍定义数据对象、配置设备、设计用户界面等内容。

1. 定义数据对象

首先定义控制系统中各数据对象,包括智能调节仪的参数和控制操作数据。

智能调节仪的参数有输入下限显示值 DIL、输入上限显示值 DIH、显示的小数点位置 DIP、输出方式 OP1、输出下限 OPL、输出上限 OPH、系统功能选择 CF(正作用与反作用选择)、通信地址 Addr、通信波特率 bAud、输入数字滤波 dL、运行状态 run、输入规格 Sn 以及 PID 等参数。智能调节仪的参数说明可参见第 9 章或相关的产品手册。

最基本的控制变量为设定值 SV、过程值(或输入测量值)PV 和输出值 MV。控制过程也就是控制器根据检测装置获得的 PV 与预先设定 SV 之间的偏差,按照预定的控制算法(如 PID),输出 MV 至执行机构,最终使 PV 接近 SV。输出值 MV 在控制算法中也常用 OP 表示。

定义数据对象可通过 MCGS 的实时数据库操作完成,其界面如图 10-5 所示。

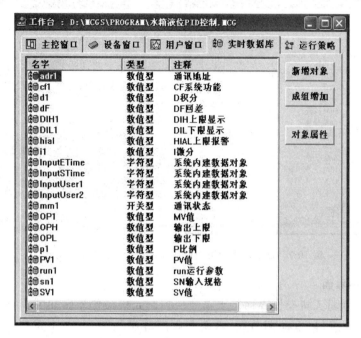

图 10-5　实时数据库操作界面

2. 配置设备

智能调节仪是核心部件,在组态过程中,需要进行配置设备操作。首先选择通用串口父设备,然后添加宇光 AI808P 仪表,设置设备基本属性界面如图 10-6 所示。

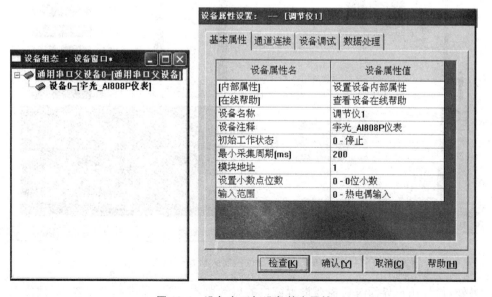

图 10-6　设备窗口与设备基本属性

在设备属性的通道连接里,通道类型清单给出了仪表所有的内部参数,在对应数据对象里设置实时数据库里相对应的名称,对 PV、SV 和 MV 值可以进行滤波数据处理,设备通道连接与数据处理界面如图 10-7 所示。

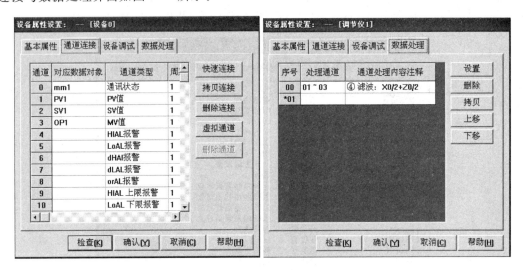

图 10-7　设备属性设置中设备通道连接与数据处理界面

3. 设计用户界面

用户界面也就是人机操作界面。水箱液位控制人机操作界面如图 10-8 所示。界面包含了水箱、液位传感器、电动调节阀、水泵和阀门等实物图示;3 个重要的控制操作数据 SV、PV 和 OP 分别用柱状图和数字框显示(其中 SV 用于输入设定);PID 参数的设定与显示;当前水箱液位的实时曲线显示;进入历史曲线、数据浏览和退出的按钮。

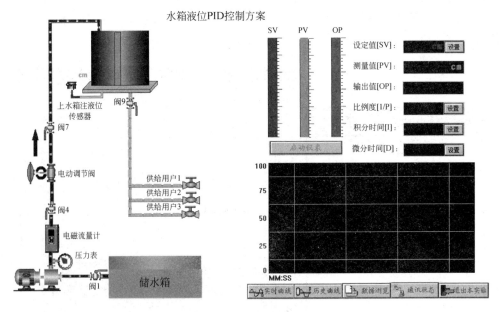

图 10-8　水箱液位控制人机操作界面

另外,设计用户界面时还需要设置窗口的启动脚本、循环脚本和退出脚本,建立与智能仪表的联系,使用系统内部函数 SetDevice(DevName,DevOp,CmdStr) 对设备进行操作,参数 DevName 为设备名(字符型),DevOp 为设备操作码(数值型),CmdStr 为设备命令字符串(只有当 DevOp=6 时 CmdStr 才有意义)。DevOp 取值范围及相应含义如下。

(1) 启动设备开始工作。

(2) 停止设备的工作使其处于停止状态。

(3) 测试设备的工作状态。

(4) 启动设备工作一次。

(5) 改变设备的工作周期,CmdStr 中包含新的工作周期,单位为 ms。

(6) 执行指定的设备命令,CmdStr 中包含指定命令的格式,具体的设备命令可查阅设备的通信协议。本实例的启动脚本中需要执行 SetDevice(调节仪 1,1," ")函数,调节仪 1 为智能仪表设备名称。

上位机还可通过设备命令实现与智能仪表数据通信,设备命令有 Read 和 Write,格式如下:

Read(Cmd,PV,SV,OP,Dat) 为读取仪表的 PV 值、SV 值、OP 值、Dat 值。Cmd 为命令代号,PV 为存放读取 PV 值的变量,SV 为存放读取 SV 值的变量,OP 为存放读取 OP 值的变量,Dat 为存放读取 Dat 值的变量,Dat 值的含义由 Cmd 的值决定。

Write(Cmd,Dat) 为写仪表的 Dat 值命令。Cmd 为命令代号,Dat 为写入的数据,Dat 值的含义由 Cmd 的值决定。

设备命令中 Cmd 含义如表 10-1 所示。进一步的说明可参考智能仪表技术说明书。

表 10-1 设备命令中 Cmd 含义

参 数 代 号	参 数 名	含 义
00H	SV/SteP	给定值/程序段
01H	HIAL	上限报警
02H	LoAL	下限报警
03H	dHAL	正偏差报警
04H	dLAL	负偏差报警
05H	dF	回差
06H	CtrL	控制方式
07H	M50	保持参数
08H	P	速率参数
09H	t	滞后参数
0AH	CtI	控制周期
0BH	Sn	输入规格
0CH	dIP	小数点位置
0DH	dIL	下限显示值
0EH	dIH	上限显示值
0FH	CJC	冷端补偿
10H	Sc	传感器修正
11H	oP1	输出方式

续表

参 数 代 号	参 数 名	含 义
12H	oPL	输出下限
13H	oPH	输出上限
14H	CF	系统功能选择
15H	Baud	波特率/程序运行控制字
16H	Addr	通讯地址
17H	dL	数字滤波
18H	run	运行参数
19H	Loc	参数封锁

通过用户界面可方便地了解水箱液位的变化过程,以曲线的形式显示实时数据和历史数据,可大大方便 PID 参数的整定工作。

10.1.4　PID 整定实验过程

1. 实验内容

单回路控制框图如图 10-1 所示。单回路调节系统一般指在一个调节对象上用一个调节器来保持某个参数的恒定,且调节器只接受一个测量信号,其输出也只控制一个执行机构。在本系统中所要保持的参数是液位的给定高度,即控制的任务是控制上水箱液位等于给定值所希望的高度。

根据控制框图,这是一个单回路负反馈液位控制,采用工业智能仪表控制。当调节方案确定之后,接下来就是整定调节器的参数,一个单回路系统设计安装就绪之后,控制质量的好坏与控制器参数选择有很大的关系。合适的控制参数,可以带来满意的控制效果。反之,控制器参数选择得不合适,则会使控制质量变坏,达不到预期效果。一个控制系统设计好以后,系统的投运和参数整定是十分重要的工作。

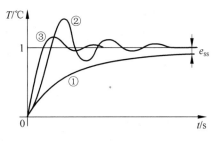

图 10-9　P、PI 和 PID 调节的
阶跃响应曲线

对于水箱液位控制系统,在单位阶跃作用下,P、PI、PID 调节系统的阶跃响应分别如图 10-9 中的曲线①、②、③所示。

2. 实验步骤

1) 设备的连接和检查

(1) 将 AE2000 实验对象的储水箱灌满水(至最高高度)。

(2) 打开以丹麦泵、电动调节阀、电磁流量计组成的动力支路至上水箱的出水阀门:阀 1、阀 4、阀 7,关闭动力支路上通往其他对象的切换阀门,如图 10-8 所示。

(3) 打开上水箱的出水阀 9 至适当开度。

(4) 检查电源开关是否关闭。

2) 系统连线

根据图 10-2 的 AE2000 实验对象的控制台,进行输入输出与仪表的连线。系统连线如图 10-10 所示。

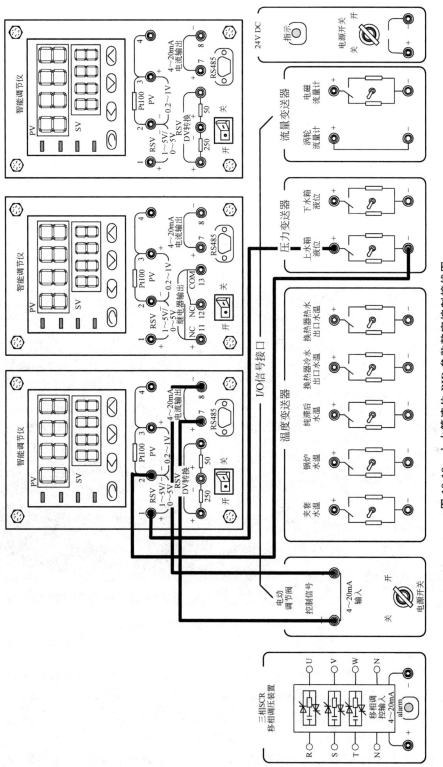

图 10-10 上水箱液位 PID 参数整定控制接线图

（1）三相电源、单相Ⅰ空气开关打在关的位置。

（2）将 I/O 信号接口板上的上水箱液位的钮子开关设置在 1～5V 位置。

（3）将上水箱液位＋(正极)接到任意一个智能调节仪的 1 端(即 RSV 的正极),将上水箱液位－(负极)接到智能调节仪的 2 端(即 RSV 的负极)。

（4）将智能调节仪的 4～20mA 输出端的 7 端(即正极)接至电动调节阀的 4～20mA 输入端的＋端(即正极),将智能调节仪的 4～20mA 输出端的 5 端(即负极)接至电动调节阀的 4～20mA 输入端的－(即负极)。

（5）实验线路接好后,打开总电源钥匙开关,启动实验装置,启动智能仪表,打开电动调节阀开关。

3）比例调节(P)控制

（1）启动计算机 MCGS 组态软件。

（2）进入水箱液位控制组态,如图 10-11 所示。

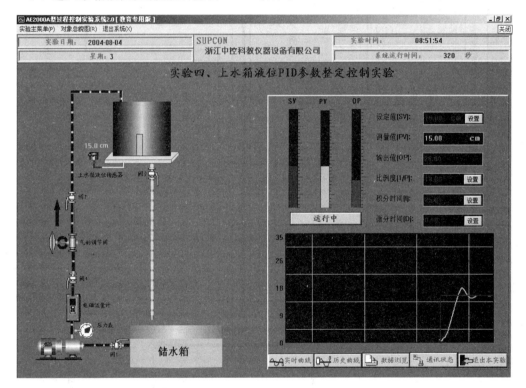

图 10-11　实验软件界面

（3）设定给定值,调整 P 参数。

（4）待系统稳定后,对系统加扰动信号(在纯比例的基础上加扰动,一般可通过改变设定值实现)。记录曲线在经过几次波动稳定下来后,系统有稳态误差,并记录余差大小。

（5）减小 P 重复步骤(4),观察过渡过程曲线,并记录余差大小。

（6）增大 P 重复步骤(4),观察过渡过程曲线,并记录余差大小。

（7）选择合适的 P,可以得到较满意的过渡过程曲线。改变设定值(如设定值由 50％变为 60％),同样可以得到一条过渡过程曲线。

4）比例积分调节器（PI）控制

（1）在比例调节实验的基础上，加入积分作用，即在界面上设置 I 参数不为 0，观察被控制量是否能回到设定值，以验证 PI 控制下，系统对阶跃扰动无余差存在。

（2）固定比例 P 值（中等大小），改变 PI 调节器的积分时间常数值 Ti，然后观察加阶跃扰动后被调量的输出波形，并记录不同 Ti 值时的超调量 σp。

（3）固定 I 于某一中间值，然后改变 P 的大小，观察加扰动后被调量输出的动态波形，据此列表记录不同值 Ti 下的超调量 σp。

（4）选择合适的 P 和 Ti 值，使系统对阶跃输入扰动的输出响应为一条较满意的过渡过程曲线。此曲线可通过改变设定值（如设定值由 40％变为 60％）来获得。

5）比例积分微分调节（PID）控制

（1）在 PI 调节器控制实验的基础上，再引入适量的微分作用，即在软件界面上设置 D 参数，然后加上与前面实验幅值完全相等的扰动，记录系统被控制量响应的动态曲线，并与前面 PI 控制下的实验曲线相比较，由此可看到微分 D 对系统性能的影响。

（2）选择合适的 P、Ti 和 Td，使系统的输出响应为一条较满意的过渡过程曲线（阶跃输入可由给定值从 40％突变至 60％来实现）。

3. PID 参数整定过程（临界比例度法）

水箱液位控制可采用 AI808P 智能仪表内部提供的控制方式进行，其中位式调节方式（回差控制）控制质量较差，AI 人工智能调节方式难以适应各种场合，PID 控制方式需要进行控制参数整定，确定合适的 PID 参数后，才能获得良好的控制效果。下面介绍通过用户界面按扩充临界比例度法进行 PID 参数整定的过程。

（1）在 MCGS 用户界面的循环脚本中的循环时间选择一个足够短的采样周期，如 200ms。

（2）采用纯比例反馈控制（P 控制），逐渐减小比例度 δ（$\delta = 1/P$），直到系统发生持续的等幅振荡为止。记下此时的临界比例度 δu 及系统的临界振荡周期 Tu（即振荡波形的两个波峰之间的时间）。如对图 10-12 所示的实时曲线中，可取 $\delta u = 5\%$，临界振荡周期 $Tu = 20s$。

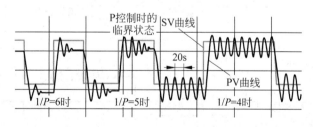

图 10-12 获得临界比例度 δu 和临界振荡周期 Tu 的实验曲线

（3）采用比例积分反馈控制（PI 控制），查阅扩充临界比例度法整定参数表（参见第 3 章 3.3.3），获得 PI 参数的参考值，采样周期可保持原来的 200ms。

（4）采用比例积分微分反馈控制（PID 控制），查阅扩充临界比例度法整定参数表，获得 PID 参数的参考值，采样周期可保持原来的 200ms。

（5）将上述参考值通过用户界面输入，投入在线运行，观察效果，如果性能不满意，可根据经验调整参数,直到满意为止。不同效果的实验曲线如图 10-13 所示,显然曲线(a)过渡时间较长,曲线(c)超调量稍大,而曲线(b)效果相对较好。

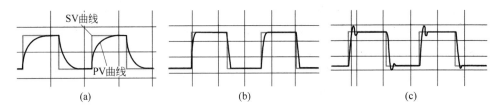

图 10-13　不同效果的实验曲线

10.2　实例 2:锅炉温度控制

10.2.1　被控对象和控制方案

实例 2 中的锅炉系统结构图如图 10-14(a)所示。锅炉的温度为 J,进水和出水流量为 V。控制的目标是使锅炉温度 J 在各种干扰因素下(例如流量 V、环境温度等),通过调节电加热器仍能达到设定值或规定范围。锅炉温度 J 由温度变送器获得,控制器采用 DDC 计算机,控制算法采用数字 PID 算法。DDC 计算机经模拟量输入输出模块与电加热器、温度变送器连接,输入输出模块可接受多个测量温度信号和控制多个执行机构。控制框图如图 10-14(b)所示。

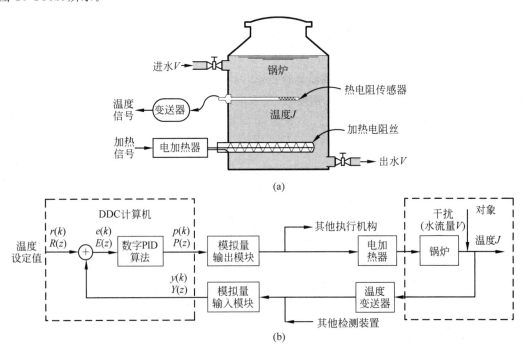

图 10-14　锅炉及锅炉温度控制框图

控制系统的设计任务包括确定检测装置、执行机构、DDC 计算机,设计控制算法和人机交互界面。在锅炉温度控制应用实例中,选用 AE2000 常规综合型过程控制实验装置,采用

Pt100 温度传感器及变送器作为温度检测装置,电加热器和三相可控硅移相调压装置作为执行机构。变送器、三相可控硅移相调压装置与模拟量输入输出模块连接,这些 I/O 模块通过 RS-485 与 DDC 计算机连接。DDC 计算机应由可靠性高的嵌入式计算机担任,在验证实验中可使用普通 PC,PID 控制算法需要单独编写。DDC 计算机通过 RS-485 与模拟量输入输出模块连接,在 DDC 计算机上完成人机界面和组态设计。

锅炉温度控制各部件连接示意图如图 10-15 所示。

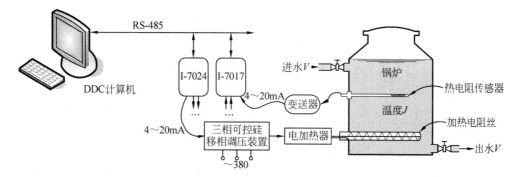

图 10-15　锅炉温度控制各部件连接示意图

10.2.2　硬件组成

1. 温度传感器及变送器

温度传感器采用 Pt100 热电阻。在一定的温度范围内,Pt100 电阻值与温度之间有良好的线性关系,当温度为 0℃时 Pt100 的阻值为 100Ω,温度升高时阻值也变大。通过变送器将温度变化转为 4～20mA 标准信号。不同的温度变送器有不同的转换范围,实验中采用的温度变送器将 0～100℃温度转为 4～20mA 标准信号。

大部分情况下,Pt100 热电阻远离测量电桥,为了消除连接导线电阻值对测量的影响,Pt100 与变送器的连接采用三线制接法,而温度变送器与模拟量输入模块的连接采用两线制,如图 10-16 所示。

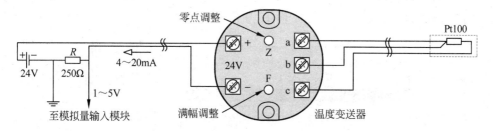

图 10-16　Pt100 热电阻与变送器的接线图

2. 电加热器及可控硅移相调压装置

电加热器是由 3 个加热电阻丝组成,用于加热锅炉中的水。通过可控硅移相调压装置可调节三相电加热器的工作电压,输入 4～20mA 电流控制信号控制三相交流电源在 0～380V 之间连续变化,从而改变电加热管的输出功率。可控硅移相调压装置由全隔离三相交流调压模块(STY-380D75G)和三相同步变压器模块(TB-3)组成,如图 10-17 所示。

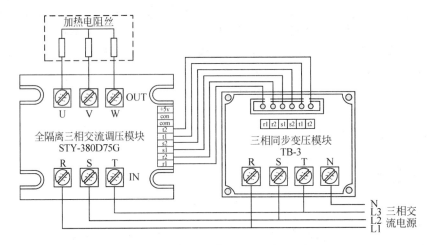

图 10-17　三相可控硅移相调压装置连接图

3. 模拟量输入输出模块

模拟量输入输出模块分别采用分布式 I/O 模块 I-7017 和 I-7024。

I-7017 为 8 通道模拟量输入模块,分辨率为 16bit,采样频率最高为 10Hz,精度为 ±0.1%,输入范围可设置 150~150mV、−500~500mV、−1~1V、−5~5V、−10~10V 和 −2~20mA 档位。

I-7024 为 4 通道模拟量输出模块,分辨率为 14bit,采样频率最高为 10Hz,精度为 ±0.1%,通过改变连接方式,确定电压输出或电流输出,电流输出范围为 0~20mA、4~ 20mA,电压输出范围为 −10~10V、0~10V、−5~5V 和 0~5V。

I-7017 和 I-7024 外形相同,使用 24V 供电,提供 RS-485 串行接口,通过串行接口可设置有关参数、读取数据和输出数据。

利用 7000Utility 软件可检测与主机相连的 I-7000 系列分布式 I/O 模块,进行模块的配置,执行数据输入或数据输出,保存检测到模块的信息。7000Utility 软件启动界面、设置界面和通信检测界面分别如图 10-18、图 10-19 和图 10-20 所示。

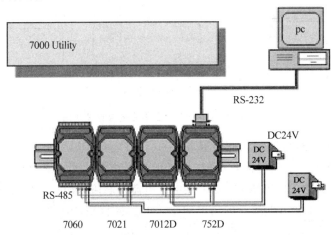

图 10-18　7000Utility 软件启动界面

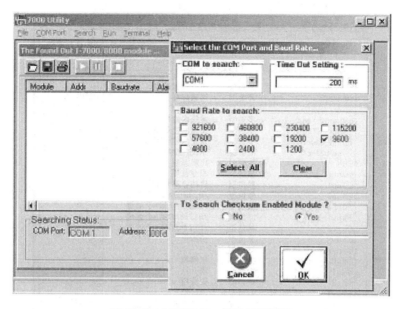

图 10-19　7000Utility 软件设置界面

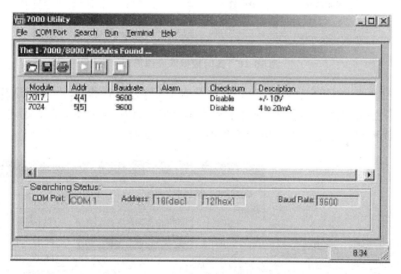

图 10-20　7000Utility 软件通信检测界面

10.2.3　组态过程

组态软件采用 MCGS。下面介绍定义数据对象、配置设备、设计用户界面等内容。

1. 定义数据对象

首先通过 MCGS 定义控制系统中各数据对象,包括 I-7017、I-7024 的参数和控制操作数据。实时数据库操作界面如图 10-21 所示。

2. 配置设备

在设备窗口的通用串口父设备中添加模拟量输入模块 I-7017 和模拟量输出模块 I-7024,并且还可添加 PID 控制软设备。因为 DDC 控制与智能调节仪不一样,分布式 I/O 模块不

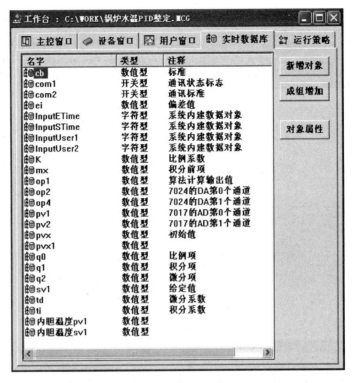

图 10-21　实时数据库操作界面

能作为 PID 控制器,MCGS 软件在这里不仅具有监视功能,还扮演了 PID 控制器的角色。通过添加 PID 控制软设备,或者使用脚本程序编写数字 PID 算法,才能实现 PID 控制。设备窗口与 PID 控制软设备控制参数设置界面如图 10-22 所示。

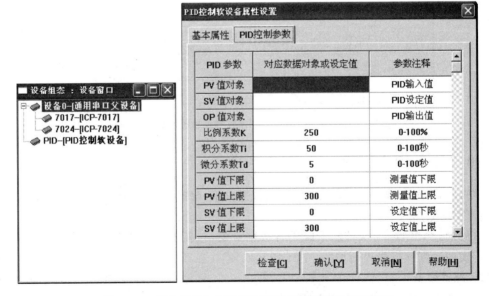

图 10-22　设备窗口与 PID 控制软设备控制参数设置界面

对 I-7017 和 I-7024 设备属性设置,要注意模块的地址不能重复,至于模块的具体地址,可以通过 7000Utility 软件来进行定义。7000Utility 软件可检测与主机相连的 I-7000 系列模块,并进行相应的地址配置。

I-7017 和 I-7024 设备属性及通道连接窗口分别如图 10-23 和图 10-24 所示。从中可看到 I-7017 的设备地址为 4,I-7024 模块的设备地址为 5。在通道连接里 COM1、COM2 为通信状态,pv1 为经 I-7017 的 AD0 通道把模拟量温度转化为数字量温度送给 MCGS 的实时数据库。OP2 为 I-7024 的 DA0 通道,数字 PID 计算后的数字量经该通道转化的模拟量送给执行元件。

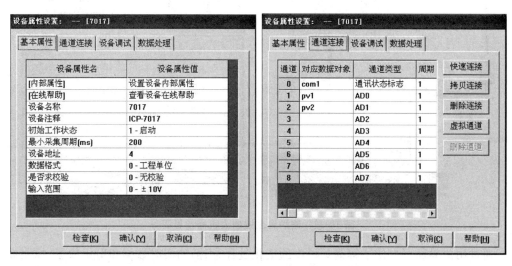

图 10-23　I-7017 设备属性及通道连接窗口

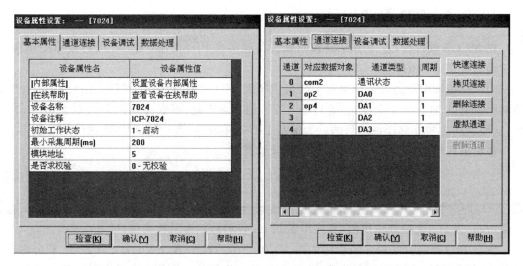

图 10-24　I-7024 设备属性及通道连接窗口

3. 设计用户界面

锅炉温度控制人机操作界面如图 10-25 所示。人机操作界面包含了锅炉、温度传感器、电磁流量计、水泵和阀门等实物图示;3 个重要的控制操作数据 SV、PV 和 OP 分别用柱状图和数字框显示(其中 SV 用于输入设定);PID 参数的设定与显示;当前锅炉温度的实时曲线显示;进入历史曲线、数据浏览和退出的按钮。

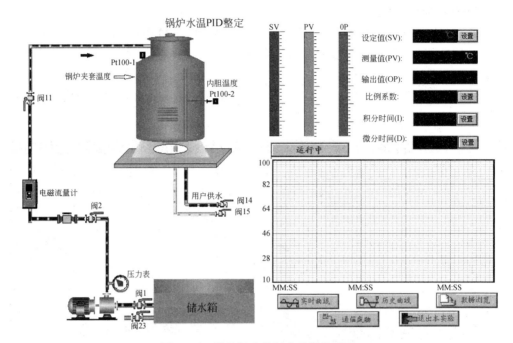

图 10-25　锅炉温度控制人机操作界面

通过用户界面可方便了解锅炉温度的变化过程、当前的实时数据和历史数据、控制效果等,方便 PID 参数的整定工作。

10.2.4　PID 算法设计

在 MCGS 软件中,可使用 PID 控制软设备能实现 PID 控制,也可在运行策略中用脚本语言编写数字 PID 的算法。

PID 控制软设备是为了满足在上位机中实现 PID 控制算法,达到对外部设备进行自动控制而特制的 MCGS 驱动设备,通过输入 PV 值和 SV 值,根据经典的 PID 算法解算出 op 值,从而达到控制外部设备的目的。为编写 PID 脚本程序,需要对 PID 算式作一回顾。

如果采样周期 T 足够小,可得 PID 位置型算式

$$p(i) = K * ei + K * \frac{T}{ti}ei + K * \frac{td}{T}(pvx - pv1) \qquad (10\text{-}1)$$

式(10-1)即为数字 PID 控制算法的编程表达式,pvx 为第($i-1$)次测量值,$pv1$ 为第 i 次测量值,$p(i)$ 为第 i 次控制输出值(程序中常用 op 表示),T 为采样周期(可取 0.2s)。

数字 PID 控制算法程序流程图如图 10-26 所示。其中 K、ti、td 为比例系数、积分时间、微分时间,是 PID 控制的 3 个参数,通过人机界面设置;ei 为第 i 次采样时刻的偏差值,由计算式 $ei = (sv1/25 + 1) - pv1$ 得到;$sv1$ 为温度给定值,范围为 $0 \sim 100\%$,通过人界面设置,程序中可由表达式"$sv1/25 + 1$"转换为 $1 \sim 5$V 范围;$q0$、$q1$、$q2$、mx 分别为比例项、积分项、微分项、积分前项,由计算求出;$op1$ 为计算得到的输出值,范围为 $0 \sim 100\%$,程序中可由表达式"$op2 = (op1 + 25)/6.25$"把输出转化为 $4 \sim 20$mA 范围,$op2$ 为通过 I-7024 的 0 通

道输出的数据,范围为 $4\sim20\text{mA}$。

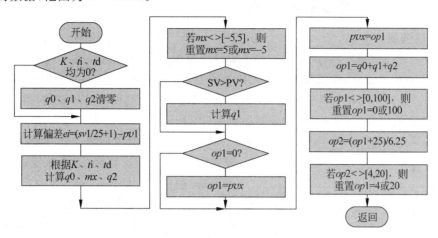

图 10-26　数字 PID 控制算法程序流程图

实现数字 PID 控制算法的脚本程序如表 10-2 所示。在 MCGS 中,用户窗口属性的循环脚本中可设置循环时间(即采样周期)为 200ms。

表 10-2　数字 PID 控制算法程序

```
IF K = 0 and ti = 0 and td = 0 THEN
  q0 = 0
  q1 = 0
  q2 = 0
ENDIF
ei = (sv1/25 + 1) - pv1
IF K <> 0 and ti <> 0 then
  q0 = K * ei
  mx = K * 0.2 * ei/ti
  q2 = K * td * (pvx - pv1)/0.2
ENDIF
IF K = 0 THEN
  q0 = 0
  cb = 1
  mx = cb * 0.2 * ei/ti
  q2 = cb * td * (pvx - pv1)/0.2
ENDIF
IFti = 0 THEN
  q0 = K * ei
  q1 = 0
  mx = 0
  q2 = K * td * (pvx - pv1)/0.2
ENDIF
IF mx > 5 THEN
  mx = 5
ENDIF
IF mx < - 5 THEN
  mx = - 5
ENDIF
```

```
IF (sv1/25 + 1) > = pv1 THEN
  IF op1 < 100 THEN
    q1 = q1 + mx
  ENDIF
ELSE
  IF op1 < = 0 THEN
    q1 = q1 + mx
  ENDIF
ENDIF
IF pv1 = 0 THEN
  pv1 = pvx
ENDIF
pvx = pv1
op1 = q0 + q1 + q2
IF op1 > = 100 THEN
  op1 = 100
ENDIF
IF op1 < = 0 THEN
  op1 = 0
ENDIF
op2 = (op1 + 25)/6.25
IF op2 < 4 THEN
  op2 = 4
ENDIF
IF op2 > 20 THEN
  op2 = 20
ENDIF
```

10.2.5 PID 整定实验过程

1. 实验内容

直接数字控制(DDC)系统是用一台工业计算机配以适当的输入输出设备,从生产过程中经输入通道获取信息,按照预先规定的控制算法(如 PID、内回流等)计算出控制量,并通过输出通道,直接作用在执行机构上,实现对整个生产、实验过程的闭环控制,通常它有几十个控制回路。直接数字控制系统的框图如图 10-27 所示。

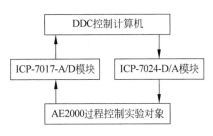

图 10-27 直接数字控制(DDC)系统框图

实验过程中的各种物理量(如温度、压力、流量、液位等),由一次仪表(如温度变送器、压力变送器等)测量放大,统一变换为 4~20mA(或 1~5V)信号,通过 ICP-7017 模数转换,作为 DDC 的输入,计算机按照预定的控制程序,对被测量数据进行必要的处理、分析和比较,并按一定的规律(如 PID 控制规律)进行运算,从而得出控制量的改变值,输出到 ICP-7024 数模转换直接控制执行机构。ICP-7017 是带通信功能的 AD 采集卡,ICP-7024 是带通信功能的 DA 输出卡。

根据实验需求设置不同的通道,ICP-7017 模块提供 4 路电压输入通道。若实验中只用到一个通道,则实验可以选用组态设定的其中一个通道。如通道 AD0 上的数据对象为 pv1,那么温度参数可以通过这个通道采集上来,只是需要在 MCGS 用户窗口里的控制脚本中把 pv1 转化为温度的对应值即可。ICP-7024 模块提供 4 路电流输出通道,采用其中的 DA0 通道号,同样需要在 MCGS 用户窗口里的控制脚本中把 OP2 转化为温度的对应值即可,通道组态连接如表 10-3 所示。

表 10-3 通道组态

实 验 名 称	ICP7017 通道值			ICP7024 通道值	
	接入信号	数据对象	对应通道号	数据对象	通道号
锅炉温度控制实验	锅炉水温	pv1	AD0	OP2	DA0

2. 实验步骤

1) 设备的连接与检查

(1) 按方块图的要求连接成的实验系统,如图 10-28 所示。

(2) 电源空气开关打在关的位置。ICP-7024 的 AO0"+"端接三相电加热管控制信号输入正(+)。ICP-7024 的 AO0"−"端接三相电加热管控制信号输入负(−)。

(3) 锅炉内胆温度信号+(正极)接 ICP-7017 的 AI0"+"端,锅炉内胆温度信号−(负极)接 ICP-7017 的 AI0"−"端。

(4) 将 I/O 信号接口板上的锅炉内胆温度的钮子开关设置在 1~5V 位置。

(5) ICP-7024、ICP-7017 连接至 24VDC 电源。

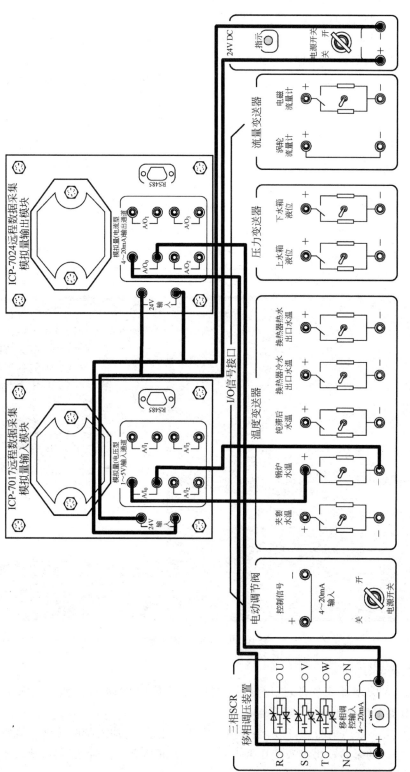

图 10-28 实验接线图

2) 启动实验装置

(1) 打开控制台上的三极和两极断路器,接通三相和两相电源,这时三相电压表指示当前的电压值。打开控制台上的钥匙开关,接通控制部分的电源,再按下启动按钮,并开启24VDC电源。然后打开三相加热管电源开关。

(2) 打开以丹麦泵为动力的支路至锅炉内胆的所有阀门(包括阀1、阀2和阀11),关闭动力支路上通往其他对象的切换阀门,如图 10-25 所示。

(3) 将锅炉内胆的出水阀阀门 14、阀门 15 开至适当开度。启动单相泵往锅炉内胆进水,直到锅炉加满水为止。

(4) 打开锅炉热水循环管道上的阀门,启动变频器,选择内部信号变频,使锅炉内胆的水循环起来,然后给热交换器注入凉水。

(5) 开启相关仪器和计算机软件,打开 MCGS 组态软件,进入锅炉温度控制组态,如图 10-29 所示。

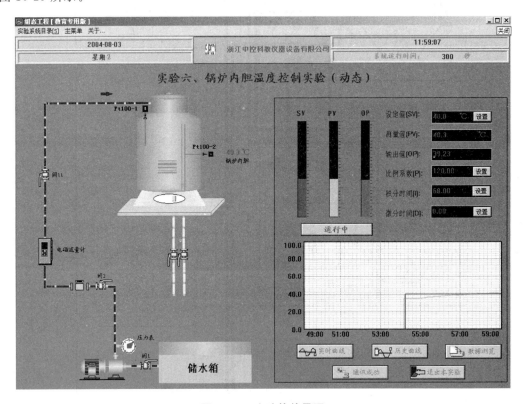

图 10-29 实验软件界面

3) 比例调节(P)控制

(1) 运行 MCGS 组态软件,把温度设定于某给定值(如将水温控制在 40℃),设置各项参数,使调节器工作在比例(P)调节器状态。

(2) 观察实时或历史曲线,待水温基本稳定于给定值后,加入阶跃扰动。观察并记录在当前比例系数时的余差。每当改变比例度 δ 后,再加同样大小的阶跃信号,比较不同比例度 δ 的余差。

4) 比例积分(PI)调节器控制

(1) 在比例调节器控制实验的基础上,待被调量平稳后,加入积分(I)作用,观察被控制量能否回到原设定值的位置,以验证系统在 PI 调节器控制下没有余差。

(2) 固定比例系数值(中等大小),然后改变积分时间常数值,观察加入扰动后被调量的动态曲线,并记录不同积分时间值时的超调量 σ_p。

(3) 固定积分时间于某一中间值,然后改变比例系数的大小,观察加扰动后被调量的动态曲线,并记下相应的超调量 σ_p。

(4) 选择合适的比例系数和积分时间值,使系统瞬态响应曲线为一条令人满意的曲线。此曲线可通过改变设定值(如把设定值由 50% 增加到 60%)来实现。

5) 比例积分微分(PID)调节器控制

(1) 在比例调节器控制实验的基础上,待被调量平稳后,引入积分(I)作用,使被调量回复到原设定值。增大比例系数,并同时增大积分时间,观察加扰动信号后的被调量的动态曲线,验证在 PI 调节器作用下,系统的余差为零。

(2) 在 PI 控制的基础上加上适量的微分作用(D),然后再对系统加扰动(扰动幅值与前面的实验相同),比较所得的动态曲线与用 PI 控制时的不同处。

(3) 选择合适的 P、I 和 D 参数,以获得一条较满意的动态曲线。

上述 PID 控制中的参数整定可采用衰减曲线法或经验法。

本章知识点

知识点 10-1 基于智能仪表的水箱液位控制实验案例

水箱液位控制采用智能仪表为控制器,内含 PID 控制算法,可实现一个简单回路的控制,通过 RS-485 接口与上位机连接,在上位机上通过组态软件设计人机界面,配置智能仪表参数,进行数据传输。应用过程中,PID 参数整定是一项重要内容。但上位机不参与直接控制,因此,对其可靠性要求不高。

知识点 10-2 基于分布式 I/O 模块的锅炉温度控制实验案例

锅炉温度控制采用分布式 I/O 模块,以 DDC 计算机为控制器。分布式 I/O 模块通常有多路 I/O 通道,但不能作为控制器使用。DDC 计算机作为控制器要求完成相应的控制算法,即可使用组态软件中 PID 控制软设备来实现 PID 控制,也可在运行策略中用脚本语言编写数字 PID 的算法。在实际应用过程中,DDC 计算机通常采用可靠性较好的嵌入式计算机,并且通信线路也要有较高的可靠性。

思考题与习题

1. 试简述本章两个实例——水箱液位控制和锅炉温度控制中反馈单元、执行单元和控制单元所采用的具体部件,并比较控制单元的各自特点和要求。

2. 若液位变送器或温度变送器输出的信号与实际测量值有一定的误差,可通过什么方式来调整?

3. 结合本章的实例,简述 MCGS 最基本的组态过程和完成的工作。

4. 通过查阅有关产品手册,了解智能仪表的设备命令的含义和功能。

5. 若使用 Pt100 热电阻进行温度检测,测量范围由 0～100℃更改为 0～200℃,需要改变哪些部件?

6. 简述控制变量 SV、PV、MV 和 OP 的含义。

7. 通过查阅资料,了解 MCGS 中编写的数字 PID 控制算法存放在工程文件的哪个部分。如何编写一个简单的二位式控制算法。

8. 通过查阅资料,了解在 MCGS 中如何改变控制算法的采样周期。

第 11 章

计算机控制技术在流程工业自动化中的应用

流程工业(process manufacturing)主要是指化工、电力、炼油、冶金、制药、建材、造纸、食品等不间断连续生产方式的工业领域,在国民经济中占有重要地位。

流程工业中的自动控制系统所面临的控制对象是一个连续生产过程,检测和控制的数据非常庞大,工艺流程复杂多变,各不相同,其追求的目标通常是在安全性、可靠性的前提下,力求提高生产效率、降低能耗、节约资源。流程工业中的自动控制系统开发过程不仅仅是由从事自动控制的工程人员参与,还要有熟知行业需求和工艺流程的专家、现场操作人员、维护人员和管理人员的全面参与,并且系统的调试和维护也是一个长期任务。

流程工业自动化是计算机控制技术的重要应用领域。计算机控制技术极大提高了流程工业的生产效率和质量,保障了生产的安全,降低了生产成本,促进了企业信息化管理。计算机控制技术及信息综合技术在流程工业中的广泛应用,已成为现代化工业的重要标志。

DCS 集散控制系统是流程工业自动化中最为典型的解决方案,它综合利用计算机控制技术、信号处理技术、通信等技术,对提高生产及管理自动化水平,提高产品质量,降低能源及原材料消耗,促进生产安全,创造经济效益与社会效益等起着重要作用。

本章通过基于浙江中控 JX-300XP 产品的应用案例,介绍 DCS 在流程工业自动化中的应用过程。

11.1 DCS 在循环流化床锅炉中的应用

11.1.1 工艺介绍

循环流化床(circulating fluidized bed,CFB)燃烧技术是一种清洁燃煤技术,具有燃料适用性广、燃烧效率高、氮氧化物排放低、低成本等优点。作为一种高效低污染的燃煤技术,在国内外得到广泛地认同和应用,已逐渐成为电力企业火力发电的首选炉型。

循环流化床锅炉(circulating fluidized bed boiler,CFBB)主要由燃烧系统、气固分离循环系统、对流烟道 3 部分组成。其中燃烧系统包括风室、布风板、燃烧室、炉膛、给煤系统等几部分;气固分离循环系统包括物料分离装置和返料装置两部分;对流烟道包括过热器、省煤器、空气预热器等几部分。

如图 11-1 所示,CFBB 基于循环流态化的原理组织煤的燃烧过程,以携带燃料的大量高温固体颗粒物料的循环燃烧为重要特征。固体颗粒充满整个炉膛,处于悬浮并强烈掺混的燃烧方式。煤和脱硫剂被送入炉膛后,迅速被炉膛内存在的大量惰性高温物料(床料)包围,着火燃烧。燃烧所需的一次风和二次风分别从炉膛的底部和侧墙送入,物料在炉膛内呈流态化沸腾燃烧。在上升气流的作用下向炉膛上部运动,对水冷壁和炉内布置的其他受热面放热。大颗粒物料被上升气流带入悬浮区后,在重力及其他外力作用下不断减速偏离主气流,并最终形成附壁下降粒子流,被气流夹带出炉膛的固体物料在气固分离装置中被收集并通过返料装置送回炉膛循环燃烧直至燃尽。未被分离的极细粒子随烟气进入尾部烟道,进一步对受热面、空气预热器等放热冷却,经除尘器后,由引风机送入烟囱排入大气。

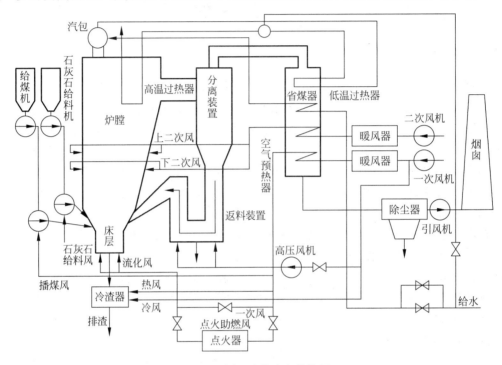

图 11-1　循环流化床工艺简图

　　燃料燃烧、气固流体对受热面放热、再循环灰与补充物料及排渣的热量带入与带出,形成热平衡,使炉膛温度维持在一定温度水平上。大量的循环灰的存在,较好地维持了炉膛的温度均化性,增大了传热。而燃料成灰、脱硫与补充物料以及粗渣排除维持了炉膛的物料平衡。

　　CFBB 脱硫是一种炉内燃烧脱硫工艺,以石灰石为脱硫吸收剂。煤粉燃烧后产生的二氧化硫 SO_2、三氧化硫 SO_3 等,若直接由烟囱排入大气层,必然污染。石灰石的主要化学成分是碳酸钙 $CaCO_3$,石灰石受热分解后产生固态的氧化钙 CaO 和气体的二氧化碳 CO_2。CaO 与烟气中的 SO_2、SO_3 等起化学反应,生成固态硫酸钙 $CaSO_4$(即石膏),从而减少了空气中硫酸类酸性气体的污染。化学反应方程式如下

$$CaCO_3 \xrightarrow{500\sim900℃} CaO(s) + CO_2(g)$$

$$CaO(s) + SO_2(g) + \frac{1}{2}O_2(g) \rightarrow CaSO_4(s)$$

　　燃煤和石灰石自锅炉燃烧室下部送入,一次风从布风板下部送入,二次风从燃烧室中部送入。气流使燃煤、石灰颗粒在燃烧室内强烈扰动形成流化床,燃煤烟气中的 SO_2 与 CaO

发生化学反应被脱除。

为了提高吸收剂的利用率,将未反应的 CaO、脱硫产物及飞灰送回燃烧室参与循环利用。另外,由于流化床锅炉的燃烧温度被控制在 $800 \sim 900℃$ 范围内,煤粉燃烧后产生的硝酸类酸性气体 NO_x(NO 和 NO_2 的混合物)也会大大减少。

11.1.2　系统设计

根据某电厂 $1 \times 130t/h$ 循环流化床锅炉、$1 \times 25MW$ 汽轮发电机组控制系统项目前期统计所提供的 I/O 检控点统计表,如表 11-1 所示,锅炉、汽机、公用远程和电气 4 个部分的 I/O 检控点多达 2448 个。

表 11-1　I/O 检控点统计表

信 号 类 型		数　量				
		锅炉	汽机	公用及远程	电气	共计
AI	4~20mA 输入	224	96	80	64	464
	TC 热电偶	80	32	8	0	120
	Pt100 热电阻	32	64	64	8	168
AO	4~20mA 输出	48	16	16	0	80
DI		272	208	224	320	1024
DO		192	144	160	96	592
合计		848	560	552	488	2448

表中 AI/AO 为模拟量输入/输出信号,TC 为热电偶输入信号,DI/DO 为开关量输入/输出信号。

在 I/O 检控点统计的基础上,结合 JX-300XP DCS 系统主要 I/O 卡件规格,进行 I/O 硬件选型、数量统计,最终确定系统规模,如表 11-2 所示。

表 11-2　系统规模统计表

信号类型		点数	卡件代号	卡件名称	需求数量
模拟量 I/O	电流信号	464	XP313	电流信号输入卡	94(含冗余)
	热电偶信号	120	XP314	电压信号输入卡	36(含冗余)
	热电阻信号	168	XP316	热电阻信号输入卡	42
	模拟量输出信号	80	XP322	模拟信号输出卡	40(含冗余)
开关量 I/O	电平型开关量输入卡	604	XP361	电平型开关量输入卡	76
	触点型开关量输入卡	420	XP363	触点型开关量输入卡	54
	晶体管触点开关量输出卡	592	XP362	晶体管触点开关量输出卡	74
统计		2448			416
系统规模			XP243	主控卡	8(含冗余)
			XP233	数据转发卡	52

基于 JX-300XP 的循环流化床锅炉及汽轮发电机组 DCS 控制系统由 4 个控制站、4 个操作站、1 个工程师站和通信网络组成,如图 11-2 所示。每个控制站占用一对主控卡 XP243,共需 4 对(8 个主控卡)。其中,锅炉控制站需 5 对数据转发卡(10 个数据转发卡)。

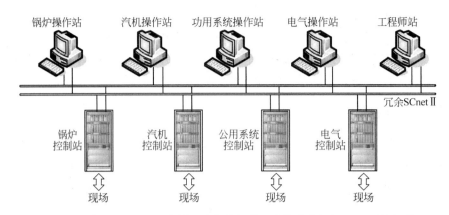

图 11-2　基于 JX-300XP 的循环流化床锅炉及汽轮发电机组 DCS 系统组成

11.1.3　系统组态

基于 JX-300XP 的循环流化床锅炉及汽轮发电机组 DCS 控制系统利用 Windows 2000 操作系统平台下的 AdvanTrol Pro 完成组态工作。系统组态基本流程如图 11-3 所示。组态内容应包括总体信息组态、控制站组态、操作站组态、操作小组组态 4 大部分。总体信息组态也就是对系统组成的设置,比较简单。控制站组态中包含变量组态、常规控制方案组态和自定义控制方案组态。操作站组态和操作小组组态的内容含有流程图画面组态,报表的制作,一览画面、总貌画面等组态。

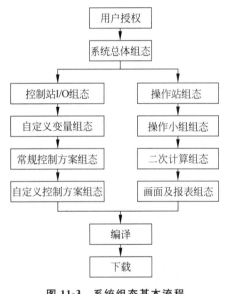

图 11-3　系统组态基本流程

1. 控制站组态

控制站是 JX-300XP DCS 中直接与现场设备连接的单元,由主控卡、数据转发卡、IO 卡件等元件组成。系统中的信号采集、处理、输出、控制、运算、通信等功能主要由卡件实现,所以首先要完成控制站组态。主要内容包括系统硬件、控制方案的设置,包括主机设置、I/O 组态、自定义变量、常规控制方案、自定义控制方案等部分。

主控制卡 XP243 是控制站的核心,负责完成协调软硬件的关系和 IO 信号处理、控制、运算、数据通信等任务,同时,主控卡的数量直接代表了控制站的规模。在 AdvanTrol Pro 系统软件中的主要设置主控制器的运行周期、物理地址、通信协议、工作方式、运行模式等内容,具体设置如图 11-4 所示,根据工程要求,共需 4 对主控卡。

数据转发卡 XP233 是主控制器与 I/O 卡件之间的通信桥梁,统筹管理各个 I/O 机笼中的各 I/O 卡件,在 AdvanTrol Pro 系统软件中的主要设置数据转发卡的地址及工作方式(冗余)。如图 11-5 所示,列出了锅炉控制站所需的数据转发卡。

I/O 卡件直接与现场的测量单元变送器或执行机构相连,负责采集现场数据或驱动执行器。不同的 I/O 卡对应不同类型的现场信号,实现将温度、压力、流量、液位、阀位、开关

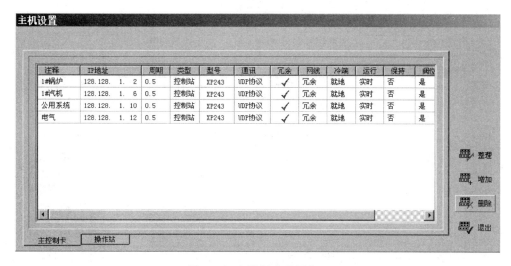

图 11-4　主控制卡设置窗口

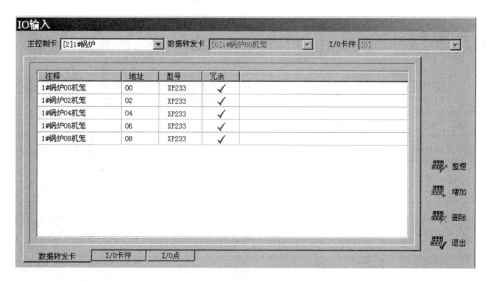

图 11-5　数据转发卡设置窗口

等具体信号转换成电流、电压、数字量等可控、可处理的信号,实现对现场设备或工艺状态的观测与控制。在 AdvanTrol Pro 系统软件中,根据一定的组态规范,将前期统计及设计的各类型 I/O 卡在组态软件中进行布置。根据表 11-1 提供的数据,锅炉控制站中有 224 个电流输入信号,如采用 XP313 卡(6 通道电流信号输入卡),并且设置为两两冗余,共需 38 对 XP313 卡,设置如图 11-6 所示。该图仅仅显示了锅炉控制站中,数据转发卡地址为 02、03 中的 8 对 XP313 卡。

I/O 点就是现场设备对应的各温度、压力、流量、液位、阀位、开关等信号,它真实地反映工艺生产状态。根据项目 I/O 检控点清单,通过在 AdvanTrol Pro 系统软件中选择相应类型的 I/O 卡件,设置 I/O 点,实现将现场的具体信号转化成模拟及数字量信号,最后完成监视与控制。如图 11-7 所示,该图显示了在 02、03 数据转发卡中,第 0 个槽位 XP313 卡件中的具体 I/O 点。

图 11-6　I/O 卡设置窗口

图 11-7　I/O 检控点设置窗口

从现场检测到的具体信号通过 I/O 卡件处理,再由数据转发卡传送给主控卡进行控制与运算。其中 I/O 卡件对 I/O 检控点信号的处理方式及流程如图 11-8 所示。

在 AdvanTrol Pro 系统软件中需要对 I/O 检控点的信号类型、量程、处理方式等参数进行配置,点击图 11-7 中的参数一栏,对该通道的模拟量处理方式进行设置,具体操作界面如图 11-9 所示。

2. 操作站与工程师站组态

操作站(或操作员站)完成对生产工艺的监视与操作,工程师站除完成监视与操作外,还可以进行设计、组态、维护、优化、下载等任务。根据前期统计及系统设计,设置 1 个工程师站和 4 个操作站,在 AdvanTrol Pro 系统软件中操作站与工程师站的设置如图 11-10 所示。

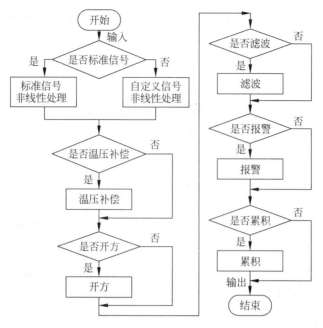

图 11-8 信号处理流程

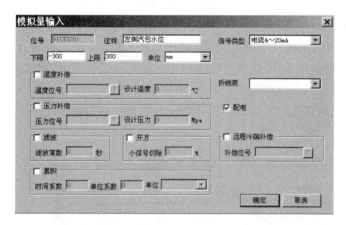

图 11-9 I/O 信号参数设置窗口

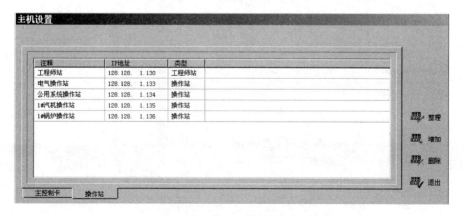

图 11-10 操作站设置窗口

操作站的主要功能是完成对生产工艺的监视与操作,设置操作小组的意义在于不同的操作小组在同一操作站上可以根据工艺的不同实现观察、设置、操作不同的标准画面、流程图、报表等内容。根据工艺情况,将画面建立在对应的操作小组下,实现对应管理。操作小组设置界面如图 11-11 所示。

图 11-11   操作小组设置窗口

在操作小组下,可以建立各标准画面(总貌、分组、一览、趋势),自定义画面(流程图、弹出式流程图、报表)、自定义键、二次计算等。其中流程图根据工艺及操作需求基本分成如下部分:主操作图(燃烧系统),气水系统图,辅操作图(其余系统),锅炉连锁参数设置画面。在主操作图中,放置锅炉本体、风机及给煤设备。在气水系统图中,放置给水设备、各种集箱及气水系统中的电动门等。在辅操作图中,放置锅炉 MFT(main fuel trip,锅炉主燃料跳闸逻辑)、点火系统及风烟系统的设备。在 AdvanTrol Pro 流程图绘制软件中制作的锅炉系统主操作图如图 11-12 所示。

锅炉系统图

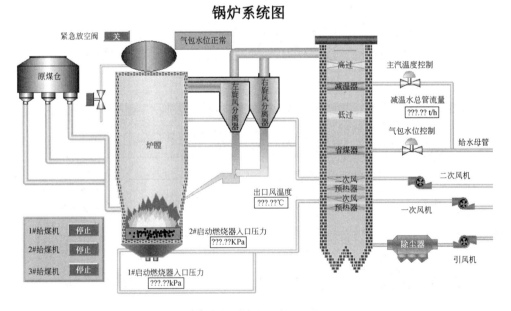

图 11-12   锅炉系统流程图

根据项目要求,在 AdvanTrol Pro 报表软件中制作每隔 1 小时整点数据记录报表,并在每天 0 点、8 点、16 点生成报表并保存在各操作上形成历史数据文件,同时操作人员可以通过报表离线在操作站上直接浏览历史报表,并可以对历史数据报表进行选择性打印。锅炉管理报表样张如图 11-13 所示。

锅炉管理报表

名称	单位	日期 =Timer2[0]				确认:				单位
		=Timer1[0]	=Timer1[1]	=Timer1[2]	=Timer1[3]	=Timer1[4]	=Timer1[5]	=Timer1[6]	=Timer1[7]	
主汽压力	MPa	={B1PT0101}[0]	={B1PT0101}[1]	={B1PT0101}[2]	={B1PT0101}[3]	={B1PT0101}[4]	={B1PT0101}[5]	={B1PT0101}[6]	={B1PT0101}[7]	MPa
主汽温度	℃	={B1TE0101}[0]	={B1TE0101}[1]	={B1TE0101}[2]	={B1TE0101}[3]	={B1TE0101}[4]	={B1TE0101}[5]	={B1TE0101}[6]	={B1TE0101}[7]	℃
主汽流量	t/h	={B1FT0101A}[0]	={B1FT0101A}[1]	={B1FT0101A}[2]	={B1FT0101A}[3]	={B1FT0101A}[4]	={B1FT0101A}[5]	={B1FT0101A}[6]	={B1FT0101A}[7]	t/h
炉膛压力 出口1	Pa	={B1PT0311}[0]	={B1PT0311}[1]	={B1PT0311}[2]	={B1PT0311}[3]	={B1PT0311}[4]	={B1PT0311}[5]	={B1PT0311}[6]	={B1PT0311}[7]	Pa
出口2	Pa	={B1PT0312}[0]	={B1PT0312}[1]	={B1PT0312}[2]	={B1PT0312}[3]	={B1PT0312}[4]	={B1PT0312}[5]	={B1PT0312}[6]	={B1PT0312}[7]	Pa
出口3	Pa	={B1PT0313}[0]	={B1PT0313}[1]	={B1PT0313}[2]	={B1PT0313}[3]	={B1PT0313}[4]	={B1PT0313}[5]	={B1PT0313}[6]	={B1PT0313}[7]	Pa
氧量	%	={B1AT0301}[0]	={B1AT0301}[1]	={B1AT0301}[2]	={B1AT0301}[3]	={B1AT0301}[4]	={B1AT0301}[5]	={B1AT0301}[6]	={B1AT0301}[7]	%
给水 压力	MPa	={B1PT0201}[0]	={B1PT0201}[1]	={B1PT0201}[2]	={B1PT0201}[3]	={B1PT0201}[4]	={B1PT0201}[5]	={B1PT0201}[6]	={B1PT0201}[7]	MPa
温度	℃	={B1TE0201}[0]	={B1TE0201}[1]	={B1TE0201}[2]	={B1TE0201}[3]	={B1TE0201}[4]	={B1TE0201}[5]	={B1TE0201}[6]	={B1TE0201}[7]	℃
流量	t/h	={B1FT0201}[0]	={B1FT0201}[1]	={B1FT0201}[2]	={B1FT0201}[3]	={B1FT0201}[4]	={B1FT0201}[5]	={B1FT0201}[6]	={B1FT0201}[7]	t/h
飞灰可燃物	%									
煤耗量	T									
运行小时	小时									

图 11-13 锅炉管理报表样张

11.1.4 控制流程

CFBB 控制系统的主要控制目标是控制锅炉给水流量、跟踪蒸气负荷要求,使燃料燃烧所提供的热量适应锅炉蒸气负荷的需求,同时保证锅炉及汽机安全经济运行。由于 CFBB 存在多种参数,而且任何一个输入变量(如温度、压力、流量、液位)的改变都会影响其他输出变量的改变,各参数耦合性强。如燃料量(给煤量)的改变,不仅会影响到炉床温度的变化,也会影响到主蒸气流量、压力和温度的变化。所以 CFBB 是一个具有多变量输入多变量输出、变量关联耦合性强、输入输出非线性、大滞后等特点的控制对象;CFBB 系统输入输出信号通道示意图如图 11-14 所示。

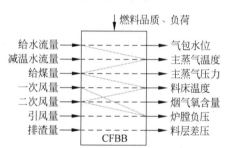

图 11-14 CFBB 输入输出信号通道示意图

由于循环流化床锅炉自身的特点,在设计控制方案时需要将对象作为一个整体进行协调控制,基于 JX-300XP DCS 针对 CFBB 的控制方法有以下 3 部分组成:模拟量自动调节控制系统(modulate control system,MCS)、炉机各辅助设备顺控系统(sequence control system,SCS)、炉膛安全监控系统(furnace safeguard supervisory system,FSSS)。

1. 模拟量自动调节控制系统(MCS)

1)气包水位控制

气包水位是确保安全生产和提供优质蒸气的重要参数,反映给水量与供气量的动态平衡。气包水位控制是锅炉控制中的基本控制,水位过高会影响气包内气水分离效果,使气包出口的饱和水蒸气带水增多,冲击汽轮机叶片,引起轴封破损,叶片断损等故障;水位过低则可能破坏自然循环锅炉气水循环系统中的某些薄弱环节,以至局部水冷壁管烧坏,严重时造成爆炸。因此,气包水位的优良控制具有重大意义。

　　JX-300XP DCS 系统在 AdvanTrol Pro 图形化控制方案组态软件中提供气包水位控制模块 FB_BoiLCon,该模块中集成了基于直接物质平衡的专家控制、前馈单回路控制(单冲量控制)、前馈串级控制(三冲量控制)的 3 种控制方案,同时可以实现 3 种控制方案的无扰动切换,可以很好地解决气包水位控制。气包水位控制模块原理如图 11-15 所示。

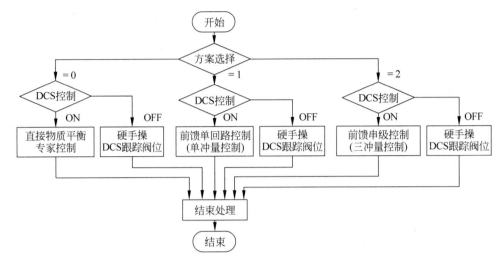

图 11-15　气包水位控制模块原理框图

　　三冲量控制是基于 PID 控制,但 PID 参数并非固定不变,随负荷大小、水位偏差大小、偏差变化情况而变。这种控制方案在负荷变化大、条件恶劣的情况下,可以有效地保持气包水位平稳,是比较常见的一种方法,其控制原理框图如图 11-16 所示。

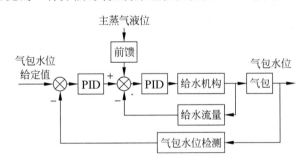

图 11-16　气包水位控制三冲量控制原理框图

　　2) 主蒸气温度控制

　　主蒸气温度自动调节的任务是维持过热器出口蒸气温度在允许的范围内,从而保证机组运行的安全性和经济性。过热气温过高,则过热器易损坏,也会使汽轮机内部引起过度的热膨胀,严重影响运行的安全;过热气温低,则设备的效率低,一般气温每降低 5～10℃,效率约降低 1%,同时会使通过汽轮机最后几级的蒸气湿度增加,加剧叶片磨损。造成过热器出口温度变化扰动因素归纳起来有 3 种,第一是蒸气流量(负荷)的变化,第二是减温水流量的变动,第三是烟气方面的热量变化。所以主蒸气温度控制通常采用由主气温度、炉膛出口烟气温度(或主气流量)及减温后温度(或喷水减温水流量)等参数组成的串级三冲量控制系统。

目前锅炉设计中,为了使系统结构简单,易于实现,大多系统采用减温水量作为扰动量,通过改变水量来控制主气温度。但这样调节通道延迟和惯性都比较大,动态特性不好,使用被调参数的双回路系统来提高调节品质,被调参数是过热器出口蒸气温度。其控制原理框图如图 11-17 所示。

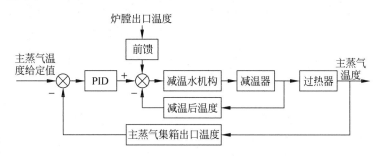

图 11-17　主气温度三冲量控制原理框图

3）燃烧控制

主要控制进入炉膛的燃料和风量,包括燃料、风量和炉膛压力的控制。燃烧控制既要保证燃烧能满足热负荷复杂的变化需求,同时又要尽可能地保证燃料充分地燃烧和燃烧的安全性。

4）炉膛负压控制

为保证炉膛内微正压燃烧以及分离效率,应尽量保证炉膛出口顶部压力测点接近0kPa,主要通过调节引风机的液力偶合器来保证负压值。炉膛负压测量值需经过惯性延迟处理后,与给定值进行偏差比较运算,若有偏差,则经过 PID 运算后,其运算结果作为引风机执行机构的动作指令,从而控制炉膛负压以满足锅炉运行要求。在炉膛负压测量点有多点的情况下,可以采取多点取中值的办法进行信号处理。

5）床温控制

由于循环流化床锅炉(CFBB)的燃烧过程十分复杂,且受到多种因素的影响,不仅燃烧系统内部的给煤、一次风、二次风、返料耦合性强,而且过程的非线性和大滞后也使对象十分复杂,难于建立精确的数学模型,常规的控制方案很难得到理想的控制效果。

JX-300XP DCS 系统在循环流化床燃烧控制上形成了一套成熟的模糊控制方案,把燃料量控制、料床温度控制、主蒸气压力控制综合起来考虑。这是因为热力系统中的燃烧控制系统和气水控制系统是相互耦合、难以割裂开的,所以专家智能方案将整个复杂的燃烧过程合理地拆分成几个相互独立的部分,参数间的耦合通过建立合理的数学模型,以克服循环流化床锅炉复杂的燃烧过程特性,从根本上解决了循环流化床锅炉的燃烧控制。本方案采用基于经验的专家规则控制方法对料床温度进行区域控制。控制总框图如图 11-18 所示。

相对于常规控制,专家智能控制具有的扩展功能包括可以处理非数字化的、不精确的操作经验,可进行复杂控制,从而提高控制质量。专家智能控制模仿人的行为,采用专家经验,自动修改参数和算法,形成各种算法的选择和组合,当部件失效、系统大扰动或出现突发事件时仍能进行有效的处理。专家智能控制规则库包含两种处理规则:当烟气氧含量增大超过正常值时可以判断堵煤、断煤,床温变化超过正常值报警时作出相应的处理的规则,即故障判断及事件处理规则;当处于正常状态时,控制规则库将炉膛温度状态和炉膛温度的变

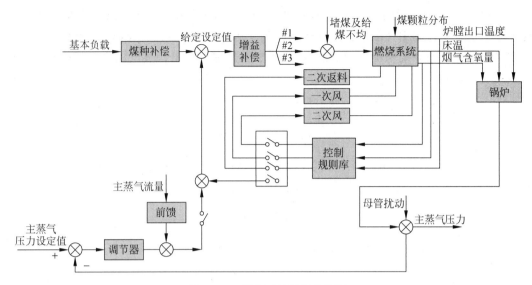

图 11-18 燃烧系统控制结构图

化趋势均量化,综合考虑循环流化床对象的大滞后特性,进行交叉控制即"先加风再加煤、先减煤再减风",对煤和一次风进行周期性的查表输出调节。

2. 炉、机各辅助设备顺控功能(SCS)

根据工艺系统的运行方式,通过 DCS 组态环境,实现了炉、机各辅助设备的启停顺序和连锁功能,从而可大大提高机组运行的可靠性和降低运行人员的劳动强度。由于循环流化床锅炉和汽轮发电机组各辅助系统的运行方式日益成熟,已基本形成了特定的运行方式,所以 DCS 系统在实现炉、机各辅助设备顺控也已常规化。

3. 炉膛安全监控功能(FSSS)

FSSS 监控功能主要由燃料安全系统(FSS)和燃烧器控制系统(BCS)两部分组成。

1) FSS 具有的功能

(1) 炉膛吹扫。在锅炉每次冷态启动前或当床温低于 600℃ 且无任何燃烧器运行时,对炉膛进行通风吹扫。即在有效的时间内,通过规定的空气流量,将炉膛内和风室中残余的可燃物清除,保证炉膛和烟道的清洁。

(2) 锅炉冷态启动。循环流化床锅炉采用床下点火炉方式,即风道燃烧器点火。当点火燃烧器把床层温度升高到大于 600℃ 后加大一次风量并再启动给煤装置少量加煤,使锅炉床温逐步升高。油燃烧器的控制及风道的管理由 FSSS 完成。运行人员只需在计算机屏幕上调出油燃烧器启动画面并进行相应操作,控制指令就会通过计算机网络传到现场控制站,发出执行指令运作有关现场设备。

(3) 锅炉热态启动。如果床温高于 600℃,可逐步加大一次风量,少量加煤,使锅炉床温逐步升高。床温低于 550℃ 时,投入风道燃烧器,并按冷态启动方式加热锅炉。当床温升至 600℃ 以上时,可投煤。

(4) 燃料跳闸。机组启停和正常运行时,FSSS 对机组运行参数和状态进行监控,一旦检测到危及系统安全的条件时,立即启动 MFT 动作。MFT 是一套逻辑功能,输入是各种跳闸条件,出现危险情况时,立即切断主燃料,切断高温旋风分离器下的返料,指出产生跳闸的原因,闭锁从动跳闸条件,以便进行事故分析。

循环流化床锅炉 MFT 动作条件主要有床温太高、床温太低、气包水位低于一定值、气包水位高于一定值、炉膛压力高于一定值、炉膛压力低于一定值、引风机跳闸、一次风机跳闸、一次风流量小于最小值,时间超过 10s、手动 MFT(包括就地手动 MFT,控制室手动 MFT)等。

2) BCS 具有的功能

(1) 锅炉点火准备。在炉膛吹扫成功后,由运行人员启动锅炉点火准备功能。将锅炉置于点火准备方式,作为自动启动第一支点火枪的先决条件。此时复位 MFT,开启一个建立火焰的最大时间限值的计时器,当在时间限值内不能建立火焰时,系统跳闸,并返回到吹扫所需的状态。

(2) 点火枪点火。在锅炉点火准备方式的许可条件成立时,可允许点火枪投入。此外,证实点火系统的设备可用性和系统条件是否满足。

(3) 燃油枪点火。在燃油枪可投入运行之前,BCS 至少检查下列许可条件:锅炉风量达到吹扫值、火焰检测器冷却风压力满足、所有燃烧器阀门关闭、所有摆动燃烧器处于水平位置、风箱/炉膛差压满足、无 MFT/燃油系统跳闸等跳闸存在、系统泄漏试验完成、燃油压满足点火要求、点火系统已准备好、任一火焰检测器检测到无火焰。

(4) 煤燃烧控制。BCS 对给煤机及相关风门挡板的启/停和开/关、跳闸进行程控和监视。在启动每一个运行步骤前,系统确保满足与该步骤相应的许可条件,并在整个启动过程中满足安全条件。丧失许可条件或在指定时间内不能完成运行程序,则中断此程序。

循环流化床锅炉控制方案确定后,控制的实施就可以在 AdvanTrol Pro 图形化控制方案组态软件中确定,制作界面如图 11-19 所示。

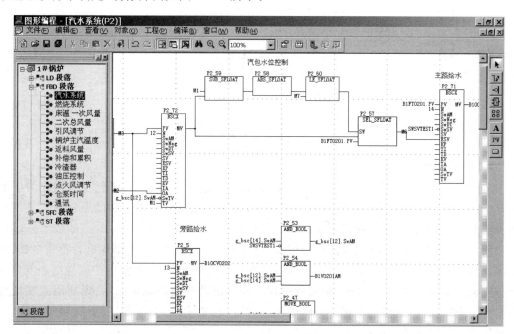

图 11-19　图形化控制方案组态界面

11.1.5 系统运行

基于 JX-300XP 的循环流化床锅炉及汽轮发电机组 DCS 控制系统在某电厂投入运行后,从现场运行的主要控制曲线中,可以看到气包水位、主蒸气温度、主蒸气压力、料床温度信号变化平稳。对于 CFBB 的气包水位、主蒸气温度的负荷变化适应能力强、控制精度高;燃烧的送、引风控制系统的跟踪能力强,自动投入率高,响应速度快。同时系统运行稳定,极大地降低了运行人员的劳动强度,提高了整套机组的运行效率,对电厂安全、可靠、高效地运行起到了至关重要的作用。

11.2 DCS 在大中型氮肥装置中的应用

11.2.1 工艺介绍

氮肥生产系统是由一个个相对独立的工段组成的。各单元之间具有密切关系。上一单元的产品或输出,即为下一单元的原料或输入,各个单元相互紧密联系形成一个连续的生产过程。各个单元在地域上相互分散,但距离又不是很远。整个生产过程可以分为造气、脱硫、压缩、变换、脱碳、合成、甲醇、尿素等主要工段。上述各工段的操作在工艺上密切联系,在地域上分散、控制相对独立。

随着规模与原料路线不同,氮肥行业工艺多年来有了很大的发展变化,工艺组合丰富多样。大中型氮肥装置从煤气化,净化,合成氨,尿素,合成甲醇及下游产品整个工艺链技术的典型流程如图 11-20 所示。

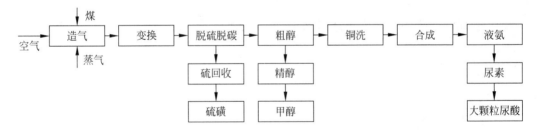

图 11-20 大中型氮肥装置典型流程框图

1. 造气工段

造气工段的任务是将煤(主要成分为碳)通过在高温下与空气、水蒸气反应转化为半水煤气(氢气、一氧化碳、氮气及少量的二氧化碳),为合成氨工段提供足够的原料气。造气有多种工艺技术,该项目采用的是固定床间歇气化技术。

固定床间歇气化技术的核心设备是间歇造气炉。在造气炉中,无烟煤进行不完全燃烧,固体块状燃料由顶部间歇加入,汽化剂通过燃料层进行气化反应,灰渣自炉底排出。气化反应分吹风和制气两个基本阶段。而实际过程由于考虑到热量的充分利用、燃料层温度均衡和安全生产等原因,通常一个循环分 5 个阶段进行,包括吹风、上吹制气、下吹制气、二次上吹制气和空气吹净 5 个阶段。

吹风阶段通过碳与氧的化学反应放出大量的反应热,储存在燃料层中,为制气阶段碳与蒸气的吸热反应提供热量,化学反应方程式为

$$C+O_2 \longrightarrow CO_2+Q \qquad CO_2+C \longrightarrow 2CO-Q$$

上吹制气阶段使蒸气和空气混合,自下而上通过燃料层,吸收热量、制造半水煤气,化学反应方程式为

$$C+H_2O(g) \longrightarrow CO+H_2-Q$$

吹风阶段和上吹阶段的流程图如图11-21(a)和图11-21(b)所示。

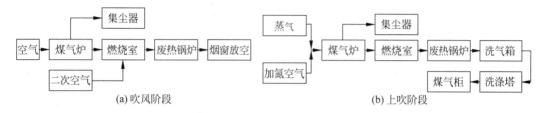

图 11-21　吹风阶段和上吹阶段的流程图

下吹制气阶段作用是制取半水煤气,吸收热量,使上吹后上移的气化层下移。空气吹净阶段的作用是回收造气炉上层空间的煤气及补充适量的氮气,以满足合成氨生产对氮氢比的要求,避免直接转入吹风而造成原料气损失。下吹阶段和空气吹净阶段的流程图如图11-22(a)和图11-22(b)所示。

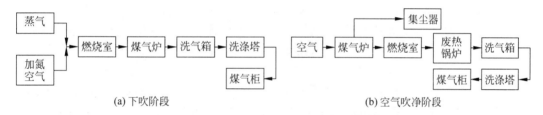

图 11-22　下吹阶段和空气吹净阶段的流程图

二次上吹制气的作用是将炉底及进风管道中的煤气吹净并回收,为空气通过燃料层创造安全条件。

2. 联合工段

联合工段是整个项目四大控制工段中工艺最复杂、流程最长的工段,它包括变换、二脱(脱硫与脱碳)、氨合成等工艺。

1) 变换工艺

该工艺主要目的是使半水煤气在催化条件下与水蒸气反应,由一氧化碳转化为二氧化碳。在项目中采用的是中变串低变工艺,将半水煤气先经过油水分离器,除去煤气中的油物。然后进入饱和塔的下部与热水进行交换后升至一定温度,经过气水分离器分离出煤气中的水分。去除水分的煤气进入预热交换器,与中变炉出口的高温煤气进行两次热交换后,进入中变炉,在触媒的催化作用下,煤气中的一氧化碳发生反应,生成二氧化碳。中变炉的炉体内有3层反应区,反应温度分别要求控制在450℃、400℃和380℃左右。反应后出中变炉的变换气再进入低变炉,最终成为合格的变换气,再经热水塔、冷却塔之后送入下一工段进行后续处理。

2) 脱碳工艺

该工艺主要目的是氨合成气脱除CO_2。该项目中采用变压吸附(pressure swing

adsorption,PSA)脱碳技术。含有一定 CO_2 浓度的变换气进入吸收塔内。气体中 CO_2 被逆流流下的碳酸丙烯酯吸收。净化 CO_2 气脱至所要求的浓度后由塔顶排出,成为可供用户使用的工艺气。吸收 CO_2 后的碳酸丙烯酯富液经涡轮机回收能量后,在高压闪蒸槽内闪蒸后,再到减压槽进行减压闪蒸。减压闪蒸气中含浓度较高的 CO_2,可供用户使用。高压闪蒸气中含 CO_2 及部分工艺气,可全部或部分返回压缩与原料气汇合,以回收氮气和氢气。脱碳后煤气送入下一个工段进行进一步处理。

3) 合成工艺

该工艺就是将压缩送来的合格精炼气在适当的温度、压力和触媒存在的条件下合成氨,所得气氨经冷却水及液氨冷却,冷凝为液氨。未合成的氢气、氮气补充部分新鲜气体后继续在合成系统内循环合成。

3. 甲醇工段

甲醇的生产一般分为合成和精馏两个工段。由脱碳岗位送来的净化气和循环机送来的循环气在油分离器混合,经油水分离器分离油水,剩余的原料气分主副线进入合成塔合成粗甲醇气,借助于铜基催化剂的作用,CO_2、CO_2 和 H_2 进行化合反应生成甲醇,经冷凝到醇分离器分离得到粗甲醇,此即为甲醇合成工段。粗醇经预塔给料泵加压、经粗醇预热器加热到 65℃ 左右进初塔,同时初塔再沸器用蒸气加热使塔内液体蒸发,甲醇及其他轻组分的蒸气由塔顶蒸出,冷凝后打回流。控制出气温度为 $40\sim45$℃,塔釜温度为 $75\sim85$℃,塔顶温度为 $60\sim65$℃。经预塔底出来的预后甲醇给主塔,主塔再沸器加热使塔底温度控制在 $104\sim120$℃,塔顶出气温度控制在 $65\sim70$℃,在塔顶采出回流液即精醇,合格后送精醇储槽。

4. 尿素工段

尿素的生产原理是氨与二氧化碳的合成。二氧化碳经压缩机压缩后进入合成塔,从一吸塔送来的甲铵液经加压后送入合成塔,液氨在氨预热器中加热后送入合成塔,在合成塔中进行合成反应。出尿素合成塔的反应液含有尿素、甲铵、过剩氨和水,出来后经过压力调节阀减压后进入预蒸馏塔上部,在此分离出闪蒸气体后,液体自流到中部蒸馏段,与从一分加热器出来的热气逆流换热,使液相中的部分甲铵分解与过剩氨蒸出、气化进入气相。预蒸馏后的尿液自蒸馏下部流入一分加热器,物料温度控制在 $155\sim160$℃。从一分加热器出来的尿液进入预蒸馏塔下部的分离器进行气液分离,液相自塔底排出,经减压后送至二分塔。尿液在二分塔上部闪蒸后,液体经过液体分离器进入蒸馏段,与下分离段出来的气相逆流接触换热,出蒸馏段的尿液从底部进入加热段的列管内。物料温度控制在 $135\sim140$℃,使甲铵基本分解,气液混合物进入下分离段进行气液分离,尿液经液位调节阀进入闪蒸槽。在闪蒸槽中液相残余的氨和二氧化碳大部分逸入气相,尿液直接进入一段蒸发器或流入尿液槽。尿液经一段蒸发加热器下部热能回收段和上部蒸气加热段加热到 130℃,压力控制在 0.033MPa(绝压)。尿液经一段蒸发器分离段出来后去二段蒸发器,在 0.0033MPa(绝压)、140℃ 的条件下被浓缩成 99.7% 的熔融尿素,经分离段分离后,熔融尿素由熔融泵送往造粒塔顶部的旋转喷头进行造粒。

11.2.2 系统设计

基于 JX-300XP 的氮肥生产 DCS 控制系统用于某化工企业的新建项目,根据项目工艺,经分析统计获得 I/O 检控点统计表,如表 11-3 所示。

表 11-3　项目装置规模表

信号类型		造气	联合控制室						精醇	尿素	合计
			合成	醇化	烃化	变换变脱	PSA脱碳	小计			
		点数	点数	点数	点数	点数	点数	点数	点数	点数	点数
AI	PT100	48	29	27	22	36	20	134	32	100	314
	K型电偶	118	42	68	34	68		212	18		348
	T型电偶									24	24
	4~20mA	100	50	42	33	43	76	244	42	90	476
	0~5V	20								15	35
	0~5A	6									6
	AO	57	23	23	10	12	37	105	20	75	257
	DI	200				40	380	420	5	42	667
	DO	200				40	380	420	5	18	643
	合计	749	144	160	99	239	893	1535	122	364	2770

　　基于 JX-300XP 的氮肥生产 DCS 控制系统由 5 个控制站(CS)、9 个操作站(OS)、4 个工程师站(ES)、10 个机柜组成,系统配置的 I/O 点数达到 2770 点(不含冗余点和备用点),控制站、操作站和工程师站分布在造气、联合、精醇(甲醇)、尿素 4 个控制室,通过冗余工业以太网 SCnet Ⅱ 相连接,其系统拓扑图如图 11-23 所示。

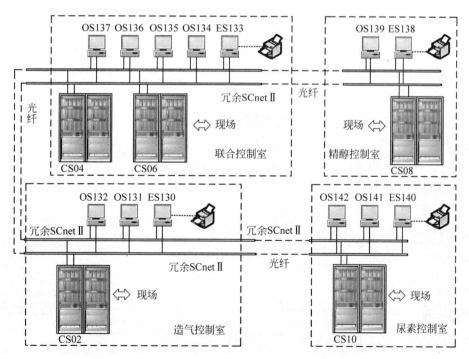

图 11-23　基于 JX-300XP 的氮肥生产 DCS 控制系统组成

11.2.3 系统组态

在 Windows 平台下使用 AdvanTrol Pro 软件进行系统组态工作。

首先,在主机设置中对系统控制站(主控制卡)、操作站以及工程师站的相关信息进行配置,包括各控制站的地址、控制周期、通信、冗余情况、各操作站或工程师站的地址等一系列设置工作。根据工艺要求,针对造气、联合、PSA 变压吸附、精醇、尿素工段分别设置控制站,控制站设置窗口如图 11-24 所示。

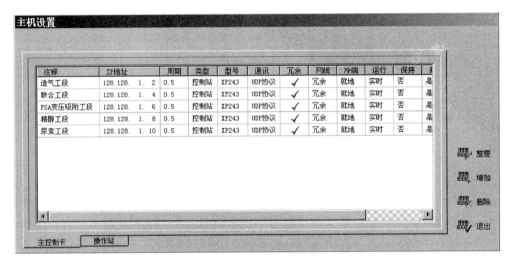

图 11-24 控制站设置窗口

根据用户对工艺操作要求,建立造气工段工程师站,造气 1♯、2♯操作站;联合工段工程师站,变换、烃化、合成、PSA 变压吸附操作站;甲醇工段工程师站,醇化/精醇操作站;尿素工段工程师站,尿素 1♯、2♯操作站。具体设置如图 11-25 所示。分配的 IP 地址从 130~142 共 13 个站。

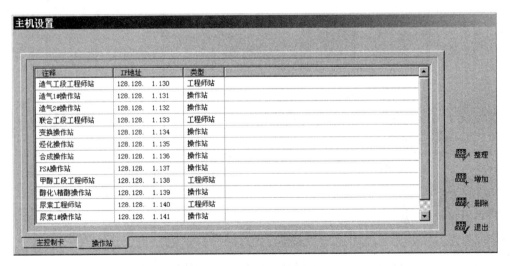

图 11-25 操作站设置窗口

　　依据前期设计的卡件布置图,在 AdvanTrol Pro 软件中对每个机笼中的 I/O 卡件进行设置,组态界面如图 11-26 所示。SC1-1 机笼的数据转发卡地址为 0、1。SC1-2 机笼的数据转发卡地址为 2、3(图略)。

图 11-26　I/O 卡件组态界面

　　将 I/O 检测点根据信号类型分类并对应到各 I/O 卡件,比如 FIQ_0106_9 为蒸气流量,信号类型为 4～20mA 电流,由 SC1-1 机笼里的第 0、1 个 I/O 槽位上的卡接收。其组态界面如图 11-27 所示。

图 11-27　I/O 检控点组态界面

　　I/O 组态完成后,要实现对工艺的监视与控制必须根据不同的工艺绘制各种操作界面。为实现对不同工段的管理,通常将各种画面建立在对应的操作小组下,方便操作与监控。该项目根据用户需求,建立有 4 个操作小组,造气工段、联合工段、甲醇工段、尿素工段各一个操作小组,分别管理各自工段的工艺操作。操作小组设置窗口如图 11-28 所示。

图 11-28 操作小组设置窗口

在各小组下可以建立标准画面(包括总貌、分组、趋势、流程图、报表等)。其中流程图是操作人员主要的操作画面,在组态中流程图根据各工段工艺以及操作要求绘制工艺流程。造气工段中造气单炉工艺流程图如图 11-29 所示。联合工段中的蜕变以及氨合成工艺流程图如图 11-30、图 11-31 所示。

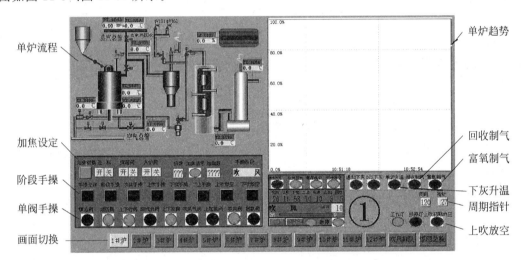

图 11-29 造气单炉工艺流程操作界面

甲醇工段中的精醇工艺流程图如图 11-32 所示。

尿素工段中的尿素蒸发工艺流程图如图 11-33 所示。

11.2.4 控制流程

氮肥生产是高能耗的工业,其生产成本主要取决于系统的能耗,系统能耗除了与采用的工艺流程有关外,在很大程度上取决于系统控制的算法及稳定性。因此,化肥生产过程的控制系统对整个生产成本具有关键意义。使用 JX-300XP DCS 系统提供的 AdvanTrol Pro 图形化控制方案组态软件可以方便地实现控制方案的编写,有效实现控制的优化。

1. 造气工段

1) 造气炉程序控制

在造气生产中,一般均是多个造气炉组成一组。在多台造气炉同时投入运行时,为了保证造气炉在吹风阶段的风量,必须对造气炉的吹风阶段进行顺序控制,即吹风排序。当任意启动一个造气炉,或任意停止一个造气炉,其吹风间歇时间随之改变。启动或停止造气炉之

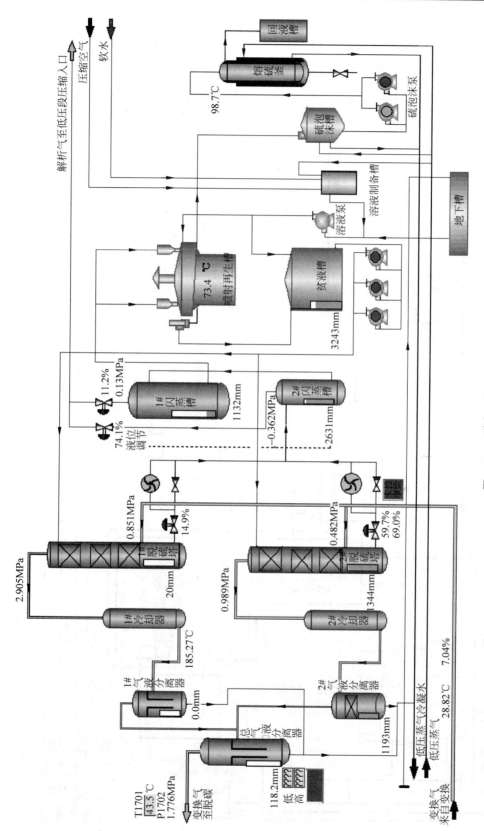

图11-30　脱变工艺流程图

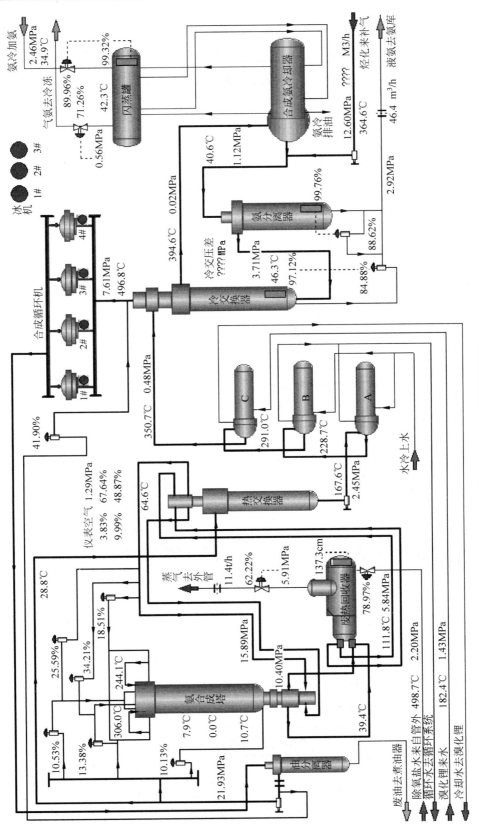

图 11-31 氨合成工艺流程图

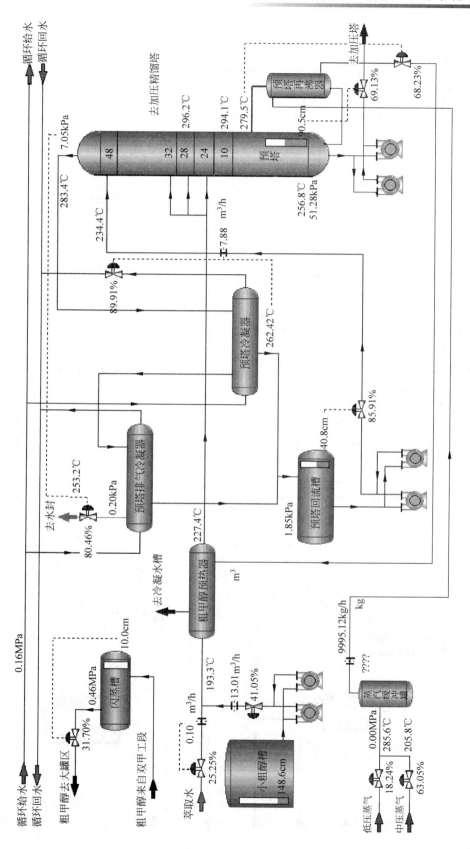

图 11-32 精醇工艺流程图

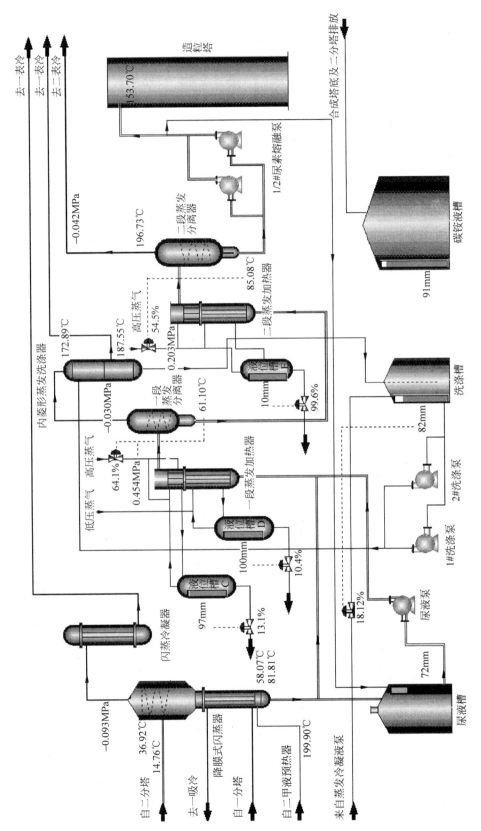

图 11-33 尿素蒸发工艺流程图

后,各炉都要进行重新调整,按照计算的时间进行初始化,即各炉在对应时间重新从第一个工艺循环下去。

使用 AdvanTrol Pro 图形化控制方案组态软件提供的造气专用控制软件包可以方便地实现造气炉的时序控制、惰性气体制备控制及吹风自动排队等功能。其中时间指针赋值模块可以用于 12 台炉子的时间指针赋值;制气制惰切换模块用于控制 12 台炉子的制气制惰及富氧制气切换;风机连锁模块可用于 12 台炉子的风机连锁判断;阶段判断模块用于预启动、预停炉及正常循环时的阶段转换;操作盒模块用于加焦控制、下灰控制、连锁;参数管理模块用于参数限幅、参数修改与传递、原始参数管理;阀位输出模块用于实现手动操作、阀位输出;阀位检测模块用于比较阀位输出与反馈,进行阀位检测。

单炉操作面板包括"制气/制惰"切换按钮、循环参数设置、加焦时间、运行阶段和开停炉、紧急停炉按钮。单炉操作面板界面如图 11-34(a)所示。系统具备全自动自由排队功能,并可根据现场工艺要求进行预先设置。造气炉吹风排队设置及操作界面如图 11-34(b)所示。

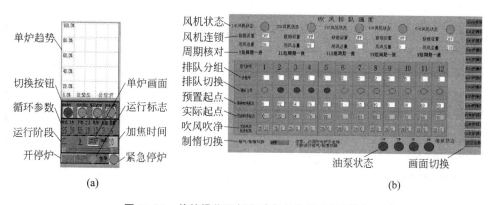

图 11-34　单炉操作面板和造气炉吹风排队画面

2)造气炉阀门硬手动控制

系统为每一台炉各个阀门设置一个手动控制开关。当炉子处于手动状态时,各阀门可以手动控制阀门的开与关,以便阀门的维护和检修。根据造气工段工艺,造气工段的常规控制方案采用手操器,使用 AdvanTrol Pro 系统软件设置常规控制方案,整体效果如图 11-35 所示。例如,引风机挡板手操器控制方案为手操器,回路名称为 HDFVC0202,回路的输入位号为 FZI_0202,输出位号为 HDFV_0202。

3)阀位检测与安全连锁(报警和跳车)

根据工艺要求,可对每一台炉重要阀门进行阀位检测。一些阀实现开不到位检测,一些阀实现关不到位检测。阀动作不到位时,系统报警,同时可根据工艺要求进行安全连锁控制。

系统具备阀位检测报警连锁功能,对不同循环阶段阀检信号可区别响应。同时系统具备阀位检测报警连锁、风机跳车报警连锁等全面的安全连锁功能,各连锁功能根据工艺需要可以单独切除。系统具备停车时所有工艺阀门强制开关功能,包括加焦阀门。

单阀阀检设置阀检报警有效指令,由操作工自由设置;若任意一个阀检报警设置为有效则此阀检可以进行报警。另外每台单炉设置一个"阀检连锁停炉"启动按钮,操作工可以

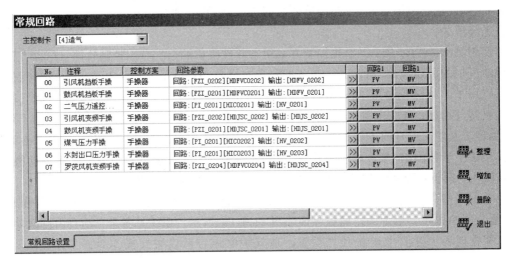

图 11-35　常规回路设置界面

进行切换,若"连锁停炉"启动,一旦有任何阀检信号报警则所对应的炉子将自动连锁停炉。在"阀检设置"画面上操作工可以对阀检延时判断时间进行自由设置。阀检连锁控制图如图 11-36(a)所示。

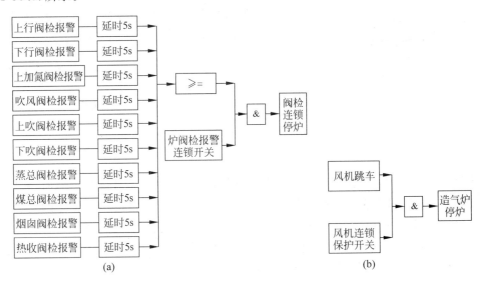

图 11-36　阀检连锁控制图和风机连锁保护图

每台风机在"吹风排队"画面设置一个"连锁启动"按钮,若操作工启动某台风机的"连锁有效"按钮,则当此风机停车时,所对应的吹风炉子将全部连锁停炉,并无法"开炉",只有等风机开启时,才能开启对应的造气炉。风机连锁保护图如图 11-36(b)所示。

当对应的造气炉处于停炉状态时,操作工可以点亮"通知下灰"按钮;在停炉期间,如果有"通知下灰"灯亮,造气炉"开炉"按钮无效,只有等现场送"下灰结束"信号或人工复位操作界面上的"通知下灰"按钮后,"开炉"按钮才恢复有效。造气炉停炉并且"通知下灰"期间,现场下灰工人才可以打开下灰阀下灰,下灰结束后现场下灰工人按一下"下灰结束"按钮自动复位按钮,"通知下灰"灯自动熄灭,监控画面上的"通知下灰"按钮同时自动复位,"开炉"按钮恢复为有效。下灰连锁保护图如图 11-37 所示。

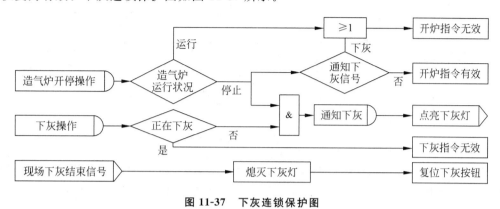

图 11-37 下灰连锁保护图

2. 联合工段

氨合成工段中对主要工艺参数的优化控制非常重要,直接影响合成氨的产量和消耗指标。控制方案以降低吨氨消耗为目标,控制参数为催化剂温度、惰性气体的含量、氨冷出口温度及氨冷器、冷交换路、氨分离器的三大液位。

1) 氢氮比自调

在造气工段控制氢氮比的常规方法是通过调整吹风时间或上下吹阶段的加减氮时间来控制混合气中氮的含量,从而达到控制氢氮比稳定在某一工作点的目的。此方法无须加氢系统和加氮系统,成本相对较低。但是由于造气与合成之间管道多、路线长,各环节都安装有化学反应装置,具有纯滞后时间大、非自衡性和蓄存性、干扰因素多的特点,控制难度大。

合格的氢和氮在合成工段合成为氨。操作人员关心的是最终进入合成塔氮与氢的比例,根据其合成原理和工艺流程,可以把氨的合成流程分为 3 个氢的变化过程。

(1) 造气的氢气产生阶段。造气阶段产生了约含 40 % 氢气和约 30 % 一氧化碳的半水煤气。

(2) 一氧化碳的转化阶段。在变换工段等体积的一氧化碳转换为等体积的氢气,从而混合气中有 70% 的氢气。

(3) 氢气的循环阶段。该阶段是将合成塔中未反应氢气和氮气的混合气通过循环机与补充氢混合,重新进入合成塔反应。

根据工艺原理,通过曲线拟合分析,分阶段进行预测控制,将输出结果作为造气工段改变回收时间,从而稳定氢氮比在某一比值。氢氮比控制模块原理如图 11-38 所示。

该项目生产中合成塔内的氢氮比应保持在 2.8,要保持系统的稳定,来自造气的气体中的氢氮比必须保持在 3。由于补充氢与循环氢之间的积分关系,导致补充氢中氢氮比的微小变化就会造成循环氢中氢的增加与减少,即稳定的补充氢并不能保证循环氢的稳定,循环氢的稳定只能在动态调整中得到实现。图 11-39(a)所示是基于脱硫氢、变换氢、补充氢和循环氢 4 个工艺参数的多变量预测函数控制软件结构,该软件能较好将过程影响通过计算函数进行预测控制,从而实现氢氮比的自动化调节。

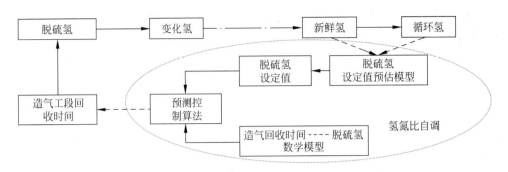

图 11-38 氢氮比控制模块原理

多变量预测函数控制软件实现对氢氮比的先进控制(APC),使得合成氨装置的生产操作能得到显著地改善,图 11-39(b)表示 APC 投运后新鲜气中 H2/N2 比变化情况。

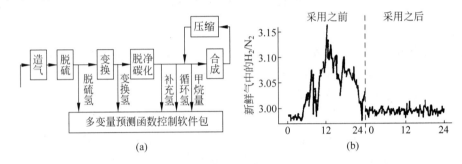

图 11-39 多变量预测函数控制软件结构图及控制效果对比图

2) 合成塔床层温度控制

稳定催化剂层热点温度,是稳定合成工段生产的重要措施,稳定热点温度,宏观上要求稳定气量,稳定成分,稳定气质。当分流确定后,温度主要用系统近路和零米冷激气阀来调节,以零米温度(也称敏点温度)为主要控制手段。

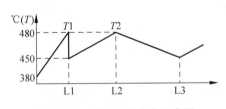

图 11-40 床层温度分布示意图

根据制造厂家提供的床层温度分布图如图 11-40 所示。$T1$ 为第一绝热段最高温度点(零米温度),一般为 480℃,$T2$ 为第二绝热段的热点温度,约在 470~480℃左右。根据两个绝热段有不同的单向对应特性,建立两个调节回路,分别控制 $T1$ 与热点温度和 $T2$,同时稳定二进气体温度(占系统循环气的 60%~70%),稳定冷管气体温度(占系统循环气的 30%~40%)。

稳定 $T1$、$T2$ 温度需将入塔气体的温度在入塔之前先稳定下来,稳定废锅循环气出口温度以稳定二进气体温度(占系统循环气的 60%~70%),稳定冷管气体温度(占系统循环气的 30%~40%)。

由于 $T1$ 和 $T2$ 都是大滞后对象,随着气体成分、气质波动,会发生相应的波动,常规控制方案无法实现自动控制,利用预测函数控制原理(PFC)设计并实施控制方案如图 11-41 所示。

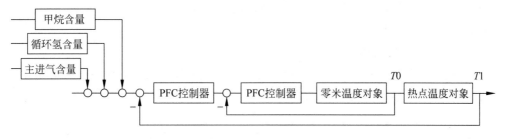

图 11-41　温度预测函数控制方案示意图

3）连锁保护

变脱闪蒸槽放空连锁保护和氢回收连锁保护如图 11-42 和图 11-43 所示。

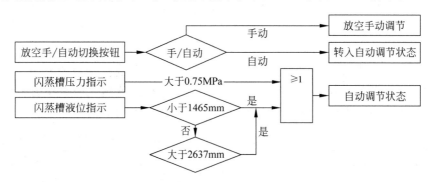

图 11-42　变脱闪蒸槽放空连锁保护

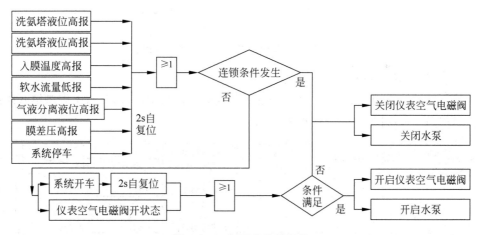

图 11-43　氢回收连锁保护

3. 甲醇工段

在精馏工段一般设有以下一些调节回路：排气冷凝器出口压力、进精馏蒸汽压力、预塔回流槽液位、预塔液位、主塔回流槽和主塔液位、预塔给料流量、主塔回流流量、预塔回流液进口温度、预塔循环再沸器出口温度、主塔回流液进口温度、主塔循环再沸器出口温度、预塔给料温度。采用单回路均能达到很好的控制效果。

4. 尿素工段

尿素生产控制回路比较多，包括温度、压力、流量、液位的控制，其中合成塔压力调节、中压压力调节、低压系统压力调节这几个调节回路尤为重要。

尿素典型装置控制回路包括:

1) 一、二段蒸发温度调节回路

一、二蒸串级调节控制采用串级控制方法,一、二蒸上段蒸汽压力控制作为副环(内环),一、二段蒸发器出口温度控制作为主环(外环),结构图如图 11-44 所示。

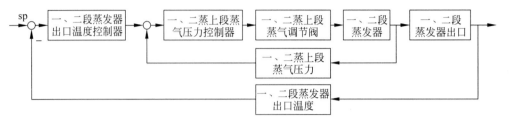

图 11-44 一、二段蒸发温度调节回路

2) 一、二分加热器出口温度调节回路

一、二分串级调节控制采用串级控制方法,一、二分加热器蒸气压力作为副环(内环),一、二分加热器出口温度控制作为主环(外环),其结构如图 11-45 所示。

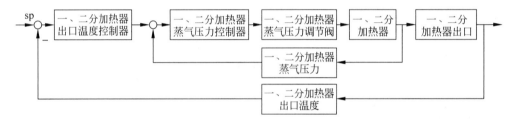

图 11-45 一、二分加热器出口温度调节回路

3) 水解串级调节回路

水解串级调节采用串级控制方法,水解塔蒸气流量作为副环(内环),水解塔第八隔离室温度控制作为主环(外环),其结构如图 11-46 所示。

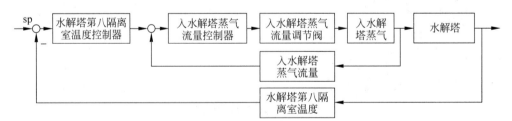

图 11-46 水解串级调节回路

尿素合成塔连锁如图 11-47 所示。尿素合成塔连锁保护装置投入使用后,经过长时间的试运行,达到较满意的效果。在一次超压事件中(压力达到 24MPa),合成塔能够及时进行一次、二次跳车。实践证明,连锁控制系统稳定、安全、及时、可靠。这为合成塔长周期运行提供了有力的保障。

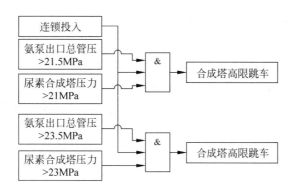

图 11-47　尿素合成塔连锁

11.2.5　系统运行

基于 JX-300XP 的氮肥生产 DCS 控制系统在氮肥装置的造气控制、炉况优化、合成塔床层温度控制、氢氮比自调上取得成效。利用多变量预测控制、软测量等先进控制技术,可有效地克服原料性质变化和生产负荷变化的扰动,并解决重要生产过程状态和产品质量指标不可在线测量的困难,从而实现生产过程平稳操作和优化操作,有效地提高整个氮肥生产装置的经济效益。

本章知识点

知识点 11-1　流程工业中自动控制系统开发的一般过程

流程工业通常为不间断连续生产方式的工业领域。流程工业中的自动控制系统其追求的目标通常是在安全性、可靠性的前提下,力求提高生产效率、降低能耗、节约资源。

流程工业中自动控制系统开发的一般过程包括工艺分析、系统设计、组态设计、控制流程设计、调试运行维护。

开发一个流程工业中的自动控制系统首先要对工艺流程有全面的了解,详细分析系统需要检测和控制的信号数量、范围、类型和要求。如采用 DCS 解决方案,将根据所选 DCS 的规格,进行系统设计,确定控制站、操作员站、工程师站、I/O 卡件等部件数量和分布。然后利用组态软件进行系统组态,配置参数,制作流程图,设计控制流程。控制流程的设计需要针对被控对象的特点和要求,合理选择控制模块,必要时需要自行开发新的控制模块。

知识点 11-2　流程工业自动化技术的应用

DCS 集散控制系统是流程工业自动化中最为典型的解决方案。本章介绍的 DCS 在循环流化床锅炉和在大中型氮肥装置中的应用实例具有一定的代表性。通过查阅资料或实地考察,分析流程工业自动化中计算机控制系统的应用案例,以进一步了解流程工业综合自动化技术的发展概况。

思考题与习题

1. 什么是流程工业？流程工业自动化有哪些特点？
2. 简述流程工业中自动控制系统开发的一般过程。
3. 通过查阅资料或实地考察，了解流程工业自动化中计算机控制系统的应用案例。
4. 通过查阅资料，了解流程工业综合自动化技术发展的概况。

附录 有关工业自动化产品及企业网址

NO	名 称	企 业	网 站
1	MCGS 组态软件	北京昆仑通态自动化软件科技有限公司	http://www.mcgs.com.cn/
2	亚控组态王	亚控科技发展有限公司	http://www.kingview.com/
3	紫金桥监控组态软件	紫金桥软件技术有限公司	http://www.realinfo.com.cn/
4	工业监控组态软件 Forcecontrol	北京力控元通科技有限公司	http://www.sunwayland.com/
5	Infoteam 可视化人机界面和组态软件	一方梯队软件（北京）有限公司	http://infoteam.com.cn/
6	FameView 组态软件	北京杰控科技有限公司	http://www.fameview.com/
7	SIEMENS SIMATIC WinCC	西门子工业业务领域	http://www.ad.siemens.com.cn/
8	PHOENIX PCWORX 自动化软件	南京菲尼克斯电气有限公司	http://www.phoenixcontact.com.cn
9	自动化控制系统 SUPCON (DCS)	浙江中控技术股份有限公司	http://supcontech.com/
10	分布式控制系统	和利时集团	http://分www.hollysys.cn/
11	中国工业控制及自动化领域网络传媒	中国工控网	http://www.gongkong.com/
12	ARM 技术,半导体知识产权(IP)提供商	ARM 公司	http://www.arm.com/
13	微控制器	意法半导体公司	http://www.st.com/
14	三菱 PLC/三菱变频器	三菱电机	http://cn.mitsubishielectric.com/
15	欧姆龙 PLC	OMRON 工业自动化	http://www.fa.omron.com.cn/
16	伺服系统,控制电机和自动化及仪表产品	富士电机(中国)有限公司	http://www.fujielectric.com.cn/
17	工业控制及系统集成	北京康拓科技有限公司	http://www.controlchina.com/
18	PAC 和 I/O 模块	泓格科技	http://www.icpdas.com.tw/
19	工业自动化(DCS)	威盛自动化有限公司	http://www.weisheng.com.cn/
20	宇通仪表	重庆宇通系统软件有限公司	http://www.cq-yt.com/
21	工业自动化	南京科远自动化集团股份有限公司	http://www.sciyon.com/
22	安控科技(DCS)	北京安控科技股份有限公司	http://www.echocontrol.com/
23	艾默生过程控制和管理	艾默生电气公司	http://www2.emersonprocess.com/zh-CN/
24	研华工控机	研华科技	http://www.advantech.com.cn/
25	教学实验仪器设备和工控产品	北京万控科技有限公司	http://www.wk-tech.com/
26	西门子自动化产品和工控机	西门子(中国)有限公司	http://www.siemens.com/
27	智能电动执行机构	上海万迅仪表有限公司	http://www.qswanxun.com/

参 考 文 献

[1] 曹立学,张鹏超.计算机控制技术[M].西安:西安电子科技大学出版社,2012

[2] 顾德英,罗云林,马淑华.计算机控制技术[M].3 版.北京:北京邮电大学出版社,2012

[3] 关守平.计算机控制理论与设计[M].北京:机械工业出版社,2012

[4] 何克忠.计算机控制系统[M].北京:清华大学出版社,2015

[5] 胡家华.计算机控制技术[M].哈尔滨:哈尔滨工业大学出版社,2012

[6] 康波,李云霞.计算机控制系统[M].2 版.北京:电子工业出版社,2015

[7] 李江全.计算机控制技术[M].北京:机械工业出版社,2013

[8] 李江全.计算机控制技术与组态应用[M].北京:清华大学出版社,2013

[9] 李正军.计算机控制系统[M].北京:机械工业出版社,2015

[10] 林敏.计算机控制技术及工程应用[M].3 版.北京:国防工业出版社,2014

[11] 刘伟.计算机控制系统组态与安装调试[M].北京:北京理工大学出版社,2014

[12] 罗文广.计算机控制技术[M].北京:机械工业出版社,2013

[13] 秦刚,陈中孝,陈超波.计算机控制系统[M].北京:中国电力出版社,2013

[14] 田宏.计算机控制系统[M].北京:中国水利水电出版社,2013

[15] 王慧,赵豫红,刘泓.计算机控制系统[M].3 版.北京:化学工业出版社,2011

[16] 徐文尚.计算机控制系统[M].2 版.北京:北京大学出版社,2014

[17] 张燕红.计算机控制技术[M].2 版.南京:东南大学出版社,2014

[18] 赵岩,孙丽宏,王东辉.工业计算机控制技术[M].北京:清华大学出版社,2012

[19] 赵宇驰.计算机控制实用技术[M].北京:中国电力出版社,2014

[20] 周志峰.计算机控制技术[M].北京:清华大学出版社,2014

[21] 丁建强,任晓,卢亚平.计算机控制技术及其应用[M].北京:清华大学出版社,2012

[22] 徐大诚,邹丽新,丁建强.微型计算机控制技术及应用[M].北京:高等教育出版社,2003

[23] 高金源,夏洁.计算机控制系统[M].北京:清华大学出版社,2007

[24] 黄强,高峻峣.控制技术[M].北京:机械工业出版社,2006

[25] 黄惟一,胡生清.控制技术与系统[M].2 版.北京:机械工业出版社,2006

[26] 潘新民,王燕芳.微型计算机控制技术实用教程[M].北京:电子工业出版社,2006

[27] 张艳兵,王忠庆,鲜浩.计算机控制技术[M].北京:国防工业出版社,2006

[28] 杨树兴.计算机控制系统——理论、技术与应用[M].北京:机械工业出版社,2007

[29] 熊静琪.计算机控制技术[M].北京:电子工业出版社,2003

[30] 章兼源.微机控制技术[M].北京:电子工业出版社,2003

[31] 王建华,黄河清.计算机控制技术[M].北京:高等教育出版社,2003

[32] 徐安.微型计算机控制技术[M].北京:科学出版社,2004

[33] 邝志刚,方景林,谷兆麟,彭力.计算机控制——基础·技术·工具·实例[M].北京:清华大学出版社,北京交通大学出版社,2005

[34] 戴先中,赵光宙.自动化学科概论[M].北京:高等教育出版社,2007

[35] 彭学锋,刘建斌,鲁兴举.自动控制原理——实践教程[M].北京:中国水利水电出版社,2006

[36] 李宜达.控制系统设计与仿真[M].北京:清华大学出版社,2004

[37] 席爱民.计算机控制系统[M].北京：高等教育出版社,2004

[38] 刘国海.集散控制与现场总线[M].2版.北京：机械工业出版社,2006

[39] 凌志浩.现场总线与工业以太网[M].北京：机械工业出版社,2006

[40] 董士海,王衡.人机交互[M].北京：北京大学出版社,2003

[41] 罗仕鉴,朱上上,孙守迁.人机界面设计[M].北京：机械工业出版社,2002

[42] 汪晋宽,罗云林,于丁文.自动控制系统工程设计[M].北京：北京邮电大学出版社,2006